U0314414

"十三五"国家重点出版物出版规划项目

国家出版基金项目
NATIONAL PUBLICATION FOUNDATION

中 国 生 物 物 种 名 录

第二卷 动物

昆虫（I）

鳞翅目 Lepidoptera

（祝蛾科 枯叶蛾科 舟蛾科 凤蝶科 粉蝶科）

武春生 编著

科 学 出 版 社

北 京

内 容 简 介

本书包含祝蛾科、枯叶蛾科、舟蛾科、凤蝶科和粉蝶科在中国有记录的全部种及其亚种，其中祝蛾科 3 亚科 51 属 268 种，枯叶蛾科 40 属 269 种和亚种（199 种 70 亚种），舟蛾科 11 亚科 144 属 792 种和亚种（652 种 140 亚种），凤蝶科 3 亚科 21 属 373 种和亚种（133 种 240 亚种），粉蝶科 3 亚科 24 属 434 种和亚种（158 种 276 亚种）。

本书是祝蛾科、枯叶蛾科、舟蛾科、凤蝶科和粉蝶科系统分类学研究在现阶段的全面总结，为昆虫学、生物多样性保护、生物进化、生物地理学提供基本资料，可供从事昆虫学科研与教学的工作者（包括生物多样性保护与农林生产相关部门的工作人员及大专院校相关专业的师生）参考。

图书在版编目（CIP）数据

中国生物物种名录. 第二卷. 动物. 昆虫. I，鳞翅目. 祝蛾科、枯叶蛾科、舟蛾科、凤蝶科、粉蝶科/武春生编著. —北京：科学出版社，2018.9
"十三五"国家重点出版物出版规划项目　国家出版基金项目
ISBN 978-7-03-058149-5

I. ①中… II. ①武… III. ①生物–物种–中国–名录 ②鳞翅目–物种–中国–名录　IV. ①Q152-62 ②Q969.42-62

中国版本图书馆 CIP 数据核字（2018）第 134346 号

责任编辑：马　俊　王　静　付　聪　侯彩霞 / 责任校对：郑金红
责任印制：张　伟 / 封面设计：刘新新

科　学　出　版　社 出版
北京东黄城根北街 16 号
邮政编码：100717
http://www.sciencep.com
北京凌奇印刷有限责任公司 印刷
科学出版社发行　　各地新华书店经销
*

2018 年 9 月第　一　版　　开本：889×1194 1/16
2018 年 9 月第一次印刷　　印张：17
字数：595 000
POD定价：　128.00元
（如有印装质量问题，我社负责调换）

Species Catalogue of China

Volume 2 Animals

INSECTA（I）

Lepidoptera

(Lecithoceridae, Lasiocampidae, Notodontidae, Papilionidae, Pieridae)

Author: Chunsheng Wu

Science Press

Beijing

《中国生物物种名录》编委会

主　任（主　编）　陈宜瑜

副主任（副主编）　洪德元　刘瑞玉　马克平　魏江春　郑光美

委　员（编　委）

卜文俊	南开大学	陈宜瑜	国家自然科学基金委员会
洪德元	中国科学院植物研究所	纪力强	中国科学院动物研究所
李　玉	吉林农业大学	李枢强	中国科学院动物研究所
李振宇	中国科学院植物研究所	刘瑞玉	中国科学院海洋研究所
马克平	中国科学院植物研究所	彭　华	中国科学院昆明植物研究所
覃海宁	中国科学院植物研究所	邵广昭	台湾"中央研究院"生物多样性研究中心
王跃招	中国科学院成都生物研究所	魏江春	中国科学院微生物研究所
夏念和	中国科学院华南植物园	杨　定	中国农业大学
杨奇森	中国科学院动物研究所	姚一建	中国科学院微生物研究所
张宪春	中国科学院植物研究所	张志翔	北京林业大学
郑光美	北京师范大学	郑儒永	中国科学院微生物研究所
周红章	中国科学院动物研究所	朱相云	中国科学院植物研究所
庄文颖	中国科学院微生物研究所		

工　作　组

组　长　马克平

副组长　纪力强　覃海宁　姚一建

成　员　韩　艳　纪力强　林聪田　刘忆南　马克平　覃海宁　王利松　魏铁铮
　　　　　薛纳新　杨　柳　姚一建

总　序

生物多样性保护研究、管理和监测等许多工作都需要翔实的物种名录作为基础。建立可靠的生物物种名录也是生物多样性信息学建设的首要工作。通过物种唯一的有效学名可查询关联到国内外相关数据库中该物种的所有资料，这一点在网络时代尤为重要，也是整合生物多样性信息最容易实现的一种方式。此外，"物种数目"也是一个国家生物多样性丰富程度的重要统计指标。然而，像中国这样生物种类非常丰富的国家，各生物类群研究基础不同，物种信息散见于不同的志书或不同时期的刊物中，加之分类系统及物种学名也在不断被修订。因此建立实时更新、资料翔实，且经过专家审订的全国性生物物种名录，对我国生物多样性保护具有重要的意义。

生物多样性信息学的发展推动了生物物种名录编研工作。比较有代表性的项目，如全球鱼类数据库（FishBase）、国际豆科数据库（ILDIS）、全球生物物种名录（CoL）、全球植物名录（TPL）和全球生物名称（GNA）等项目；最有影响的全球生物多样性信息网络（GBIF）也专门设立子项目处理生物物种名称（ECAT）。生物物种名录的核心是明确某个区域或某个类群的物种数量，处理分类学名称，厘清生物分类学上有效发表的拉丁学名的性质，即接受名还是异名及其演变过程；好的生物物种名录是生物分类学研究进展的重要标志，是各种志书编研必需的基础性工作。

自 2007 年以来，中国科学院生物多样性委员会组织国内外 100 多位分类学专家编辑中国生物物种名录；并于 2008 年 4 月正式发布《中国生物物种名录》光盘版和网络版（http://www.sp2000.org.cn/），此后，每年更新一次；2012 年版名录已于同年 9 月面世，包括 70 596 个物种（含种下等级）。该名录自发布受到广泛使用和好评，成为环境保护部物种普查和农业部作物野生近缘种普查的核心名录库，并为环境保护部中国年度环境公报物种数量的数据源，我国还是全球首个按年度连续发布全国生物物种名录的国家。

电子版名录发布以后，有大量的读者来信索取光盘或从网站上下载名录数据，取得了良好的社会效果。有很多读者和编者建议出版《中国生物物种名录》印刷版，以方便读者、扩大名录的影响。为此，在 2011 年 3 月 31 日中国科学院生物多样性委员会换届大会上正式征求委员的意见，与会者建议尽快编辑出版《中国生物物种名录》印刷版。该项工作得到原中国科学院生命科学与生物技术局的大力支持，设立专门项目，支持《中国生物物种名录》的编研，项目于 2013 年正式启动。

组织编研出版《中国生物物种名录》（印刷版）主要基于以下几点考虑。①及时反映和推动中国生物分类学工作。"三志"是本项工作的重要基础。从目前情况看，植物方面的基础相对较好，2004 年 10 月《中国植物志》80 卷 126 册全部正式出版，*Flora of China* 的编研也已完成；动物方面的基础相对薄弱，《中国动物志》虽已出版 130 余卷，但仍有很多类群没有出版；《中国孢子植物志》已出版 80 余卷，很多类群仍有待编研，且微生物名录数字化基础比较薄弱，在 2012 年版中国生物物种名录光盘版中仅收录 900 多种，而植物有 35 000 多种，动物有 24 000 多种。需要及时总结分类学研究成果，把新种和新的修订，包括分类系统修订的信息及时整合到生物物种名录中，以克服志书编写出版周期长的不足，让各个方面的读者和用户及时了解和使用新的分类学成果。②生物物种名称的审订和处理是志书编写的基础性工作，名录的编研出版可以推动生物志书的编研；相关学科如生物地理学、保护生物学、生态学等的研究工作需要及时更新的生物物种名录。③政府部门和社会团体等在生物多样性保护和可持续利用的实践中，希望及时得到中国物种多样性的统计信息。④全球生物物种名录等国际项目需要中国生物物种名录等区域性名录信息不断更新完善，因此，我们的工作也可以在一定程度上推动全球生物多样性编目与保护工作的进展。

编研出版《中国生物物种名录》（印刷版）是一项艰巨的任务，尽管不追求短期内涉及所有类群，也是难度很大的。衷心感谢各位参编人员的严谨奉献，感谢几位副主编和工作组的把关和协调，特别感谢不幸过世的副主编刘瑞玉院士的积极支持。感谢国家出版基金和科学出版社的资助和支持，保证了本系列丛书的顺利出版。在此，对所有为《中国生物物种名录》编研出版付出艰辛努力的同仁表示诚挚的谢意。

虽然我们在《中国生物物种名录》网络版和光盘版的基础上，组织有关专家重新审订和编写名录的印刷版。但限于资料和编研队伍等多方面因素，肯定会有诸多不尽如人意之处，恳请各位同行和专家批评指正，以便不断更新完善。

陈宜瑜

2013 年 1 月 30 日于北京

动物卷前言

  《中国生物物种名录》（印刷版）动物卷是在该名录电子版的基础上，经编委会讨论协商，选择出部分关注度高、分类数据较完整、近年名录内容更新较多的动物类群，组织分类学专家再次进行审核修订，形成的中国动物名录的系列专著。它涵盖了在中国分布的脊椎动物全部类群、无脊椎动物的部分类群。目前计划出版 14 册，包括兽类（1 册）、鸟类（1 册）、爬行类（1 册）、两栖类（1 册）、鱼类（1 册）、无脊椎动物蜘蛛纲蜘蛛目（1 册）和部分昆虫（7 册）名录，以及脊椎动物总名录（1 册）。

  动物卷各类群均列出了中文名、学名、异名、原始文献和国内分布，部分类群列出了国外分布和模式信息，还有部分类群将重要参考文献以其他文献的方式列出。在国内分布中，省级行政区按以下顺序排序：黑龙江、吉林、辽宁、内蒙古、河北、天津、北京、山西、山东、河南、陕西、宁夏、甘肃、青海、新疆、安徽、江苏、上海、浙江、江西、湖南、湖北、四川、重庆、贵州、云南、西藏、福建、台湾、广东、广西、海南、香港、澳门。为了便于国外读者阅读，将省级行政区英文缩写括注在中文名之后，缩写说明见前言后附表格。为规范和统一出版物中对系列书各分册的引用，我们还给出了引用方式的建议，见缩写词表格后的图书引用建议。

  为了帮助各分册作者编辑名录内容，动物卷工作组建立了一个网络化的物种信息采集系统，先期将电子版的各分册内容导入，并为各作者开设了工作账号和工作空间。作者可以随时在网络平台上补充、修改和审定名录数据。在完成一个分册的名录内容后，按照名录印刷版的格式要求导出名录，形成完整规范的书稿。此平台极大地方便了作者的编撰工作，提高了印刷版名录的编辑效率。

  据初步统计，共有 62 名动物分类学家参与了动物卷各分册的编写工作。编写分类学名录是一项烦琐、细致的工作，需要对研究的类群有充分了解，掌握本学科国内外的研究历史和最新动态。核对一个名称，查找一篇文献，都可能花费很多的时间精力。正是他们一丝不苟、精益求精的工作态度，不求名利的奉献精神，才使这套基础性、公益性的高质量成果得以面世。我们借此机会感谢各位专家学者默默无闻的贡献，向他们表示诚挚的敬意。

  我们还要感谢丛书主编陈宜瑜，副主编洪德元、刘瑞玉、马克平、魏江春、郑光美给予动物卷编写工作的指导和支持，特别感谢马克平副主编大量具体细致的指导和帮助；感谢科学出版社编辑认真细致的编辑和联络工作。

  随着分类学研究的进展，物种名录的内容也在不断更新。电子版名录在每年更新，印刷版名录也将在未来适当的时候再版。最新版的名录内容可以从物种 2000 中国节点的网站（http://www.sp2000.org.cn/）上获得。

《中国生物物种名录》动物卷工作组

2016 年 6 月

中国各省（自治区、直辖市和特区）名称和英文缩写
Abbreviations of provinces, autonomous regions and special administrative regions in China

Abb.	Regions	Abb.	Regions	Abb.	Regions	Abb.	Regions	Abb.	Regions	Abb.	Regions
AH	Anhui	GX	Guangxi	HK	Hong Kong	LN	Liaoning	SD	Shandong	XJ	Xinjiang
BJ	Beijing	GZ	Guizhou	HL	Heilongjiang	MC	Macau	SH	Shanghai	XZ	Xizang
CQ	Chongqing	HB	Hubei	HN	Hunan	NM	Inner Mongolia	SN	Shaanxi	YN	Yunnan
FJ	Fujian	HEB	Hebei	JL	Jilin	NX	Ningxia	SX	Shanxi	ZJ	Zhejiang
GD	Guangdong	HEN	Henan	JS	Jiangsu	QH	Qinghai	TJ	Tianjin		
GS	Gansu	HI	Hainan	JX	Jiangxi	SC	Sichuan	TW	Taiwan		

图书引用建议（以本书为例）

中文出版物引用：武春生. 2018. 中国生物物种名录·第二卷动物·昆虫（I）/鳞翅目/祝蛾科 枯叶蛾科 舟蛾科 凤蝶科 粉蝶科. 北京：科学出版社：引用内容所在页码

Suggested Citation: Chunsheng Wu. 2018. Species Catalogue of China. Vol. 1. Animals, Insecta（I）, Lepidoptera, Lecithoceridae, Lasiocampidae, Notodontidae, Papilionidae, Pieridae. Beijing: Science Press: Page number for cited contents

前　言

　　本名录的基础是编著者此前已经发表的《中国动物志》昆虫纲的 5 本专著，分别是：第七卷 鳞翅目祝蛾科（1997 年）、第二十五卷 鳞翅目 凤蝶科 凤蝶亚科 锯凤蝶亚科 绢蝶亚科（2001 年）、第三十一卷 鳞翅目 舟蛾科（2003 年）、第四十七卷 鳞翅目 枯叶蛾科（2006 年）和第五十二卷 鳞翅目 粉蝶科（2010 年）。编著者此次核实了原有名录，收集整理这 5 本专著出版后至 2014 年 6 月前发表的论文和专著，修订和补充原有名录、添加了新的参考文献，又增加了 300 多个种。本名录包括祝蛾科、枯叶蛾科、舟蛾科、凤蝶科和粉蝶科在中国有记录的全部种及其亚种。

　　祝蛾科（Lecithoceridae）隶属于鳞翅目麦蛾总科（Gelechioidea）。小至中型，无单眼，触角通常等于或长过前翅，雄蛾的触角基部常加粗。下唇须上举，下颚须 4 节。成虫前翅常为黄褐色、黄色、奶油色或灰色，一些种类具金属光泽，许多种类完全无花纹。本科的关键特征是雄外生殖器具有一个末端向腹面弯曲的鸟喙状颚形突。腹部背板常有刺列。Gozmány（1978）将本科分为 3 个亚科：无喙祝蛾亚科（Ceuthomadarinae）、祝蛾亚科（Lecithocerinae）和瘤祝蛾亚科（Torodorinae）；Lvovsky（1996）建立了第 4 个亚科：木祝蛾亚科（Oditinae）。此后国际上都遵循这一分类系统。然而，Heikkilä 等（2014）依据分子和形态特征进行的分析认为，木祝蛾亚科（Oditinae）属于宽蛾科（Depressariidae）。本科世界已知1200 多种。我国没有无喙祝蛾亚科（Ceuthomadarinae）的种类，《中国动物志 昆虫纲 第七卷 鳞翅目 祝蛾科》记述了 2 亚科 206 种（不包括木祝蛾亚科）。本名录加入木祝蛾亚科，共记录 3 亚科 51 属 268 种。

　　枯叶蛾科（Lasiocampidae）隶属于鳞翅目蚕蛾总科（Bombycoidea），或独立为枯叶蛾总科（Lasiocampoidea）（仅包括枯叶蛾科）。中至大型，身体具浓密的鳞片，体躯粗壮。体色与斑纹通常暗淡，有些种类静止时后翅的波状边缘伸出前翅两侧，形似枯叶状，下唇须前伸似叶柄，因此得中文名。喙退化或缺，下唇须小至大型，前伸或上举。两性触角均为双栉齿状，其中雄蛾触角的栉齿分枝长，有时端部的分枝缩短，雌蛾触角端部的分枝通常缩短。无翅缰和翅缰钩，后翅肩区扩大为翅抱。Aurivillius（1927）根据翅脉特征将本科分为 7 个亚科。Franclemont（1973）修订了亚科的分类，将新大陆的枯叶蛾区分为 3个亚科，在非洲有 3 个小的亚科。Dubatolov 和 Zolotuhin（1992）将苏联的枯叶蛾分为 5 个亚科。Franclemont（1973）和 Holloway（1987）认为，根据雄性外生殖器特征可将枯叶蛾科分为 2 个组群。由于枯叶蛾科的亚科分类系统很不完善，现有的分法也不便于实际应用，所以本名录在科下不区分亚科。世界已记载枯叶蛾科昆虫 2200 多种，《中国动物志 昆虫纲 第四十七卷 鳞翅目 枯叶蛾科》记述了 39 属 219 种和亚种，本名录记录 40 属 269 种和亚种（199 种 70 亚种）。

　　舟蛾科（Notodontidae）隶属于鳞翅目夜蛾总科（Noctuoidea）。成虫通常中等大小，少数种类较大或较小。大多数种类呈褐色或灰暗褐色，少数白色或其他鲜艳色泽。雄蛾触角常为双栉齿形，部分为栉齿形或锯齿形具毛簇，少数为线形或毛丛形。翅形大多与夜蛾相似，少数似天蛾或钩蛾。在许多属中，前翅后缘中央有 1～2 枚齿形毛簇。前翅（Cu）肘脉三岔形（广舟蛾亚科除外），即 M_2 脉位于中室横脉中央。Miller（1991）采用支序分类的方法，利用 Hennig 86 对 52 种舟蛾通过 174 个特征（100 个取自成虫，74个取自老熟幼虫）的分析，重建了舟蛾科的系统发育，画出了分支图，并据此将舟蛾科划分为 9 个亚科。Schintlmeister（2008）将本科划分为 10 个亚科 [不包括异舟蛾亚科（Thaumetopoeinae）]，对 Miller（1991）的系统进行了修订。但是，所有这些亚科的划分，其依据的特征标准均不全面也不够明确，迄今还没有一个较成熟的意见。因此，舟蛾科的系统研究，仍是今后我们必须努力探索的方向。本名录据 Miller（1991）

和 Schintlmeister（2008）的分类系统稍作修改。本科世界已知 3800 多种，《中国动物志　昆虫纲　第三十一卷　鳞翅目　舟蛾科》记述了中国舟蛾 9 亚科 554 种和亚种（516 种 38 亚种）。本名录记录了 11 亚科［包括异舟蛾亚科（Thaumetopoeinae）］144 属 792 种和亚种（652 种 140 亚种）。

　　凤蝶科（Papilionidae）隶属于鳞翅目凤蝶总科（Papilionoidea），包括蝴蝶中的一些大型和中型美丽的种类，是主要的观赏昆虫和传粉昆虫。色彩鲜艳，底色多黑色、黄色或白色，有蓝、绿、红等颜色的斑纹。前翅 R 脉 4～5 支、A 脉 2 支。后角常有一尾状突起（燕尾）。其体态窈窕，艳丽多姿，在飞舞、访花吸蜜的过程中，既帮助了植物传粉，又以其自身斑斓的色彩图案点缀了大自然，使自然界更加绚丽多彩，同时也维持了自然界的生态平衡。我国《国家重点保护野生动物名录》（1989）中的 5 种蝴蝶都属于本科，其中，金斑喙凤蝶（*Teinopalpus aureus* Mell）为 I 级，二尾凤蝶［*Bhutanitis mansfieldi* (Riley)］、三尾凤蝶东川亚种（*Bhutanitis thaidina dongchuanensis* Lee）、中华虎凤蝶华山亚种（*Luehdorfia chinensis huashanensis* Lee）和阿波罗绢蝶［*Parnassius apollo* (Linnaeus)］为 II 级。世界已知 3 亚科 570 多种。《中国动物志　昆虫纲　第二十五卷　鳞翅目　凤蝶科　凤蝶亚科　锯凤蝶亚科　绢蝶亚科》依据国际上通用的蝴蝶分类系统，将凤蝶科和绢蝶科合并为一个科，但将锯凤蝶族（Zerynthiini）和绢蝶族（Parnassiini）均作亚科处理，书中记述了 287 种和亚种。本名录记录了 3 亚科 21 属 373 种和亚种（133 种 240 亚种）。

　　粉蝶科（Pieridae）隶属于鳞翅目凤蝶总科（Papilioidea）。本科通常为中型或小型蝴蝶，既有美丽的观赏种类，也有一些危害蔬菜和果树的害虫，如菜粉蝶就是一种广泛分布的蔬菜害虫。Dixey（1894）首次对粉蝶亚科的系统发育进行了研究。Klots（1931～1932）在其本人及前人工作的基础上对粉蝶科的所有属进行了订正。他将粉蝶科划分为 3 个亚科［伪粉蝶亚科（Pseudopontiinae）、袖粉蝶亚科（Dismorphiinae）和粉蝶亚科（Pierinae）］，其中粉蝶亚科分为 3 个族，并给出系统发育分支图。Talbot（1935）在《世界鳞翅目名录》（粉蝶科III）中将黄粉蝶族（Coliadini）提升为亚科，即黄粉蝶亚科（Coliadinae），使粉蝶科包含 4 个亚科。Ehrlich（1958）按四亚科的系统给出了粉蝶科的分支图。Scott（1985）的系统发育研究得出了与 Ehrlich（1958）相同的结论，他们两人都没有在粉蝶亚科中划分族级阶元。de Jong 等（1996）、Braby 等（2006）和 Wahlberg 等（2014）分别基于形态和分子性状对粉蝶科进行了系统发育研究，结果都保持了粉蝶科四亚科的分类系统。本科世界已知 1200 多种，分布广泛。《中国动物志　昆虫纲　第五十二卷　鳞翅目　粉蝶科》记述了 3 亚科 24 属 154 种。本名录记录了 3 亚科 24 属 434 种和亚种（158 种 276 亚种）。

　　本名录在整理过程中得到了中国科学院动物研究所生物多样性信息学研究组的大力支持和帮助，并得到中国科学院重点部署项目［KSZD-EW-TZ-007-2-7（特支项目）］资助，在此表示衷心感谢！

　　本名录涉及面广，而作者知识有限，不足之处敬请读者批评、指正。

武春生

2018 年 6 月于北京

Preface

This catalogue is prepared based on *Fauna Sinica Inecta* Vol. 7: Lepidoptera Lecithoceridae (1997), Vol. 25: Lepidoptera Papilionidae (2001), Vol. 31: Lepidoptera Notodontidae (2003), Vol. 47: Lepidoptera Lasiocampidae (2006) and Vol. 52: Lepidoptera Pieridae (2010). The author revised all the names included in these five volumes of Fauna Sinica and added more than 300 species to the catalogue according to the recent publications up to the middle of 2014. This catalogue contained all the known species and subspecies of Lecithoceridae, Lasiocampidae, Notodontidae, Papilionidae and Pieridae from China.

The family Lecithoceridae belongs to the superfamily Gelechioidea. They are small to medium sized moths without ocelli. The antennae are often thickened in males and as long as or longer than forewing length. The maxillary palpi are 4-segmented and the labial palpi are recurved. The forewings often are yellowish brown, yellow, creamy or grey. Some species are brightly colored and a lot of species lack patterns on both wings. In male genitalia, the gnathos fused to tegumen and the mesial region of it downturned and laterally compressed. The abdominal tergite often have spinous zones. Gozmány (1978) divided family Lecithoceridae into three subfamilies: Ceuthomadarinae, Lecithocerinae and Torodorinae. On the other hand, Lvovsky (1996) designated the subfamily Oditinae as one of subfamilies of Lecithoceridae. This classification system is accepted by the followed researchers. However, in a recent studies using molecular data or combined molecular and morphological data by Heikkilä *et al.* (2014), it was suggested that Oditinae is not associated with the family Lecithoceridae and should be transferred to family Depressariidae. The family Lecithoceridae comprises more than 1200 extant known species worldwide. The subfamily Ceuthomadarinae does not occur in China. In *Fauna Sinica Insecta Vol. 7: Lepidoptera Lecithoceridae*, 206 species were described, which were grouped into two subfamilies: Lecithocerinae and Torodorinae. This catalogue added subfamily Oditinae, including 51 genera and 268 species within three subfamilies.

The family Lasiocampidae belongs to the superfamily Bombycoidea, or to superfamily Lasiocampoidea (only contains Lasiocampidae). The moths are medium to large in size, and have a robust and hairy appearance. They are generally cryptically coloured and patterned. The resting posture of many lasiocampids is characteristic, with the waved margin of the hindwings extending beyond the front margin of the forewings, which looks like a dead leaf. The proboscis is vestigial or absent. The labial palpi are small to large, and often porrect or upturned. The antennae are bipectinate to the apex in both sexes, more broadly so in the males, with shorter rami in the females. Frenulum and retinaculum are absent in both sexes. The wing-coupling is assisted by an expanded humeral area in the hindwing, which is supplied with one or more humeral veins. The family was divided into seven subfamilies by Aurivillius (1927) based on the details of wing venation. This classification was questioned by Franclemont (1973) who suggested that the lasiocampids can be divided into three subfamilies respectively in the new world and in Africa. Dubatolov and Zolotuhin (1992) divided this family into five subfamilies in USSR. This family was divided into two groups by Franclemont (1973) and Holloway (1987) based on the genital structures. Because the classification of Lasiocampidae is not satisfactory, we do not divide it into subfamilies in this catalogue. The family Lasiocampidae comprises more than 2200 known species worldwide. In *Fauna Sinica Insecta Vol. 47: Lepidoptera Lasiocampidae*, 39 genera and 219 species and subspecies were described. This catalogue included 40 genera and 269 species and subspecies in China.

The family Notodontidae belongs to the superfamily Noctuoidea. The moths usually medium in size, but a few of them are larger or smaller. The majority of species are brown or dark brown, sometimes white or bright. The male antennae are typically bipectinate, often to the apex, while those of the female are weakly bipectinate or simple. The wing forms are generally similar to Noctuidae, sometimes similar to Sphingidae or Drepanidae. In many genera the dorsum of the forewing bears 1-2 central angular projections. The wing venation is trifid except subfamily Platychasmatinae. A phylogeny for the Notodontidae was constructed based on cladistic relationships among 52 notodontid species by Miller (1991). The data set consisted of 174 morphological characters (100 from adults and 74 from final instar larvae). Cladistic analyses using the Hennig 86 parsimony program produced eight equally parsimonious trees. As a result, nine monophyletic subfamilies were recognized. Schintlmeister (2008) revised the classification of Miller (1991) and divided this family into ten subfamilies except subfamily Thaumetopoeinae. However, the characters using for division of subfamilies are not satisfactory. The phylogenetic relationships between the subfamilies of Notodontidae need to be studied further. The classification in this catalogue fellows Miller (1991) and Schintlmeister (2008), but includes subfamily Thaumetopoeinae. The family Notodontidae comprises more than 3800 described species worldwide. In *Fauna Sinica Insecta Vol. 31: Lepidoptera Notodontidae*, 516 species and 38 subspecies (554 species and subspecies) within 9 subfamilies were described. This catalogue included 792 species and subspecies within 11 subfamilies (containing Thaumetopoeinae) in China.

The swallowtail butterfly family Papilionidae belongs to the superfamily Papilionoidea. This family includes many beautiful butterflies, which are large or medium in size. They are important enjoyable insects and pollinators. The ground colours of their wings mostly are black, yellow or white, with blue, green, red markings. In the forewing R has 4-5 branches and there are two anal veins. The hindwing generally has a tail-like extension (swallowtail). They are famous for their graceful forms, beautiful patterns and bright colours. During the visiting flowers, they pollinate for plants and bring a beauty to the world. As the pollinators, they play an important role in maintaining ecological balance in nature. Five species of Chinese butterflies are included in "The List of National Key Protected Wild Animals of China (1989)", all of which belong to family Papilionidae. Among them, *Teinopalpus aureus* Mell is listed as grade I, and *Bhutanitis mansfieldi* (Riley), *Bh. thaidina dongchuanensis* Lee, *Luehdorfia chinensis huashanensis* Lee and *Parnassius apollo* (L.) are listed as grade II. The family contains more than 570 known species within 3 subfamilies in the world. In *Fauna Sinica Insecta Vol. 25: Lepidoptera Papilionidae*, the family Parnassiidae was treated as a subfamily of Papilionidae according to the classification system of butterflies in the world, but tribe Zerynthiini was treated as a distinct subfamily of Papilionidae. In this volume, 287 species and subspecies were described. This catalogue included 21 genera and 373 species and subspecies within 3 subfamilies in China.

The family Pieridae belongs to the superfamily Papilionoidea. They are generally medium, sometimes small in size. Some species are beautiful butterflies, and a few of them are pests, of which *Pieris rapae* (Linnaeus) is a famous widespread pest of vegetables. Dixey (1894) studied the phylogeny of the Pierinae for the first time. Klots (1931-1932) revised all genera of Pieridae based on his own earlier work as well as others. He recognized three subfamilies, namely, Pseudopontiinae, Dismorphiinae and Pierinae, of which the Pierinae consisted of three tribes. He also reconstructed an intuitive phylogenic tree of Pieridae. Talbot (1935) treated Coliadini as a distinct subfamily, the Coliadinae, in *Lepidopterorum catalogus* (Pieridae III), so that Pieridae contained four subfamilies. Ehrlich (1958) gave a phenetic tree of Pieridae in four subfamilies. Scott (1985) reached the same conclusion as Ehrlich (1958) with regard to the classification and relationships of the pierid subfamilies. In both Ehrlich's and Scott's classifications, the Pierinae were not further subdivided into tribes. The phylogeny of the Pieridae was reconstructed respectively based on an analysis of the morphological characters and the molecular data (Jong *et al.*, 1996; Braby *et al.*, 2006; Wahlberg *et al.*, 2014). Their results showed that the four subfamilies of Pieridae have remained relatively stable. The family contains more than 1200 known species in the world and is widely distributed. In *Fauna Sinica Insecta Vol. 52: Lepidoptera Pieridae*, 24 genera and 154 species within 3 subfamilies were described. This catalogue included 434 species and subspecies in China.

We are very grateful to the Research Group of Biodiversity Informatics (BiodInfo Group) for providing assistances during this research. This research was supported by the Key Arranged Project, Chinese Academy of Sciences [KSZD-EW-TZ-007-2-7 (special project)].

This catalogue involves a wide range of knowledge and the author's knowledge is limited so that certain errors may surface in the text. I sincerely hope the readers can point them out and make recommendations for improvement.

Chunsheng Wu

June, 2018, Beijing

目　　录

一、祝蛾科 Lecithoceridae Le Marchand, 1947

Le Marchand, 1947: 153.

异名（Synonym）：

Timyridae Clarke, 1955: 21.

其他文献（Reference）：Clarke, 1955; Gozmány, 1978; Wu, 1997c.

1. 祝蛾亚科 Lecithocerinae Le Marchand, 1947

Le Marchand, 1947: 153.

1）柔祝蛾属 Amaloxestis Gozmány, 1971

Gozmány, 1971: 251.

异名（Synonym）：

Macrotona Meyrick, 1904: 405.

其他文献（Reference）：Meyrick, 1910; Wu, 1997c.

（1）黄柔祝蛾 Amaloxestis cnecosa Wu, 1997

Wu, 1997c: 153.

分布（Distribution）：湖南（HN）、云南（YN）

2）安娜祝蛾属 Anamimnesis Gozmány, 1978

Gozmány, 1978: 254.

其他文献（Reference）：Wu, 1997c.

（2）安娜祝蛾 Anamimnesis bleszynskii Gozmány, 1978

Gozmány, 1978: 248.

分布（Distribution）：浙江（ZJ）

其他文献（Reference）：Wu, 1997c.

3）顶祝蛾属 Carodista Meyrick, 1925

Meyrick, 1925a: 224.

其他文献（Reference）：Clarke, 1955; Gozmány, 1978; Wu, 1997c.

（3）短管顶祝蛾 Carodista brevisaca Wu, 1997

Wu, 1997c: 187.

分布（Distribution）：江西（JX）

（4）刀顶祝蛾 Carodista cultrata Park, 2000

Park, 2000: 369.

分布（Distribution）：台湾（TW）

（5）黄褐顶祝蛾 Carodista flavicana Wu, 2003

Wu, 2003: 209.

分布（Distribution）：贵州（GZ）

（6）刘氏顶祝蛾 Carodista liui Wu, 2002

Wu, 2002b: 136.

分布（Distribution）：北京（BJ）

（7）山顶祝蛾 Carodista montana Park, 2000

Park, 2000: 367.

分布（Distribution）：台湾（TW）

4）柯祝蛾属 Catacreagra Gozmány, 1978

Gozmány, 1978: 167.

其他文献（Reference）：Wu, 1997c.

（8）灯柯祝蛾 Catacreagra notolychna (Meyrick, 1936)

Meyrick, 1936: 48.

异名（Synonym）：

Homaloxestis notolychna Meyrick, 1936: 48.

分布（Distribution）：台湾（TW）；日本

其他文献（Reference）：Gozmány, 1978; Moriuti, 1982; Wu, 1997c.

5）毛祝蛾属 Dinochares Meyrick, 1925

Meyrick, 1925a: 205.

（9）背鳞毛祝蛾 Dinochares notolepis Park, 2000

Park, 2000: 369.

分布（Distribution）：台湾（TW）

6）东方祝蛾属 Eurodachtha Gozmány, 1978

Gozmány, 1978: 151-153.

其他文献（Reference）：Wu, 1997c.

（10）齿管东方祝蛾 Eurodachtha congrisona Wu, 1997

Wu, 1997c: 190.

分布（Distribution）：江西（JX）

7）福利祝蛾属 Frisilia Walker, 1864

Walker, 1864: 795.

异名（Synonym）：

Tipasa Walker, 1864: 804;

Macrernis Meyrick, 1887: 275.
其他文献（**Reference**）：Janse, 1954; Clarke, 1955; Gozmány, 1978; Wu, 1997c.

（11）安宁福利祝蛾 *Frisilia anningensis* **Wu, 1997**

Wu, 1997d: 87.
分布（**Distribution**）：云南（YN）
其他文献（**Reference**）：Wu, 1997c.

（12）中华福利祝蛾 *Frisilia chinensis* **Gozmány, 1978**

Gozmány, 1978: 129-130.
分布（**Distribution**）：四川（SC）
其他文献（**Reference**）：Wu, 1997c.

（13）台湾福利祝蛾 *Frisilia homalistis* **Meyrick, 1935**

Meyrick, 1935b: 563.
分布（**Distribution**）：台湾（TW）
其他文献（**Reference**）：Clarke, 1965; Gozmány, 1978; Wu, 1997c.

（14）黄福利祝蛾 *Frisilia homochlora* **Meyrick, 1910**

Meyrick, 1910: 437.
分布（**Distribution**）：江西（JX）、台湾（TW）；印度
其他文献（**Reference**）：Clarke, 1965; Wu, 1997c.

（15）条斑福利祝蛾 *Frisilia striapunctata* **Wu, 1997**

Wu, 1997d: 87.
分布（**Distribution**）：海南（HI）
其他文献（**Reference**）：Wu, 1997c.

8）乳祝蛾属 *Galoxestis* Wu, 1994

Wu, 1994b: 135-136.
其他文献（**Reference**）：Wu, 1997c.

（16）斑乳祝蛾 *Galoxestis baliocata* **Wu, 1994**

Wu, 1994b: 136-137.
分布（**Distribution**）：广西（GX）
其他文献（**Reference**）：Wu, 1997c.

（17）棒乳祝蛾 *Galoxestis cladia* **Wu, 1997**

Wu, 1997c: 206-207.
分布（**Distribution**）：浙江（ZJ）

（18）乳祝蛾 *Galoxestis sarmenta* **Wu, 1994**

Wu, 1994b: 136.
分布（**Distribution**）：四川（SC）
其他文献（**Reference**）：Wu, 1997c.

（19）点乳祝蛾 *Galoxestis stictata* **Wu, 1994**

Wu, 1994b: 136.
分布（**Distribution**）：四川（SC）
其他文献（**Reference**）：Wu, 1997c.

9）荷祝蛾属 *Hoenea* Gozmány, 1970

Gozmány, 1970: 214-215.
其他文献（**Reference**）：Wu, 1997c.

（20）荷祝蛾 *Hoenea helenae* **Gozmány, 1970**

Gozmány, 1970: 214-215.
分布（**Distribution**）：云南（YN）
其他文献（**Reference**）：Wu, 1997c.

10）素祝蛾属 *Homaloxestis* Meyrick, 1910

Meyrick, 1910: 440.
其他文献（**Reference**）：Meyrick, 1931; Janse, 1954; Clarke, 1965; Diakonoff, 1967; Gozmány, 1978; Wu, 1997c.

（21）台素祝蛾 *Homaloxestis antibathra* **Meyrick, 1916**

Meyrick, 1916: 575.
分布（**Distribution**）：四川（SC）；印度
其他文献（**Reference**）：Clarke, 1965; Wu, 1997c.

（22）白巴素祝蛾 *Homaloxestis baibaraensis* **Park, 1999**

Park, 1999: 240.
分布（**Distribution**）：台湾（TW）

（23）箭突素祝蛾 *Homaloxestis cholopis* **(Meyrick, 1906)**

Meyrick, 1906: 149.
异名（**Synonym**）：
Lecithocera cholopis Meyrick, 1906: 149;
Homaloxestis lophophora Janse, 1954: 341;
Homaloxestis surrepta Diakonoff, 1967: 130.
分布（**Distribution**）：云南（YN）、福建（FJ）、台湾（TW）、广东（GD）、海南（HI）；缅甸、尼泊尔、菲律宾、南非
其他文献（**Reference**）：Gozmány, 1978; Wu, 1997c.

（24）纹素祝蛾 *Homaloxestis cicatrix* **Gozmány, 1973**

Gozmány, 1973: 415-416.
分布（**Distribution**）：江西（JX）、海南（HI）；尼泊尔
其他文献（**Reference**）：Gozmány, 1978; Wu, 1994a, 1997c.

（25）植素祝蛾 *Homaloxestis croceata* **Gozmány, 1978**

Gozmány, 1978: 73.
分布（**Distribution**）：河北（HEB）、江苏（JS）；韩国
其他文献（**Reference**）：Wu, 1997c.

（26）裂腹素祝蛾 *Homaloxestis dehiscentis* **Wu et Liu, 1992**

Wu *et* Liu, 1992b: 678.
分布（**Distribution**）：湖南（HN）
其他文献（**Reference**）：Wu, 1997c.

（27）海南素祝蛾 *Homaloxestis hainanensis* **Wu, 1994**

Wu, 1994a: 143-144.

分布（**Distribution**）：海南（HI）

其他文献（**Reference**）：Wu, 1997c.

（28）夕素祝蛾 *Homaloxestis hesperis* **Gozmány, 1978**

Gozmány, 1978: 74.

分布（**Distribution**）：贵州（GZ）；日本

其他文献（**Reference**）：Wu, 1997c.

（29）愉素祝蛾 *Homaloxestis hilaris* **Gozmány, 1978**

Gozmány, 1978: 70-71.

分布（**Distribution**）：浙江（ZJ）、贵州（GZ）、台湾（TW）

其他文献（**Reference**）：Wu, 1997c.

（30）纶素祝蛾 *Homaloxestis liochlaena* **Meyrick, 1931**

Meyrick, 1931: 68.

分布（**Distribution**）：四川（SC）

其他文献（**Reference**）：Clarke, 1965; Gozmány, 1978; Wu, 1997c.

（31）柄素祝蛾 *Homaloxestis miscogana* **Wu, 1997**

Wu, 1997c: 151.

分布（**Distribution**）：四川（SC）、贵州（GZ）

（32）尖针素祝蛾 *Homaloxestis mucroraphis* **Gozmány, 1978**

Gozmány, 1978: 173-174.

分布（**Distribution**）：贵州（GZ）、云南（YN）

其他文献（**Reference**）：Wu, 1997c.

（33）平素祝蛾 *Homaloxestis myeloxesta* **Meyrick, 1932**

Meyrick, 1932: 203.

分布（**Distribution**）：台湾（TW）；日本

其他文献（**Reference**）：Clarke, 1965; Gozmány, 1978; Moriuti, 1982; Wu, 1997c.

（34）狭翅素祝蛾 *Homaloxestis stenopteryx* **Wu, 2005**

Wu, 2005a: 270.

分布（**Distribution**）：贵州（GZ）

（35）木素祝蛾 *Homaloxestis xylotripha* **Meyrick, 1918**

Meyrick, 1918: 102.

分布（**Distribution**）：云南（YN）；阿富汗、巴基斯坦、尼泊尔

其他文献（**Reference**）：Clarke, 1965; Gozmány, 1978; Wu, 1997c.

11）银祝蛾属 *Issikiopteryx* Moriuti, 1973

Moriuti, 1973: 31.

异名（**Synonym**）：

Ephelochna Wu et Liu, 1993b: 348;

Glaucolychna Wu et Liu, 1993b: 348.

其他文献（**Reference**）：Wu, 1997c.

（36）岚花银祝蛾 *Issikiopteryx corona* (**Wu et Liu, 1993**)

Wu et Liu, 1993b: 351-352.

异名（**Synonym**）：

Glaucolychna (*Ephelochna*) *corona* Wu et Liu, 1993b: 351-352.

分布（**Distribution**）：福建（FJ）

其他文献（**Reference**）：Wu, 1997c.

（37）眉花银祝蛾 *Issikiopteryx ophrysa* (**Wu et Liu, 1993**)

Wu et Liu, 1993b: 350-351.

异名（**Synonym**）：

Glaucolychna (*Ephelochna*) *ophrysa* Wu et Liu, 1993b: 350-351.

分布（**Distribution**）：贵州（GZ）、福建（FJ）

其他文献（**Reference**）：Wu, 1997c, 2012.

（38）三花银祝蛾 *Issikiopteryx trichacera* (**Wu, 1997**)

Wu, 1997c: 161-162.

异名（**Synonym**）：

Glaucolychna (*Ephelochna*) *trichacera* Wu, 1997c: 161-162.

分布（**Distribution**）：安徽（AH）

（39）金银祝蛾 *Issikiopteryx aurolaxa* (**Wu et Liu, 1993**)

Wu et Liu, 1993b: 349-350.

异名（**Synonym**）：

Glaucolychna (*Glaocolychna*) *aurolaxa* Wu et Liu, 1993b: 349-350.

分布（**Distribution**）：四川（SC）

其他文献（**Reference**）：Wu, 1997c.

（40）黄宽银祝蛾 *Issikiopteryx fornicata* (**Wu et Liu, 1993**)

Wu et Liu, 1993b: 352-353.

异名（**Synonym**）：

Glaucolychna (*Issikiopteryx*) *fornicata* Wu et Liu, 1993b: 352-353.

分布（**Distribution**）：福建（FJ）

其他文献（**Reference**）：Wu, 1997c.

（41）钝角银祝蛾 *Issikiopteryx obtusangula* **Fan et Li, 2008**

Fan et Li, 2008: 57.

分布（**Distribution**）：湖南（HN）、贵州（GZ）

（42）圆凹银祝蛾 *Issikiopteryx rotundiconcava* **Fan et Li, 2008**

Fan et Li, 2008: 58.

分布（Distribution）：四川（SC）

（43）太平宽银祝蛾 *Issikiopteryx taipingensis* Park, 2003

Park, 2003b: 15.

分布（Distribution）：台湾（TW）

（44）刺瓣银祝蛾 *Issikiopteryx valvispinata* Fan *et* Li, 2008

Fan *et* Li, 2008: 55.

分布（Distribution）：贵州（GZ）

（45）带宽银祝蛾 *Issikiopteryx zonosphaera* (Meyrick, 1935)

Meyrick, 1935a: 73-74.

异名（Synonym）：

Olbothrepta zonosphaera Meyrick, 1935a: 73-74.

分布（Distribution）：陕西（SN）、安徽（AH）、浙江（ZJ）、江西（JX）、湖南（HN）

其他文献（Reference）：Moriuti, 1973; Wu, 1997c.

12）苍祝蛾属 *Kalocyrma* Wu, 1994

Wu, 1994b: 137.

其他文献（Reference）：Wu, 1997c.

（46）苍祝蛾 *Kalocyrma curota* Wu, 1994

Wu, 1994b: 138.

分布（Distribution）：浙江（ZJ）

其他文献（Reference）：Wu, 1997c.

（47）短角苍祝蛾 *Kalocyrma decurtata* Wu, 1994

Wu, 1994b: 139.

分布（Distribution）：河北（HEB）

其他文献（Reference）：Wu, 1997c.

（48）蛇木苍祝蛾 *Kalocyrma echita* Wu, 1994

Wu, 1994b: 139.

分布（Distribution）：安徽（AH）、江西（JX）

其他文献（Reference）：Wu, 1997c.

13）祝蛾属 *Lecithocera* Herrich-Schäffer, 1853

Herrich-Schäffer, 1853: 45.

异名（Synonym）：

Patouissa Walker, 1864: 820;

Periphorectis Meyrick, 1925a: 255;

Brachyerga Meyrick, 1925a: 255;

Xanthocera Amsel, 1953: 425;

Leviptera Janse, 1954: 342-343;

Xanthocerodes Amsel, 1955: 60;

Parrhasastris Gozmány, 1972: 292.

其他文献（Reference）：Clarke, 1955; Gozmány, 1978; Wu *et* Liu, 1993a; Wu, 1997c.

（49）安氏祝蛾 *Lecithocera amseli* Gozmány, 1978

Gozmány, 1978: 104-105.

分布（Distribution）：云南（YN）

其他文献（Reference）：Wu, 1997c.

（50）犄环祝蛾 *Lecithocera anglijuxta* Wu, 1997

Wu, 1997c: 126.

分布（Distribution）：贵州（GZ）、云南（YN）

其他文献（Reference）：Wu, 2012.

（51）星祝蛾 *Lecithocera asteria* Wu, 1997

Wu, 1997c: 126.

分布（Distribution）：云南（YN）

（52）阔翅祝蛾 *Lecithocera atiola* Park, 1999

Park, 1999: 247.

分布（Distribution）：台湾（TW）

（53）北京祝蛾 *Lecithocera beijingensis* Wu *et* Liu, 1993

Wu *et* Liu, 1993a: 329.

分布（Distribution）：北京（BJ）

其他文献（Reference）：Wu, 1997c.

（54）双斑祝蛾 *Lecithocera bimaculata* Park, 1999

Park, 1999: 244.

分布（Distribution）：台湾（TW）

（55）栗祝蛾 *Lecithocera castanoma* Wu, 1997

Wu, 1997c: 125.

分布（Distribution）：广东（GD）；泰国

（56）粒祝蛾 *Lecithocera chondria* Wu, 1997

Wu, 1997c: 125.

分布（Distribution）：江西（JX）、贵州（GZ）

其他文献（Reference）：Wu, 2005a.

（57）槽突祝蛾 *Lecithocera contorta* Wu *et* Liu, 1993

Wu *et* Liu, 1993a: 330.

分布（Distribution）：四川（SC）

其他文献（Reference）：Wu, 1997c.

（58）尖祝蛾 *Lecithocera cuspidata* Wu *et* Liu, 1993

Wu *et* Liu, 1993a: 329.

分布（Distribution）：四川（SC）

其他文献（Reference）：Wu, 1997c.

（59）大卫祝蛾 *Lecithocera dondavisi* Park *et al.*, 2013

Park *et al.*, 2013b: 54.

分布（Distribution）：台湾（TW）

（60）乌木祝蛾 *Lecithocera ebenosa* Wu, 1997

Wu, 1997c: 127.

分布（**Distribution**）：云南（YN）

（61）桨祝蛾 *Lecithocera eretma* Wu *et* Liu, 1993

Wu *et* Liu, 1993a: 327.

分布（**Distribution**）：四川（SC）

其他文献（**Reference**）：Wu, 1997c.

（62）黑翅祝蛾 *Lecithocera fuscosa* Park, 1999

Park, 1999: 250.

分布（**Distribution**）：台湾（TW）

（63）蕾祝蛾 *Lecithocera gemma* Wu *et* Liu, 1993

Wu *et* Liu, 1993a: 329.

分布（**Distribution**）：福建（FJ）

其他文献（**Reference**）：Wu, 1997c.

（64）台祝蛾 *Lecithocera heconoma* Meyrick, 1926

Meyrick, 1926: 156.

分布（**Distribution**）：台湾（TW）

（65）喜马祝蛾 *Lecithocera hemiacma* Meyrick, 1910

Meyrick, 1910: 448.

分布（**Distribution**）：西藏（XZ）；马来西亚

其他文献（**Reference**）：Clarke, 1965; Gozmány, 1978; Liu *et* Bai, 1982; Wu, 1997c.

（66）裂突祝蛾 *Lecithocera hiata* Wu *et* Liu, 1993

Wu *et* Liu, 1993a: 328.

分布（**Distribution**）：四川（SC）

其他文献（**Reference**）：Wu, 1997c.

（67）印度祝蛾 *Lecithocera insidians* Meyrick, 1918

Meyrick, 1918: 108.

分布（**Distribution**）：四川（SC）、福建（FJ）；印度

其他文献（**Reference**）：Clarke, 1965; Wu *et* Liu, 1993a; Wu, 1997c.

（68）拉祝蛾 *Lecithocera latiola* Park, 1999

Park, 1999: 247.

分布（**Distribution**）：台湾（TW）

（69）安徽祝蛾 *Lecithocera levirota* Wu *et* Liu, 1993

Wu *et* Liu, 1993a: 328.

分布（**Distribution**）：安徽（AH）

其他文献（**Reference**）：Wu, 1997c.

（70）长瓣祝蛾 *Lecithocera longivalva* Gozmány, 1978

Gozmány, 1978: 105.

分布（**Distribution**）：四川（SC）、贵州（GZ）、云南（YN）

其他文献（**Reference**）：Wu, 1997c, 2005a.

（71）莲祝蛾 *Lecithocera lota* Wu, 1997

Wu, 1997c: 127.

分布（**Distribution**）：广西（GX）

（72）杯祝蛾 *Lecithocera manesa* Wu *et* Liu, 1992

Wu *et* Liu, 1992b: 678.

分布（**Distribution**）：湖南（HN）、四川（SC）

其他文献（**Reference**）：Wu, 1997c.

（73）大壳祝蛾 *Lecithocera megalopis* Meyrick, 1916

Meyrick, 1916: 575.

分布（**Distribution**）：江西（JX）、台湾（TW）；菲律宾

其他文献（**Reference**）：Clarke, 1965; Wu *et* Liu, 1993a; Wu, 1997c.

（74）蜜祝蛾 *Lecithocera melliflua* Gozmány, 1978

Gozmány, 1978: 105.

分布（**Distribution**）：湖南（HN）、湖北（HB）

其他文献（**Reference**）：Wu *et* Liu, 1992b; Wu, 1997c.

（75）谐祝蛾 *Lecithocera meloda* Wu *et* Liu, 1993

Wu *et* Liu, 1993a: 328.

分布（**Distribution**）：海南（HI）

其他文献（**Reference**）：Wu, 1997c.

（76）麦氏祝蛾 *Lecithocera meyricki* Gozmány, 1978

Gozmány, 1978: 100.

异名（**Synonym**）：

Lecithocera callirrhabda Meyrick, 1936a: 158 (partim).

分布（**Distribution**）：山东（SD）

其他文献（**Reference**）：Wu, 1997c.

（77）光祝蛾 *Lecithocera nitikoba* Wu *et* Liu, 1993

Wu *et* Liu, 1993a: 330.

分布（**Distribution**）：云南（YN）

其他文献（**Reference**）：Wu, 1997c.

（78）革管祝蛾 *Lecithocera ossicula* Wu, 1997

Wu, 1997c: 126.

分布（**Distribution**）：云南（YN）

（79）邻安祝蛾 *Lecithocera paralevirota* Park, 1999

Park, 1999: 245.

分布（**Distribution**）：台湾（TW）

（80）陶祝蛾 *Lecithocera pelomorpha* Meyrick, 1931

Meyrick, 1931: 69.

分布（**Distribution**）：浙江（ZJ）、湖南（HN）、四川（SC）、云南（YN）、台湾（TW）

其他文献（**Reference**）：Clarke, 1965; Gozmány, 1978; Wu, 1997c.

（81）扁祝蛾 *Lecithocera petalana* **Wu** *et* **Liu, 1993**

Wu *et* Liu, 1993a: 330.

分布（Distribution）：四川（SC）

其他文献（Reference）：Wu, 1997c.

（82）狼祝蛾 *Lecithocera protolyca* **Meyrick, 1938**

Meyrick, 1938: 5.

分布（Distribution）：云南（YN）

其他文献（Reference）：Gozmány, 1978; Clarke, 1965; Wu, 1997c.

（83）美祝蛾 *Lecithocera pulchella* **Park, 1999**

Park, 1999: 254.

分布（Distribution）：台湾（TW）

（84）针祝蛾 *Lecithocera raphidica* **Gozmány, 1978**

Gozmány, 1978: 106.

分布（Distribution）：上海（SH）

其他文献（Reference）：Wu, 1997c.

（85）小褐祝蛾 *Lecithocera sabrata* **Wu** *et* **Liu, 1993**

Wu *et* Liu, 1993a: 330.

分布（Distribution）：浙江（ZJ）

其他文献（Reference）：Wu, 1997c.

（86）山平祝蛾 *Lecithocera shanpinensis* **Park, 1999**

Park, 1999: 247.

分布（Distribution）：台湾（TW）

（87）合祝蛾 *Lecithocera structurata* **Gozmány, 1978**

Gozmány, 1978: 107.

分布（Distribution）：浙江（ZJ）

其他文献（Reference）：Wu, 1997c.

（88）太平祝蛾 *Lecithocera thaiheisana* **Park, 1999**

Park, 1999: 246.

分布（Distribution）：台湾（TW）

（89）邻平祝蛾 *Lecithocera affinita* **Wu, 1997**

Wu, 1997c: 142.

异名（Synonym）：

Lecithocera affusa (nec. Meyrick) Wu *et* Liu, 1992b: 679-680.

分布（Distribution）：湖南（HN）

（90）高平祝蛾 *Lecithocera altusana* **Park, 1999**

Park, 1999: 252.

分布（Distribution）：台湾（TW）

（91）缘平祝蛾 *Lecithocera ambona* **Wu** *et* **Liu, 1993**

Wu *et* Liu, 1993a: 333.

分布（Distribution）：四川（SC）

其他文献（Reference）：Wu, 1997c.

（92）窄瓣平祝蛾 *Lecithocera angustiella* **Park, 1999**

Park, 1999: 251.

分布（Distribution）：台湾（TW）

（93）褐平祝蛾 *Lecithocera atricastana* **Park, 1999**

Park, 1999: 254.

分布（Distribution）：台湾（TW）

（94）半网平祝蛾 *Lecithocera aulias* **Meyrick, 1910**

Meyrick, 1910: 447.

分布（Distribution）：陕西（SN）、江西（JX）、湖南（HN）、四川（SC）、台湾（TW）；印度

其他文献（Reference）：Clarke, 1965; Wu *et* Liu, 1992b; Wu, 1997c.

（95）雅平祝蛾 *Lecithocera aulicousta* **Wu, 1997**

Wu, 1997c: 141.

分布（Distribution）：四川（SC）

（96）黑平祝蛾 *Lecithocera catacnepha* **Gozmány, 1973**

Gozmány, 1973: 426.

分布（Distribution）：福建（FJ）、海南（HI）；尼泊尔

其他文献（Reference）：Gozmány, 1978; Wu *et* Liu, 1993a; Wu, 1997c.

（97）纸平祝蛾 *Lecithocera chartaca* **Wu** *et* **Liu, 1993**

Wu *et* Liu, 1993a: 334.

分布（Distribution）：江西（JX）

其他文献（Reference）：Wu, 1997c.

（98）双齿平祝蛾 *Lecithocera didentata* **Wu** *et* **Liu, 1993**

Wu *et* Liu, 1993a: 333.

分布（Distribution）：安徽（AH）

其他文献（Reference）：Wu, 1997c.

（99）曲平祝蛾 *Lecithocera eligmosa* **Wu** *et* **Liu, 1993**

Wu *et* Liu, 1993a: 331.

分布（Distribution）：江西（JX）

其他文献（Reference）：Wu, 1997c.

（100）冥平祝蛾 *Lecithocera erebosa* **Wu** *et* **Liu, 1993**

Wu *et* Liu, 1993a: 334.

分布（Distribution）：北京（BJ）

其他文献（Reference）：Wu, 1997c.

（101）竖平祝蛾 *Lecithocera erecta* **Meyrick, 1935**

Meyrick, 1935a: 74.

分布（Distribution）：北京（BJ）、河南（HEN）、安徽（AH）、浙江（ZJ）、江西（JX）、湖南（HN）、四川（SC）、贵州（GZ）、云南（YN）、福建（FJ）、台湾（TW）

其他文献（Reference）：Gozmány, 1978; Wu, 1997c.

（102）带平祝蛾 *Lecithocera fascicula* **Park, 1999**

Park, 1999: 253.

分布（Distribution）：台湾（TW）

（103）迷平祝蛾 *Lecithocera fascinatrix* **Meyrick, 1935**

Meyrick, 1935b: 563.

分布（Distribution）：台湾（TW）

其他文献（Reference）：Clarke, 1965; Gozmány, 1978; Wu, 1997c.

（104）镰平祝蛾 *Lecithocera iodocarpha* **Gozmány, 1978**

Gozmány, 1978: 114.

分布（Distribution）：浙江（ZJ）、贵州（GZ）

其他文献（Reference）：Wu, 1997c, 2005a.

（105）轭平祝蛾 *Lecithocera jugalis* **Meyrick, 1918**

Meyrick, 1918: 109.

分布（Distribution）：江西（JX）；印度

其他文献（Reference）：Clarke, 1965; Wu et Liu, 1993a; Wu, 1997c.

（106）细平祝蛾 *Lecithocera laciniata* **Wu, 1997**

Wu, 1997c: 141.

分布（Distribution）：西藏（XZ）

（107）网板平祝蛾 *Lecithocera lacunara* **Wu et Liu, 1993**

Wu et Liu, 1993a: 331.

分布（Distribution）：江西（JX）、湖北（HB）、四川（SC）、贵州（GZ）

其他文献（Reference）：Wu, 1997c, 2005a.

（108）潜平祝蛾 *Lecithocera latebrata* **Wu, 1997**

Wu, 1997c: 142.

分布（Distribution）：安徽（AH）

（109）纵平祝蛾 *Lecithocera licnitha* **Wu et Liu, 1993**

Wu et Liu, 1993a: 332-333.

分布（Distribution）：云南（YN）

其他文献（Reference）：Wu, 1997c.

（110）南方平祝蛾 *Lecithocera metacausta* **Meyrick, 1910**

Meyrick, 1910: 446.

分布（Distribution）：江西（JX）、贵州（GZ）、福建（FJ）；印度

其他文献（Reference）：Clarke, 1965; Wu et Liu, 1993a; Wu, 1997c, 2012.

（111）暗平祝蛾 *Lecithocera morphna* **Wu, 1997**

Wu, 1997c: 142.

分布（Distribution）：云南（YN）

（112）石平祝蛾 *Lecithocera mylitacha* **Wu et Liu, 1993**

Wu et Liu, 1993a: 334.

分布（Distribution）：云南（YN）

其他文献（Reference）：Wu, 1997c.

（113）梨平祝蛾 *Lecithocera olinxana* **Wu et Liu, 1993**

Wu et Liu, 1993a: 331.

分布（Distribution）：安徽（AH）

其他文献（Reference）：Wu, 1997c.

（114）帕岭平祝蛾 *Lecithocera palingensis* **Park, 1999**

Park, 1999: 252.

分布（Distribution）：台湾（TW）

（115）掌平祝蛾 *Lecithocera palmata* **Wu et Liu, 1993**

Wu et Liu, 1993a: 332.

分布（Distribution）：安徽（AH）、贵州（GZ）、海南（HI）

其他文献（Reference）：Wu, 1997c, 2005a.

（116）管平祝蛾 *Lecithocera paraulias* **Gozmány, 1978**

Gozmány, 1978: 114.

分布（Distribution）：浙江（ZJ）、贵州（GZ）、海南（HI）

其他文献（Reference）：Wu, 1997c.

（117）尼平祝蛾 *Lecithocera parenthesis* **Gozmány, 1973**

Gozmány, 1973: 422.

分布（Distribution）：西藏（XZ）；尼泊尔

其他文献（Reference）：Gozmány, 1978; Wu, 1997c.

（118）眼平祝蛾 *Lecithocera peracantha* **Gozmány, 1978**

Gozmány, 1978: 116.

分布（Distribution）：浙江（ZJ）

其他文献（Reference）：Wu, 1997c.

（119）灰黄平祝蛾 *Lecithocera polioflava* **Gozmány, 1978**

Gozmány, 1978: 109.

分布（Distribution）：浙江（ZJ）

其他文献（Reference）：Wu, 1997c.

（120）圆平祝蛾 *Lecithocera rotundata* **Gozmány, 1978**

Gozmány, 1978: 116.

分布（Distribution）：浙江（ZJ）、江西（JX）、台湾（TW）

其他文献（Reference）：Wu, 1997c.

（121）徽平祝蛾 *Lecithocera sigillata* **Gozmány, 1978**

Gozmány, 1978: 115.

分布（Distribution）：浙江（ZJ）

其他文献（Reference）：Wu, 1997c.

（122）刺瓣祝蛾 *Lecithocera spinivalva* **Wu, 2005**

Wu, 2005a: 268.

分布（**Distribution**）：贵州（GZ）

（123）浊平祝蛾 *Lecithocera squalida* **Gozmány, 1978**

Gozmány, 1978: 120.

分布（**Distribution**）：浙江（ZJ）

其他文献（**Reference**）：Wu, 1997c.

（124）天池平祝蛾 *Lecithocera tienchiensis* **Park, 1999**

Park, 1999: 253.

分布（**Distribution**）：台湾（TW）

（125）毛叶平祝蛾 *Lecithocera tricholoba* **Gozmány, 1978**

Gozmány, 1978: 117.

分布（**Distribution**）：浙江（ZJ）

其他文献（**Reference**）：Wu, 1997c.

（126）三齿平祝蛾 *Lecithocera tridentata* **Wu *et* Liu, 1993**

Wu *et* Liu, 1993a: 333.

分布（**Distribution**）：江西（JX）

其他文献（**Reference**）：Wu, 1997c.

（127）粗梗平祝蛾 *Lecithocera tylobathra* **Meyrick, 1931**

Meyrick, 1931: 69.

分布（**Distribution**）：北京（BJ）、陕西（SN）、甘肃（GS）、四川（SC）

其他文献（**Reference**）：Clarke, 1965; Gozmány, 1978; Wu, 1997c.

14）黄阔祝蛾属 *Lecitholaxa* Gozmány, 1978

Gozmány, 1978: 122.

其他文献（**Reference**）：Wu, 1997c.

（128）南林黄阔祝蛾 *Lecitholaxa adonia* **Wu, 2002**

Wu, 2002c: 345.

分布（**Distribution**）：湖南（HN）

（129）黄阔祝蛾 *Lecitholaxa thiodora* **(Meyrick, 1914)**

Meyrick, 1914: 51.

异名（**Synonym**）：

Lecithocera thiodora Meyrick, 1914: 51;

Lecithocera leucoceros Meyrick, 1932: 204.

分布（**Distribution**）：河南（HEN）、江苏（JS）、浙江（ZJ）、江西（JX）、湖南（HN）、四川（SC）、贵州（GZ）、福建（FJ）、台湾（TW）、广东（GD）、海南（HI）；日本

其他文献（**Reference**）：Gozmány, 1978; Wu, 1997c.

15）锦祝蛾属 *Malachoherca* Wu, 1994

Wu, 1994a: 131.

其他文献（**Reference**）：Wu, 1997c.

（130）锦祝蛾 *Malachoherca ardensa* **Wu, 1994**

Wu, 1994a: 132.

分布（**Distribution**）：四川（SC）

其他文献（**Reference**）：Wu, 1997c.

16）纹祝蛾属 *Merocrates* Meyrick, 1931

Meyrick, 1931: 62.

其他文献（**Reference**）：Wu, 1997c.

（131）白纹祝蛾 *Merocrates albistria* **Wu, 1997**

Wu, 1997a: 1083.

分布（**Distribution**）：湖北（HB）

其他文献（**Reference**）：Wu, 1997c.

17）隐翅祝蛾属 *Opacoptera* Gozmány, 1978

Gozmány, 1978: 178.

其他文献（**Reference**）：Wu, 1997c.

（132）灰黄隐翅祝蛾 *Opacoptera flavicana* **Wu *et* Liu, 1992**

Wu *et* Liu, 1992b: 681.

分布（**Distribution**）：湖南（HN）

其他文献（**Reference**）：Wu, 1996b, 1997c.

（133）隐翅祝蛾 *Opacoptera callirrhabda* **(Meyrick, 1936)**

Meyrick, 1936a: 158.

异名（**Synonym**）：

Lecithocera callirrhabda Meyrick, 1936a: 158.

分布（**Distribution**）：四川（SC）、云南（YN）

其他文献（**Reference**）：Gozmány, 1978; Wu, 1996b, 1997c.

（134）川隐翅祝蛾 *Opacoptera ecblasta* **Wu, 1996**

Wu, 1996b: 12.

分布（**Distribution**）：四川（SC）、贵州（GZ）

其他文献（**Reference**）：Wu, 1997c, 2005a.

18）羽祝蛾属 *Philoptila* Meyrick, 1918

Meyrick, 1918: 111.

其他文献（**Reference**）：Clarke, 1955; Sattler, 1973; Gozmány, 1978; Wu, 1997c.

（135）长刺羽祝蛾 *Philoptila dolichina* **Wu, 1996**

Wu, 1996c: 131.

分布（**Distribution**）：云南（YN）

其他文献（**Reference**）：Wu, 1997c.

（136）窗羽祝蛾 *Philoptila fenestrata* Gozmány, 1978

Gozmány, 1978: 248.

分布（**Distribution**）：福建（FJ）

其他文献（**Reference**）：Wu, 1997c.

（137）灯羽祝蛾 *Philoptila metalychna* Meyrick, 1935

Meyrick, 1935a: 73.

分布（**Distribution**）：江苏（JS）

其他文献（**Reference**）：Gozmány, 1978; Wu, 1997c.

（138）短刺羽祝蛾 *Philoptila minutispina* Wu, 1996

Wu, 1996c: 131.

分布（**Distribution**）：浙江（ZJ）、湖北（HB）、四川（SC）、云南（YN）

其他文献（**Reference**）：Wu, 1997c.

19）昔祝蛾属 *Proesochtha* Wu, 1994

Wu, 1994a: 134.

其他文献（**Reference**）：Wu, 1997c.

（139）昔祝蛾 *Proesochtha loxosa* Wu, 1994

Wu, 1994a: 135.

分布（**Distribution**）：福建（FJ）

其他文献（**Reference**）：Wu, 1997c.

20）沙祝蛾属 *Psammoris* Meyrick, 1906

Meyrick, 1906: 149.

其他文献（**Reference**）：Clarke, 1965; Wu, 1997c.

（140）蒙沙祝蛾 *Psammoris meninx* Wu, 1997

Wu, 1997c: 196.

分布（**Distribution**）：江西（JX）、云南（YN）

21）摇祝蛾属 *Quassitagma* Gozmány, 1978

Gozmány, 1978: 132.

其他文献（**Reference**）：Wu, 1997c.

（141）齿摇祝蛾 *Quassitagma comparata* Gozmány, 1978

Gozmány, 1978: 134.

分布（**Distribution**）：四川（SC）

其他文献（**Reference**）：Wu, 1997c.

（142）双摇祝蛾 *Quassitagma duplicata* Gozmány, 1978

Gozmány, 1978: 134.

分布（**Distribution**）：浙江（ZJ）、江西（JX）、四川（SC）、福建（FJ）

其他文献（**Reference**）：Wu, 1997c.

（143）光摇祝蛾 *Quassitagma glabrata* Wu et Liu, 1992

Wu *et* Liu, 1992a: 445.

分布（**Distribution**）：江西（JX）、湖南（HN）、贵州（GZ）、云南（YN）、福建（FJ）、台湾（TW）

其他文献（**Reference**）：Wu, 1997c.

（144）台湾摇祝蛾 *Quassitagma indigens* (Meyrick, 1914)

Meyrick, 1914: 50.

异名（**Synonym**）：

Frisilia indigens Meyrick, 1914: 50.

分布（**Distribution**）：云南（YN）、台湾（TW）

其他文献（**Reference**）：Gozmány, 1978; Wu, 1997c.

（145）宽摇祝蛾 *Quassitagma platomona* Wu, 1997

Wu, 1997c: 210.

分布（**Distribution**）：云南（YN）

（146）刺瓣摇祝蛾 *Quassitagma stimulata* Wu, 1994

Wu, 1994a: 141.

分布（**Distribution**）：四川（SC）、云南（YN）

其他文献（**Reference**）：Wu, 1997c.

22）短祝蛾属 *Recontracta* Gozmány, 1978

Gozmány, 1978: 148.

其他文献（**Reference**）：Wu, 1997c.

（147）短祝蛾 *Recontracta frisilina* Gozmány, 1978

Gozmány, 1978: 149.

分布（**Distribution**）：四川（SC）

其他文献（**Reference**）：Wu, 1997c.

23）槐祝蛾属 *Sarisophora* Meyrick, 1904

Meyrick, 1904: 403.

异名（**Synonym**）：

Styloceros Meyrick, 1904: 408-409.

其他文献（**Reference**）：Clarke, 1969; Gozmány, 1978; Wu, 1997c.

（148）灰白槐祝蛾 *Sarisophora cerussata* Wu, 1994

Wu, 1994b: 136.

分布（**Distribution**）：浙江（ZJ）、江西（JX）、福建（FJ）

其他文献（**Reference**）：Wu, 1997c.

（149）指瓣槐祝蛾 *Sarisophora dactylisana* Wu, 1994

Wu, 1994b: 137.

分布（**Distribution**）：四川（SC）、贵州（GZ）

其他文献（**Reference**）：Wu, 1997c.

（150）欣槐祝蛾 *Sarisophora idonea* Wu, 1994

Wu, 1994b: 137.

分布（**Distribution**）：福建（FJ）

其他文献（**Reference**）：Wu, 1997c.

（151）小槐祝蛾 *Sarisophora neptigota* **Wu, 1994**

Wu, 1994b: 137.

分布（Distribution）：四川（SC）

其他文献（Reference）：Wu, 1997c.

（152）丝槐祝蛾 *Sarisophora serena* **Gozmány, 1978**

Gozmány, 1978: 161.

分布（Distribution）：陕西（SN）、四川（SC）、台湾（TW）

其他文献（Reference）：Wu, 1997c.

（153）拟槐祝蛾 *Sarisophora simulatrix* **Gozmány, 1978**

Gozmány, 1978: 162.

分布（Distribution）：四川（SC）

其他文献（Reference）：Wu, 1997c.

24）铁斑祝蛾属 *Siderostigma* Gozmány, 1973

Gozmány, 1973: 430.

其他文献（Reference）：Gozmány, 1978; Wu, 1997c.

（154）荷铁斑祝蛾 *Siderostigma symbionea* **Wu, 1997**

Wu, 1997c: 203.

分布（Distribution）：西藏（XZ）

（155）浅黄铁斑祝蛾 *Siderostigma xanthosa* **Wu, 1997**

Wu, 1997c: 203.

分布（Distribution）：四川（SC）

25）匙唇祝蛾属 *Spatulignatha* Gozmány, 1978

Gozmány, 1978: 146.

其他文献（Reference）：Wu, 1997c.

（156）金翅匙唇祝蛾 *Spatulignatha chrysopteryx* **Wu, 1994**

Wu, 1994d: 199.

分布（Distribution）：四川（SC）、云南（YN）

其他文献（Reference）：Wu, 1997c.

（157）匙唇祝蛾 *Spatulignatha hemichrysa* **(Meyrick, 1910)**

Meyrick, 1910: 447.

异名（Synonym）：

Lecithocera hemichrysa Meyrick, 1910: 447.

分布（Distribution）：陕西（SN）、安徽（AH）、江苏（JS）、浙江（ZJ）、江西（JX）、四川（SC）；印度

其他文献（Reference）：Gozmány, 1978; Wu, 1997c.

（158）异匙唇祝蛾 *Spatulignatha idiogena* **Wu, 1994**

Wu, 1994d: 198.

分布（Distribution）：四川（SC）、福建（FJ）、台湾（TW）

其他文献（Reference）：Wu, 1997c.

（159）花匙唇祝蛾 *Spatulignatha olaxana* **Wu, 1994**

Wu, 1994d: 197.

分布（Distribution）：浙江（ZJ）、江西（JX）、贵州（GZ）、福建（FJ）、台湾（TW）

其他文献（Reference）：Wu, 1997c.

26）共褶祝蛾属 *Synesarga* Gozmány, 1978

Gozmány, 1978: 141.

其他文献（Reference）：Wu, 1997c.

（160）卡氏共褶祝蛾 *Synesarga caradjai* **Gozmány, 1978**

Gozmány, 1978: 143.

分布（Distribution）：台湾（TW）

其他文献（Reference）：Wu, 1997c.

（161）共褶祝蛾 *Synesarga pseudocathara* **(Diakonoff, 1952)**

Diakonoff, 1952: 76.

异名（Synonym）：

Lecithocera pseudocathara Diakonoff, 1952: 76.

分布（Distribution）：云南（YN）；缅甸

其他文献（Reference）：Gozmány, 1978; Wu, 1997c.

27）合跗祝蛾属 *Syntetarca* Gozmány, 1978

Gozmány, 1978: 42.

异名（Synonym）：

Tirasia Walker, 1864: 817.

其他文献（Reference）：Wu, 1997c.

（162）冠鳞合跗祝蛾 *Syntetarca pilidia* **Wu, 1994**

Wu, 1994a: 140.

分布（Distribution）：海南（HI）

其他文献（Reference）：Wu, 1997c.

28）喜祝蛾属 *Tegenocharis* Gozmány, 1973

Gozmány, 1973: 429.

其他文献（Reference）：Gozmány, 1978; Wu, 1997c.

（163）条纹喜祝蛾 *Tegenocharis striatus* **Wu, 1997**

Wu, 1997c: 200.

分布（Distribution）：四川（SC）

29）丛须祝蛾属 *Thamnopalpa* Gozmány, 1978

Gozmány, 1978: 145.

其他文献（Reference）：Wu, 1997c.

（164）丛须祝蛾 *Thamnopalpa argomitra* **(Meyrick, 1925)**

Meyrick, 1925b: 430.

异名（Synonym）：

Lecithocera argomitra Meyrick, 1925b: 430.

分布（Distribution）：上海（SH）、浙江（ZJ）；印度尼西亚

其他文献（Reference）：Gozmány, 1978; Wu, 1997c.

（165）黄缘丛须祝蛾 *Thamnopalpa paryphora* Wu, 1994

Wu, 1994a: 140.

分布（Distribution）：四川（SC）

其他文献（Reference）：Wu, 1997c.

30）彩祝蛾属 *Tisis* Walker, 1864

Walker, 1864: 793.

异名（Synonym）：

Togia Walker, 1864: 796;

Tingentera Walker, 1864: 798;

Decuaria Walker, 1864: 797;

Tirallis Walker, 1864: 806;

Tonosa Walker, 1864: 796;

Tipha Walker, 1864: 798;

Cacogamia Snellen, 1903: 48.

其他文献（Reference）：Clarke, 1965; Diakonoff, 1967; Gozmány, 1978; Wu, 1997c.

（166）中带彩祝蛾 *Tisis mesozosta* Meyrick, 1914

Meyrick, 1914: 50.

分布（Distribution）：安徽（AH）、江西（JX）、云南（YN）、福建（FJ）、台湾（TW）、海南（HI）

其他文献（Reference）：Gozmány, 1978; Wu, 1997c.

31）毛喙祝蛾属 *Trichoboscis* Meyrick, 1929

Meyrick, 1929: 526.

其他文献（Reference）：Clarke, 1955; Gozmány, 1978; Wu, 1997c.

（167）藏红毛喙祝蛾 *Trichoboscis crocosema* Meyrick, 1929

Meyrick, 1929: 524.

异名（Synonym）：

Lecithocera crocosema Meyrick, 1929: 524.

分布（Distribution）：海南（HI）；印度

其他文献（Reference）：Clarke, 1965; Gozmány, 1972; Wu, 1997c.

32）兔尾祝蛾属 *Urolaguna* Wu, 1994

Wu, 1994a: 132.

其他文献（Reference）：Wu, 1997c.

（168）兔尾祝蛾 *Urolaguna heosa* Wu, 1994

Wu, 1994a: 133.

分布（Distribution）：江西（JX）、湖南（HN）

其他文献（Reference）：Wu, 1997c.

2. 木祝蛾亚科 Oditinae Lvovsky, 1996

Lvovsky, 1996: 650.

33）木祝蛾属 *Odites* Walsingham, 1891

Walsingham, 1891: 99.

（169）续木祝蛾 *Odites continua* Meyrick, 1935

Meyrick, 1935a: 84.

分布（Distribution）：浙江（ZJ）

（170）背凹木祝蛾 *Odites notocapna* Meyrick, 1925

Meyrick, 1925c: 382.

分布（Distribution）：广东（GD）

34）绢祝蛾属 *Scythropiodes* Matsumura, 1931

Matsumura, 1931: 1099.

（171）邻近绢祝蛾 *Scythropiodes approximans* (Caradja, 1927)

Caradja, 1927: 393.

异名（Synonym）：

Odites approximans Caradja, 1927: 393;

Odites chopricopa Meyrick, 1931: 74.

分布（Distribution）：北京（BJ）、江西（JX）、四川（SC）；韩国、俄罗斯

（172）刺瓣绢祝蛾 *Scythropiodes barbellatus* Park *et* Wu, 1997

Park *et* Wu, 1997: 39.

分布（Distribution）：安徽（AH）、江西（JX）、福建（FJ）

（173）片瓣绢祝蛾 *Scythropiodes elasmatus* Park *et* Wu, 1997

Park *et* Wu, 1997: 34.

分布（Distribution）：四川（SC）

（174）暗褐绢祝蛾 *Scythropiodes gnophus* Park *et* Wu, 1997

Park *et* Wu, 1997: 40.

分布（Distribution）：四川（SC）

（175）钩瓣绢祝蛾 *Scythropiodes hamatellus* Park *et* Wu, 1997

Park *et* Wu, 1997: 36.

分布（Distribution）：四川（SC）

（176）梅绢祝蛾 *Scythropiodes issikii* (Takahashi, 1930)

Takahashi, 1930: 285.

异名（**Synonym**）：

Depressaria issikii Takahashi, 1930: 285;

Odites plocamopa Meyrick, 1935a: 84;

Odites perissopis Meyrick, 1936b: 27.

分布（**Distribution**）：河北（HEB）、北京（BJ）、陕西（SN）、甘肃（GS）、安徽（AH）、湖南（HN）、四川（SC）、云南（YN）、福建（FJ）、广西（GX）；日本、朝鲜、俄罗斯

（177）九连绢祝蛾 *Scythropiodes jiulianae* Park *et* Wu, 1997

Park *et* Wu, 1997: 37.

分布（**Distribution**）：江西（JX）、四川（SC）、贵州（GZ）

（178）苹果绢祝蛾 *Scythropiodes malivora* (Meyrick, 1930)

Meyrick, 1930: 555.

异名（**Synonym**）：

Odites malivora Meyrick, 1930: 555;

Odites xenophaea Meyrick, 1931: 16.

分布（**Distribution**）：辽宁（LN）、浙江（ZJ）、四川（SC）、福建（FJ）；韩国、日本、俄罗斯

（179）钩茎绢祝蛾 *Scythropiodes oncinius* Park *et* Wu, 1997

Park *et* Wu, 1997: 33.

分布（**Distribution**）：海南（HI）

（180）三角绢祝蛾 *Scythropiodes triangulus* Park *et* Wu, 1997

Park *et* Wu, 1997: 41.

分布（**Distribution**）：江西（JX）、福建（FJ）、广东（GD）、海南（HI）

（181）三叉绢祝蛾 *Scythropiodes tribula* (Wu, 1997)

Wu *et* Bai, 1997: 1060.

异名（**Synonym**）：

Odites tribula Wu In: Wu *et* Bai, 1997: 1060.

分布（**Distribution**）：陕西（SN）、湖北（HB）、四川（SC）

（182）峨眉绢祝蛾 *Scythropiodes velipotens* (Meyrick, 1935)

Meyrick, 1935b: 572.

异名（**Synonym**）：

Odites velipotens Meyrick, 1935b: 572.

分布（**Distribution**）：四川（SC）

3. 瘤祝蛾亚科 Torodorinae Gozmány, 1978

Gozmány, 1978: 189.

35）瘿祝蛾属 *Antiochtha* Meyrick, 1905

Meyrick, 1905: 598.

异名（**Synonym**）：

Gasmara Walker, 1864: 1039.

其他文献（**Reference**）：Clarke, 1965; Gozmány, 1978; Wu, 1997c.

（183）尖峰瘿祝蛾 *Antiochtha jianfengensis* Zhu *et* Li, 2009

Zhu *et* Li, 2009: 19.

分布（**Distribution**）：海南（HI）

（184）饰瘿祝蛾 *Antiochtha leucograpta* Meyrick, 1923

Meyrick, 1923: 45.

异名（**Synonym**）：

Onebala leucograpta Meyrick, 1923: 45.

分布（**Distribution**）：江西（JX）；印度

其他文献（**Reference**）：Clarke, 1965; Wu, 1997c.

（185）长突瘿祝蛾 *Antiochtha protrusa* Zhu *et* Li, 2009

Zhu *et* Li, 2009: 18.

分布（**Distribution**）：云南（YN）

（186）紫瘿祝蛾 *Antiochtha purpurata* Zhu *et* Li, 2009

Zhu *et* Li, 2009: 20.

分布（**Distribution**）：广西（GX）

（187）圆瘿祝蛾 *Antiochtha rotunda* Zhu *et* Li, 2009

Zhu *et* Li, 2009: 21.

分布（**Distribution**）：湖北（HB）、贵州（GZ）

36）貂祝蛾属 *Athymoris* Meyrick, 1935

Meyrick, 1935b: 564.

其他文献（**Reference**）：Clarke, 1965; Gozmány, 1978; Wu, 1997c.

（188）暗貂祝蛾 *Athymoris fusculus* Wu, 1997

Wu, 1997d: 89.

分布（**Distribution**）：云南（YN）

（189）貂祝蛾 *Athymoris martialis* Meyrick, 1935

Meyrick, 1935b: 564.

分布（**Distribution**）：浙江（ZJ）、湖南（HN）、台湾（TW）；日本

其他文献（**Reference**）：Clarke, 1965; Gozmány, 1978; Moriuti, 1982; Wu, 1997c.

（190）长貂祝蛾 *Athymoris paramecola* Wu, 1996

Wu, 1996a: 307.

分布（**Distribution**）：台湾（TW）、海南（HI）

其他文献（**Reference**）：Wu, 1997c.

37）穴祝蛾属 *Caveana* Park, 2010

Park, 2010: 250.

（191）新穴祝蛾 *Caveana senuri* **Park et al., 2013**

Park *et al.*, 2013b: 51.

分布（**Distribution**）：台湾（TW）

38）粪翅祝蛾属 *Coproptilia* Snellen, 1903

Snellen, 1903: 32.

其他文献（**Reference**）：Gozmány, 1978; Wu, 1997c.

（192）妍粪翅祝蛾 *Coproptilia diona* **Wu, 1994**

Wu, 1994a: 127.

分布（**Distribution**）：江西（JX）

其他文献（**Reference**）：Wu, 1997c.

39）肘部祝蛾属 *Cubitomoris* Gozmány, 1978

Gozmány, 1978: 239.

其他文献（**Reference**）：Wu, 1997c.

（193）拟肘部祝蛾 *Cubitomoris aechmata* **Wu, 2005**

Wu, 2005a: 268.

分布（**Distribution**）：贵州（GZ）

（194）肘部祝蛾 *Cubitomoris aechmobola* **Meyrick, 1935**

Meyrick, 1935a: 75.

异名（**Synonym**）：

Lecithocera aechmobola Meyrick, 1935a: 75.

分布（**Distribution**）：上海（SH）、浙江（ZJ）

其他文献（**Reference**）：Clarke, 1965; Gozmány, 1978; Wu, 1997c.

（195）槽突肘部祝蛾 *Cubitomoris phreatosa* **Wu, 1997**

Wu, 1997c: 93.

分布（**Distribution**）：江西（JX）、四川（SC）、台湾（TW）

（196）三突肘部祝蛾 *Cubitomoris tribolosa* **Wu, 1997**

Wu, 1997c: 93.

分布（**Distribution**）：北京（BJ）

40）犬皮祝蛾属 *Cynicostola* Meyrick, 1925

Meyrick, 1925a: 230.

其他文献（**Reference**）：Clarke, 1965; Gozmány, 1978; Wu, 1997c.

（197）钩翅犬皮祝蛾 *Cynicostola oncopteryx* **Wu, 1994**

Wu, 1994a: 125.

分布（**Distribution**）：四川（SC）、台湾（TW）

其他文献（**Reference**）：Wu, 1997c.

41）三角祝蛾属 *Deltoplastis* Meyrick, 1925

Meyrick, 1925a: 228.

其他文献（**Reference**）：Clarke, 1955; Sattler, 1973; Wu, 1997c.

（198）块三角祝蛾 *Deltoplastis commatopa* **Meyrick, 1932**

Meyrick, 1932: 205.

分布（**Distribution**）：江西（JX）、湖南（HN）、湖北（HB）、四川（SC）、台湾（TW）

其他文献（**Reference**）：Clarke, 1965; Gozmány, 1978; Wu, 1997c.

（199）黄三角祝蛾 *Deltoplastis flavida* **Wu, 1994**

Wu, 1994a: 129.

分布（**Distribution**）：海南（HI）

其他文献（**Reference**）：Wu, 1997c.

（200）足三角祝蛾 *Deltoplastis gypsopeda* **Meyrick, 1934**

Meyrick, 1934: 514.

分布（**Distribution**）：四川（SC）；尼泊尔

其他文献（**Reference**）：Clarke, 1965; Gozmány, 1978; Wu, 1997c.

（201）叶三角祝蛾 *Deltoplastis lobigera* **Gozmány, 1978**

Gozmány, 1978: 228.

分布（**Distribution**）：浙江（ZJ）、湖北（HB）、四川（SC）、贵州（GZ）、台湾（TW）、广西（GX）

其他文献（**Reference**）：Gozmány, 1978; Wu, 1994a, 1997c.

（202）卵斑三角祝蛾 *Deltoplastis ovatella* **Park et Heppner, 2001**

Park *et* Heppner, 2001: 47.

分布（**Distribution**）：台湾（TW）

（203）锯盾三角祝蛾 *Deltoplastis prionaspis* **Gozmány, 1978**

Gozmány, 1978: 227.

分布（**Distribution**）：云南（YN）

其他文献（**Reference**）：Wu, 1997c.

42）叉颚祝蛾属 *Dixognatha* Wu, 2002

Wu, 2002a: 158.

（204）叉颚祝蛾 *Dixognatha nectarus* **(Wu, 1996)**

Wu, 1996a: 307.

异名（**Synonym**）：

Athymoris nectarus Wu, 1996a: 307.

别名（**Common name**）：花貂祝蛾

分布（**Distribution**）：湖南（HN）、四川（SC）、贵州（GZ）

其他文献（Reference）：Wu, 1997c, 2002a.

43）埃克祝蛾属 *Eccedoxa* Gozmány, 1973

Gozmány, 1973: 441.
其他文献（Reference）：Gozmány, 1978; Wu, 1997c.

（205）新月埃克祝蛾 *Eccedoxa selena* Wu, 1994

Wu, 1994a: 128.
分布（Distribution）：四川（SC）、海南（HI）
其他文献（Reference）：Wu, 1997c.

44）秃祝蛾属 *Halolaguna* Gozmány, 1978

Gozmány, 1978: 161.
其他文献（Reference）：Wu, 1997c.

（206）贵秃祝蛾 *Halolaguna guizhouensis* Wu, 2012

Wu, 2012: 394-395.
分布（Distribution）：贵州（GZ）

（207）秃祝蛾 *Halolaguna sublaxata* Gozmány, 1978

Gozmány, 1978: 238.
分布（Distribution）：江苏（JS）、浙江（ZJ）、贵州（GZ）、台湾（TW）；韩国
其他文献（Reference）：Wu, 1997c.

45）鳞带祝蛾属 *Lepidozonates* Park *et al.*, 2013

Park *et al.*, 2013a: 223.

（208）鳞带祝蛾 *Lepidozonates viciniolus* Park *et al.*, 2013

Park *et al.*, 2013a: 223-224.
分布（Distribution）：台湾（TW）

46）长茎祝蛾属 *Longipenis* Wu, 1994

Wu, 1994a: 124.
其他文献（Reference）：Wu, 1997c.

（209）长茎祝蛾 *Longipenis deltidius* Wu, 1994

Wu, 1994a: 125.
分布（Distribution）：福建（FJ）
其他文献（Reference）：Wu, 1997c.

（210）齿瓣长茎祝蛾 *Longipenis dentivalvus* Wang *et* Wang, 2010

Wang *et al.*, 2010: 355.
分布（Distribution）：广东（GD）

（211）邻长茎祝蛾 *Longipenis paradeltidius* Wang *et* Xiong, 2010

Wang *et al.*, 2010: 353.

分布（Distribution）：广西（GX）

47）俪祝蛾属 *Philharmonia* Gozmány, 1978

Gozmány, 1978: 248.
其他文献（Reference）：Wu, 1997c.

（212）静俪祝蛾 *Philharmonia calypsa* Wu, 1994

Wu, 1994c: 215.
分布（Distribution）：福建（FJ）
其他文献（Reference）：Wu, 1997c.

（213）果俪祝蛾 *Philharmonia melona* Wu, 1994

Wu, 1994c: 214.
分布（Distribution）：福建（FJ）
其他文献（Reference）：Wu, 1997c.

（214）俪祝蛾 *Philharmonia paratona* Gozmány, 1978

Gozmány, 1978: 249.
分布（Distribution）：云南（YN）
其他文献（Reference）：Wu, 1997c.

（215）刺茎俪祝蛾 *Philharmonia spinula* Wu, 2003

Wu, 2003: 209.
分布（Distribution）：贵州（GZ）

48）灯祝蛾属 *Protolychnis* Meyrick, 1925

Meyrick, 1925a: 242.
其他文献（Reference）：Janse, 1954; Gozmány, 1978; Wu, 1997c.

（216）炉灯祝蛾 *Protolychnis ipnosa* Wu, 1994

Wu, 1994a: 127.
分布（Distribution）：云南（YN）
其他文献（Reference）：Wu, 1997c.

49）白斑祝蛾属 *Thubana* Walker, 1864

Walker, 1864: 814.
异名（Synonym）：
Tiva Walker, 1864: 821;
Titana Walker, 1864: 814;
Inapha Walker, 1864: 999;
Stelechoris Meyrick, 1925a: 243.
其他文献（Reference）：Clarke, 1965; Gozmány, 1978; Wu, 1997c.

（217）无白祝蛾 *Thubana albinulla* Wu, 1994

Wu, 1994a: 130.
分布（Distribution）：四川（SC）
其他文献（Reference）：Wu, 1997c.

（218）草白祝蛾 *Thubana albiprata* Wu, 1994

Wu, 1994a: 130.

分布（**Distribution**）：四川（SC）

其他文献（**Reference**）：Wu, 1997c.

（219）台白祝蛾 *Thubana albisignis* (Meyrick, 1914)

Meyrick, 1914: 50.

异名（**Synonym**）：

Lecithocera albisignis Meyrick, 1914: 50.

分布（**Distribution**）：台湾（TW）

其他文献（**Reference**）：Meyrick, 1925a; Gozmány, 1978; Wu, 1997c.

（220）基白祝蛾 *Thubana bathrocera* Wu, 1997

Wu, 1997d: 86.

分布（**Distribution**）：湖南（HN）

（221）盾白祝蛾 *Thubana deltaspis* Meyrick, 1935

Meyrick, 1935b: 563.

分布（**Distribution**）：贵州（GZ）、福建（FJ）、台湾（TW）、广西（GX）

其他文献（**Reference**）：Clarke, 1965; Gozmány, 1978; Wu, 1997c.

（222）泰白祝蛾 *Thubana dialeukos* Park, 2003

Park, 2003a: 138.

分布（**Distribution**）：云南（YN）；泰国

其他文献（**Reference**）：Yang *et al.*, 2010.

（223）猫耳白祝蛾 *Thubana felinaurita* Li, 2010

Yang *et al.*, 2010: 37.

分布（**Distribution**）：广西（GX）

（224）楔白祝蛾 *Thubana leucosphena* Meyrick, 1931

Meyrick, 1931: 69.

异名（**Synonym**）：

Thubana microcera Gozmány, 1978: 236.

别名（**Common name**）：微白祝蛾

分布（**Distribution**）：河南（HEN）、安徽（AH）、浙江（ZJ）、江西（JX）、湖南（HN）、湖北（HB）、四川（SC）、贵州（GZ）、福建（FJ）

其他文献（**Reference**）：Clarke, 1965; Gozmány, 1978; Wu, 1997c; Yang *et al.*, 2010.

（225）黄白祝蛾 *Thubana xanthoteles* (Meyrick, 1923)

Meyrick, 1923: 38.

异名（**Synonym**）：

Lecithocera xanthoteles Meyrick, 1923: 38;

Lecithocera melitopyga Meyrick, 1923: 41;

Thubana stenosis Park, 2003a: 147.

分布（**Distribution**）：云南（YN）；印度、斯里兰卡、泰国

其他文献（**Reference**）：Yang *et al.*, 2010.

50）瘤祝蛾属 *Torodora* Meyrick, 1894

Meyrick, 1894a: 16.

异名（**Synonym**）：

Habrogenes Meyrick, 1918: 102;

Panplatyceros Diakonoff, 1952: 76.

其他文献（**Reference**）：Clarke, 1965; Gozmány, 1978; Wu, 1997c.

（226）铜翅瘤祝蛾 *Torodora aenoptera* Gozmány, 1978

Gozmány, 1978: 220.

分布（**Distribution**）：江西（JX）、云南（YN）、福建（FJ）

其他文献（**Reference**）：Wu, 1997c.

（227）角环瘤祝蛾 *Torodora angulata* Wu *et* Liu, 1994

Wu *et* Liu, 1994: 164.

分布（**Distribution**）：四川（SC）

其他文献（**Reference**）：Wu, 1997c.

（228）基斑瘤祝蛾 *Torodora antisema* Meyrick, 1938

Meyrick, 1938: 5.

异名（**Synonym**）：

Lecithocera antisema Meyrick, 1938: 5.

分布（**Distribution**）：浙江（ZJ）、云南（YN）

其他文献（**Reference**）：Clarke, 1965; Gozmány, 1978; Wu, 1997c.

（229）尖角瘤祝蛾 *Torodora cerascara* Wu *et* Liu, 1992

Wu *et* Liu, 1992b: 682.

分布（**Distribution**）：湖南（HN）、贵州（GZ）

其他文献（**Reference**）：Wu, 1997c.

（230）华瘤祝蛾 *Torodora chinanensis* Park, 2003

Park, 2003b: 16.

分布（**Distribution**）：台湾（TW）

（231）齿环瘤祝蛾 *Torodora dentijuxta* Gozmány, 1978

Gozmány, 1978: 212.

分布（**Distribution**）：云南（YN）

其他文献（**Reference**）：Wu, 1997c.

（232）双尾瘤祝蛾 *Torodora diceba* Wu *et* Liu, 1994

Wu *et* Liu, 1994: 166.

分布（**Distribution**）：安徽（AH）

其他文献（**Reference**）：Wu, 1997c.

（233）中瘤祝蛾 *Torodora digna* (Meyrick, 1918)

Meyrick, 1918: 105.

异名（**Synonym**）：

Lecithocera digna Meyrick, 1918: 105.

分布（**Distribution**）：上海（SH）；印度

其他文献（**Reference**）：Clarke, 1965; Gozmány, 1978; Wu, 1997c.

（234）长瘤祝蛾 *Torodora durabila* **Wu** *et* **Liu, 1994**

Wu *et* Liu, 1994: 167.

分布（**Distribution**）：陕西（SN）、四川（SC）

其他文献（**Reference**）：Wu, 1997c.

（235）黄褐瘤祝蛾 *Torodora flavescens* **Gozmány, 1978**

Gozmány, 1978: 221.

分布（**Distribution**）：浙江（ZJ）、江西（JX）、四川（SC）；泰国

其他文献（**Reference**）：Wu, 1997c.

（236）孔管瘤祝蛾 *Torodora foraminis* **Wu, 1997**

Wu, 1997c: 76.

分布（**Distribution**）：四川（SC）

（237）盔环瘤祝蛾 *Torodora galera* **Wu** *et* **Liu, 1994**

Wu *et* Liu, 1994: 165.

分布（**Distribution**）：福建（FJ）、台湾（TW）

其他文献（**Reference**）：Wu, 1997c.

（238）雕瘤祝蛾 *Torodora glyptosema* **(Meyrick, 1938)**

Meyrick, 1938: 6.

异名（**Synonym**）：

Lecithocera glyptosema Meyrick, 1938: 6.

分布（**Distribution**）：云南（YN）

其他文献（**Reference**）：Clarke, 1965; Gozmány, 1978; Wu, 1997c.

（239）粒瘤祝蛾 *Torodora granata* **Wu** *et* **Liu, 1994**

Wu *et* Liu, 1994: 164.

分布（**Distribution**）：海南（HI）

其他文献（**Reference**）：Wu, 1997c.

（240）禾瘤祝蛾 *Torodora hoenei* **Gozmány, 1978**

Gozmány, 1978: 221.

分布（**Distribution**）：浙江（ZJ）

其他文献（**Reference**）：Wu, 1997c.

（241）冠瘤祝蛾 *Torodora iresina* **Wu** *et* **Liu, 1994**

Wu *et* Liu, 1994: 162.

分布（**Distribution**）：四川（SC）

其他文献（**Reference**）：Wu, 1997c.

（242）纹瘤祝蛾 *Torodora lirata* **Wu, 1997**

Wu, 1997c: 76.

分布（**Distribution**）：云南（YN）

（243）矛叶瘤祝蛾 *Torodora loncheloba* **Wu** *et* **Liu, 1994**

Wu *et* Liu, 1994: 166.

分布（**Distribution**）：福建（FJ）、广东（GD）

其他文献（**Reference**）：Wu, 1997c.

（244）软突瘤祝蛾 *Torodora malthodesa* **Wu** *et* **Liu, 1994**

Wu *et* Liu, 1994: 166.

分布（**Distribution**）：福建（FJ）

其他文献（**Reference**）：Wu, 1997c.

（245）短瘤祝蛾 *Torodora manoconta* **Wu** *et* **Liu, 1994**

Wu *et* Liu, 1994: 164.

分布（**Distribution**）：江西（JX）、贵州（GZ）、云南（YN）、台湾（TW）

其他文献（**Reference**）：Wu, 1997c.

（246）木瘤祝蛾 *Torodora materata* **Wu** *et* **Liu, 1994**

Wu *et* Liu, 1994: 166.

分布（**Distribution**）：福建（FJ）

其他文献（**Reference**）：Wu, 1997c.

（247）小颚瘤祝蛾 *Torodora micrognatha* **Wu, 1999**

Wu, 1999: 331.

分布（**Distribution**）：西藏（XZ）

（248）疏瘤祝蛾 *Torodora milichina* **Wu** *et* **Liu, 1994**

Wu *et* Liu, 1994: 163.

分布（**Distribution**）：江西（JX）

其他文献（**Reference**）：Wu, 1997c.

（249）纺瘤祝蛾 *Torodora netrosema* **Wu, 1997**

Wu, 1997c: 77.

分布（**Distribution**）：云南（YN）

（250）甲瘤祝蛾 *Torodora notacma* **Wu, 1997**

Wu, 1997b: 303.

分布（**Distribution**）：西藏（XZ）

（251）鞘管瘤祝蛾 *Torodora ocreatana* **Wu** *et* **Liu, 1994**

Wu *et* Liu, 1994: 163.

分布（**Distribution**）：四川（SC）、贵州（GZ）

其他文献（**Reference**）：Wu, 1997c, 2005a.

（252）八瘤祝蛾 *Torodora octavana* **(Meyrick, 1911)**

Meyrick, 1911: 714.

异名（**Synonym**）：

Brachmia octavana Meyrick, 1911: 714.

分布（**Distribution**）：安徽（AH）、浙江（ZJ）、四川（SC）、福建（FJ）、台湾（TW）；印度

其他文献（**Reference**）：Meyrick, 1925a; Clarke, 1965; Gozmány, 1978; Wu, 1997c.

（253）指腹瘤祝蛾 *Torodora oncisacca* **Wu, 1997**

Wu, 1997c: 76.

分布（Distribution）：云南（YN）

（254）成盲瘤祝蛾 *Torodora parthenopis* (Meyrick, 1932)

Meyrick, 1932: 204.

异名（Synonym）：

Lecithocera parthenopis Meyrick, 1932: 204.

分布（Distribution）：台湾（TW）

其他文献（Reference）：Clarke, 1965; Gozmány, 1978; Wu, 1997c.

（255）足瓣瘤祝蛾 *Torodora pedipesis* Wu, 1997

Wu, 1997c: 77.

分布（Distribution）：云南（YN）

（256）海瘤祝蛾 *Torodora pegasana* Wu et Liu, 1994

Wu et Liu, 1994: 163.

分布（Distribution）：海南（HI）；泰国

其他文献（Reference）：Wu, 1997c.

（257）羽突瘤祝蛾 *Torodora pennunca* Wu et Liu, 1994

Wu et Liu, 1994: 165.

分布（Distribution）：海南（HI）

其他文献（Reference）：Wu, 1997c.

（258）肾瘤祝蛾 *Torodora phaselosa* Wu, 1997

Wu, 1997c: 78.

分布（Distribution）：云南（YN）

（259）恐瘤祝蛾 *Torodora phoberopis* (Meyrick, 1938)

Meyrick, 1938: 6.

异名（Synonym）：

Lecithocera phoberopis Meyrick, 1938: 6.

分布（Distribution）：云南（YN）

其他文献（Reference）：Clarke, 1965; Gozmány, 1978; Wu, 1997c.

（260）直线瘤祝蛾 *Torodora rectilinea* Park, 2003

Park, 2003b: 17.

分布（Distribution）：台湾（TW）

（261）玫瑰瘤祝蛾 *Torodora roesleri* Gozmány, 1978

Gozmány, 1978: 206.

分布（Distribution）：浙江（ZJ）

其他文献（Reference）：Wu, 1997c.

（262）菇环瘤祝蛾 *Torodora sciadosa* Wu et Liu, 1994

Wu et Liu, 1994: 165.

分布（Distribution）：四川（SC）、台湾（TW）

其他文献（Reference）：Wu, 1997c.

（263）带瘤祝蛾 *Torodora sirtalis* Wu, 1997

Wu, 1997c: 77.

分布（Distribution）：云南（YN）；越南

（264）暗瘤祝蛾 *Torodora tenebrata* Gozmány, 1978

Gozmány, 1978: 204.

分布（Distribution）：浙江（ZJ）、江西（JX）、四川（SC）、贵州（GZ）

其他文献（Reference）：Wu, 1997c.

（265）炬瘤祝蛾 *Torodora torrifacta* Gozmány, 1978

Gozmány, 1978: 206.

分布（Distribution）：湖北（HB）、四川（SC）

其他文献（Reference）：Gozmány, 1978; Wu, 1997c.

（266）幼盲瘤祝蛾 *Torodora virginopis* Gozmány, 1978

Gozmány, 1978: 209.

分布（Distribution）：安徽（AH）、浙江（ZJ）、江西（JX）

其他文献（Reference）：Wu, 1997c.

51）箭祝蛾属 *Toxotarca* Wu, 1994

Wu, 1994a: 123.

其他文献（Reference）：Wu, 1997c.

（267）粗环箭祝蛾 *Toxotarca crassidigitata* (Li, 2010)

Zhang et al., 2010: 91.

异名（Synonym）：

Torodora crassidigitata Li In: Zhang et al., 2010: 91.

分布（Distribution）：云南（YN）

（268）箭祝蛾 *Toxotarca parotidosa* Wu, 1994

Wu, 1994a: 123.

分布（Distribution）：海南（HI）

其他文献（Reference）：Wu, 1997c.

二、枯叶蛾科 Lasiocampidae Harris, 1841

Harris, 1841: 265 (as Lasiocampadae).

1）点枯叶蛾属 *Alompra* Moore, 1872

Moore, 1872: 579.
其他文献（**Reference**）：Liu *et* Wu, 2006.

（1）六点枯叶蛾 *Alompra ferruginea* Moore, 1872

Moore, 1872: 580.
异名（**Synonym**）：
Streblote lajonquierei Bender *et* Dierl, 1982: 367.
别名（**Common name**）：六斑枯叶蛾
分布（**Distribution**）：浙江（ZJ）、四川（SC）；印度、印度尼西亚
其他文献（**Reference**）：Hou, 1983; Liu *et* Wu, 2006.

（2）透点枯叶蛾 *Alompra hyalina* Kishida *et* Wang, 2007

Kishida *et* Wang, 2007: 261.
分布（**Distribution**）：广东（GD）

（3）红点枯叶蛾 *Alompra roepkei* Tams, 1953

Tams, 1953: 166.
别名（**Common name**）：火红枯叶蛾
分布（**Distribution**）：海南（HI）；印度、缅甸、泰国、越南、印度尼西亚、马来西亚
其他文献（**Reference**）：Hou, 2002; Liu *et* Wu, 2006.

2）李枯叶蛾属 *Amurilla* Aurivillius, 1902

Aurivillius, 1902: 251.
其他文献（**Reference**）：Liu *et* Wu, 2006.

（4）会理李枯叶蛾 *Amurilla rubra* (Hampson, 1896)

Hampson, 1896: 486.
异名（**Synonym**）：
Metanastra rubra Hampson, 1896: 486;
Amurila subpurpurea flavopurpurea (nec. Bang-Haas): Hou, 1983: 427.
分布（**Distribution**）：四川（SC）、西藏（XZ）；印度、缅甸、泰国
其他文献（**Reference**）：Zolotuhin, 1995c; Liu *et* Wu, 2006.

（5）紫李枯叶蛾 *Amurilla subpurpurea* (Butler, 1881)

Butler, 1881a: 18.
分布（**Distribution**）：黑龙江（HL）、河南（HEN）、陕西（SN）、甘肃（GS）、云南（YN）；俄罗斯、日本、韩国、印度、尼泊尔、越南

（5a）稠李枯叶蛾 *Amurilla subpurpurea dieckmanni* (Graeser, 1888)

Graeser, 1888: 188.
异名（**Synonym**）：
Lasiocampa dieckmanni Graeser, 1888: 188.
别名（**Common name**）：稠李毛虫
分布（**Distribution**）：黑龙江（HL）；朝鲜、俄罗斯
其他文献（**Reference**）：Liu *et* Wu, 2006; Grünberg, 1913; Dubatolov *et* Zolotuhin, 1992.

（5b）甘肃李枯叶蛾 *Amurilla subpurpurea kansuensis* (Bang-Haas, 1939)

Bang-Haas, 1939: 57.
异名（**Synonym**）：
Metanastria subpurpurea kansuensis Bang-Haas, 1939: 57.
分布（**Distribution**）：河南（HEN）、陕西（SN）、甘肃（GS）
其他文献（**Reference**）：Liu *et* Wu, 2006.

（5c）昏李枯叶蛾 *Amurilla subpurpurea obscurior* Zolotuhin *et* Witt, 2000

Zolotuhin *et* Witt, 2000b: 30.
分布（**Distribution**）：云南（YN）；越南
其他文献（**Reference**）：Liu *et* Wu, 2006.

3）明枯叶蛾属 *Argonestis* Zolotuhin, 1995

Zolotuhin, 1995c: 168.
其他文献（**Reference**）：Liu *et* Wu, 2006.

（6）明枯叶蛾 *Argonestis flammans* (Hampson, 1893)

Hampson, 1893b: 416.
异名（**Synonym**）：
Bharetta flammans Hampson, 1893b: 416.
分布（**Distribution**）：云南（YN）；印度、尼泊尔、泰国、越南
其他文献（**Reference**）：Zolotuhin, 1995c; Liu *et* Wu, 2006.

4）线枯叶蛾属 *Arguda* Moore, 1879

Moore, 1879b: 79.
异名（**Synonym**）：
Syrastrenoides Matsumura, 1927a: 20.

其他文献（Reference）：Liu *et* Wu, 2006.

（7）分线枯叶蛾 *Arguda bipartite* Leech, 1899

Leech, 1899: 116.

分布（Distribution）：甘肃（GS）、四川（SC）

其他文献（Reference）：Liu *et* Wu, 2006.

（8）双线枯叶蛾 *Arguda decurtata* Moore, 1879

Moore, 1879b: 79.

分布（Distribution）：浙江（ZJ）、江西（JX）、湖南（HN）、云南（YN）、西藏（XZ）、福建（FJ）；尼泊尔、印度、越南、泰国

其他文献（Reference）：Liu *et* Wu, 2006.

（9）春线枯叶蛾 *Arguda era* Zolotuhin, 2005

Zolotuhin, 2005a: 553.

分布（Distribution）：陕西（SN）、四川（SC）

（10）台线枯叶蛾 *Arguda horishana* (Matsumura, 1927)

Matsumura, 1927a: 19.

异名（Synonym）：

Syrastrenoides horishana Matsumura, 1927a: 19.

分布（Distribution）：福建（FJ）、台湾（TW）

其他文献（Reference）：Kishida, 1992; Liu *et* Wu, 2006.

（11）棕线枯叶蛾 *Arguda insulindiana* Lajonquiere, 1977

Lajonquiere, 1977: 182.

别名（Common name）：棕脊枯叶蛾

分布（Distribution）：福建（FJ）、海南（HI）；印度尼西亚

其他文献（Reference）：Liu *et* Wu, 2006.

（12）曲线枯叶蛾 *Arguda tayana* Zolotuhin *et* Witt, 2000

Zolotuhin *et* Witt, 2000b: 96.

异名（Synonym）：

Arguda pseuclovinata (nec. Van Eecke): Hou, 1983: 426.

分布（Distribution）：浙江（ZJ）、湖南（HN）、福建（FJ）、广东（GD）；越南

其他文献（Reference）：Liu *et* Wu, 2006.

（13）维线枯叶蛾 *Arguda viettei* Lajonquiere, 1977

Lajonquiere, 1977: 178.

分布（Distribution）：云南（YN）；印度尼西亚

其他文献（Reference）：Liu *et* Wu, 2006.

（14）三线枯叶蛾 *Arguda vinata* (Moore, 1865)

Moore, 1865: 820.

异名（Synonym）：

Lebeda vinata Moore, 1865: 820.

分布（Distribution）：河南（HEN）、陕西（SN）、江西（JX）、湖南（HN）、湖北（HB）、四川（SC）、云南（YN）、西藏（XZ）、福建（FJ）、广西（GX）；尼泊尔、印度（锡金）、越南

其他文献（Reference）：Liu *et* Wu, 2006.

5）温枯叶蛾属 *Baodera* Zolotuhin, 1992

Zolotuhin, 1992e: 491.

其他文献（Reference）：Liu *et* Wu, 2006.

（15）三纹温枯叶蛾 *Baodera khasiana* (Moore, 1879)

Moore, 1879b: 82.

异名（Synonym）：

Trichiura khasiana Moore, 1879b: 82;

Trichiura sanwenensis Hou *et* Wang, 1992: 272-276.

分布（Distribution）：云南（YN）；印度、不丹、尼泊尔、缅甸

其他文献（Reference）：Liu *et* Wu, 2006; Hou *et* Wang, 1992; Zolotuhin, 1992e.

6）带枯叶蛾属 *Bharetta* Moore, [1866] 1865

Moore, [1866] 1865: 820.

其他文献（Reference）：Liu *et* Wu, 2006.

（16）斜带枯叶蛾 *Bharetta cinnamomea* Moore, 1865

Moore, 1865: 820.

分布（Distribution）：陕西（SN）、甘肃（GS）、四川（SC）；印度、尼泊尔、越南

其他文献（Reference）：Liu *et* Wu, 2006.

（17）大和带枯叶蛾 *Bharetta owadai* Kishida, 1986

Kishida, 1986b: 203.

分布（Distribution）：台湾（TW）；越南

其他文献（Reference）：Liu *et* Wu, 2006.

7）冥枯叶蛾属 *Cerberolebeda* Zolotuhin, 1995

Zolotuhin, 1995c: 163.

其他文献（Reference）：Liu *et* Wu, 2006.

（18）紫冥枯叶蛾 *Cerberolebeda styx* Zolotuhin, 1995

Zolotuhin, 1995c: 164.

分布（Distribution）：广东（GD）、广西（GX）、海南（HI）；越南、泰国、缅甸

其他文献（Reference）：Liu *et* Wu, 2006.

8）斑枯叶蛾属 *Cosmeptera* Lajonquiere, 1979

Lajonquiere, 1979c: 11.

其他文献（Reference）：Liu *et* Wu, 2006.

（19）纹斑枯叶蛾 *Cosmeptera hampsoni* (Leech, 1899)

Leech, 1899: 115.

异名（Synonym）：

Odonestis hampsoni Leech, 1899: 115.

分布（Distribution）：四川（SC）、云南（YN）

其他文献（Reference）：Grünberg, 1921; Lajonquiere, 1979a; Liu *et* Wu, 2006.

（20）匀色斑枯叶蛾 *Cosmeptera monstrosa* Zolotuhin *et* Witt, 2000

Zolotuhin *et* Witt, 2000b: 42.

分布（Distribution）：云南（YN）、广西（GX）；越南

（20a）桂斑枯叶蛾 *Cosmeptera monstrosa guangxiensis* Wu *et* Liu, 2006

Liu *et* Wu, 2006: 92.

分布（Distribution）：广西（GX）

（20b）云斑枯叶蛾 *Cosmeptera monstrosa yunnanensis* Wu *et* Liu, 2006

Liu *et* Wu, 2006: 91.

异名（Synonym）：

Cosmeptern salvazai (nec. Lajonquiere): Hou, 1987b: 972.

别名（Common name）：斜斑枯叶蛾

分布（Distribution）：云南（YN）

（21）棕斑枯叶蛾 *Cosmeptera ornata* Lajonquiere, 1979

Lajonquiere, 1979c: 12.

分布（Distribution）：陕西（SN）、四川（SC）、云南（YN）

其他文献（Reference）：Liu *et* Wu, 2006.

（22）长斑枯叶蛾 *Cosmeptera pretiosa* Lajonquiere, 1979

Lajonquiere, 1979c: 15.

分布（Distribution）：云南（YN）

其他文献（Reference）：Liu *et* Wu, 2006.

（23）美斑枯叶蛾 *Cosmeptera pulchra* Lajonquiere, 1979

Lajonquiere, 1979c: 13.

分布（Distribution）：陕西（SN）

其他文献（Reference）：Liu *et* Wu, 2006.

（24）小斑枯叶蛾（未定种）*Cosmeptera* sp.

Liu *et* Wu, 2006: 94.

异名（Synonym）：

Cosrneptera pretiosa (nec. Lajonquiere): Hou, 1987b: 972.

分布（Distribution）：云南（YN）

其他文献（Reference）：Liu *et* Wu, 2006.

9）小枯叶蛾属 *Cosmotriche* Hübner, [1820]

Hübner, [1820]: 188.

异名（Synonym）：

Selenephera Rambur, 1866: 347;

Kononia Matsumura, 1927b: 112;

Wilemaniella Matsumura, 1927a: 20;

Selenepherides Daniel, 1953: 253.

别名（Common name）：小毛虫属

其他文献（Reference）：Liu *et* Wu, 2006.

（25）秦岭小枯叶蛾 *Cosmotriche chensiensis* Hou, 1987

Hou, 1987a: 130.

别名（Common name）：秦岭小毛虫

分布（Distribution）：陕西（SN）、湖北（HB）

其他文献（Reference）：Liu *et* Wu, 2006.

（26）台湾小枯叶蛾 *Cosmotriche discitincta* Wileman, 1914

Wileman, 1914b: 321.

别名（Common name）：台湾小毛虫

分布（Distribution）：福建（FJ）、台湾（TW）

其他文献（Reference）：Liu *et* Wu, 2006；Matsumura, 1929c.

（27）松小枯叶蛾 *Cosmotriche inexperta* (Leech, 1899)

Leech, 1899: 112.

异名（Synonym）：

Crinocraspeda inexperta Leech, 1899: 112.

分布（Distribution）：浙江（ZJ）、江西（JX）、云南（YN）、福建（FJ）

（27a）松小枯叶蛾指名亚种 *Cosmotriche inexperta inexperta* (Leech, 1899)

Leech, 1899: 112.

异名（Synonym）：

Crinocraspeda inexperta Leech, 1899: 112.

别名（Common name）：松小毛虫

分布（Distribution）：浙江（ZJ）、江西（JX）、福建（FJ）、台湾（TW）

其他文献（Reference）：Liu *et* Wu, 2006; Grünberg, 1921; Lajonquiere, 1974.

（27b）松小枯叶蛾昆明亚种 *Cosmotriche inexperta kunmingensis* Hou, 1984

Hou, 1984: 179.

异名（Synonym）：

Cosmotriche kunmingensis Hou, 1984: 179.

别名（Common name）：昆明小枯叶蛾，昆明小毛虫

分布（Distribution）：云南（YN）

其他文献（Reference）：Liu *et* Wu, 2006; Zolotuhin, 1996c.

（28）杉小枯叶蛾 *Cosmotriche lobulina* ([Denis *et* Schiffermüller], 1775)

Denis *et* Schiffermüller, 1775: 57.

异名（Synonym）：

Bombyx lobulina [Denis *et* Schiffermüller], 1775: 57.

分布（Distribution）：黑龙江（HL）、吉林（JL）、辽宁（LN）、内蒙古（NM）、河北（HEB）、山西（SX）、四川（SC）、云南（YN）、西藏（XZ）；俄罗斯、朝鲜、日本、蒙古国

（28a）杉小枯叶蛾指名亚种 *Cosmotriche lobulina lobulina* ([Denis *et* Schiffermüller], 1775)

Denis *et* Schiffermüller, 1775: 57.

异名（Synonym）：

Bombyx lobulina [Denis *et* Schiffermüller], 1775: 57;

Bombyx lunigera Esper, 1783-1784: 114.

别名（Common name）：杉小毛虫

分布（Distribution）：黑龙江（HL）、吉林（JL）、辽宁（LN）、俄罗斯、朝鲜、日本、蒙古国；欧洲

其他文献（Reference）：Liu *et* Wu, 2006; Grünberg, 1911; Lajonquiere, 1974.

（28b）打箭小枯叶蛾 *Cosmotriche lobulina monbeigi* (Gaede, 1932)

Gaede, 1932-1933: 117.

异名（Synonym）：

Selenephera lunigera monobeigi Gaede, 1932: 117.

别名（Common name）：打箭小毛虫

分布（Distribution）：四川（SC）、云南（YN）、西藏（XZ）

其他文献（Reference）：Daniel, 1939; Lajonquiere, 1974; Hou, 1987a; Liu *et* Wu, 2006.

（28c）蒙古小枯叶蛾 *Cosmotriche lobulina mongolica* (Grum-Grshimailo, 1902)

Grum-Grshimailo, 1902: 196.

异名（Synonym）：

Selenephera lunigera mongolica Grum-Grshimailo, 1902: 196.

别名（Common name）：蒙古小毛虫

分布（Distribution）：内蒙古（NM）、河北（HEB）、山西（SX）；蒙古国

其他文献（Reference）：Gaede, 1932-1933; Lajonquiere, 1974; Liu *et* Wu, 2006.

（29）黑斑小枯叶蛾 *Cosmotriche maculosa* Lajonquiere, 1974

Lajonquiere, 1974: 137.

别名（Common name）：黑斑小毛虫

分布（Distribution）：四川（SC）、云南（YN）

其他文献（Reference）：Liu *et* Wu, 2006.

（30）蓝灰小枯叶蛾 *Cosmotriche monotona* (Daniel, 1953)

Daniel, 1953: 254.

异名（Synonym）：

Selenepherides monotona Daniel, 1953: 254.

分布（Distribution）：河南（HEN）、陕西（SN）、甘肃（GS）、青海（QH）、湖北（HB）、四川（SC）、云南（YN）

（30a）丽江小枯叶蛾 *Cosmotriche monotona likiangica* (Daniel, 1953)

Daniel, 1953: 255.

异名（Synonym）：

Selenopherides monotona likiangica Daniel, 1953: 255.

别名（Common name）：丽江小毛虫

分布（Distribution）：四川（SC）、云南（YN）

其他文献（Reference）：Lajonquiere, 1974; Hou, 1987a; Liu *et* Wu, 2006.

（30b）蓝灰小枯叶蛾指名亚种 *Cosmotriche monotona monotona* (Daniel, 1953)

Daniel, 1953: 254.

异名（Synonym）：

Selenepherides monotona Daniel, 1953: 254.

别名（Common name）：蓝灰小毛虫

分布（Distribution）：河南（HEN）、陕西（SN）、甘肃（GS）、青海（QH）、湖北（HB）

其他文献（Reference）：Lajonquiere, 1974；Liu *et* Wu, 2006.

（31）高山小枯叶蛾 *Cosmotriche saxosimilis* Lajonquiere, 1974

Lajonquiere, 1974: 138.

别名（Common name）：高山小毛虫

分布（Distribution）：云南（YN）、西藏（XZ）

其他文献（Reference）：Liu *et* Wu, 2006.

10）金黄枯叶蛾属 *Crinocraspeda* Hampson, [1893] 1892

Hampson, [1893b] 1892: 420.

其他文献（Reference）：Liu *et* Wu, 2006.

（32）金黄枯叶蛾 *Crinocraspeda torrida* (Moore, 1879)

Moore, 1879b: 76.

异名（Synonym）：

Gastropacha torrida Moore, 1879b: 76.

分布（Distribution）：上海（SH）、湖南（HN）、四川（SC）、贵州（GZ）、云南（YN）、广东（GD）；印度、泰国、越南

其他文献（Reference）：Hou, 1997; Liu *et* Wu, 2006.

11）松毛虫属 *Dendrolimus* Germar, 1812

Germar, 1812: 48.

异名（Synonym）：

Eutricha Stephens, 1829: 40;

Ptilorhina Zetterstedt, 1893: 925;

Dendrolymus Spuler, 1903: 123;

Karenkonia Matsumura, 1932: 45.

其他文献（Reference）：Liu *et* Wu, 2006.

（33）云龙松毛虫 *Dendrolimus aelytus* Zolotuhin, 2002

Zolotuhin, 2002: 137.

分布（Distribution）：云南（YN）

其他文献（Reference）：Liu *et* Wu, 2006.

（34）高山松毛虫 *Dendrolimus angulata* Gaede, 1932

Gaede, 1932-1933: 123.

异名（Synonym）：

Dendrolimus densatae Tsai *et* Liu, 1964: 244.

分布（Distribution）：甘肃（GS）、湖南（HN）、四川（SC）、云南（YN）、西藏（XZ）、福建（FJ）、广西（GX）；越南

其他文献（Reference）：Liu *et* Wu, 2006.

（35）阿里山松毛虫 *Dendrolimus arizana* (Wileman, 1910)

Wileman, 1910: 192.

异名（Synonym）：

Metanastria arizana Wileman, 1910: 192.

分布（Distribution）：台湾（TW）

其他文献（Reference）：Lajonquiere, 1979a; Liu *et* Wu, 2006.

（36）室纹松毛虫 *Dendrolimus atrilineis* Lajonquiere, 1973

Lajonquiere, 1973a: 539-540.

分布（Distribution）：陕西（SN）、福建（FJ）

其他文献（Reference）：Liu *et* Wu, 2006.

（37）油杉松毛虫 *Dendrolimus evelyniana* Hou *et* Wang, 1992

Hou *et* Wang, 1992: 272.

分布（Distribution）：云南（YN）

其他文献（Reference）：Liu *et* Wu, 2006.

（38）云南松毛虫 *Dendrolimus grisea* (Moore, 1879)

Moore, 1879b: 80.

异名（Synonym）：

Chatra grisea Moore, 1879b: 80;

Dendrolimus houi Lajonquiere, 1979a: 184-187.

分布（Distribution）：陕西（SN）、浙江（ZJ）、江西（JX）、湖南（HN）、湖北（HB）、四川（SC）、贵州（GZ）、云南（YN）、福建（FJ）、海南（HI）；印度（北部）、泰国（北部）、越南（北部）

其他文献（Reference）：Zolotuhin, 1995c; Liu *et* Wu, 2006.

（39）喜马拉雅松毛虫 *Dendrolimus himalayanus* Tsai *et* Liu, 1964

Tsai *et* Liu, 1964: 241-242.

分布（Distribution）：西藏（XZ）；尼泊尔

其他文献（Reference）：Liu *et* Wu, 2006.

（40）华山松毛虫 *Dendrolimus huashanensis* Hou, 1986

Hou, 1986: 75-76.

分布（Distribution）：陕西（SN）

其他文献（Reference）：Liu *et* Wu, 2006.

（41）吉松毛虫 *Dendrolimus kikuchii* Matsumura, 1927

Matsumura, 1927a: 18.

分布（Distribution）：河南（HEN）、甘肃（GS）、安徽（AH）、浙江（ZJ）、江西（JX）、湖南（HN）、湖北（HB）、四川（SC）、贵州（GZ）、云南（YN）、福建（FJ）、台湾（TW）、广东（GD）、广西（GX）、海南（HI）；越南

（41a）海南松毛虫 *Dendrolimus kikuchii hainanensis* Tsai *et* Hou, 1980

Tsai *et* Hou, 1980: 259-260.

分布（Distribution）：海南（HI）

其他文献（Reference）：Liu *et* Wu, 2006.

（41b）思茅松毛虫 *Dendrolimus kikuchii kikuchii* Matsumura, 1927

Matsumura, 1927a: 18.

分布（Distribution）：河南（HEN）、甘肃（GS）、安徽（AH）、浙江（ZJ）、江西（JX）、湖南（HN）、湖北（HB）、四川（SC）、贵州（GZ）、云南（YN）、福建（FJ）、台湾（TW）、广东（GD）、广西（GX）

其他文献（Reference）：Liu *et* Wu, 2006.

（42）玉树松毛虫 *Dendrolimus liui* Xu *et* Jin, 1998

Xu *et al.*, 1998: 1.

分布（Distribution）：青海（QH）

其他文献（Reference）：Liu *et* Wu, 2006.

（43）黄山松毛虫 *Dendrolimus marmoratus* Tsai *et* Hou, 1976

Tsai *et* Hou, 1976: 448.

分布（Distribution）：陕西（SN）、安徽（AH）、浙江（ZJ）、福建（FJ）

其他文献（Reference）：Liu *et* Wu, 2006.

（44）双波松毛虫 *Dendrolimus monticola* Lajonquiere, 1973

Lajonquiere, 1973a: 549.

分布（Distribution）：四川（SC）、云南（YN）、西藏（XZ）；印度（锡金）

其他文献（Reference）：Liu *et* Wu, 2006.

（45）宁陕松毛虫 *Dendrolimus ningshanensis* Tsai *et* Hou, 1976

Tsai *et* Hou, 1976: 448-449.

分布（Distribution）：陕西（SN）

其他文献（Reference）：Liu *et* Wu, 2006.

（46）点松毛虫 *Dendrolimus punctata* (Walker, 1855)

Walker, 1855c: 1418.

分布（Distribution）：河南（HEN）、陕西（SN）、甘肃（GS）、安徽（AH）、江苏（JS）、浙江（ZJ）、江西（JX）、湖南（HN）、湖北（HB）、四川（SC）、贵州（GZ）、福建（FJ）、台湾（TW）、广东（GD）、广西（GX）、海南（HI）、香港（HK）；越南

（46a）马尾松毛虫 *Dendrolimus punctata punctata* (Walker, 1855)

Walker, 1855c: 1418.

异名（Synonym）：

Lebeda hebes Walker, 1855c: 1418;

Lasiocampa innotata Walker, 1855c: 1443;

Ocona punctata Walker, 1855c: 1418;

Lasiocampa remota Walker, 1855c: 1439;

Lasiocampa consimilis Walker, 1865: 562;

Lebeda inconclusa Walker, 1865: 569;

Odonestis abstersa Walker, 1865: 553;

Odonestis sodalis Walker, 1865: 553.

分布（Distribution）：河南（HEN）、陕西（SN）、安徽（AH）、江苏（JS）、浙江（ZJ）、江西（JX）、湖南（HN）、湖北（HB）、四川（SC）、贵州（GZ）、云南（YN）、福建（FJ）、台湾（TW）、广东（GD）、广西（GX）、海南（HI）

其他文献（Reference）：Kirby, 1892; Liu *et* Wu, 2006.

（46b）德昌松毛虫 *Dendrolimus punctata tehchangensis* Tsai *et* Liu, 1964

Tsai *et* Liu, 1964: 242.

分布（Distribution）：甘肃（GS）、四川（SC）、云南（YN）

其他文献（Reference）：Liu *et* Wu, 2006.

（46c）文山松毛虫 *Dendrolimus punctata wenshanensis* Tsai *et* Liu, 1964

Tsai *et* Liu, 1964: 242-243.

分布（Distribution）：贵州（GZ）、云南（YN）、广西（GX）

其他文献（Reference）：Liu *et* Wu, 2006.

（47）秦岭松毛虫 *Dendrolimus qinlingensis* Tsai *et* Hou, 1980

Tsai *et* Hou, 1980: 257-258.

分布（Distribution）：陕西（SN）

其他文献（Reference）：Liu *et* Wu, 2006.

（48）丽江松毛虫 *Dendrolimus rex* Lajonquiere, 1973

Lajonquiere, 1973a: 529.

分布（Distribution）：四川（SC）、云南（YN）、西藏（XZ）

其他文献（Reference）：Liu *et* Wu, 2006.

（49）火地松毛虫 *Dendrolimus rubripennis* Hou, 1986

Hou, 1986: 76-77.

分布（Distribution）：陕西（SN）、云南（YN）、西藏（XZ）

其他文献（Reference）：Liu *et* Wu, 2006.

（50）天目松毛虫 *Dendrolimus sericus* Lajonquiere, 1973

Lajonquiere, 1973a: 530.

分布（Distribution）：浙江（ZJ）、江西（JX）、福建（FJ）

其他文献（Reference）：Liu *et* Wu, 2006.

（51）赤松毛虫 *Dendrolimus spectabilis* Butler, 1877

Butler, 1877: 481.

异名（Synonym）：

Oeona segregatus Butler, 1877: 482;

Eutricha zonata Butler, 1881a: 17;

Eutricha dolosa Butler, 1881a: 16;

Dendrolimus segregatus Grünberg, 1911: 172;

Dendrolimus punctatus spectabilis (Butler): Zhao *et al.*, 1999: 45.

分布（Distribution）：辽宁（LN）、河北（HEB）、山东（SD）、河南（HEN）、江苏（JS）；朝鲜、日本

其他文献（Reference）：Kirby, 1892; Liu *et* Wu, 2006.

（52）柏松毛虫 *Dendrolimus suffuscus* Lajonquiere, 1973

Lajonquiere, 1973a: 541.

分布（Distribution）：内蒙古（NM）、河北（HEB）、山西（SX）、山东（SD）、河南（HEN）、陕西（SN）

（52a）明纹柏松毛虫 *Dendrolimus suffuscus illustratus* Lajonquiere, 1973

Lajonquiere, 1973a: 542.

分布（Distribution）：内蒙古（NM）、河北（HEB）、山西（SX）、山东（SD）、河南（HEN）、陕西（SN）

其他文献（Reference）：Liu *et* Wu, 2006.

（52b）侧柏松毛虫 *Dendrolimus suffuscus suffuscus* Lajonquiere, 1973

Lajonquiere, 1973a: 541.

异名（Synonym）：

Dendrolimus superans (nec. Butler): Tsai *et* Liu, 1962: 242-243.

分布（Distribution）：山东（SD）

其他文献（Reference）：Liu *et* Wu, 2006.

（53）落叶松毛虫 *Dendrolimus superans* (Butler, 1877)

Butler, 1877: 481.

异名（Synonym）：

Odenestis superans Butler, 1877: 481;

Eutriche fentoni Butler, 1881a: 17;

Dendrolimus sibiricus Tschetverikov, 1908: 1;

Dendrolimus jezoensis Matsumura, 1917: 687;

Dendrolimus albolineatus Matsumura, 1921: 918.

分布（Distribution）：黑龙江（HL）、吉林（JL）、辽宁（LN）、内蒙古（NM）、河北（HEB）、北京（BJ）、山东（SD）、

新疆（XJ）；俄罗斯、朝鲜、日本

其他文献（**Reference**）：Liu *et* Wu, 2006.

（54）油松毛虫 *Dendrolimus tabulaeformis* Tsai *et* Liu, 1962

Tsai *et* Liu, 1962: 245-246.

异名（**Synonym**）：

Dendrolimus punctatus tabulaeformis (Tsai *et* Liu): Zhao *et al.*, 1999: 45.

分布（**Distribution**）：辽宁（LN）、河北（HEB）、山西（SX）、山东（SD）、河南（HEN）、陕西（SN）、甘肃（GS）、四川（SC）

其他文献（**Reference**）：Liu *et* Wu, 2006.

（55）花缘松毛虫 *Dendrolimus taiwanus* (Matsumura, 1932)

Matsumura, 1932: 45.

异名（**Synonym**）：

Karenkonia taiwanus Matsumura, 1932: 45;

Dendrolimus inouei Lajonquiere, 1979a: 187.

分布（**Distribution**）：台湾（TW）

其他文献（**Reference**）：Kishida, 1985; Liu *et* Wu, 2006.

（56）旬阳松毛虫 *Dendrolimus xunyangensis* Tsai *et* Hou, 1980

Tsai *et* Hou, 1980: 258-259.

分布（**Distribution**）：陕西（SN）、甘肃（GS）

其他文献（**Reference**）：Liu *et* Wu, 2006.

12）翅枯叶蛾属 *Eteinopla* Lajonquiere, 1979

Lajonquiere, 1979c: 16.

其他文献（**Reference**）：Liu *et* Wu, 2006.

（57）紫翅枯叶蛾 *Eteinopla narcissus* Zolotuhin, 1995

Zolotuhin, 1995c: 160.

分布（**Distribution**）：陕西（SN）、甘肃（GS）、湖北（HB）、云南（YN）、广西（GX）；泰国、越南、缅甸

其他文献（**Reference**）：Liu *et* Wu, 2006.

（58）灰翅枯叶蛾 *Eteinopla signata* (Moore, 1879)

Moore, 1879b: 76.

异名（**Synonym**）：

Odonestis signata Moore, 1879b: 76;

Eteinopla obscura Lajonquiere, 1979c: 18.

别名（**Common name**）：斑斜枯叶蛾，橘斑灰翅枯叶蛾，橘斑斜纹枯叶蛾

分布（**Distribution**）：云南（YN）、西藏（XZ）、福建（FJ）、广西（GX）；印度（锡金）、尼泊尔、泰国、越南、马来西亚、印度尼西亚

其他文献（**Reference**）：Kirby, 1882; Grünberg, 1921; Liu *et* Wu, 2006.

13）纹枯叶蛾属 *Euthrix* Meigen, 1830

Meigen, 1830: 191.

异名（**Synonym**）：

Philudoria Kirby, 1892: 820;

Routledgia Tutt, 1902: 153;

Orienthrix Tshistjakov, 1998: 2.

其他文献（**Reference**）：Liu *et* Wu, 2006.

（59）阿纹枯叶蛾 *Euthrix albomaculata* (Bremer, 1861)

Bremer, 1861: 479.

异名（**Synonym**）：

Odonestis albomaculata Bremer, 1861: 479.

别名（**Common name**）：竹斑毛虫

分布（**Distribution**）：黑龙江（HL）、河南（HEN）、陕西（SN）、江苏（JS）、湖北（HB）、四川（SC）；朝鲜、日本

其他文献（**Reference**）：Collier, 1936; Lajonquiere, 1978; Liu *et* Wu, 2006.

（60）沙纹枯叶蛾 *Euthrix alessa* Zolotuhin *et* Witt, 2000

Zolotuhin *et* Witt, 2000b: 37.

分布（**Distribution**）：四川（SC）、贵州（GZ）；越南

其他文献（**Reference**）：Liu *et* Wu, 2006.

（61）短纹枯叶蛾 *Euthrix brachma* Zolotuhin, 1996

Zolotuhin, 1996c: 374.

分布（**Distribution**）：四川（SC）

其他文献（**Reference**）：Liu *et* Wu, 2006.

（62）狸纹枯叶蛾 *Euthrix fox* Zolotuhin *et* Witt, 2000

Zolotuhin *et* Witt, 2000b: 34.

分布（**Distribution**）：四川（SC）、云南（YN）、广西（GX）；越南、泰国

其他文献（**Reference**）：Liu *et* Wu, 2006.

（63）韩纹枯叶蛾 *Euthrix hani* (Lajonquiere, 1978)

Lajonquiere, 1978: 407.

异名（**Synonym**）：

Philudoria hani Lajonquiere, 1978: 407.

别名（**Common name**）：红斑枯叶蛾，双斑枯叶蛾

分布（**Distribution**）：云南（YN）

其他文献（**Reference**）：Liu *et* Wu, 2006.

（64）黄纹枯叶蛾 *Euthrix imitatrix* (Lajonquiere, 1978)

Lajonquiere, 1978: 389.

异名（**Synonym**）：

Philudoria imitatrix Lajonquiere, 1978: 389.

分布（**Distribution**）：云南（YN）、广东（GD）、广西（GX）、海南（HI）；缅甸、越南、泰国

（64a）黄纹枯叶蛾指名亚种 *Euthrix imitatrix imitatrix* (Lajonquiere, 1978)

Lajonquiere, 1978: 389.

异名（Synonym）：

Philudoria imitatrix Lajonquiere, 1978: 389.

别名（Common name）：黄斑斜枯叶蛾

分布（Distribution）：广东（GD）

其他文献（Reference）：Zolotuhin *et* Witt, 2000b; Liu *et* Wu, 2006.

（64b）黄纹枯叶蛾云南亚种 *Euthrix imitatrix thrix* Zolotuhin, 2001

Zolotuhin, 2001: 462.

别名（Common name）：云纹枯叶蛾

分布（Distribution）：云南（YN）

其他文献（Reference）：Liu *et* Wu, 2006.

（64c）黄纹枯叶蛾越南亚种 *Euthrix imitatrix tonkiensis* (Lajonquiere, 1978)

Lajonquiere, 1978: 390.

异名（Synonym）：

Philudoria imitatrix tonkiensis Lajonquiere, 1978: 389.

别名（Common name）：越纹枯叶蛾

分布（Distribution）：广西（GX）、海南（HI）；越南、泰国

其他文献（Reference）：Zolotuhin *et* Witt, 2000b; Liu *et* Wu, 2006.

（65）明纹枯叶蛾 *Euthrix improvisa* (Lajonquiere, 1978)

Lajonquiere, 1978: 390.

异名（Synonym）：

Philudoria improvisa Lajonquiere, 1978: 390;

Philudoria decisa (nec. Walker, 1983): Hou, 1983: 425.

分布（Distribution）：四川（SC）、云南（YN）、西藏（XZ）、广西（GX）；泰国、越南

其他文献（Reference）：Zolotuhin, 1995c; Liu *et* Wu, 2006.

（66）双色纹枯叶蛾 *Euthrix inobtrusa* (Walker, 1862)

Walker, 1862a: 85.

异名（Synonym）：

Lasiocampa inobtrusa Walker, 1862a: 85;

Odonestis inobtrusa var. *chinensis* Leech, 1899: 114;

Cosmotriche laeta decisa (Walker): Grünberg, 1921: 407.

别名（Common name）：斑斜枯叶蛾，黑斑枯叶蛾，双白枯叶蛾

分布（Distribution）：江西（JX）、湖南（HN）、贵州（GZ）、云南（YN）、福建（FJ）、广西（GX）；印度、尼泊尔、不丹、越南、泰国、印度尼西亚、马来西亚

其他文献（Reference）：Moore, 1858; Lajonquiere, 1978; Liu *et* Wu, 2006.

（67）赛纹枯叶蛾 *Euthrix isocyma* (Hampson, 1893)

Hampson, 1893b: 427.

异名（Synonym）：

Odonestis isocyma Hampson, 1893b: 427;

Cosmotriche consimilis Candeze, 1927: 123;

Cosmotriche diversifasciata Gaede, 1932: 117;

Philudoria isocyma orientalis Lajonquiere, 1978: 403.

别名（Common name）：赛姆枯叶蛾

分布（Distribution）：湖南（HN）、四川（SC）、贵州（GZ）、云南（YN）、西藏（XZ）、福建（FJ）、广东（GD）、广西（GX）、海南（HI）；印度、尼泊尔、越南

其他文献（Reference）：Grünberg, 1921; Lajonquiere, 1978; Zolotuhin *et* Witt, 2000b; Liu *et* Wu, 2006.

（68）竹纹枯叶蛾 *Euthrix laeta* (Walker, 1855)

Walker, 1855c: 1416.

异名（Synonym）：

Amydona laeta Walker, 1855c: 1416;

Odonestis divisa Moore, 1879a: 408;

Cosmotriche purpurascens Hampson, 1893a: 182;

Cosmotriche laeta var. *sulphurea* Aurivillius, 1894: 164.

别名（Common name）：竹黄毛虫

分布（Distribution）：黑龙江（HL）、河北（HEB）、山西（SX）、河南（HEN）、陕西（SN）、甘肃（GS）、安徽（AH）、江苏（JS）、浙江（ZJ）、江西（JX）、湖南（HN）、湖北（HB）、四川（SC）、云南（YN）、福建（FJ）、台湾（TW）、广东（GD）、广西（GX）、海南（HI）；俄罗斯（远东地区）、朝鲜、日本、印度、斯里兰卡、尼泊尔、越南、泰国、马来西亚、印度尼西亚

其他文献（Reference）：Walker, 1855c; Leech, 1888; Kirby, 1892; Grünberg, 1921; Lajonquiere, 1978; Liu *et* Wu, 2006.

（69）黑点纹枯叶蛾 *Euthrix nigropuncta* (Wileman, 1910)

Wileman, 1910: 191.

异名（Synonym）：

Odonestis nigropunta Wileman, 1910: 191;

Cosmotriche marginalis Matsumura, 1921: 909.

分布（Distribution）：台湾（TW）

其他文献（Reference）：Matsumura, 1932; Grünberg, 1921; Lajonquiere, 1978; Liu *et* Wu, 2006.

（70）赭点纹枯叶蛾 *Euthrix ochreipuncta* (Wileman, 1910)

Wileman, 1910: 191.

异名（Synonym）：

Odonestis ochreipuncta Wileman, 1910: 191;

Cosmotriche formosana Matsumura, 1921: 908.

分布（Distribution）：台湾（TW）

其他文献（Reference）：Lajonquiere, 1978; Kishida, 1992; Liu *et* Wu, 2006.

（71）斜纹枯叶蛾 *Euthrix orboy* Zolotuhin, 1998

Zolotuhin, 1998: 72.

分布（**Distribution**）：福建（FJ）、台湾（TW）、广西（GX）

其他文献（**Reference**）：Liu *et* Wu, 2006.

（71a）斜纹枯叶蛾台湾亚种 *Euthrix orboy occasialis* Zolotuhin, 2001

Zolotuhin, 2001: 459.

别名（**Common name**）：偶纹枯叶蛾

分布（**Distribution**）：台湾（TW）

其他文献（**Reference**）：Liu *et* Wu, 2006.

（71b）斜纹枯叶蛾指名亚种 *Euthrix orboy orboy* Zolotuhin, 1998

Zolotuhin, 1998: 72.

异名（**Synonym**）：

Philudoria diversifasciata (nec. Gaede): Lajonquiere, 1978: 387.

分布（**Distribution**）：福建（FJ）、广西（GX）

其他文献（**Reference**）：Liu *et* Wu, 2006.

（72）草纹枯叶蛾 *Euthrix potatoria* (Linnaeus, 1758)

Linnaeus, 1758: 498.

异名（**Synonym**）：

Phalaena bombyx potatoria Linnaeus, 1758: 498.

别名（**Common name**）：牧草毛虫

分布（**Distribution**）：黑龙江（HL）；朝鲜、日本；欧洲

其他文献（**Reference**）：Kirby, 1913; Collier, 1936; Lajonquiere, 1978; Liu *et* Wu, 2006.

（73）理纹枯叶蛾 *Euthrix ricardae* Zolotuhin, 2007

Zolotuhin, 2007: 35.

分布（**Distribution**）：江西（JX）、福建（FJ）

（74）谢纹枯叶蛾 *Euthrix sherpai* Zolotuhin, 2001

Zolotuhin, 2001: 456.

分布（**Distribution**）：云南（YN）；泰国、老挝

其他文献（**Reference**）：Liu *et* Wu, 2006.

（75）台纹枯叶蛾 *Euthrix tamahonis* (Matsumura, 1927)

Matsumura, 1927a: 21.

异名（**Synonym**）：

Cosmotriche tarnahonis Matsumura, 1927a: 21.

分布（**Distribution**）：台湾（TW）

其他文献（**Reference**）：Lajonquiere, 1978; Kishida, 1992; Liu *et* Wu, 2006.

（76）环纹枯叶蛾 *Euthrix tangi* (Lajonquiere, 1978)

Lajonquiere, 1978: 404.

异名（**Synonym**）：

Philudoria tangi Lajonquiere, 1978: 404.

别名（**Common name**）：环斜枯叶蛾

分布（**Distribution**）：福建（FJ）、广东（GD）；越南

其他文献（**Reference**）：Zolotuhin *et* Witt, 2000b; Liu *et* Wu, 2006.

（77）暗纹枯叶蛾 *Euthrix tenebrosus* Zolotuhin, 2005

Zolotuhin, 2005a: 552.

分布（**Distribution**）：湖南（HN）

（78）白纹枯叶蛾 *Euthrix tsini* (Lajonquiere, 1978)

Lajonquiere, 1978: 403.

异名（**Synonym**）：

Philudoria tsini Lajonquiere, 1978: 403.

别名（**Common name**）：白斜枯叶蛾

分布（**Distribution**）：云南（YN）、福建（FJ）、广西（GX）

其他文献（**Reference**）：Liu *et* Wu, 2006.

（79）新纹枯叶蛾 *Euthrix turpellus* Zolotuhin *et* Wu, 2008

Zolotuhin *et* Wu, 2008: 264.

分布（**Distribution**）：云南（YN）

其他文献（**Reference**）：Liu *et* Wu, 2006.

14）褐枯叶蛾属 *Gastropacha* Ochsenheimer, 1810

Ochsenheimer, 1810: 239.

异名（**Synonym**）：

Eutricha Hübner, [1806]: 1;

Phylloma Billberg, 1820: 84;

Estigena Moore, [1860] 1858-1859: 426;

Stenophylloides Hampson, [1893] 1892: 429.

其他文献（**Reference**）：Liu *et* Wu, 2006.

（80）豪褐枯叶蛾 *Gastropacha hauensteini* Zolotuhin, 2005

Zolotuhin, 2005b: 304.

分布（**Distribution**）：福建（FJ）

（81）弘褐枯叶蛾 *Gastropacha horishana* Matsumura, 1927

Matsumura, 1927a: 21.

别名（**Common name**）：台湾褐枯叶蛾

分布（**Distribution**）：江西（JX）、台湾（TW）

其他文献（**Reference**）：Liu *et* Wu, 2006.

（81a）弘褐枯叶蛾大陆亚种 *Gastropacha horishana egregia* Zolotuhin, 2005

Zolotuhin, 2005b: 300.

分布（**Distribution**）：江西（JX）

（81b）弘褐枯叶蛾指名亚种 *Gastropacha horishana horishana* Matsumura, 1927

Matsumura, 1927a: 21.

分布（Distribution）：台湾（TW）

（82）宝岛褐枯叶蛾 *Gastropacha insularis* Zolotuhin, 2005

Zolotuhin, 2005b: 302.

分布（Distribution）：台湾（TW）

（83）远东褐枯叶蛾 *Gastropacha orientalis* Sheljuzhko, 1943

Sheljuzhko, 1943: 13.

异名（Synonym）：

Gastropacha quercifolia coreopacha Bryk, 1948: 32;

Gastropacha hoenei Lajonquiere, 1976: 164.

别名（Common name）：远东枯叶蛾

分布（Distribution）：黑龙江（HL）；俄罗斯、朝鲜、日本

其他文献（Reference）：Liu *et* Wu, 2006.

（84）橘褐枯叶蛾 *Gastropacha pardale* (Walker, 1855)

Walker, 1855c: 1453.

异名（Synonym）：

Megasoma pardale Walker, 1855c: 1453.

分布（Distribution）：浙江（ZJ）、江西（JX）、湖南（HN）、湖北（HB）、四川（SC）、云南（YN）、福建（FJ）、台湾（TW）、广东（GD）、广西（GX）、海南（HI）；巴基斯坦、印度、泰国、越南、马来西亚、印度尼西亚

（84a）橘褐枯叶蛾台湾亚种 *Gastropacha pardale formosana* Tams, 1935

Tams, 1935: 51.

别名（Common name）：台橘褐枯叶蛾

分布（Distribution）：台湾（TW）

其他文献（Reference）：Liu *et* Wu, 2006.

（84b）橘褐枯叶蛾大陆亚种 *Gastropacha pardale sinensis* Tams, 1935

Tams, 1935: 50.

别名（Common name）：橘毛虫

分布（Distribution）：浙江（ZJ）、江西（JX）、湖南（HN）、湖北（HB）、四川（SC）、云南（YN）、福建（FJ）、广东（GD）、广西（GX）、海南（HI）

其他文献（Reference）：Liu *et* Wu, 2006.

（85）菲褐枯叶蛾 *Gastropacha philippinensis* Tams, 1935

Tams, 1935: 51.

分布（Distribution）：浙江（ZJ）、湖北（HB）、四川（SC）、云南（YN）、西藏（XZ）、福建（FJ）；巴基斯坦、印度、尼泊尔、泰国、越南、缅甸、菲律宾、印度尼西亚

（85a）石梓褐枯叶蛾 *Gastropacha philippinensis swanni* Tams, 1935

Tams, 1935: 52.

异名（Synonym）：

Gastropacha pardale swanni Tams, 1935: 52.

别名（Common name）：石梓毛虫

分布（Distribution）：浙江（ZJ）、湖北（HB）、四川（SC）、云南（YN）、西藏（XZ）、福建（FJ）；印度

其他文献（Reference）：Lajonquiere, 1977; Liu *et* Wu, 2006.

（86）杨褐枯叶蛾 *Gastropacha populifolia* (Esper, 1784)

Esper, 1784: 62.

异名（Synonym）：

Bombyx populifolia Esper, 1784: 62;

Castropacha angustipennis Walker, 1855c: 1394;

Gastroopacha tsingtauica Grünberg, 1911: 169;

Gastropacha populifolia f. *rubatrata* Lajonquiere, 1976: 162.

别名（Common name）：杨枯叶蛾

分布（Distribution）：黑龙江（HL）、辽宁（LN）、内蒙古（NM）、河北（HEB）、北京（BJ）、山西（SX）、山东（SD）、河南（HEN）、陕西（SN）、甘肃（GS）、青海（QH）、安徽（AH）、江苏（JS）、浙江（ZJ）、江西（JX）、湖南（HN）、湖北（HB）、四川（SC）、云南（YN）、广西（GX）；俄罗斯、日本、朝鲜；欧洲

其他文献（Reference）：Liu *et* Wu, 2006.

（86a）杨褐枯叶蛾云南亚种 *Gastropacha populifolia mephisto* Zolotuhin, 2005

Zolotuhin, 2005b: 295.

异名（Synonym）：

Gastropacha populiforlia f. *fumosa* Lajonquiere, 1976: 163.

分布（Distribution）：云南（YN）

（86b）杨褐枯叶蛾指名亚种 *Gastropacha populifolia populifolia* (Esper, 1784)

Esper, 1784: 62.

分布（Distribution）：黑龙江（HL）、辽宁（LN）、内蒙古（NM）、河北（HEB）、北京（BJ）、山西（SX）、山东（SD）、河南（HEN）、陕西（SN）、甘肃（GS）、青海（QH）、安徽（AH）、江苏（JS）、浙江（ZJ）、江西（JX）、湖南（HN）、湖北（HB）、四川（SC）、广西（GX）；俄罗斯、蒙古国、日本、朝鲜；欧洲

（87）李褐枯叶蛾 *Gastropacha quercifolia* (Linnaeus, 1758)

Linnaeus, 1758: 497.

异名（Synonym）：

Phalaena quercifolia Linnaeus, 1758: 497.

分布（Distribution）：黑龙江（HL）、吉林（JL）、辽宁（LN）、内蒙古（NM）、河北（HEB）、北京（BJ）、山西（SX）、山东（SD）、河南（HEN）、宁夏（NX）、甘肃（GS）、青海（QH）、新疆（XJ）、安徽（AH）、浙江（ZJ）、江西（JX）、湖南（HN）、湖北（HB）、四川（SC）、贵州（GZ）、云南

（YN）、西藏（XZ）、福建（FJ）、广东（GD）、广西（GX）；俄罗斯、朝鲜、日本、蒙古国；欧洲

（87a）北李褐枯叶蛾 *Gastropacha quercifolia cerridifolia* Felder *et* Felder, 1862

Felder C *et* Felder R, 1862: 35.

异名（**Synonym**）：

Gastropacha quercifolia var. *cerridifolia* Felder C *et* Felder R, 1862: 35;

Gastropacha coreana Matsumura, 1927a: 22;

Gastropacha quercifolia coreopacha Bryk, 1949: 32.

别名（**Common name**）：李枯叶蛾

分布（**Distribution**）：黑龙江（HL）、吉林（JL）、辽宁（LN）、内蒙古（NM）、河北（HEB）、北京（BJ）、山西（SX）、山东（SD）、河南（HEN）、宁夏（NX）、甘肃（GS）、青海（QH）、新疆（XJ）、安徽（AH）、湖北（HB）、云南（YN）；俄罗斯、朝鲜、日本

其他文献（**Reference**）：Grünberg, 1913; Sheljuzhko, 1943; Liu *et* Wu, 2006.

（87b）赤李褐枯叶蛾 *Gastropacha quercifolia lucens* Mell, 1939

Mell, 1939: 137.

分布（**Distribution**）：陕西（SN）、甘肃（GS）、安徽（AH）、浙江（ZJ）、江西（JX）、湖南（HN）、湖北（HB）、四川（SC）、贵州（GZ）、云南（YN）、西藏（XZ）、福建（FJ）、广东（GD）、广西（GX）

其他文献（**Reference**）：Liu *et* Wu, 2006.

（87c）棕李褐枯叶蛾 *Gastropacha quercifolia mekongensis* Lajonquiere, 1976

Lajonquiere, 1976: 156.

分布（**Distribution**）：云南（YN）

其他文献（**Reference**）：Liu *et* Wu, 2006.

（87d）藏李褐枯叶蛾 *Gastropacha quercifolia thibetana* Lajonquiere, 1976

Lajonquiere, 1976: 151.

分布（**Distribution**）：四川（SC）、西藏（XZ）

其他文献（**Reference**）：Liu *et* Wu, 2006.

（88）锡金褐枯叶蛾 *Gastropacha sikkima* Moore, 1879

Moore, 1879b: 75.

分布（**Distribution**）：云南（YN）、西藏（XZ）、福建（FJ）；印度、尼泊尔、巴基斯坦、不丹

其他文献（**Reference**）：Hampson, 1892b; Tams, 1935; Liu *et* Wu, 2006.

（89）异褐枯叶蛾 *Gastropacha xenopates* Tams, 1935

Tams, 1935: 52.

别名（**Common name**）：缘斑枯叶蛾

分布（**Distribution**）：福建（FJ）、台湾（TW）、广东（GD）；印度、尼泊尔、缅甸、越南、泰国

（89a）缘褐枯叶蛾 *Gastropacha xenopates wilemani* Tams, 1935

Tams, 1935: 54.

分布（**Distribution**）：福建（FJ）、台湾（TW）、广东（GD）

（90）云县褐枯叶蛾 *Gastropacha yunxianensis* Hou *et* Wang, 1992

Hou *et* Wang, 1992: 272-276.

别名（**Common name**）：后斑枯叶蛾

分布（**Distribution**）：云南（YN）

其他文献（**Reference**）：Liu *et* Wu, 2006.

15）白枯叶蛾属 *Kosala* Moore, 1879

Moore, 1879a: 407.

其他文献（**Reference**）：Liu *et* Wu, 2006.

（91）单白枯叶蛾 *Kosala flavosignata* (Moore, 1879)

Moore, 1879b: 77-78.

异名（**Synonym**）：

Eutricha flavosignata Moore, 1879b: 77-78.

分布（**Distribution**）：华南；印度（锡金）、越南（北部）

其他文献（**Reference**）：Grünberg, 1923; Zolotuhin *et* Witt, 2000b; Liu *et* Wu, 2006.

（92）二白枯叶蛾 *Kosala rufa* Hampson, 1892

Hampson, 1892b: 419.

分布（**Distribution**）：云南（YN）；印度（北部）、越南（北部）

其他文献（**Reference**）：Liu *et* Wu, 2006.

16）杂枯叶蛾属 *Kunugia* Nagano, 1917

Nagano, 1917: 24.

异名（**Synonym**）：

Cyclophragma (nec. Turner): Lajonquiere, 1973a: 573.

别名（**Common name**）：杂毛虫属

其他文献（**Reference**）：Lajonquiere, 1973a; Liu *et* Wu, 2006.

（93）棕色杂枯叶蛾 *Kunugia ampla* (Walker, 1855)

Walker, 1855c: 1412.

异名（**Synonym**）：

Odonestis (sic) *ampla* Walker, 1855c: 1412;

Lebeda ferruginea Walker, 1855c: 1458;

Cyclophragma ampla xishuangensis Tsai *et* Hou, 1976: 450.

别名（**Common name**）：西双杂毛虫，棕色杂毛虫

分布（**Distribution**）：云南（YN）；印度、尼泊尔、缅甸、斯里兰卡、菲律宾

其他文献（**Reference**）：Grünberg, 1921; Collier, 1936;

Lajonquiere, 1973a; Kishida, 1992; Liu *et* Wu, 2006.

（94）褐色杂枯叶蛾 *Kunugia brunnea* **(Wileman, 1915)**

Wileman, 1915: 15.

分布（**Distribution**）：河南（HEN）、云南（YN）、福建（FJ）、台湾（TW）、广西（GX）；尼泊尔、泰国、越南

（94a）褐色杂枯叶蛾指名亚种 *Kunugia brunnea brunnea* **(Wileman, 1915)**

Wileman, 1915: 15.

异名（**Synonym**）：

Metanastria brunnea Wileman, 1915: 15.

别名（**Common name**）：褐色杂毛虫

分布（**Distribution**）：云南（YN）、福建（FJ）、台湾（TW）、广西（GX）

其他文献（**Reference**）：Lajonquiere, 1973a; Zolotuhin *et* Witt, 2000b; Liu *et* Wu, 2006.

（94b）褐色杂枯叶蛾伏牛亚种 *Kunugia brunnea funiuensis* **(Hou, 1986)**

Hou, 1986: 78.

异名（**Synonym**）：

Cylophragma funiuensis Hou, 1986: 78.

别名（**Common name**）：伏牛杂枯叶蛾，伏牛杂毛虫

分布（**Distribution**）：河南（HEN）、陕西（SN）

其他文献（**Reference**）：Liu *et* Wu, 2006.

（95）缅甸杂枯叶蛾 *Kunugia burmensis* **(Gaede, 1932)**

Gaede, 1932-1933: 123.

异名（**Synonym**）：

Dendrolimus burmensis Gaede, 1932: 123.

别名（**Common name**）：缅甸杂毛虫

分布（**Distribution**）：四川（SC）、云南（YN）；缅甸（密支那）、越南

其他文献（**Reference**）：Lajonquiere, 1973a; Zolotuhin *et* Witt, 2000b; Liu *et* Wu, 2006.

（96）斜纹杂枯叶蛾 *Kunugia divaricata* **(Moore, 1884)**

Moore, 1884a: 374.

异名（**Synonym**）：

Metanastria divaricata Moore, 1884a: 374.

别名（**Common name**）：斜纹杂毛虫

分布（**Distribution**）：云南（YN）、福建（FJ）、广西（GX）；印度、尼泊尔、越南、泰国、缅甸、马来西亚、印度尼西亚

其他文献（**Reference**）：Liu *et* Wu, 2006.

（97）东川杂枯叶蛾 *Kunugia dongchuanensis* **(Tsai *et* Hou, 1983)**

Tsai *et* Hou, 1983: 293.

异名（**Synonym**）：

Cyclophragma dongchuanensis Tsai *et* Hou, 1983: 293.

别名（**Common name**）：东川杂毛虫

分布（**Distribution**）：云南（YN）

其他文献（**Reference**）：Liu *et* Wu, 2006.

（98）花斑杂枯叶蛾 *Kunugia florimaculata* **(Tsai *et* Hou, 1983)**

Tsai *et* Hou, 1983: 295.

异名（**Synonym**）：

Cyclophragma florimaculata Tsai *et* Hou, 1983: 295;

Kunugia charpentieri Holloway *et* Bender, 1990: 155.

别名（**Common name**）：花斑杂毛虫

分布（**Distribution**）：云南（YN）；印度、泰国、马来西亚、印度尼西亚

其他文献（**Reference**）：Liu *et* Wu, 2006.

（99）耀杂枯叶蛾 *Kunugia fulgens* **(Moore, 1879)**

Moore, 1879b: 81.

分布（**Distribution**）：四川（SC）、云南（YN）、西藏（XZ）；印度、尼泊尔、泰国、越南

（99a）剑川耀杂枯叶蛾 *Kunugia fulgens jianchuanensis* **(Tsai *et* Hou, 1976)**

Tsai *et* Hou, 1976: 449.

异名（**Synonym**）：

Cyclophragrna jianchuanensis Tsai *et* Hou, 1976: 449.

别名（**Common name**）：剑川杂枯叶蛾，剑川杂毛虫

分布（**Distribution**）：四川（SC）、云南（YN）、西藏（XZ）

其他文献（**Reference**）：Liu *et* Wu, 2006.

（100）黄斑杂枯叶蛾 *Kunugia gilirmaculata* **(Hou, 1984)**

Hou, 1984: 179-181.

异名（**Synonym**）：

Cyclophragma gilirrnaculata Hou, 1984: 179-181.

别名（**Common name**）：黄斑杂毛虫

分布（**Distribution**）：云南（YN）

其他文献（**Reference**）：Liu *et* Wu, 2006.

（101）韩氏杂枯叶蛾 *Kunugia hani* **(Hou, 1987)**

Hou, 1987a: 310.

异名（**Synonym**）：

Cyclophragma hani Hou, 1987a: 310.

别名（**Common name**）：南峰杂毛虫

分布（**Distribution**）：西藏（XZ）

其他文献（**Reference**）：Liu *et* Wu, 2006.

（102）云南杂枯叶蛾 *Kunugia latipennis* **(Walker, 1855)**

Walker, 1855c: 1457.

异名（**Synonym**）：

Lebeda latipennis Walker, 1855c: 1457.

别名（**Common name**）：云南杂毛虫

分布（**Distribution**）：云南（YN）；印度、缅甸、斯里兰卡、印度尼西亚

其他文献（Reference）：Hampson, 1892b; Kirby, 1892; Tsai *et* Liu, 1962; Hou, 1987a; Liu *et* Wu, 2006.

（103）永德杂枯叶蛾 *Kunugia lemeepauli* (Lemee *et* Tams, 1950)

Lemee *et* Tams, 1950: 35.

异名（Synonym）：

Metanastria lemeepauli Lemee *et* Tams, 1950: 35;

Cyclophragma yongdensis Tsai *et* Hou, 1983: 293-296.

别名（Common name）：永德杂毛虫

分布（Distribution）：云南（YN）；印度、越南

其他文献（Reference）：Zolotuhin, 1996c; Liu *et* Wu, 2006.

（104）直纹杂枯叶蛾 *Kunugia lineata* (Moore, 1879)

Moore, 1879b: 81.

异名（Synonym）：

Lebeda lineata Moore, 1879b: 81.

别名（Common name）：直纹杂毛虫

分布（Distribution）：陕西（SN）、甘肃（GS）、江西（JX）、湖南（HN）、四川（SC）、贵州（GZ）、云南（YN）、西藏（XZ）、福建（FJ）、广东（GD）、广西（GX）；印度

其他文献（Reference）：Lajonquiere, 1973a; Liu *et* Wu, 2006.

（105）长翅杂枯叶蛾 *Kunugia placida* (Moore, 1879)

Moore, 1879b: 80.

异名（Synonym）：

Lebda placida Moore, 1879b: 80;

Metanastria lidderdalii Butler, 1881c: 73;

Cyclophragma dukouensis Tsai *et* Hou, 1980: 262.

别名（Common name）：长翅杂毛虫，渡口杂毛虫

分布（Distribution）：四川（SC）、云南（YN）、海南（HI）；印度、泰国、越南、马来西亚、印度尼西亚

其他文献（Reference）：Hou, 1987a; Liu *et* Wu, 2006.

（106）汤姆杂枯叶蛾 *Kunugia tamsi* (Lajonquiere, 1973)

Lajonquiere, 1973a: 582.

异名（Synonym）：

Cyclophragna tamsi Lajonquiere, 1973a: 582.

分布（Distribution）：河南（HEN）、陕西（SN）、四川（SC）、云南（YN）、福建（FJ）

（106a）太白杂枯叶蛾 *Kunugia tamsi taibaiensis* (Hou, 1986)

Hou, 1986: 77.

异名（Synonym）：

Dendrolimus taibaiensis Hou, 1986: 77.

别名（Common name）：太白松毛虫，太白杂毛虫

分布（Distribution）：河南（HEN）、陕西（SN）

其他文献（Reference）：Liu *et* Wu, 2006.

（106b）打箭杂枯叶蛾 *Kunugia tamsi tamsi* (Lajonquiere, 1973)

Lajonquiere, 1973a: 582.

异名（Synonym）：

Cyclophragrna tamsi Lajonquiere, 1973a: 582.

别名（Common name）：打箭杂毛虫

分布（Distribution）：四川（SC）、云南（YN）

其他文献（Reference）：Zolotuhin, 2002; Liu *et* Wu, 2006.

（106c）灰色杂枯叶蛾 *Kunugia tamsi tephra* (Hou, 1985)

Hou, 1985: 59.

异名（Synonym）：

Cyclophagma tephra Hou, 1985: 59;

Cyclophragma glauca Hou, 1987a: 95, fig. 67.

别名（Common name）：灰色杂毛虫

分布（Distribution）：福建（FJ）

其他文献（Reference）：Liu *et* Wu, 2006.

（107）波纹杂枯叶蛾 *Kunugia undans* (Walker, 1855)

Walker, 1855c: 1453.

分布（Distribution）：黑龙江（HL）、吉林（JL）、辽宁（LN）、内蒙古（NM）、河北（HEB）、北京（BJ）、山西（SX）、河南（HEN）、陕西（SN）、甘肃（GS）、安徽（AH）、江苏（JS）、浙江（ZJ）、湖南（HN）、湖北（HB）、四川（SC）、贵州（GZ）、云南（YN）、西藏（XZ）、福建（FJ）、台湾（TW）、广东（GD）、广西（GX）

（107a）黄斑波纹杂枯叶蛾 *Kunugia undans fasciatella* (Ménétriés, 1858)

Ménétriés, 1858: 218.

异名（Synonym）：

Bombyx undans fasciatella Ménétriés, 1858: 218;

Bombyx undans flaveola Motschulsky, 1866: 192;

Odonestis undans excellens Butler, 1877: 481;

Odonestis undans unicolor Oberthür, 1880: 38;

Metanastria undans excelsa Staudinger *et* Rebel, 1901: 124;

Cyclophragma undans shensiensis Lajonquiere, 1973a: 589.

别名（Common name）：黄斑波纹杂毛虫

分布（Distribution）：黑龙江（HL）、吉林（JL）、辽宁（LN）、内蒙古（NM）、河北（HEB）、北京（BJ）、山西（SX）、甘肃（GS）；日本

其他文献（Reference）：Okagaki, 1958; Lajonquiere, 1973a; Liu *et* Wu, 2006.

（107b）波纹杂枯叶蛾指名亚种 *Kunugia undans undans* (Walker, 1855)

Walker, 1855c: 1453.

异名（Synonym）：

Lebeda undans Walker, 1855c: 1453;

Dendrolimus metanastroides Strand, 1915: 10.

别名（**Common name**）：波纹杂毛虫

分布（**Distribution**）：河南（HEN）、陕西（SN）、安徽（AH）、江苏（JS）、浙江（ZJ）、湖南（HN）、湖北（HB）、四川（SC）、贵州（GZ）、云南（YN）、西藏（XZ）、福建（FJ）、台湾（TW）、广东（GD）、广西（GX）；巴基斯坦、印度

其他文献（**Reference**）：Collier, 1936; Lajonquiere, 1973a; Liu *et* Wu, 2006.

（108）狐杂枯叶蛾 *Kunugia vulpina* (Moore, 1879)

Moore, 1879b: 81.

异名（**Synonym**）：

Lebeda vulpina Moore, 1879b: 81.

分布（**Distribution**）：湖北（HB）、四川（SC）、云南（YN）；印度、越南

（108a）峨眉杂枯叶蛾 *Kunugia vulpina omeiensis* (Tsai *et* Liu, 1964)

Tsai *et* Liu, 1964: 240.

异名（**Synonym**）：

Dendrolimus omeiensis Tsai *et* Liu, 1964: 240.

别名（**Common name**）：峨眉松毛虫，峨眉杂毛虫

分布（**Distribution**）：湖北（HB）、四川（SC）、云南（YN）

其他文献（**Reference**）：Lajonquiere, 1973a; Hou, 1987a; Zolotuhin *et* Witt, 2000b; Liu *et* Wu, 2006.

（109）沃腾杂枯叶蛾 *Kunugia wotteni* Zolotuhin, 2005

Zolotuhin, 2005a: 552.

分布（**Distribution**）：陕西（SN）、甘肃（GS）

（110）武夷杂枯叶蛾 *Kunugia wuyiensis* (Hou, 1985)

Hou, 1985: 59.

异名（**Synonym**）：

Cyclophragma wuyiensis Hou, 1985: 59;

Cyclophragma wuyi Hou, 1987a: 93.

别名（**Common name**）：武夷杂毛虫

分布（**Distribution**）：福建（FJ）

其他文献（**Reference**）：Hou, 1987a; Liu *et* Wu, 2006.

（111）西昌杂枯叶蛾 *Kunugia xichangensis* (Tsai *et* Liu, 1962)

Tsai *et* Liu, 1962: 248-249.

异名（**Synonym**）：

Dendrolimus xichangensis Tsai *et* Liu, 1962: 248-249.

别名（**Common name**）：西昌松毛虫，西昌杂毛虫

分布（**Distribution**）：陕西（SN）、湖南（HN）、四川（SC）、重庆（CQ）、贵州（GZ）、云南（YN）

其他文献（**Reference**）：Holloway, 1987; Lajonquiere, 1973a; Hou, 1987a; Liu *et* Wu, 2006.

（112）双斑杂枯叶蛾 *Kunugia yamadai* Nagano, 1917

Nagano, 1917: 24.

别名（**Common name**）：双斑杂毛虫

分布（**Distribution**）：浙江（ZJ）、江西（JX）、湖北（HB）、广东（GD）、广西（GX）；日本（本州、九州）、韩国

其他文献（**Reference**）：Okagaki, 1958; Lajonquiere, 1973a; Liu *et* Wu, 2006.

17）枯叶蛾属 *Lasiocampa* Schrank, 1802

Schrank, 1802: 153.

异名（**Synonym**）：

Pachygastria Hübner, [1820] 1816: 186;

Ireocampa Rambur, 1858: pl. 5, figs. 1, 2.

其他文献（**Reference**）：Liu *et* Wu, 2006.

（113）艾雯枯叶蛾 *Lasiocampa eversmanni* (Eversmann, 1843)

Eversmann, 1843: 542.

异名（**Synonym**）：

Lasiocampa sordidior (nec. Rothschild): Hou, 1983: 428;

Gasteropacha eversmanni Eversmann, 1843: 542;

Lasiocampa eversmanni attrita Stshetkin, 1960: 204-207.

别名（**Common name**）：黄角枯叶蛾

分布（**Distribution**）：新疆（XJ）；俄罗斯、乌拉尔河（南部）、哈萨克斯坦、巴尔干半岛、土耳其、伊朗、伊拉克、阿富汗；中亚

其他文献（**Reference**）：Liu *et* Wu, 2006.

（114）三叶枯叶蛾 *Lasiocampa trifolii* (Denis *et* Schiffermüller, 1775)

Denis *et* Schiffermüller, 1775: 57.

异名（**Synonym**）：

Bombyx trifolii Denis *et* Schiffermüller, 1775: 57.

分布（**Distribution**）：新疆（XJ）；白俄罗斯、乌克兰、克里米亚、俄罗斯、哈萨克斯坦、土耳其；中亚、西欧、北非

其他文献（**Reference**）：Liu *et* Wu, 2006.

18）大枯叶蛾属 *Lebeda* Walker, 1855

Walker, 1855c: 1388, 1453.

别名（**Common name**）：松大毛虫属

其他文献（**Reference**）：Liu *et* Wu, 2006.

（115）著大枯叶蛾 *Lebeda nobilis* Walker, 1855

Walker, 1855c: 1456.

分布（**Distribution**）：河南（HEN）、陕西（SN）、安徽（AH）、江苏（JS）、浙江（ZJ）、江西（JX）、湖南（HN）、湖北（HB）、贵州（GZ）、云南（YN）、西藏（XZ）、福建（FJ）、台湾（TW）、广东（GD）、广西（GX）；印度、尼泊尔、泰国、

越南、马来西亚、印度尼西亚

（115a）松大枯叶蛾 *Lebeda nobilis nobilis* Walker, 1855

Walker, 1855c: 1456.

别名（**Common name**）：松大毛虫

分布（**Distribution**）：贵州（GZ）、云南（YN）、西藏（XZ）、台湾（TW）、广东（GD）、广西（GX）；印度、尼泊尔、泰国、越南

其他文献（**Reference**）：Liu *et* Wu, 2006.

（115b）油茶大枯叶蛾 *Lebeda nobilis sinina* Lajonquiere, 1979

Lajonquiere, 1979b: 689.

别名（**Common name**）：杨梅毛虫，油茶大毛虫，油茶枯叶蛾，油茶毛虫

分布（**Distribution**）：河南（HEN）、陕西（SN）、安徽（AH）、江苏（JS）、浙江（ZJ）、江西（JX）、湖南（HN）、湖北（HB）、福建（FJ）、广西（GX）

其他文献（**Reference**）：Liu *et* Wu, 2006.

（116）三带大枯叶蛾 *Lebeda trifascia* (Walker, 1855)

Walker, 1855c: 1439.

异名（**Synonym**）：

Lasiocampa trifascia Walker, 1855c: 1439.

分布（**Distribution**）：福建（FJ）；印度、尼泊尔、越南（北部）、泰国、缅甸

其他文献（**Reference**）：Zolotuhin *et* Witt, 2000b; Liu *et* Wu, 2006.

19）柔枯叶蛾属 *Lenodora* Moore, 1883

Moore, 1882-1883: 144.

其他文献（**Reference**）：Liu *et* Wu, 2006.

（117）栗柔枯叶蛾 *Lenodora castanea* (Hampson, 1892)

Hampson, 1892b: 426.

异名（**Synonym**）：

Cosmotriche castanea Hampson, 1892b: 426;

Philudoria pyriformis (nec. Moore): Hou, 1987a: 113.

分布（**Distribution**）：西藏（XZ）；印度（锡金）、尼泊尔

其他文献（**Reference**）：Zolotuhin *et* Witt, 2000a; Liu *et* Wu, 2006.

（118）眼柔枯叶蛾 *Lenodora oculata* Zolotuhin, 2001

Zolotuhin, 2001: 462.

分布（**Distribution**）：云南（YN）；越南、缅甸

其他文献（**Reference**）：Liu *et* Wu, 2006.

20）袋枯叶蛾属 *Macrothylacia* Rambur, 1866

Rambur, 1866: 358.

其他文献（**Reference**）：Liu *et* Wu, 2006.

（119）灰袋枯叶蛾 *Macrothylacia rubi* (Linnaeus, 1758)

Linnaeus, 1758: 498.

异名（**Synonym**）：

Phalaena rubi Linnaeus, 1758: 498.

分布（**Distribution**）：内蒙古（NM）；白俄罗斯、乌克兰、俄罗斯、土耳其；西欧

其他文献（**Reference**）：Rambur, 1866; Liu *et* Wu, 2006.

21）幕枯叶蛾属 *Malacosoma* Hübner, [1820]

Hübner, [1820] 1816: 192.

异名（**Synonym**）：

Trichoda Hübner, 1822: 15-19;

Trichodia Stephens, 1827: 242;

Clisiocampa Curtis, 1828: 229;

Cliseocampa Agassiz, [1847]: 90.

别名（**Common name**）：天幕毛虫属

其他文献（**Reference**）：Liu *et* Wu, 2006.

（120）秋幕枯叶蛾 *Malacosoma autumnaria* Yang, 1978

Yang *et* Lee, 1978: 413.

别名（**Common name**）：秋幕毛虫，秋天幕毛虫

分布（**Distribution**）：北京（BJ）

其他文献（**Reference**）：Liu *et* Wu, 2006.

（121）桦幕枯叶蛾 *Malacosoma betula* Hou, 1980

Hou, 1980: 309.

别名（**Common name**）：桦天幕毛虫

分布（**Distribution**）：陕西（SN）、甘肃（GS）

其他文献（**Reference**）：Liu *et* Wu, 2006.

（122）双带幕枯叶蛾 *Malacosoma castrensis* (Linnaeus, 1758)

Linnaeus, 1758: 500.

分布（**Distribution**）：甘肃（GS）、新疆（XJ）；白俄罗斯、乌克兰、俄罗斯、哈萨克斯坦、土库曼斯坦、乌兹别克斯坦；欧洲

（122a）暗双带幕枯叶蛾 *Malacosoma castrensis castrensis* (Linnaeus, 1758)

Linnaeus, 1758: 500.

异名（**Synonym**）：

Phalaena castrensis Linnaeus, 1758: 500;

Malacosoma castrensis ksiezopolskii Sheliuzhko, 1943: 246.

分布（**Distribution**）：新疆（XJ）；白俄罗斯、乌克兰、俄罗斯；欧洲

其他文献（**Reference**）：Liu *et* Wu, 2006.

（122b）浅双带幕枯叶蛾 *Malacosoma castrensis kirghisica* (Staudinger, 1879)

Staudinger, 1879: 318.

异名（**Synonym**）：

Bombyx castrensis kirghisica Staudinger, 1879: 318;

Malacosoma castrensis f. *angustata* Grünberg, 1911: 179;

Malacosoma thianshanica Daniel, 1949: 163.

别名（**Common name**）：双带天幕毛虫

分布（**Distribution**）：甘肃（GS）、新疆（XJ）；哈萨克斯坦、土库曼斯坦、乌兹别克斯坦

其他文献（**Reference**）：Zolotuhin, 1995a; Hou, 1980; Liu *et* Wu, 2006.

（123）棕色幕枯叶蛾 *Malacosoma dentata* **Mell, 1938**

Mell, 1938: 137.

异名（**Synonym**）：

Malacosoma neustria dentata Mell, 1938: 137.

别名（**Common name**）：棕色天幕毛虫

分布（**Distribution**）：浙江（ZJ）、江西（JX）、湖南（HN）、四川（SC）、重庆（CQ）、云南（YN）、福建（FJ）、广东（GD）、广西（GX）；越南

其他文献（**Reference**）：Lajonquiere, 1972b; Liu *et* Wu, 2006.

（124）印度幕枯叶蛾 *Malacosoma indica* **(Walker, 1855)**

Walker, 1855c: 1489.

异名（**Synonym**）：

Clisiocampa indica Walker, 1855c: 1489;

Malacosoma tibetana Hou, 1982: 112-113.

别名（**Common name**）：西藏天幕毛虫

分布（**Distribution**）：西藏（XZ）；尼泊尔、印度、巴基斯坦、阿富汗

其他文献（**Reference**）：Lajonquiere, 1972b; Liu *et* Wu, 2006.

（125）高山幕枯叶蛾 *Malacosoma insignis* **Lajonquiere, 1972**

Lajonquiere, 1972b: 301.

别名（**Common name**）：高山天幕毛虫

分布（**Distribution**）：青海（QH）、四川（SC）、西藏（XZ）

其他文献（**Reference**）：Liu *et* Wu, 2006.

（126）留坝幕枯叶蛾 *Malacosoma liupa* **Hou, 1980**

Hou, 1980: 309.

别名（**Common name**）：留坝天幕毛虫

分布（**Distribution**）：陕西（SN）、四川（SC）

其他文献（**Reference**）：Liu *et* Wu, 2006.

（127）脉幕枯叶蛾 *Malacosoma neustria* **Linnaeus, 1758**

Linnaeus, 1758: 500.

分布（**Distribution**）：黑龙江（HL）、吉林（JL）、辽宁（LN）、内蒙古（NM）、河北（HEB）、北京（BJ）、山西（SX）、山东（SD）、河南（HEN）、陕西（SN）、甘肃（GS）、青海（QH）、安徽（AH）、浙江（ZJ）、江西（JX）、湖南（HN）、湖北（HB）、四川（SC）、台湾（TW）；日本、朝鲜、俄罗斯

（127a）黄褐幕枯叶蛾 *Malacosoma neustria testacea* **(Motschulsky, [1861])**

Motschulsky, [1861] 1860: 32.

异名（**Synonym**）：

Clisiocampa testacea Motschulsky, [1861] 1860: 32;

Malacosoma neustria interrupta Matsumura, 1921: 901;

Malacosoma neustrium f. *takamukui* Matsumura, 1932: 49;

Malacosoma neustrium f. *coreana* Matsumura, 1932: 49;

Malacosoma neustria chosensis Bryk, 1949: 29;

Malacosoma neustria f. *nigrapici* Lajonquiere, 1972b: 300.

别名（**Common name**）：黄褐天幕毛虫

分布（**Distribution**）：黑龙江（HL）、吉林（JL）、辽宁（LN）、内蒙古（NM）、河北（HEB）、北京（BJ）、山西（SX）、山东（SD）、河南（HEN）、陕西（SN）、甘肃（GS）、青海（QH）、安徽（AH）、江苏（JS）、浙江（ZJ）、江西（JX）、湖南（HN）、湖北（HB）、四川（SC）、台湾（TW）；日本、朝鲜、俄罗斯

其他文献（**Reference**）：Liu *et* Wu, 2006.

（128）山地幕枯叶蛾 *Malacosoma parallela* **(Staudinger, 1887)**

Staudinger, 1887a: 98.

异名（**Synonym**）：

Bombyx neustria parallela Staudinger, 1887a: 98.

分布（**Distribution**）：新疆（XJ）；安纳托利亚、俄罗斯（高加索地区）；中亚

其他文献（**Reference**）：Lajonquiere, 1972b; Liu *et* Wu, 2006.

（129）青春幕枯叶蛾 *Malacosoma prima* **(Staudinger, 1887)**

Staudinger, 1887a: 97.

异名（**Synonym**）：

Bombyx alpicola var. *prima* Staudinger, 1887a: 97-98;

Clisiocampa vulpes Hampson, 1900: 233;

Malacosoma alpicola f. *cinnamomea* Grünberg, 1911: 179.

分布（**Distribution**）：新疆（XJ）；中亚山区

其他文献（**Reference**）：Liu *et* Wu, 2006.

（130）绵山幕枯叶蛾 *Malacosoma rectifascia* **Lajonquiere, 1972**

Lajonquiere, 1972b: 303.

别名（**Common name**）：绵山天幕毛虫

分布（**Distribution**）：山西（SX）

其他文献（**Reference**）：Liu *et* Wu, 2006.

22）尖枯叶蛾属 *Metanastria* **Hübner, [1820]**

Hübner, [1820] 1816: 186.

别名（**Common name**）：丫毛虫属

其他文献（Reference）：Liu *et* Wu, 2006.

（131）凹缘尖枯叶蛾 *Metanastria asteria* Zolotuhin, 2005

Zolotuhin *et* Pinratana, 2005: 101.

分布（Distribution）：云南（YN）；泰国、马来西亚

（132）巾斑尖枯叶蛾 *Metanastria capucina* Zolotuhin *et* Witt, 2000

Zolotuhin *et* Witt, 2000b: 82.

分布（Distribution）：云南（YN）；越南

其他文献（Reference）：Liu *et* Wu, 2006.

（133）细斑尖枯叶蛾 *Metanastria gemella* Lajonquiere, 1979

Lajonquiere, 1979b: 686.

异名（Synonym）：

Metanastria terminalia Tsai *et* Hou, 1980: 261-262.

别名（Common name）：鸡尖丫毛虫

分布（Distribution）：云南（YN）、福建（FJ）、广东（GD）、广西（GX）、海南（HI）；印度、尼泊尔、越南、泰国、马来西亚、印度尼西亚

其他文献（Reference）：Liu *et* Wu, 2006.

（134）大斑尖枯叶蛾 *Metanastria hyrtaca* (Cramer, 1782)

Cramer, 1782: 97.

异名（Synonym）：

Bombyx hyrtaca Cramer, 1782: 97;
Bombyx lusca Fabricius, 1787: 112;
Bombyx laricis Hübner, 1789: 48;
Bombyx brahma Lefebvre, 1827: 208;
Bombyx buddha Lefebvre, 1827: 209;
Lebeda repanda Walker, 1855c: 1460-1461;
Lebeda plagiata Walker, 1855c: 1464.

别名（Common name）：大斑丫毛虫

分布（Distribution）：甘肃（GS）、江西（JX）、湖南（HN）、湖北（HB）、四川（SC）、云南（YN）、福建（FJ）、台湾（TW）、广东（GD）、广西（GX）；印度、尼泊尔、斯里兰卡、越南、缅甸、泰国、菲律宾、马来西亚、印度尼西亚

其他文献（Reference）：Liu *et* Wu, 2006.

23）紫枯叶蛾属 *Micropacha* Roepke, 1953

Roepke, 1953: 96.

其他文献（Reference）：Liu *et* Wu, 2006.

（135）褐紫枯叶蛾 *Micropacha zojka* Zolotuhin, 2000

Zolotuhin *et* Witt, 2000a: 156.

分布（Distribution）：云南（YN）、福建（FJ）、广西（GX）

其他文献（Reference）：Liu *et* Wu, 2006.

（136）吉紫枯叶蛾 *Micropacha gejra* Zolotuhin, 2000

Zolotuhin *et* Witt, 2000a: 159.

分布（Distribution）：浙江（ZJ）、江西（JX）、四川（SC）、云南（YN）、福建（FJ）、广东（GD）、广西（GX）；越南

其他文献（Reference）：Liu *et* Wu, 2006.

24）舟枯叶蛾属 *Notogroma* Zolotuhin *et* Witt, 2000

Zolotuhin *et* Witt, 2000b: 57.

（137）穆舟枯叶蛾 *Notogroma mutabile* (Candeze, 1927)

Candeze, 1927: 123.

异名（Synonym）：

Pachypasa mutabile Candeze, 1927: 123.

分布（Distribution）：广东（GD）；越南

25）苹枯叶蛾属 *Odonestis* Germar, 1812

Germar, 1812: 49.

异名（Synonym）：

Chrostogastria Hübner, [1820] 1816: 189;
Phylloxera Rambur, 1866: 347;
Lobocampa Wallengren, 1869: 102;
Pseudarguda Matsumura, 1932: 51.

别名（Common name）：苹毛虫属

其他文献（Reference）：Walker, 1855b; Liu *et* Wu, 2006.

（138）灰线苹枯叶蛾 *Odonestis bheroba* (Moore, 1858)

Moore, 1858: 420-427.

分布（Distribution）：四川（SC）、云南（YN）、福建（FJ）、台湾（TW）、广西（GX）、海南（HI）；印度、尼泊尔、泰国、越南、缅甸

（138a）灰线苹枯叶蛾指名亚种 *Odonestis bheroba bheroba* (Moore, 1858)

Moore, 1858: 424.

异名（Synonym）：

Arguda bheroba Moore, 1858: 424;
Odonestis formosae harutai Kishida, 1992: 77.

别名（Common name）：灰缘枯叶蛾

分布（Distribution）：四川（SC）、云南（YN）、福建（FJ）、广西（GX）、海南（HI）；尼泊尔、印度、越南、泰国

其他文献（Reference）：Tams, 1935; Zolotuhin *et* Witt, 2000b; Liu *et* Wu, 2006.

（138b）灰线苹枯叶蛾台湾亚种 *Odonestis bheroba formosae* (Wileman, 1910)

Wileman, 1910: 136.

异名（Synonym）：

Arguda formosae Wileman, 1910: 136.

别名（**Common name**）：台湾苹枯叶蛾

分布（**Distribution**）：台湾（TW）

其他文献（**Reference**）：Matsumura, 1932; Kishida, 1992; Zolotuhin, 1998; Liu *et* Wu, 2006.

（139）竖线苹枯叶蛾 *Odonestis erectilinea* (Swinhoe, 1904)

Swinhoe, 1904: 152.

异名（Synonym）：

Arguda erectilinea Swinhoe, 1904: 152.

分布（**Distribution**）：云南（YN）；泰国、缅甸、马来西亚、印度尼西亚

其他文献（**Reference**）：Tams, 1935; Liu *et* Wu, 2006.

（140）苹枯叶蛾 *Odonestis pruni* (Linnaeus, 1758)

Linnaeus, 1758: 498.

异名（Synonym）：

Phalaena pruni Linnaeus, 1758: 498.

别名（**Common name**）：李枯叶蛾，苹毛虫

分布（**Distribution**）：黑龙江（HL）、辽宁（LN）、内蒙古（NM）、北京（BJ）、山西（SX）、山东（SD）、河南（HEN）、陕西（SN）、甘肃（GS）、安徽（AH）、浙江（ZJ）、江西（JX）、湖南（HN）、湖北（HB）、四川（SC）、云南（YN）、福建（FJ）、广西（GX）；朝鲜、日本；欧洲

其他文献（**Reference**）：Grünberg, 1913; Liu *et* Wu, 2006.

（141）曲线苹枯叶蛾 *Odonestis vita* Moore, 1859

Moore, 1859: 424.

异名（Synonym）：

Odonestis brerivenis Hou, 1983: 427.

别名（**Common name**）：直缘枯叶蛾

分布（**Distribution**）：广东（GD）、广西（GX）；印度、斯里兰卡、泰国、越南、印度尼西亚

其他文献（**Reference**）：Tams, 1935; Liu *et* Wu, 2006.

26）痣枯叶蛾属 *Odontocraspis* Swinhoe, 1894

Swinhoe, 1894a: 439.

其他文献（**Reference**）：Liu *et* Wu, 2006.

（142）长斑痣枯叶蛾 *Odontocraspis collieri* Zolotuhin, 2000

Zolotuhin *et* Witt, 2000b: 97.

分布（**Distribution**）：江西（JX）、云南（YN）、福建（FJ）；越南

其他文献（**Reference**）：Liu *et* Wu, 2006.

（143）小斑痣枯叶蛾 *Odontocraspis hasora* Swinhoe, 1894

Swinhoe, 1894a: 439.

别名（**Common name**）：二顶斑枯叶蛾

分布（**Distribution**）：江西（JX）、湖北（HB）、云南（YN）、福建（FJ）、广东（GD）、海南（HI）；印度、缅甸、越南、泰国、马来西亚、印度尼西亚

其他文献（**Reference**）：Liu *et* Wu, 2006.

27）云枯叶蛾属 *Pachypasoides* Matsumura, 1927

Matsumura, 1927a: 19.

异名（Synonym）：

Hoenimnema Lajonquiere, 1973a: 560.

别名（**Common name**）：云毛虫属

其他文献（**Reference**）：Liu *et* Wu, 2006.

（144）台湾云枯叶蛾 *Pachypasoides albisparsa* (Wileman, 1910)

Wileman, 1910: 137.

异名（Synonym）：

Metanastria albisparsa Wileman, 1910: 137.

别名（**Common name**）：台湾云毛虫

分布（**Distribution**）：台湾（TW）

其他文献（**Reference**）：Matsumura, 1927a; Lajonquiere, 1979a; Liu *et* Wu, 2006.

（145）双斑云枯叶蛾 *Pachypasoides bimaculata* (Tsai *et* Hou, 1980)

Tsai *et* Hou, 1980: 260.

异名（Synonym）：

Hoenimnema bimaculata Tsai *et* Hou, 1980: 260.

别名（**Common name**）：双斑云毛虫

分布（**Distribution**）：云南（YN）

其他文献（**Reference**）：Liu *et* Wu, 2006.

（146）青海云枯叶蛾 *Pachypasoides chinghaiensis* (Hsu, 1980)

Hsu, 1980: 432.

异名（Synonym）：

Hoenimnema chinghaiensis Hsu, 1980: 432.

别名（**Common name**）：青海云毛虫

分布（**Distribution**）：青海（QH）

其他文献（**Reference**）：Liu *et* Wu, 2006.

（147）白缘云枯叶蛾 *Pachypasoides clarilimbata* (Lajonquiere, 1973)

Lajonquiere, 1973a: 571.

异名（Synonym）：

Hoenimnema clarilimbata Lajonquiere, 1973a: 571.

别名（**Common name**）：白缘云毛虫

分布（**Distribution**）：四川（SC）、云南（YN）

其他文献（**Reference**）：Liu *et* Wu, 2006.

（148）广东云枯叶蛾 *Pachypasoides kwangtungensis* (Tsai *et* Hou, 1976)

Tsai *et* Hou, 1976: 451-452.

异名（**Synonym**）：

Hoenimnema kwangtungensis Tsai *et* Hou, 1976: 451-452.

别名（**Common name**）：广东云毛虫

分布（**Distribution**）：广东（GD）

其他文献（**Reference**）：Liu *et* Wu, 2006.

（149）中途云枯叶蛾 *Pachypasoides modesta* (Lajonquiere, 1973)

Lajonquiere, 1973a: 569.

异名（**Synonym**）：

Hoenimnema modesta Lajonquiere, 1973a: 569.

别名（**Common name**）：中途云毛虫

分布（**Distribution**）：四川（SC）、云南（YN）

其他文献（**Reference**）：Liu *et* Wu, 2006.

（150）峨眉云枯叶蛾 *Pachypasoides omeiensis* (Tsai *et* Hou, 1980)

Tsai *et* Hou, 1980: 260.

异名（**Synonym**）：

Hoenimnema omeiensi Tsai *et* Hou, 1980: 260.

别名（**Common name**）：峨眉云毛虫

分布（**Distribution**）：四川（SC）

其他文献（**Reference**）：Liu *et* Wu, 2006.

（151）秦岭云枯叶蛾 *Pachypasoides qinlingensis* (Hou, 1986)

Hou, 1986: 78.

异名（**Synonym**）：

Hoenimnema qinlingensis Hou, 1986: 78.

别名（**Common name**）：秦岭云毛虫

分布（**Distribution**）：陕西（SN）

其他文献（**Reference**）：Liu *et* Wu, 2006.

（152）柳杉云枯叶蛾 *Pachypasoides roesleri* (Lajonquiere, 1973)

Lajonquiere, 1973a: 567.

异名（**Synonym**）：

Hoenimnema roesleri Lajonquiere, 1973a: 567.

别名（**Common name**）：柳杉云毛虫

分布（**Distribution**）：陕西（SN）、安徽（AH）、浙江（ZJ）、江西（JX）、湖南（HN）、福建（FJ）；越南

其他文献（**Reference**）：Liu *et* Wu, 2006.

（153）剑纹云枯叶蛾 *Pachypasoides sagittifera* (Gaede, 1932)

Gaede, 1932-1933: 120.

分布（**Distribution**）：青海（QH）、四川（SC）、云南（YN）、西藏（XZ）

（153a）剑纹云枯叶蛾指名亚种 *Pachypasoides sagittifera sagittifera* (Gaede, 1932)

Gaede, 1932-1933: 120.

异名（**Synonym**）：

Dendrolimus sagittifera Gaede, 1932: 120.

别名（**Common name**）：剑纹云毛虫

分布（**Distribution**）：四川（SC）、云南（YN）

其他文献（**Reference**）：Lajonquiere, 1973a; Liu *et* Wu, 2006.

（153b）剑纹云枯叶蛾西藏亚种 *Pachypasoides sagittifera thibetana* (Lajonquiere, 1973)

Lajonquiere, 1973a: 567.

异名（**Synonym**）：

Hoenimnema sagittifera thibetana Lajonquiere, 1973a: 567.

别名（**Common name**）：藏剑纹枯叶蛾，西藏云毛虫

分布（**Distribution**）：青海（QH）、四川（SC）、西藏（XZ）

其他文献（**Reference**）：Liu *et* Wu, 2006.

（154）云南云枯叶蛾 *Pachypasoides yunnanensis* (Lajonquiere, 1973)

Lajonquiere, 1973a: 570.

异名（**Synonym**）：

Hoenimnema yunnanensis Lajonquiere, 1973a: 570.

别名（**Common name**）：云南云毛虫

分布（**Distribution**）：四川（SC）、云南（YN）

其他文献（**Reference**）：Liu *et* Wu, 2006.

28）滇枯叶蛾属 *Paradoxopla* Lajonquiere, 1976

Lajonquiere, 1976: 171.

别名（**Common name**）：滇毛虫属

其他文献（**Reference**）：Liu *et* Wu, 2006.

（155）橘黄滇枯叶蛾 *Paradoxopla mandarina* Zolotuhin *et* Witt, 2004

Zolotuhin *et* Witt, 2004: 41.

分布（**Distribution**）：河南（HEN）、陕西（SN）

其他文献（**Reference**）：Liu *et* Wu, 2006.

（156）滇枯叶蛾 *Paradoxopla sinuata* (Moore, 1879)

Moore, 1879b: 76.

异名（**Synonym**）：

Gastropacha sinuata Moore, 1879b: 76.

分布（**Distribution**）：四川（SC）、云南（YN）、台湾（TW）；印度、巴基斯坦、尼泊尔、越南、泰国

（156a）东方滇枯叶蛾 *Paradoxopla sinuata orientalis* Lajonquiere, 1976

Lajonquiere, 1976: 171.

别名（**Common name**）：东方滇毛虫，栗色枯叶蛾

分布（**Distribution**）：四川（SC）、云南（YN）

其他文献（**Reference**）：Liu *et* Wu, 2006.

（156b）台湾滇枯叶蛾 *Paradoxopla sinuata taiwana* (Wileman, 1915)

Wileman, 1915: 16.

异名（**Synonym**）：

Gastropacha taiwana Wileman, 1915: 16.

别名（**Common name**）：黄缘枯叶蛾

分布（**Distribution**）：福建（FJ）、台湾（TW）、海南（HI）

其他文献（**Reference**）：Lajonquiere, 1976; Liu *et* Wu, 2006.

29）栎枯叶蛾属 *Paralebeda* Aurivillius, 1894

Aurivillius, 1894: 178.

别名（**Common name**）：栎毛虫属

其他文献（**Reference**）：Liu *et* Wu, 2006.

（157）冠栎枯叶蛾 *Paralebeda crinodes* (Felder, 1868)

Felder, 1868: 7.

异名（**Synonym**）：

Opsirhina crinodes Felder, 1868: 7.

分布（**Distribution**）：香港（HK）；印度尼西亚、马来西亚、缅甸、泰国、越南

（157a）香港栎枯叶蛾 *Paralebeda crinodes paos* Zolotuhin, 1996

Zolotuhin, 1996b: 252.

分布（**Distribution**）：香港（HK）

其他文献（**Reference**）：Liu *et* Wu, 2006.

（158）栎枯叶蛾 *Paralebeda femorata* (Ménétriés, 1855)

Ménétriés, 1855b: 218.

分布（**Distribution**）：黑龙江（HL）、辽宁（LN）、北京（BJ）、山东（SD）、河南（HEN）、陕西（SN）、甘肃（GS）、浙江（ZJ）、江西（JX）、湖南（HN）、湖北（HB）、四川（SC）、贵州（GZ）、云南（YN）、台湾（TW）、广西（GX）；俄罗斯、朝鲜、蒙古国、印度、不丹、尼泊尔、巴基斯坦、越南

（158a）东北栎枯叶蛾 *Paralebeda femorata femorata* (Ménétriés, 1855)

Ménétriés, 1855b: 218.

异名（**Synonym**）：

Lasiocampa plagifera femorata Ménétriés, 1855b: 218.

别名（**Common name**）：东北栎毛虫，落叶枯叶蛾

分布（**Distribution**）：黑龙江（HL）、辽宁（LN）、北京（BJ）、山东（SD）、河南（HEN）、陕西（SN）、甘肃（GS）、浙江（ZJ）、江西（JX）、湖南（HN）、湖北（HB）、四川（SC）、

贵州（GZ）、云南（YN）、广西（GX）；俄罗斯、朝鲜、蒙古国

其他文献（**Reference**）：Kirby, 1892; Staudinger, 1892a; Grünberg, 1911; Gaede, 1932-1933; Liu *et* Wu, 2006.

（158b）台湾栎枯叶蛾 *Paralebeda femorata mirabilis* Zolotuhin, 1996

Zolotuhin, 1996b: 248.

分布（**Distribution**）：台湾（TW）

其他文献（**Reference**）：Liu *et* Wu, 2006.

（159）松栎枯叶蛾 *Paralebeda plagifera* (Walker, 1855)

Walker, 1855c: 1459.

异名（**Synonym**）：

Lebeda plagifera Walker, 1855c: 1459;

Odonestis urda Swinhoe, 1915: 178;

Paralebeda urda backi Lajonquiere, 1980: 25;

Paralebeda lucifuga (nec. Swinhoe): Hou, 1988: 453.

别名（**Common name**）：杜鹃毛虫，栎毛虫，松栎毛虫

分布（**Distribution**）：浙江（ZJ）、西藏（XZ）、福建（FJ）、广东（GD）、广西（GX）；印度、尼泊尔、越南、泰国

其他文献（**Reference**）：Grünberg, 1911, 1933; Liu *et* Wu, 2006.

30）榆枯叶蛾属 *Phyllodesma* Hübner, [1820]

Hübner, [1820] 1816: 190.

异名（**Synonym**）：

Epicnaptera Rambur, 1866: 344.

别名（**Common name**）：榆毛虫属

其他文献（**Reference**）：Liu *et* Wu, 2006.

（160）黄裙榆枯叶蛾 *Phyllodesma ambigua* (Staudinger, 1901)

Staudinger *et* Rebel, 1901: 123.

异名（**Synonym**）：

Epicnaptera ambigua Staudinger *et* Rebel, 1901: 123.

分布（**Distribution**）：新疆（XJ）；土库曼斯坦、乌兹别克斯坦、哈萨克斯坦

其他文献（**Reference**）：Zolotuhin, 1995a; Liu *et* Wu, 2006.

（161）河南榆枯叶蛾 *Phyllodesma henna* Zolotuhin, 2008

Zolotuhin *et* Wu, 2008: 265.

分布（**Distribution**）：河南（HEN）、陕西（SN）

（162）榆枯叶蛾 *Phyllodesma ilicifolia* (Linnaeus, 1758)

Linnaeus, 1758: 497.

异名（**Synonym**）：

Phalaena ilicifolia Linnaeus, 1758: 497.

别名（**Common name**）：榆小毛虫

分布（**Distribution**）：黑龙江（HL）；乌克兰、俄罗斯；欧洲（中部和北部）

其他文献（**Reference**）：Grünberg, 1913; Lajonquiere, 1963; Liu *et* Wu, 2006.

（163）日本榆枯叶蛾 *Phyllodesma japonica* (Leech, [1889])

Leech, 1888: 628.

异名（**Synonym**）：

Gastropacha japonica Leech, 1888: 628.

分布（**Distribution**）：黑龙江（HL）；日本、朝鲜、俄罗斯

（163a）乌苏榆枯叶蛾 *Phyllodesma japonica ussuriense* Lajonquiere, 1963

Lajonquiere, 1963: 53.

异名（**Synonym**）：

Phyllodesma japonica amurensis Lajonquiere, 1963: 53.

分布（**Distribution**）：黑龙江（HL）；俄罗斯（远东地区）、朝鲜

其他文献（**Reference**）：Liu *et* Wu, 2006.

（164）侏莉榆枯叶蛾 *Phyllodesma jurii* Kostjuk, 1992

Kostjuk, 1992: 85.

分布（**Distribution**）：内蒙古（NM）；俄罗斯

其他文献（**Reference**）：Liu *et* Wu, 2006.

（165）蒙古榆枯叶蛾 *Phyllodesma mongolicum* Kostjuk *et* Zolotuhin, 1994

Kostjuk *et* Zolotuhin, 1994: 298.

分布（**Distribution**）：内蒙古（NM）、陕西（SN）；蒙古国

其他文献（**Reference**）：Liu *et* Wu, 2006.

（166）白斑榆枯叶蛾 *Phyllodesma neadequata* Zolotuhin *et* Witt, 2004

Zolotuhin *et* Witt, 2004: 36.

分布（**Distribution**）：河南（HEN）、陕西（SN）

其他文献（**Reference**）：Liu *et* Wu, 2006.

（167）中国榆枯叶蛾 *Phyllodesma sinina* (Grum-Grshimailo, 1888)

Grum-Grshimailo, 1888: 465.

异名（**Synonym**）：

Epicnaptera ilicifolia var. *sinina* Grum-Grshimailo, 1888: 465.

分布（**Distribution**）：青海（QH）

其他文献（**Reference**）：Kostjuk *et* Zolotuhin, 1994; Liu *et* Wu, 2006.

（168）褐榆枯叶蛾 *Phyllodesma ursulae* Zolotuhin *et* Witt, 2004

Zolotuhin *et* Witt, 2004: 39.

分布（**Distribution**）：陕西（SN）

其他文献（**Reference**）：Liu *et* Wu, 2006.

31）杨枯叶蛾属 *Poecilocampa* Stephens, 1828

Stephens, 1828: 43.

其他文献（**Reference**）：Linnaeus, 1758; Liu *et* Wu, 2006.

（169）莫拉杨枯叶蛾 *Poecilocampa morandinii* Zolotuhin *et* Saldaitis, 2010

Zolotuhin *et al.*, 2010: 88.

分布（**Distribution**）：四川（SC）

（170）倪辛杨枯叶蛾 *Poecilocampa nilsinjaevi* Zolotuhin, 2005

Zolotuhin, 2005a: 551.

分布（**Distribution**）：陕西（SN）

（171）栎杨枯叶蛾 *Poecilocampa tenera* (Bang-Haas, 1927)

Bang-Haas, 1927: 77.

异名（**Synonym**）：

Poecilocampa populi tenera Bang-Haas, 1927: 77;

Poecilocampa populi (Linnaeus): Hou, 1983: 430.

别名（**Common name**）：栎杨小毛虫

分布（**Distribution**）：黑龙江（HL）；朝鲜、俄罗斯

其他文献（**Reference**）：Liu *et* Wu, 2006.

32）黑枯叶蛾属 *Pyrosis* Oberthür, 1880

Oberthür, 1880: 36.

异名（**Synonym**）：

Bhima Moore, 1888: 403.

别名（**Common name**）：杨柳毛虫属

其他文献（**Reference**）：Liu *et* Wu, 2006.

（172）栎黑枯叶蛾 *Pyrosis eximia* Oberthür, 1880

Oberthür, 1880: 36.

别名（**Common name**）：栎枯叶蛾

分布（**Distribution**）：山西（SX）、陕西（SN）、江苏（JS）、湖南（HN）；朝鲜、俄罗斯

其他文献（**Reference**）：Grünberg, 1913; Liu *et* Wu, 2006.

（173）三角黑枯叶蛾 *Pyrosis fulviplaga* (de Joannis, 1929)

de Joannis, 1929: 563.

异名（**Synonym**）：

Bhima fulviplaga de Joannis, 1929: 563.

分布（**Distribution**）：山西（SX）、陕西（SN）、江苏（JS）、湖南（HN）、云南（YN）；印度、尼泊尔、越南（北部）

其他文献（**Reference**）：Lajonquiere, 1975; Zolotuhin *et* Witt, 2000b, 2007; Liu *et* Wu, 2006.

（174）杨黑枯叶蛾 *Pyrosis idiota* Graeser, 1888

Graeser, 1888: 131.

别名（**Common name**）：白杨枯叶蛾

分布（**Distribution**）：黑龙江（HL）、吉林（JL）、辽宁（LN）、内蒙古（NM）、河北（HEB）、北京（BJ）、山西（SX）、陕西（SN）；朝鲜、日本、俄罗斯

其他文献（**Reference**）：Grünberg, 1913; Liu *et* Wu, 2006; Zolotuhin *et* Witt, 2007.

（175）倪黑枯叶蛾 *Pyrosis ni* (Wang *et* Fan, 1995)

Wang *et* Fan, 1995: 169.

异名（**Synonym**）：

Bhima ni Wang *et* Fan, 1995: 169.

分布（**Distribution**）：台湾（TW）

其他文献（**Reference**）：Zolotuhin, 1999; Liu *et* Wu, 2006; Zolotuhin *et* Witt, 2007.

（176）宽缘黑枯叶蛾 *Pyrosis potanini* Alpheraky, 1895

Alpheraky, 1895: 186.

异名（**Synonym**）：

Bhima eximia latimarginata Gaede, 1932: 124.

分布（**Distribution**）：四川（SC）、云南（YN）

其他文献（**Reference**）：Gaede, 1932-1933; Liu *et* Wu, 2006; Zolotuhin *et* Witt, 2007.

（177）柳黑枯叶蛾 *Pyrosis rotundipennis* (de Joannis, 1930)

de Joannis, 1930: 565.

异名（**Synonym**）：

Bhima rotundipennis de Joannis, 1930: 565.

别名（**Common name**）：柳毛虫

分布（**Distribution**）：江西（JX）、四川（SC）、云南（YN）；越南

其他文献（**Reference**）：Zolotuhin, 1999; Liu *et* Wu, 2006; Zolotuhin *et* Witt, 2007.

（178）申氏黑枯叶蛾 *Pyrosis schintlmeisteri* Zolotuhin *et* Witt, 2007

Zolotuhin *et* Witt, 2007: 15.

分布（**Distribution**）：陕西（SN）

其他文献（**Reference**）：Liu *et* Wu, 2006.

（179）杉黑枯叶蛾 *Pyrosis undulosa* (Walker, 1855)

Walker, 1855c: 1477.

异名（**Synonym**）：

Poecilocampa undulosa Walker, 1855c: 1477.

别名（**Common name**）：栎柳毛虫，曲纹枯叶蛾

分布（**Distribution**）：陕西（SN）；印度、斯里兰卡、尼泊尔

其他文献（**Reference**）：Moore, 1888; Zolotuhin, 1999; Liu *et* Wu, 2006; Zolotuhin *et* Witt, 2007.

（180）王氏黑枯叶蛾 *Pyrosis wangi* Zolotuhin *et* Witt, 2007

Zolotuhin *et* Witt, 2007: 16.

分布（**Distribution**）：台湾（TW）

其他文献（**Reference**）：Liu *et* Wu, 2006.

33）角枯叶蛾属 *Radhica* Moore, 1879

Moore, 1879b: 79.

其他文献（**Reference**）：Liu *et* Wu, 2006.

（181）绿角枯叶蛾 *Radhica elisabethae* Lajonquiere, 1977

Lajonquiere, 1977: 186.

分布（**Distribution**）：云南（YN）；印度、缅甸、越南、泰国、菲律宾、马来西亚、印度尼西亚

其他文献（**Reference**）：Barlow, 1982; Liu *et* Wu, 2006.

（182）黄角枯叶蛾 *Radhica flavovittata* Moore, 1879

Moore, 1879b: 79.

分布（**Distribution**）：陕西（SN）、安徽（AH）、浙江（ZJ）、湖北（HB）、西藏（XZ）、福建（FJ）、台湾（TW）、海南（HI）；印度、尼泊尔、缅甸、泰国、越南、印度尼西亚、马来西亚

（182a）黄角枯叶蛾指名亚种 *Radhica flavovittata flavovittata* Moore, 1879

Moore, 1879b: 79.

别名（**Common name**）：黄纹枯叶蛾，灰角黄斑枯叶蛾

分布（**Distribution**）：陕西（SN）、安徽（AH）、浙江（ZJ）、湖北（HB）、西藏（XZ）、福建（FJ）、海南（HI）；印度、尼泊尔、缅甸、越南、泰国、马来西亚、印度尼西亚

其他文献（**Reference**）：Grünberg, 1921; Liu *et* Wu, 2006.

（182b）黄角枯叶蛾台湾亚种 *Radhica flavovittata taiwanensis* (Matsumura, 1932)

Matsumura, 1932: 33-54.

异名（**Synonym**）：

Arguda taiwanensis Matsumura, 1932: 33-54.

分布（**Distribution**）：台湾（TW）

其他文献（**Reference**）：Kishida, 1992; Liu *et* Wu, 2006.

34）光枯叶蛾属 *Somadasys* Gaede, 1932

Gaede, 1932-1933: 112.

其他文献（**Reference**）：Liu *et* Wu, 2006.

（183）光枯叶蛾 *Somadasys brevivenis* (Butler, 1885)

Butler, 1885a: 119.

分布（**Distribution**）：河南（HEN）、陕西（SN）；日本

（183a）日光枯叶蛾 _Somadasys brevivenis brevivenis_ (Butler, 1885)

Butler, 1885a: 119.

异名（**Synonym**）：

Chrostogastria brevivenis Butler, 1885a: 119;

Eriogaster argentomaculata Bartel, 1899: 353;

Eriogaster takamuki Matsumura, 1927a: 24;

Eriogaster daisensis Matsumura, 1927a: 23;

Eriogaster yatsugadakensis Matsumura, 1927a: 23;

Eriogaster kibunensis Matsumura, 1927a: 23.

分布（**Distribution**）：河南（HEN）、陕西（SN）；日本

其他文献（**Reference**）：Lajonquiere, 1973b; Liu _et_ Wu, 2006.

（184）台光枯叶蛾 _Somadasys catocoides_ (Strand, 1915)

Strand, 1915: 11.

异名（**Synonym**）：

Eriogaster catocoides Strand, 1915: 11;

Eriogaster formosana Matsumura, 1921: 907.

分布（**Distribution**）：台湾（TW）

其他文献（**Reference**）：Kishida, 1992; Liu _et_ Wu, 2006.

（185）月光枯叶蛾 _Somadasys lunata_ Lajonquiere, 1973

Lajonquiere, 1973b: 265.

别名（**Common name**）：月斑枯叶蛾

分布（**Distribution**）：河北（HEB）、河南（HEN）、陕西（SN）

其他文献（**Reference**）：Liu _et_ Wu, 2006.

（186）新光枯叶蛾 _Somadasys saturatus_ Zolotuhin, 2001

Zolotuhin, 2001: 465.

异名（**Synonym**）：

Somadasys kibunensis (nec. Matsumura): Hou, 1983: 426.

别名（**Common name**）：新月光枯叶蛾

分布（**Distribution**）：河南（HEN）、湖南（HN）、湖北（HB）、四川（SC）、云南（YN）

其他文献（**Reference**）：Liu _et_ Wu, 2006.

35）胸枯叶蛾属 _Streblote_ Hübner, [1820]

Hübner, [1820] 1816: 193.

异名（**Synonym**）：

Megasoma Boisduval, 1833b: 340;

Taragama Moore, [1860] 1858-1859: 427;

Ticera Swinhoe, 1892: 269.

其他文献（**Reference**）：Liu _et_ Wu, 2006.

（187）木麻黄胸枯叶蛾 _Streblote hai_ Zolotuhin _et_ Wu, 2008

Zolotuhin _et_ Wu, 2008: 265.

异名（**Synonym**）：

Streblote castanea (nec. Swinhoe): Liu _et_ Wu, 2006: 332.

分布（**Distribution**）：海南（HI）

其他文献（**Reference**）：Liu _et_ Wu, 2006.

（188）棕胸枯叶蛾 _Streblote igniflua_ (Moore, 1883)

Moore, 1882-1883: 147.

异名（**Synonym**）：

Taragama igniflua Moore, 1882-1883: 147;

Taragama repanda (nec. Hübner): Hou, 1987b: 976;

Taragama dorsalis (nec. Walker): Hou, 1987b: 976.

别名（**Common name**）：黄胸枯叶蛾，棕色枯叶蛾

分布（**Distribution**）：云南（YN）；印度、尼泊尔、斯里兰卡、越南

其他文献（**Reference**）：Zolotuhin _et_ Witt, 2000b; Liu _et_ Wu, 2006.

36）巨枯叶蛾属 _Suana_ Walker, 1855

Walker, 1855c: 1502.

别名（**Common name**）：大毛虫属

其他文献（**Reference**）：Liu _et_ Wu, 2006.

（189）木麻黄巨枯叶蛾 _Suana concolor_ Walker, 1855

Walker, 1855c: 1463.

异名（**Synonym**）：

Suana ampla Walker, 1855c: 1502;

Lebeda bimaculata Walker, 1855c: 1463;

Suana cervina Moore, 1879a: 410;

Cosmotriche divisa Moore, 1883b: 150.

别名（**Common name**）：桉树大毛虫，木麻黄大毛虫

分布（**Distribution**）：江西（JX）、湖南（HN）、四川（SC）、云南（YN）、福建（FJ）、广东（GD）、广西（GX）；印度、斯里兰卡、越南、缅甸、泰国、菲律宾、马来西亚、印度尼西亚

其他文献（**Reference**）：Liu _et_ Wu, 2006.

37）痕枯叶蛾属 _Syrastrena_ Moore, 1884

Moore, 1884a: 373.

其他文献（**Reference**）：Liu _et_ Wu, 2006.

（190）雅痕枯叶蛾 _Syrastrena dorca_ Zolotuhin, 2005

Zolotuhin, 2005a: 554.

分布（**Distribution**）：江西（JX）、云南（YN）、福建（FJ）、海南（HI）

（191）弧线痕枯叶蛾 _Syrastrena regia_ Zolotuhin _et_ Witt, 2000

Zolotuhin _et_ Witt, 2000b: 91.

分布（**Distribution**）：海南（HI）；越南

其他文献（**Reference**）：Liu _et_ Wu, 2006.

（192）苏痕枯叶蛾 *Syrastrena sumatrana* **Tams, 1935**

Tams, 1935: 47.

异名（**Synonym**）：

Syrastrena minor sumatrana Tams, 1935: 47.

分布（**Distribution**）：安徽（AH）、浙江（ZJ）、江西（JX）、湖南（HN）、四川（SC）、云南（YN）、福建（FJ）、台湾（TW）、广东（GD）、广西（GX）；马来西亚、印度尼西亚

（192a）斜线痕枯叶蛾 *Syrastrena sumatrana obliquilinea* **Kishida, 1985**

Kishida, 1985: 99.

分布（**Distribution**）：台湾（TW）

（192b）无痕枯叶蛾 *Syrastrena sumatrana sinensis* **Lajonquiere, 1973**

Lajonquiere, 1973b: 259-267.

别名（**Common name**）：无斑枯叶蛾

分布（**Distribution**）：安徽（AH）、浙江（ZJ）、江西（JX）、湖南（HN）、四川（SC）、云南（YN）、福建（FJ）、广东（GD）、广西（GX）

其他文献（**Reference**）：Holloway, 1982; Liu *et* Wu, 2006.

38）拟痕枯叶蛾属 *Syrastrenopsis* Grünberg, 1914

Grünberg, 1914: 38.

其他文献（**Reference**）：Liu *et* Wu, 2006.

（193）云拟痕枯叶蛾 *Syrastrenopsis imperiatus* **Zolotuhin, 2001**

Zolotuhin, 2001: 467.

分布（**Distribution**）：云南（YN）

其他文献（**Reference**）：Liu *et* Wu, 2006.

（194）台拟痕枯叶蛾 *Syrastrenopsis kawabei* **Kishida, 1991**

Kishida, 1991: 14.

分布（**Distribution**）：台湾（TW）

其他文献（**Reference**）：Liu *et* Wu, 2006.

（195）拟痕枯叶蛾 *Syrastrenopsis moltrechti* **Grünberg, 1914**

Grünberg, 1914: 38.

分布（**Distribution**）：吉林（JL）、河南（HEN）；俄罗斯（远东地区）

其他文献（**Reference**）：Liu *et* Wu, 2006.

39）刻缘枯叶蛾属 *Takanea* Nagano, 1917

Nagano, 1917: 11.

异名（**Synonym**）：

Seitzia Scriba, 1919: 42.

其他文献（**Reference**）：Liu *et* Wu, 2006.

（196）刻缘枯叶蛾 *Takanea excisa* **(Wileman, 1910)**

Wileman, 1910: 192.

分布（**Distribution**）：河南（HEN）、陕西（SN）、甘肃（GS）、四川（SC）、云南（YN）、西藏（XZ）、福建（FJ）、台湾（TW）

（196a）台湾刻缘枯叶蛾 *Takanea excisa excisa* **(Wileman, 1910)**

Wileman, 1910: 192.

异名（**Synonym**）：

Crinocraspeda excisa Wileman, 1910: 192.

分布（**Distribution**）：台湾（TW）

其他文献（**Reference**）：Kishida, 1992; Liu *et* Wu, 2006.

（196b）大陆刻缘枯叶蛾 *Takanea excisa yangtsei* **Lajonquiere, 1973**

Lajonquiere, 1973b: 266.

异名（**Synonym**）：

Takanea miyakei yangtsei Lajonquiere, 1973b: 266.

别名（**Common name**）：刻缘枯叶蛾

分布（**Distribution**）：河南（HEN）、陕西（SN）、甘肃（GS）、四川（SC）、云南（YN）、西藏（XZ）、福建（FJ）

其他文献（**Reference**）：Zolotuhin, 1998; Liu *et* Wu, 2006.

40）黄枯叶蛾属 *Trabala* Walker, 1856

Walker, 1856: 1785.

其他文献（**Reference**）：Liu *et* Wu, 2006.

（197）赤黄枯叶蛾 *Trabala pallida* **(Walker, 1855)**

Walker, 1855c: 1417.

异名（**Synonym**）：

Amydona pallida Walker, 1855c: 1417;

Trabala pallida montana Roepke, 1951: 113.

分布（**Distribution**）：江西（JX）、福建（FJ）、广东（GD）、广西（GX）、海南（HI）；泰国、马来西亚、印度尼西亚

其他文献（**Reference**）：Roepke, 1951; Holloway, 1976; Liu *et* Wu, 2006.

（198）黄枯叶蛾 *Trabala vishnou* **(Lefebvre, 1827)**

Lefebvre, 1827: 207.

分布（**Distribution**）：内蒙古（NM）、北京（BJ）、山西（SX）、河南（HEN）、陕西（SN）、甘肃（GS）、安徽（AH）、江苏（JS）、浙江（ZJ）、江西（JX）、湖南（HN）、四川（SC）、贵州（GZ）、云南（YN）、西藏（XZ）、福建（FJ）、台湾（TW）、广西（GX）；斯里兰卡、巴基斯坦、印度、尼泊尔、缅甸、柬埔寨、泰国、越南、马来西亚

（198a）大黄枯叶蛾 *Trabala vishnou gigantina* Yang, 1978

Yang, 1978: 418.

别名（**Common name**）：黄绿枯叶蛾

分布（**Distribution**）：内蒙古（NM）、北京（BJ）、山西（SX）、河南（HEN）、陕西（SN）、甘肃（GS）

其他文献（**Reference**）：Liu *et* Wu, 2006.

（198b）台黄枯叶蛾 *Trabala vishnou guttata* (Matsumura, 1909)

Matsumura, 1909b: 1.

异名（**Synonym**）：

Crinocraspeda guttata Matsumura, 1909b: 1.

分布（**Distribution**）：台湾（TW）

其他文献（**Reference**）：Kishida, 1992; Liu *et* Wu, 2006.

（198c）栗黄枯叶蛾 *Trabala vishnou vishnou* (Lefebvre, 1827)

Lefebvre, 1827: 207.

异名（**Synonym**）：

Gastropacha vishnou Lefebvre, 1827: 207;

Gastropacha sulphurea Kollar, 1848: 471;

Amydona prasina Walker, 1855c: 1417;

Anydona basalis Walker, 1855c: 1415;

Trabala mahanando Moore, 1865: 821.

别名（**Common name**）：蓖麻黄枯叶蛾，栗黄毛虫，绿黄毛虫

分布（**Distribution**）：安徽（AH）、江苏（JS）、浙江（ZJ）、江西（JX）、湖南（HN）、湖北（HB）、四川（SC）、贵州（GZ）、云南（YN）、西藏（XZ）、福建（FJ）、广西（GX）；巴基斯坦、斯里兰卡、印度、尼泊尔、泰国、越南、马来西亚

其他文献（**Reference**）：Roepke, 1951; Walker, 1856; Tams, 1924; Liu *et* Wu, 2006.

（199）褐黄枯叶蛾 *Trabala vitellina* (Oberthür, 1911)

Oberthür, 1911: 337.

异名（**Synonym**）：

Lasiocampa vitellina Oberthür, 1911: 337.

分布（**Distribution**）：四川（SC）

其他文献（**Reference**）：Zolotuhin *et* Witt, 2004; Liu *et* Wu, 2006.

三、舟蛾科 Notodontidae Stephens, 1829

Stephens, 1829: 39.

1. 角茎舟蛾亚科 Ceirinae Matsumura, 1929

Matsumura, 1929b: 79.

1）伟舟蛾属 *Ambadra* Moore, 1883

Moore, 1883a: 16.
异名（Synonym）：
Suriga Kiriakoff, 1962a: 203;
Atornoptera Kiriakoff, 1974: 373.

（1）中伟舟蛾 *Ambadra modesta* Schintlmeister, 2007

Schintlmeister *et* Pinratana, 2007: 66.
分布（Distribution）：海南（HI）；越南、泰国、缅甸、老挝、柬埔寨、马来西亚、印度
其他文献（Reference）：Schintlmeister, 2008.

2）箆舟蛾属 *Besaia* Walker, 1865

Walker, 1865: 458.
其他文献（Reference）：Wu *et* Fang, 2003h.

（2）银箆舟蛾 *Besaia argenteodivisa* (Kiriakoff, 1962)

Kiriakoff, 1962b: 225.
异名（Synonym）：
Bireta argenteodivisa Kiriakoff, 1962b: 225.
分布（Distribution）：云南（YN）
其他文献（Reference）：Kiriakoff, 1967a; Schintlmeister, 1992; Wu *et* Fang, 2003h.

（3）黑线箆舟蛾 *Besaia atrilinea* Schintlmeister, 2008

Schintlmeister, 2008: 67.
分布（Distribution）：云南（YN）

（4）富箆舟蛾 *Besaia dives* (Kiriakoff, 1962)

Kiriakoff, 1962b: 231.
异名（Synonym）：
Bireta dives Kiriakoff, 1962b: 231.
分布（Distribution）：云南（YN）
其他文献（Reference）：Schintlmeister, 1992; Wu *et* Fang, 2003h.

（5）竹箆舟蛾 *Besaia goddrica* (Schaus, 1928)

Schaus, 1928: 87.
异名（Synonym）：
Pydna goddrica Schaus, 1928: 87;
Besaia rubignea simplicior Gaede, 1930: 646.
别名（Common name）：纵稻竹舟蛾
分布（Distribution）：陕西（SN）、江苏（JS）、浙江（ZJ）、江西（JX）、湖南（HN）、四川（SC）、福建（FJ）、广东（GD）；泰国、越南
其他文献（Reference）：Cai, 1979a; Schintlmeister, 1992; Wu *et* Fang, 2003h.

（6）隐箆舟蛾 *Besaia inconspicua* (Wileman, 1914)

Wileman, 1914a: 267.
异名（Synonym）：
Pydna inconspicua Wileman, 1914a: 267.
分布（Distribution）：台湾（TW）
其他文献（Reference）：Kiriakoff, 1968; Schintlmeister, 1992; Wu *et* Fang, 2003h.

（7）梅箆舟蛾 *Besaia meo* Schintlmeister, 1997

Schintlmeister, 1997: 64.
分布（Distribution）：云南（YN）；缅甸、泰国、老挝、越南
其他文献（Reference）：Schintlmeister, 2008.

（8）多点箆舟蛾 *Besaia multipunctata* Schintlmeister, 2008

Schintlmeister, 2008: 64.
分布（Distribution）：陕西（SN）

（9）穆箆舟蛾 *Besaia murzini* Schintlmeister, 2008

Schintlmeister, 2008: 67.
分布（Distribution）：陕西（SN）、四川（SC）

（10）暗箆舟蛾 *Besaia nebulosa* (Wileman, 1914)

Wileman, 1914a: 267.
异名（Synonym）：
Pydna nebulosa Wileman, 1914a: 267.
分布（Distribution）：台湾（TW）、广西（GX）
其他文献（Reference）：Schintlmeister, 1992; Wu *et* Fang, 2003h.

（11）黑带箆舟蛾 *Besaia nigrofasciata* (Hampson, 1893)

Hampson, 1893b: 142.
异名（Synonym）：

Pydna nigrofasciata Hampson, 1893b: 142;

Pydna atrivittata Hampson, 1900: 41.

别名（**Common name**）：黑带枯舟蛾

分布（**Distribution**）：西藏（XZ）；印度、尼泊尔

其他文献（**Reference**）：Wu *et* Fang, 2003h；Schintlmeister, 2008.

（12）卵箆舟蛾 *Besaia ovatia* Schintlmeister *et* Fang, 2001

Schintlmeister *et* Fang, 2001: 37.

分布（**Distribution**）：四川（SC）、云南（YN）

其他文献（**Reference**）：Wu *et* Fang, 2003h.

（13）锈箆舟蛾 *Besaia rubiginea* Walker, 1865

Walker, 1865: 458.

分布（**Distribution**）：云南（YN）、西藏（XZ）；印度

其他文献（**Reference**）：Cai, 1992；Schintlmeister *et* Fang, 2001；Wu *et* Fang, 2003h.

（14）污箆舟蛾 *Besaia sordida* (Wileman, 1914)

Wileman, 1914a: 267.

异名（**Synonym**）：

Pydna sordida Wileman, 1914a: 267；

Pydna suisharyonis Strand, 1915-1916: 159.

分布（**Distribution**）：台湾（TW）

其他文献（**Reference**）：Schintlmeister, 1992；Wu *et* Fang, 2003h.

（15）珠箆舟蛾 *Besaia tamurensis* Nakamura, 1974

Nakamura, 1974: 125.

别名（**Common name**）：珠枯舟蛾

分布（**Distribution**）：西藏（XZ）；尼泊尔、印度、不丹

（16）云南箆舟蛾 *Besaia yunnana* (Kiriakoff, 1962)

Kiriakoff, 1962b: 231.

异名（**Synonym**）：

Bireta yunnana Kiriakoff, 1962b: 231.

分布（**Distribution**）：云南（YN）；越南

其他文献（**Reference**）：Schintlmeister, 1992；Wu *et* Fang, 2003h.

（17）株箆舟蛾 *Besaia zoe* Schintlmeister, 1997

Schintlmeister, 1997: 65.

分布（**Distribution**）：云南（YN）；越南

其他文献（**Reference**）：Wu *et* Fang, 2003h.

（18）邻黄箆舟蛾 *Besaia albifusa* (Wileman, 1910)

Wileman, 1910: 266.

异名（**Synonym**）：

Pydna albifusa Wileman, 1910: 266；

Achepydna albibasalis Matsumura, 1929a: 41.

别名（**Common name**）：黄邻皮舟蛾

分布（**Distribution**）：江西（JX）、台湾（TW）

其他文献（**Reference**）：Kiriakoff, 1962b, 1968；Schintlmeister, 1992；Schintlmeister *et* Fang, 2001；Wu *et* Fang, 2003h.

（19）褐箆舟蛾 *Besaia brunneisticta* (Bryk, 1949)

Bryk, 1949: 19.

异名（**Synonym**）：

Pydna brunneistic Bryk, 1949: 19.

分布（**Distribution**）：云南（YN）；缅甸、越南

其他文献（**Reference**）：Schintlmeister, 1997；Schintlmeister *et* Fang, 2001；Wu *et* Fang, 2003h.

（20）忽箆舟蛾 *Besaia neglecta* Schintlmeister, 2007

Schintlmeister *et* Pinratana, 2007: 77.

分布（**Distribution**）：海南（HI）；泰国

其他文献（**Reference**）：Schintlmeister, 2008.

（21）黄箆舟蛾 *Besaia alboflavida* (Bryk, 1949)

Bryk, 1949: 18.

异名（**Synonym**）：

Pydna alboflavida Bryk, 1949: 18.

分布（**Distribution**）：云南（YN）；缅甸

其他文献（**Reference**）：Kiriakoff, 1968；Schintlmeister *et* Fang, 2001；Wu *et* Fang, 2003h.

（22）毕枯舟蛾 *Besaia bryki* Schintlmeister, 1997

Schintlmeister, 1997: 68.

分布（**Distribution**）：广东（GD）；越南

其他文献（**Reference**）：Schintlmeister, 2008.

（23）枯舟蛾 *Besaia frugalis* (Leech, 1898)

Leech, 1898: 302.

异名（**Synonym**）：

Pydna frugalis Leech, 1898: 302.

分布（**Distribution**）：陕西（SN）、浙江（ZJ）、四川（SC）、云南（YN）

其他文献（**Reference**）：Kiriakoff, 1962b, 1968；Schintlmeister, 1992；Wu *et* Fang, 2003h.

（24）黎氏枯舟蛾 *Besaia leechi* Schintlmeister, 1997

Schintlmeister, 1997: 69.

分布（**Distribution**）：四川（SC）、云南（YN）、西藏（XZ）、广西（GX）；越南

其他文献（**Reference**）：Wu *et* Fang, 2003h.

（25）显箆舟蛾 *Besaia prominens* (Bryk, 1949)

Bryk, 1949: 16.

异名（**Synonym**）：

Pydna prominens Bryk, 1949: 16.

分布（**Distribution**）：云南（YN）；缅甸

其他文献（**Reference**）：Schintlmeister *et* Fang, 2001；Wu *et*

Fang, 2003h.

（26）索枯舟蛾 *Besaia sordidior* Kobayashi *et* Wang, 2008

Kobayashi *et al.*, 2008: 124.

分布（**Distribution**）：陕西（SN）、广东（GD）

其他文献（**Reference**）：Schintlmeister, 2008.

（27）顶偶舟蛾 *Besaia apicalis* (Kiriakoff, 1962)

Kiriakoff, 1962b: 225.

异名（**Synonym**）：

Bireta apicalis Kiriakoff, 1962b: 225.

分布（**Distribution**）：陕西（SN）、云南（YN）；尼泊尔

其他文献（**Reference**）：Schintlmeister, 1992; Wu *et* Fang, 2003h.

（28）银线偶舟蛾 *Besaia argentilinea* (Cai, 1982)

Cai, 1982b: 23.

异名（**Synonym**）：

Innisca argentilinea Cai, 1982b: 23.

分布（**Distribution**）：云南（YN）、西藏（XZ）；尼泊尔

其他文献（**Reference**）：Sugi, 1994a; Schintlmeister, 1992; Wu *et* Fang, 2003h.

（29）狸偶舟蛾 *Besaia castor* (Kiriakoff, 1963)

Kiriakoff, 1963a: 256.

异名（**Synonym**）：

Ptilurodes castor Kiriakoff, 1963a: 256.

别名（**Common name**）：狸翅舟蛾

分布（**Distribution**）：云南（YN）

其他文献（**Reference**）：Cai, 1979a; Schintlmeister, 1992; Wu *et* Fang, 2003h.

（30）美偶舟蛾 *Besaia eupatagia* (Hampson, 1893)

Hampson, 1893b: 141.

异名（**Synonym**）：

Pydna eypatagia Hampson, 1893b: 141;

Ogulina pulchra Cai, 1982b: 24.

分布（**Distribution**）：云南（YN）、西藏（XZ）；印度（锡金）、尼泊尔

其他文献（**Reference**）：Schintlmeister *et* Fang, 2001; Wu *et* Fang, 2003h.

（31）韩氏偶舟蛾 *Besaia hanae* Schintlmeister *et* Fang, 2001

Schintlmeister *et* Fang, 2001: 40.

分布（**Distribution**）：四川（SC）、云南（YN）

其他文献（**Reference**）：Wu *et* Fang, 2003h.

（32）黑偶舟蛾 *Besaia melanius* Schintlmeister, 1997

Schintlmeister, 1997: 67.

分布（**Distribution**）：陕西（SN）、四川（SC）、云南（YN）；越南

其他文献（**Reference**）：Wu *et* Fang, 2003h.

（32a）黑偶舟蛾秦岭亚种 *Besaia melanius aethiops* Schintlmeister *et* Fang, 2001

Schintlmeister *et* Fang, 2001: 39.

分布（**Distribution**）：陕西（SN）

其他文献（**Reference**）：Wu *et* Fang, 2003h.

（32b）黑偶舟蛾指名亚种 *Besaia melanius melanius* Schintlmeister, 1997

Schintlmeister, 1997: 67.

分布（**Distribution**）：四川（SC）、云南（YN）；越南

其他文献（**Reference**）：Wu *et* Fang, 2003h.

（33）普偶舟蛾 *Besaia plusioides* (Bryk, 1949)

Bryk, 1949: 17.

异名（**Synonym**）：

Pydna (*Ceira*) *plusioides* Bryk, 1949: 17.

分布（**Distribution**）：四川（SC）、云南（YN）；缅甸

其他文献（**Reference**）：Schintlmeister, 2008.

（34）粉偶舟蛾 *Besaia pollux* (Kiriakoff, 1963)

Kiriakoff, 1963a: 256.

异名（**Synonym**）：

Ptilurodes pollux Kiriakoff, 1963a: 256.

分布（**Distribution**）：云南（YN）

其他文献（**Reference**）：Schintlmeister, 1992; Wu *et* Fang, 2003h.

（35）都偶舟蛾 *Besaia prisoni* Schintlmeister, 2008

Schintlmeister, 2008: 74.

分布（**Distribution**）：四川（SC）

（36）赤篦舟蛾 *Besaia pyraloides* (Kiriakoff, 1962)

Kiriakoff, 1962b: 229.

异名（**Synonym**）：

Bireta pyraloides Kiriakoff, 1962b: 229.

分布（**Distribution**）：云南（YN）

其他文献（**Reference**）：Schintlmeister, 1992; Wu *et* Fang, 2003h.

（37）星篦舟蛾 *Besaia sideridis* (Kiriakoff, 1962)

Kiriakoff, 1962b: 230.

异名（**Synonym**）：

Pydna sideridis Kiriakoff, 1962b: 230.

分布（**Distribution**）：四川（SC）、云南（YN）

其他文献（**Reference**）：Kiriakoff, 1968; Schintlmeister, 1992; Wu *et* Fang, 2003h.

（38）橙篦舟蛾 *Besaia aurantiistriga* (Kiriakoff, 1962)

Kiriakoff, 1962b: 223.

异名（**Synonym**）：

Subniganda aurantiistriga Kiriakoff, 1962b: 223.

分布（**Distribution**）：陕西（SN）

其他文献（**Reference**）：Schintlmeister, 1992; Wu *et* Fang, 2003h.

（39）孤篦舟蛾 *Besaia isolde* Schintlmeister, 1997

Schintlmeister, 1997: 67.

分布（**Distribution**）：广东（GD）、广西（GX）；越南

其他文献（**Reference**）：Schintlmeister, 2008.

（40）三线篦舟蛾 *Besaia tristan* Schintlmeister, 1997

Schintlmeister, 1997: 66.

分布（**Distribution**）：湖北（HB）、四川（SC）、云南（YN）；越南

其他文献（**Reference**）：Wu *et* Fang, 2003h.

（41）蔡氏枯舟蛾 *Besaia caii* Schintlmeister *et* Fang, 2001

Schintlmeister *et* Fang, 2001: 39.

分布（**Distribution**）：云南（YN）

其他文献（**Reference**）：Wu *et* Fang, 2003h.

（42）齿偶舟蛾 *Besaia crenelata* (Swinhoe, 1896)

Swinhoe, 1896: 361.

异名（**Synonym**）：

Pydna crenelata Swinhoe, 1896: 361.

别名（**Common name**）：齿枯舟蛾

分布（**Distribution**）：湖北（HB）；印度

其他文献（**Reference**）：Cai, 1979a; Schintlmeister, 1992; Wu *et* Fang, 2003h.

（43）荣邻偶舟蛾 *Besaia ronkayorum* Schintlmeister, 2005

Schintlmeister, 2005b: 103.

分布（**Distribution**）：陕西（SN）、湖北（HB）、四川（SC）、台湾（TW）

其他文献（**Reference**）：Schintlmeister, 2008.

（43a）荣邻偶舟蛾大陆亚种 *Besaia ronkayorum congrua* Schintlmeister, 2008

Schintlmeister, 2008: 70.

分布（**Distribution**）：陕西（SN）、湖北（HB）、四川（SC）

（43b）荣邻偶舟蛾指名亚种 *Besaia ronkayorum ronkayorum* Schintlmeister, 2005

Schintlmeister, 2005b: 103.

分布（**Distribution**）：台湾（TW）

其他文献（**Reference**）：Schintlmeister, 2008.

3）角茎舟蛾属 *Bireta* Walker, 1856

Walker, 1856: 1754.

异名（**Synonym**）：

Menapia Walker, 1865: 461.

其他文献（**Reference**）：Wu *et* Fang, 2003h.

（44）角茎舟蛾 *Bireta longivitta* Walker, 1856

Walker, 1856: 1754.

异名（**Synonym**）：

Menapia xanthophila Walker, 1865: 461.

分布（**Distribution**）：云南（YN）、广西（GX）；越南、缅甸、泰国、老挝、印度、巴基斯坦、尼泊尔

其他文献（**Reference**）：Cai, 1979a; Wu *et* Fang, 2003h.

（44a）角茎舟蛾金黄亚种 *Bireta longivitta flaveo* Schintlmeister, 2007

Schintlmeister *et* Pinratana, 2007: 91.

分布（**Distribution**）：云南（YN）、广西（GX）；缅甸、泰国、越南、老挝

其他文献（**Reference**）：Schintlmeister, 2008.

（45）模角茎舟蛾 *Bireta morozovi* Saldaitis *et* Ivinskis, 2011

Saldaitis *et al.*, 2011: 61.

分布（**Distribution**）：四川（SC）

（46）锯缘角瓣舟蛾 *Bireta dorsisuffusa* (Kiriakoff, 1962)

Kiriakoff, 1962b: 223.

分布（**Distribution**）：陕西（SN）、浙江（ZJ）、四川（SC）、广西（GX）

其他文献（**Reference**）：Schintlmeister, 1992; Wu *et* Fang, 2003h.

（47）依角瓣舟蛾 *Bireta extortor* Schintlmeister, 2008

Schintlmeister, 2008: 101.

分布（**Distribution**）：陕西（SN）

（48）台湾角瓣舟蛾 *Bireta formosana* Nakamura, 1973

Nakamura, 1973a: 63.

分布（**Distribution**）：台湾（TW）

其他文献（**Reference**）：Wu *et* Fang, 2003h.

（49）佛角瓣舟蛾 *Bireta fortis* (Kobayashi *et* Kishida, 2008)

Kobayashi *et al.*, 2008: 124.

异名（**Synonym**）：

Torigea fortis Kobayashi *et* Kishida *In*: Kobayashi *et al.*, 2008: 124.

分布（**Distribution**）：广东（GD）

其他文献（**Reference**）：Schintlmeister, 2008.

（50）福角瓣舟蛾 *Bireta furax* Schintlmeister, 2008

Schintlmeister, 2008: 99.

分布（**Distribution**）：江西（JX）、四川（SC）、云南（YN）、

广西（GX）、海南（HI）；越南

（50a）福角瓣舟蛾指名亚种 *Bireta furax furax* Schintlmeister, 2008

Schintlmeister, 2008: 99.

分布（Distribution）：江西（JX）、四川（SC）、云南（YN）、广西（GX）；越南

（50b）福角瓣舟蛾海南亚种 *Bireta furax hainana* Schintlmeister, 2008

Schintlmeister, 2008: 100.

分布（Distribution）：海南（HI）

（51）鸟角瓣舟蛾 *Bireta parricidae* Schintlmeister, 2008

Schintlmeister, 2008: 99.

分布（Distribution）：云南（YN）

（52）小角瓣舟蛾 *Bireta rapinae* Schintlmeister, 2008

Schintlmeister, 2008: 98.

分布（Distribution）：海南（HI）

（53）长角瓣舟蛾 *Bireta sicarius* Schintlmeister, 2008

Schintlmeister, 2008: 99.

分布（Distribution）：云南（YN）

（54）蒿角瓣舟蛾 *Bireta straminea* (Moore, 1877)

Moore, 1877: 91.

异名（Synonym）：

Ceira straminea Moore, 1877: 91.

分布（Distribution）：浙江（ZJ）、福建（FJ）；朝鲜、日本

其他文献（Reference）：Kiriakoff, 1962a, 1967a; Wu et Fang, 2003h.

（55）苏角瓣舟蛾 *Bireta subdita* (Wang et Kobayshi, 2004)

Wang et al., 2004: 99.

异名（Synonym）：

Torigea subdita Wang et Kobayashi In: Wang et al., 2004: 99.

分布（Distribution）：广东（GD）；越南

其他文献（Reference）：Schintlmeister, 2008.

（56）舍角瓣舟蛾 *Bireta theodosius* Schintlmeister, 1997

Schintlmeister, 1997: 78.

分布（Distribution）：陕西（SN）；越南

（56a）舍角瓣舟蛾短栉亚种 *Bireta theodosius felicitas* Schintlmeister, 2008

Schintlmeister, 2008: 101.

分布（Distribution）：陕西（SN）

（57）三角瓣舟蛾 *Bireta triangularis* (Kiriakoff, 1962)

Kiriakoff, 1962b: 222.

异名（Synonym）：

Dypna triangularis Kiriakoff, 1962b: 222.

分布（Distribution）：浙江（ZJ）、四川（SC）、福建（FJ）、广东（GD）；越南

其他文献（Reference）：Cai, 1979a; Schintlmeister, 1992; Wu et Fang, 2003h.

（58）刺角瓣舟蛾 *Bireta belosa* (Wu et Fang, 2003)

Wu et Fang, 2003h: 249.

异名（Synonym）：

Torigea belosa Wu et Fang, 2003h: 249.

分布（Distribution）：云南（YN）；泰国

其他文献（Reference）：Schintlmeister et Pinratana, 2007; Schintlmeister, 2008.

（59）伸角瓣舟蛾 *Bireta beta* Schintlmeister, 1989

Schintlmeister, 1989b: 107.

分布（Distribution）：浙江（ZJ）；越南

其他文献（Reference）：Wu et Fang, 2003h.

（60）吉角瓣舟蛾 *Bireta gemina* (Kishida et Kobayashi, 2004)

Kobayashi et Kishida, 2004: 262.

异名（Synonym）：

Torigea gemina Kishida et Kobayashi In: Kobayashi et al., 2004: 262.

分布（Distribution）：台湾（TW）

其他文献（Reference）：Schintlmeister, 2008.

（61）中国角瓣舟蛾 *Bireta sinensis* (Kiriakoff, 1962)

Kiriakoff, 1962b: 234.

异名（Synonym）：

Bireta junctura sinensis Kiriakoff, 1962b: 234.

分布（Distribution）：陕西（SN）

其他文献（Reference）：Schintlmeister, 1992; Wu et Fang, 2003h.

（62）银纹角瓣舟蛾 *Bireta argentea* (Schintlmeister, 1997)

Schintlmeister, 1997: 79.

异名（Synonym）：

Torigea argentea Schintlmeister, 1997: 79.

分布（Distribution）：陕西（SN）、湖南（HN）、云南（YN）；越南

其他文献（Reference）：Wu et Fang, 2003h; Schintlmeister, 2008.

（62a）银纹角瓣舟蛾褐色亚种 *Bireta argentea dulcinea* Schintlmeister, 2008

Schintlmeister, 2008: 96.

分布（Distribution）：陕西（SN）、湖南（HN）

（63）长纹角瓣舟蛾 *Bireta aristion* **(Schintlmeister, 1997)**

Schintlmeister, 1997: 78.

异名（**Synonym**）：

Torigea aristion Schintlmeister, 1997: 78;

Struba argenteodivisa (nec. Kiriakoff): Cai, 1979a: 87.

别名（**Common name**）：尖瓣舟蛾

分布（**Distribution**）：四川（SC）、云南（YN）；越南

其他文献（**Reference**）：Wu *et* Fang, 2003h; Schintlmeister, 2008.

（64）短纹角瓣舟蛾 *Bireta astrae* **(Schintlmeister *et* Fang, 2001)**

Schintlmeister *et* Fang, 2001: 44.

异名（**Synonym**）：

Torigea astrae Schintlmeister *et* Fang, 2001: 44.

分布（**Distribution**）：陕西（SN）

其他文献（**Reference**）：Wu *et* Fang, 2003h; Schintlmeister, 2008.

（65）多斑角瓣舟蛾 *Bireta ferrifera* **(Walker, 1865)**

Walker, 1865: 468.

异名（**Synonym**）：

Torona ferrifera Walker, 1865: 468;

Ceira junctura Moore, 1879b: 65;

Biraia postica (nec. Moore): Cai, 1982a: 152;

Pydna adjutrea Schaus, 1928: 85.

别名（**Common name**）：绦舟蛾

分布（**Distribution**）：云南（YN）、西藏（XZ）；印度（北部）、尼泊尔

其他文献（**Reference**）：Schintlmeister, 1992, 2008; Wu *et* Fang, 2003h.

（66）亮角瓣舟蛾 *Bireta lucida* **Schintlmeister, 2008**

Schintlmeister, 2008: 94.

分布（**Distribution**）：云南（YN）；缅甸

（67）钩角瓣舟蛾 *Bireta opis* **Schintlmeister, 2008**

Schintlmeister, 2008: 94.

分布（**Distribution**）：广西（GX）

（68）匀纹角瓣舟蛾 *Bireta ortharga* **(Wu *et* Fang, 2003)**

Wu *et* Fang, 2003h: 246.

异名（**Synonym**）：

Torigea ortharga Wu *et* Fang, 2003g: 246.

分布（**Distribution**）：陕西（SN）、云南（YN）

其他文献（**Reference**）：Schintlmeister, 2008.

（69）对称角瓣舟蛾 *Bireta symmetricus* **(Schintlmeister, 1997)**

Schintlmeister, 1997: 79.

异名（**Synonym**）：

Torigea symmetricus Schintlmeister, 1997: 79.

分布（**Distribution**）：四川（SC）；越南

其他文献（**Reference**）：Schintlmeister, 2008.

4）芽舟蛾属 *Brykia* Gaede, 1930

Gaede, 1930: 644.

异名（**Synonym**）：

Pseudoturnaca Kiriakoff, 1967b: 41.

其他文献（**Reference**）：Wu *et* Fang, 2003h.

（70）阔芽舟蛾 *Brykia mapalia* **Schintlmeister, 1997**

Schintlmeister, 1997: 60.

别名（**Common name**）：豪斯芽舟蛾越南亚种

分布（**Distribution**）：广西（GX）；越南、泰国、老挝

其他文献（**Reference**）：Wu *et* Fang, 2003h; Schintlmeister, 2008.

5）薇舟蛾属 *Chalepa* Kiriakoff, 1959

Kiriakoff, 1959: 332.

异名（**Synonym**）：

Rosiora Kiriakoff, 1962a: 160.

其他文献（**Reference**）：Kiriakoff, 1962a; Wu *et* Fang, 2003h.

（71）阿薇舟蛾 *Chalepa arcania* **Schintlmeister, 2007**

Schintlmeister *et* Pinratana, 2007: 106.

分布（**Distribution**）：云南（YN）；缅甸、泰国、越南

其他文献（**Reference**）：Schintlmeister, 2008.

（72）铃薇舟蛾 *Chalepa bela* **(Swinhoe, 1894)**

Swinhoe, 1894b: 159.

异名（**Synonym**）：

Pydna bela Swinhoe, 1894b: 159.

分布（**Distribution**）：云南（YN）；印度（阿萨姆邦）、越南

其他文献（**Reference**）：Kiriakoff, 1962a; Schintlmeister, 1997; Wu *et* Fang, 2003h.

（73）蔷薇舟蛾 *Chalepa rosiora* **(Schintlmeister, 1997)**

Schintlmeister, 1997: 84.

异名（**Synonym**）：

Periergos (*Rosiora*) *rosiora* Schintlmeister, 1997: 84.

分布（**Distribution**）：云南（YN）；缅甸、越南、泰国、马来西亚

其他文献（**Reference**）：Schintlmeister, 2008.

（74）暗薇舟蛾 *Chalepa tenebralis* **(Hampson, 1896)**

Hampson, 1896: 457.

异名（**Synonym**）：

Pydna tenebralis Hampson, 1896: 457.

分布（**Distribution**）：广西（GX）；印度（锡金）、越南

其他文献（Reference）：Kiriakoff, 1962a; Schintlmeister *et* Fang, 2001; Wu *et* Fang, 2003h.

6）嫦舟蛾属 *Changea* Schintlmeister *et* Fang, 2001

Schintlmeister *et* Fang, 2001: 35.

其他文献（Reference）：Wu *et* Fang, 2003h.

（75）诺嫦舟蛾 *Changea notitiae* Schintlmeister, 2008

Schintlmeister, 2008: 57.

分布（Distribution）：广西（GX）

（76）嫦舟蛾 *Changea yangguifei* Schintlmeister *et* Fang, 2001

Schintlmeister *et* Fang, 2001: 35.

分布（Distribution）：四川（SC）、云南（YN）；印度

其他文献（Reference）：Wu *et* Fang, 2003h.

7）优舟蛾属 *Eushachia* Matsumura, 1925

Matsumura, 1925b: 404.

异名（Synonym）：

Midasia Kiriakoff, 1962a: 208.

其他文献（Reference）：Wu *et* Fang, 2003h.

（77）黑带优舟蛾 *Eushachia acyptera* (Hampson, 1896)

Hampson, 1896: 458.

异名（Synonym）：

Pydna nigrofasciata acyptera Hampson, 1896: 458.

分布（Distribution）：陕西（SN）、浙江（ZJ）、四川（SC）；印度、越南

其他文献（Reference）：Schintlmeister, 2008.

（77a）黑带优舟蛾指名亚种 *Eushachia acyptera acyptera* (Hampson, 1896)

Hampson, 1896: 458.

分布（Distribution）：陕西（SN）、四川（SC）；印度、越南

其他文献（Reference）：Schintlmeister, 2008.

（77b）黑带优舟蛾中国亚种 *Eushachia acyptera insido* Schintlmeister, 1989

Schintlmeister, 1989b: 107.

分布（Distribution）：浙江（ZJ）

其他文献（Reference）：Wu *et* Fang, 2003h; Schintlmeister, 2008.

（78）金优舟蛾 *Eushachia aurata* (Moore, 1879)

Moore, 1879b: 64.

异名（Synonym）：

Niganda aurata Moore, 1879b: 64.

分布（Distribution）：云南（YN）、福建（FJ）、台湾（TW）；印度（北部）、缅甸、越南

其他文献（Reference）：Hampson, 1892b; Kiriakoff, 1962a, 1968; Wu *et* Fang, 2003h.

（78a）金优舟蛾指名亚种 *Eushachia aurata aurata* (Moore, 1879)

Moore, 1879b: 64.

异名（Synonym）：

Niganda aurata Moore, 1879b: 64.

分布（Distribution）：云南（YN）、福建（FJ）；印度（北部）、缅甸、越南

其他文献（Reference）：Wu *et* Fang, 2003h.

（78b）金优舟蛾台湾亚种 *Eushachia aurata auripennis* Matsumura, 1925

Matsumura, 1925b: 404.

异名（Synonym）：

Eushachia auripennis Matsumura, 1925b: 404.

分布（Distribution）：台湾（TW）

其他文献（Reference）：Kiriakoff, 1968; Wu *et* Fang, 2003h.

（79）英优舟蛾 *Eushachia midas* (Bryk, 1949)

Bryk, 1949: 12.

异名（Synonym）：

Pydna aurala midas Bryk, 1949: 12.

分布（Distribution）：陕西（SN）、四川（SC）、云南（YN）；缅甸

其他文献（Reference）：Kiriakoff, 1959; Schintlmeister *et* Fang, 2001; Wu *et* Fang, 2003h.

（80）褐斑优舟蛾 *Eushachia millennium* Schintlmeister *et* Fang, 2001

Schintlmeister *et* Fang, 2001: 42.

分布（Distribution）：云南（YN）

其他文献（Reference）：Wu *et* Fang, 2003h.

8）洪舟蛾属 *Honveda* Kiriakoff, 1962

Kiriakoff, 1962a: 169.

其他文献（Reference）：Wu *et* Fang, 2003h.

（81）洪舟蛾 *Honveda fasciata* (Moore, 1879)

Moore, 1879b: 66.

异名（Synonym）：

Pydna fasciata Moore, 1879b: 66;

Pydna brunnea Swinhoe, 1907: 208.

分布（Distribution）：云南（YN）、西藏（XZ）；印度、缅甸

其他文献（Reference）：Kiriakoff, 1968; Schintlmeister *et* Fang, 2001; Wu *et* Fang, 2003h.

（82）宽纹洪舟蛾 *Honveda latifasciata* Wu *et* Fang, 2003

Wu *et* Fang, 2003h: 256.

分布（Distribution）：云南（YN）；泰国

其他文献（Reference）：Schintlmeister, 2008.

（83）细纹洪舟蛾 *Honveda rallifasciata* Wu *et* Fang, 2003

Wu *et* Fang, 2003h: 255.

分布（Distribution）：云南（YN）；泰国

其他文献（Reference）：Schintlmeister, 2008.

9）丑舟蛾属 *Hyperaeschra* Butler, 1880

Butler, 1880b: 65.

其他文献（Reference）：Wu *et* Fang, 2003h.

（84）黄檀丑舟蛾 *Hyperaeschra pallida* Butler, 1880

Butler, 1880b: 65.

分布（Distribution）：江西（JX）、贵州（GZ）、云南（YN）、福建（FJ）、广西（GX）、海南（HI）；印度、尼泊尔、新加坡、菲律宾、越南

其他文献（Reference）：Wu *et* Fang, 2003h.

10）旋茎舟蛾属 *Liccana* Kiriakoff, 1962

Kiriakoff, 1962a: 177.

其他文献（Reference）：Wu *et* Fang, 2003h.

（85）银旋茎舟蛾 *Liccana argyrosticta* (Kiriakoff, 1962)

Kiriakoff, 1962b: 234.

异名（Synonym）：

Bireta (?) *argyrosticta* Kiriakoff, 1962b: 234.

分布（Distribution）：江苏（JS）、江西（JX）、湖南（HN）、福建（FJ）

其他文献（Reference）：Kiriakoff, 1967a; Schintlmeister, 1992; Wu *et* Fang, 2003h.

（86）淡黄旋茎舟蛾 *Liccana substraminea* (Kiriakoff, 1962)

Kiriakoff, 1962b: 226.

异名（Synonym）：

Bireta substraminea Kiriakoff, 1962b: 226.

分布（Distribution）：陕西（SN）、江苏（JS）、上海（SH）、湖北（HB）

其他文献（Reference）：Kiriakoff, 1967a; Schintlmeister, 1992; Wu *et* Fang, 2003h.

（87）旋茎舟蛾 *Liccana terminicana* (Kiriakoff, 1962)

Kiriakoff, 1962b: 226.

异名（Synonym）：

Bireta terminicana Kiriakoff, 1962b: 226.

分布（Distribution）：浙江（ZJ）、湖南（HN）、福建（FJ）

其他文献（Reference）：Kiriakoff, 1967a; Cai, 1979a; Schintlmeister, 1992; Wu *et* Fang, 2003h.

11）拟皮舟蛾属 *Mimopydna* Matsumura, 1924

Matsumura, 1924: 37.

其他文献（Reference）：Wu *et* Fang, 2003h.

（88）竹拟皮舟蛾 *Mimopydna anaemica* (Kiriakoff, 1962)

Kiriakoff, 1962b: 230.

异名（Synonym）：

Pydna anaemica Kiriakoff, 1962b: 230.

分布（Distribution）：浙江（ZJ）、江西（JX）、湖南（HN）、云南（YN）、福建（FJ）

其他文献（Reference）：Cai, 1979a; Schintlmeister, 1992; Wu *et* Fang, 2003h.

（89）尖拟皮舟蛾 *Mimopydna cuspidata* Wu *et* Fang, 2002

Wu *et* Fang, 2002: 813.

分布（Distribution）：陕西（SN）、甘肃（GS）

其他文献（Reference）：Wu *et* Fang, 2003h.

（90）褐拟皮舟蛾 *Mimopydna fusca* Schintlmeister, 2008

Schintlmeister, 2008: 79.

分布（Distribution）：陕西（SN）、四川（SC）

（91）独拟皮舟蛾 *Mimopydna insignis* (Leech, 1898)

Leech, 1898: 301.

异名（Synonym）：

Pydna insignis Leech, 1898: 301.

分布（Distribution）：湖北（HB）、四川（SC）

其他文献（Reference）：Schintlmeister, 1992; Wu *et* Fang, 2003h.

（92）台拟皮舟蛾 *Mimopydna kishidai* (Schintlmeister, 1989)

Schintlmeister, 1989b: 106.

异名（Synonym）：

Besaia (*Mimopydna*) *kishidai* Schintlmeister, 1989b: 106.

分布（Distribution）：云南（YN）、台湾（TW）

其他文献（Reference）：Wu *et* Fang, 2003h; Schintlmeister, 2008.

（92a）台拟皮舟蛾云南亚种 *Mimopydna kishidai discrepantia* Kobayashi *et* Wang, 2007

Kobayashi *et al.*, 2007c: 65.

分布（Distribution）：云南（YN）

其他文献（Reference）：Schintlmeister, 2008.

（92b）台拟皮舟蛾指名亚种 *Mimopydna kishidai kishidai* (Schintlmeister, 1989)

Schintlmeister, 1989b: 106.

异名（**Synonym**）：

Besaia (*Mimopydna*) *kishidai* Schintlmeister, 1989b: 106.

别名（**Common name**）：黄拟皮舟蛾台湾亚种

分布（**Distribution**）：台湾（TW）

（93）柯拟皮舟蛾 *Mimopydna kotlarovae* Schintlmeister, 2008

Schintlmeister, 2008: 80.

分布（**Distribution**）：江西（JX）、湖南（HN）、福建（FJ）

（94）玛拟皮舟蛾 *Mimopydna magna* Schintlmeister, 1997

Schintlmeister, 1997: 39.

分布（**Distribution**）：陕西（SN）、湖北（HB）；越南

其他文献（**Reference**）：Schintlmeister, 2008.

（95）申氏拟皮舟蛾 *Mimopydna schintlmeisteri* Kobayashi *et* Kishida, 2007

Kobayashi *et al.*, 2007c: 59.

分布（**Distribution**）：云南（YN）；尼泊尔

其他文献（**Reference**）：Schintlmeister, 2008.

（95a）申氏拟皮舟蛾云南亚种 *Mimopydna schintlmeisteri yunnana* Kobayashi *et* Kishida, 2007

Kobayashi *et al.*, 2007c: 60.

分布（**Distribution**）：云南（YN）

其他文献（**Reference**）：Schintlmeister, 2008.

（96）黄拟皮舟蛾 *Mimopydna sikkima* (Moore, 1879)

Moore, 1879b: 64.

异名（**Synonym**）：

Niganda sikkima Moore, 1879b: 64.

分布（**Distribution**）：陕西（SN）、云南（YN）、台湾（TW）、广西（GX）；印度（锡金）、缅甸、越南

其他文献（**Reference**）：Kiriakoff, 1968; Cai, 1979a; Schintlmeister, 1992; Wu *et* Fang, 2003h.

（96a）黄拟皮舟蛾指名亚种 *Mimopydna sikkima sikkima* (Moore, 1879)

Moore, 1879b: 64.

异名（**Synonym**）：

Niganda sikkima Moore, 1879b: 64.

分布（**Distribution**）：云南（YN）、广西（GX）；印度（锡金）、缅甸、越南

其他文献（**Reference**）：Wu *et* Fang, 2003h.

12）窄翅舟蛾属 *Niganda* Moore, 1879

Moore, 1879b: 63.

异名（**Synonym**）：

Eutornopera Hampson, 1895: 280;

Stenadonta Hampson, 1895: 281.

其他文献（**Reference**）：Wu *et* Fang, 2003h.

（97）银带窄翅舟蛾 *Niganda argentifascia* (Hampson, 1895)

Hampson, 1895: 280.

异名（**Synonym**）：

Eutornopera argentifascia Hampson, 1895: 280.

分布（**Distribution**）：西藏（XZ）；不丹、尼泊尔

其他文献（**Reference**）：Sugi, 1992; Wu *et* Fang, 2003h.

（98）瘦窄翅舟蛾 *Niganda cyttarosticta* (Hampson, 1895)

Hampson, 1895: 281.

异名（**Synonym**）：

Stenadonta cyttarosticta Hampson, 1895: 281.

分布（**Distribution**）：云南（YN）；印度

其他文献（**Reference**）：Schintlmeister *et* Fang, 2001; Wu *et* Fang, 2003h.

（99）竹窄翅舟蛾 *Niganda griseicollis* (Kiriakoff, 1962)

Kiriakoff, 1962b: 235.

异名（**Synonym**）：

Bireta griseicollis Kiriakoff, 1962b: 235;

Stenuadonta radialis (nec. Gaede): Cai, 1979a: 82;

Niganda eckweileri Schintlmeister, 1989b: 105.

别名（**Common name**）：竹瘦舟蛾

分布（**Distribution**）：江西（JX）、福建（FJ）、广东（GD）、广西（GX）

其他文献（**Reference**）：Schintlmeister, 1992; Schintlmeister *et* Fang, 2001; Wu *et* Fang, 2003h.

（100）光窄翅舟蛾 *Niganda radialis* (Gaede, 1930)

Gaede, 1930: 619.

异名（**Synonym**）：

Stenadobta radialis Gaede, 1930: 619.

分布（**Distribution**）：云南（YN）；印度、尼泊尔、泰国

其他文献（**Reference**）：Schintlmeister, 2008.

（101）窄翅舟蛾 *Niganda strigifascia* Moore, 1879

Moore, 1879b: 63.

异名（**Synonym**）：

Niganda strigifascia coelestis Kiriakoff, 1962b: 225.

分布（**Distribution**）：吉林（JL）、浙江（ZJ）、四川（SC）、云南（YN）、福建（FJ）、广西（GX）、海南（HI）；印度、不丹、印度尼西亚

其他文献（**Reference**）：Wu *et* Fang, 2003h.

13）颂舟蛾属 *Odnarda* Kiriakoff, 1962

Kiriakoff, 1962a: 174.

其他文献（**Reference**）：Wu *et* Fang, 2003h.

（102）颂舟蛾 _Odnarda subserena_ (Kiriakoff, 1962)

Kiriakoff, 1962a: 175.

异名（**Synonym**）：

Bireta (_Odnarda_) _subserena_ Kiriakoff, 1962a: 174.

分布（**Distribution**）：四川（SC）、云南（YN）；缅甸

（102a）颂舟蛾中国亚种 _Odnarda subserena sinica_ (Kiriakoff, 1962)

Kiriakoff, 1962a: 175.

异名（**Synonym**）：

Bireta (_Odnarda_) _subserena sinica_ Kiriakoff, 1962a: 175.

分布（**Distribution**）：四川（SC）

其他文献（**Reference**）：Kiriakoff, 1967a; Wu _et_ Fang, 2003h.

14）纤舟蛾属 _Periergos_ Kiriakoff, 1959

Kiriakoff, 1959: 321.

异名（**Synonym**）：

Pydna Walker, 1856: 1753: 1753;

Eupydna Fletcher, 1980 _In_: Watso _et al._, 1980: 72;

Mismia Kiriakoff, 1962a: 159;

Hunyada Kiriakoff, 1962a: 161.

其他文献（**Reference**）：Wu _et_ Fang, 2003h.

（103）偶纤舟蛾 _Periergos accidentia_ Schintlmeister _et_ Fang, 2001

Schintlmeister _et_ Fang, 2001: 45.

分布（**Distribution**）：云南（YN）

其他文献（**Reference**）：Wu _et_ Fang, 2003h.

（104）触纤舟蛾 _Periergos antennae_ Schintlmeister, 2005

Schintlmeister, 2005b: 105.

分布（**Distribution**）：台湾（TW）

其他文献（**Reference**）：Schintlmeister, 2008.

（105）异纤舟蛾 _Periergos dispar_ (Kiriakoff, 1962)

Kiriakoff, 1962b: 220.

异名（**Synonym**）：

Pydna (?) _dispar_ Kiriakoff, 1962b: 220.

别名（**Common name**）：竹苞虫，竹蚕，竹镂舟蛾，竹青虫

分布（**Distribution**）：江苏（JS）、浙江（ZJ）、江西（JX）、湖南（HN）、重庆（CQ）、云南（YN）、福建（FJ）、广西（GX）

其他文献（**Reference**）：Cai, 1979a; Schintlmeister, 1992; Wu _et_ Fang, 2003h.

（106）绅纤舟蛾 _Periergos genitale_ Schintlmeister, 2002

Schintlmeister, 2002: 191.

分布（**Distribution**）：云南（YN）；缅甸、泰国

其他文献（**Reference**）：Schintlmeister, 2008.

（107）哈纤舟蛾 _Periergos harutai_ Sugi, 1994

Sugi, 1994a: 165.

分布（**Distribution**）：云南（YN）、广西（GX）；印度（锡金）、尼泊尔、越南

其他文献（**Reference**）：Wu _et_ Fang, 2003h.

（108）纵纤舟蛾 _Periergos kamadena_ (Moore, 1865)

Moore, 1865: 812.

异名（**Synonym**）：

Menapia kamadena Moore, 1865: 812.

分布（**Distribution**）：云南（YN）、西藏（XZ）；印度（锡金）、缅甸、越南

其他文献（**Reference**）：Cai, 1982b; Wu _et_ Fang, 2003h.

（109）黄纤舟蛾 _Periergos luridus_ Wu _et_ Fang, 2003

Wu _et_ Fang, 2003d: 722.

分布（**Distribution**）：云南（YN）；缅甸

其他文献（**Reference**）：Wu _et_ Fang, 2003h; Schintlmeister, 2008.

（110）皮纤舟蛾 _Periergos magna_ (Matsumura, 1920)

Matsumura, 1920a: 151.

异名（**Synonym**）：

Pydna magna Matsumura, 1920a: 151;

Ceira horishana Matsumura, 1925b: 404;

Periergos confusus Kiriakoff, 1962b: 220;

Pydna testacea (nec. Walker): Cai, 1979a: 99.

别名（**Common name**）：皮舟蛾

分布（**Distribution**）：陕西（SN）、四川（SC）、云南（YN）、福建（FJ）、台湾（TW）、广东（GD）、广西（GX）

其他文献（**Reference**）：Schintlmeister, 1992; Wu _et_ Fang, 2003h.

（111）山纤舟蛾 _Periergos orest_ Schintlmeister, 1997

Schintlmeister, 1997: 81.

分布（**Distribution**）：云南（YN）、广西（GX）；越南

其他文献（**Reference**）：Wu _et_ Fang, 2003h.

（112）琴纤舟蛾 _Periergos orpheus_ Schintlmeister, 1989

Schintlmeister, 1989b: 108.

分布（**Distribution**）：四川（SC）

其他文献（**Reference**）：Wu _et_ Fang, 2003h.

（113）后纤舟蛾 _Periergos postruba_ (Swinhoe, 1903)

Swinhoe, 1903: 199.

异名（**Synonym**）：

Pydna testacea indonesiae Kiriakoff, 1962a: 156.

分布（**Distribution**）：四川（SC）、云南（YN）；缅甸、越南、印度尼西亚

其他文献（**Reference**）：Schintlmeister, 2008.

15）小皮舟蛾属 *Pydnella* Roepke, 1943

Roepke, 1943: 93.
其他文献（**Reference**）：Wu *et* Fang, 2003h.

（114）小皮舟蛾 *Pydnella rosacea* (Hampson, 1896)

Hampson, 1896: 458.
异名（**Synonym**）：
Pydna rosacea Hampson, 1896: 458;
Pydnella monticola Roepke, 1943: 93.
分布（**Distribution**）：浙江（ZJ）、云南（YN）、广东（GD）、广西（GX）；印度、缅甸、印度尼西亚
其他文献（**Reference**）：Wu *et* Fang, 2003h.

16）枝舟蛾属 *Ramesa* Walker, 1855

Walker, 1855b: 1016.
异名（**Synonym**）：
Togarishachia Matsumura, 1925b: 399;
Poncetia Kiriakoff, 1962a: 177.
其他文献（**Reference**）：Wu *et* Fang, 2003h.

（115）豹枝舟蛾 *Ramesa albistriga* (Moore, 1879)

Moore, 1879b: 64.
异名（**Synonym**）：
Niganda albistriga Moore, 1879b: 64;
Pydna kanshireiensis Wileman, 1914b: 322;
Togarishachia argentopicta Matsumura, 1925b: 399.
别名（**Common name**）：豹舟蛾
分布（**Distribution**）：江西（JX）、湖南（HN）、四川（SC）、重庆（CQ）、云南（YN）、西藏（XZ）、福建（FJ）、台湾（TW）、广东（GD）、广西（GX）、海南（HI）；不丹、印度（锡金）、越南、印度尼西亚
其他文献（**Reference**）：Hampson, 1892b; Kiriakoff, 1968; Cai, 1979a; Schintlmeister, 1992; Wu *et* Fang, 2003h.

（116）贝枝舟蛾 *Ramesa baenzigeri* Schintlmeister *et* Fang, 2001

Schintlmeister *et* Fang, 2001: 34.
分布（**Distribution**）：云南（YN）、福建（FJ）、广西（GX）；越南
其他文献（**Reference**）：Wu *et* Fang, 2003h.

（117）不丹枝舟蛾 *Ramesa bhutanica* (Bänziger, 1988)

Bänziger, 1988: 32.
异名（**Synonym**）：
Poncetia bhutanica Bänziger, 1988: 32.
分布（**Distribution**）：云南（YN）、广西（GX）；不丹、尼泊尔、印度、缅甸
其他文献（**Reference**）：Schintlmeister *et* Fang, 2001; Wu *et* Fang, 2003h.

（118）圆顶枝舟蛾 *Ramesa huaykaeoensis* (Bänziger, 1988)

Bänziger, 1988: 28.
异名（**Synonym**）：
Poncetia huaykaeoensis Bänziger, 1988: 28.
分布（**Distribution**）：云南（YN）；泰国、越南
其他文献（**Reference**）：Schintlmeister *et* Fang, 2001; Wu *et* Fang, 2003h.

（119）泰枝舟蛾 *Ramesa siamica* (Bänziger, 1988)

Bänziger, 1988: 27.
异名（**Synonym**）：
Poncetia siamica Bänziger, 1988: 27.
分布（**Distribution**）：江西（JX）、云南（YN）；泰国、老挝、越南
其他文献（**Reference**）：Schintlmeister, 2008.

（120）枝舟蛾 *Ramesa tosta* Walker, 1855

Walker, 1855b: 1017.
分布（**Distribution**）：江苏（JS）、上海（SH）、浙江（ZJ）、湖南（HN）、湖北（HB）、云南（YN）、福建（FJ）、台湾（TW）；日本、缅甸、印度、越南、斯里兰卡
其他文献（**Reference**）：Wu *et* Fang, 2003h.

17）箩舟蛾属 *Saliocleta* Walker, 1862

Walker, 1862b: 124.
异名（**Synonym**）：
Ceira Walker, 1865: 462.
其他文献（**Reference**）：Wu *et* Fang, 2003h.

（121）帝箩舟蛾 *Saliocleta dejoannisi* Schintlmeister, 1997

Schintlmeister, 1997: 72.
分布（**Distribution**）：贵州（GZ）、广西（GX）；越南、泰国
其他文献（**Reference**）：Schintlmeister, 2008.

（122）箭纹箩舟蛾 *Saliocleta goergneri* (Schintlmeister, 1989)

Schintlmeister, 1989b: 105.
异名（**Synonym**）：
Besaia (*Achepydna*) *goergneri* Schintlmeister, 1989b: 105.
别名（**Common name**）：箭纹邻皮舟蛾
分布（**Distribution**）：浙江（ZJ）、湖南（HN）、福建（FJ）
其他文献（**Reference**）：Wu *et* Fang, 2003h.

（123）观音箩舟蛾 *Saliocleta guanyin* (Schintlmeister *et* Fang, 2001)

Schintlmeister *et* Fang, 2001: 41.
异名（**Synonym**）：

Saliocleta nonagrioides (nec. Walker): Cai, 1979a: 97;

Ceira guanyin Schintlmeister *et* Fang, 2001: 41.

分布（**Distribution**）：江西（JX）、广东（GD）

其他文献（**Reference**）：Wu *et* Fang, 2003h.

（124）脉笋舟蛾 *Saliocleta nevus* **Kobayashi** *et* **Wang, 2008**

Kobayashi *et al.*, 2008: 119.

分布（**Distribution**）：广东（GD）

其他文献（**Reference**）：Schintlmeister, 2008.

（125）斜笋舟蛾 *Saliocleta obliqua* **(Hampson, 1897)**

Hampson, 1897: 281.

异名（**Synonym**）：

Pydna obliqua Hampson, 1897: 281.

别名（**Common name**）：斜邻皮舟蛾

分布（**Distribution**）：广东（GD）、广西（GX）；印度

其他文献（**Reference**）：Kiriakoff, 1962b, 1968; Schintlmeister, 1992; Wu *et* Fang, 2003h.

（126）枝笋舟蛾 *Saliocleta virgata* **(Wileman, 1914)**

Wileman, 1914a: 266.

异名（**Synonym**）：

Pydn virgata Wileman, 1914a: 266;

Pydna formosicola Strand, 1915-1916: 158.

别名（**Common name**）：枝邻皮舟蛾

分布（**Distribution**）：云南（YN）、台湾（TW）

其他文献（**Reference**）：Kiriakoff, 1962b; Schintlmeister, 1992; Wu *et* Fang, 2003h.

（127）伟笋舟蛾 *Saliocleta widagdoi* **Schintlmeister, 1994**

Schintlmeister, 1994: 222.

分布（**Distribution**）：广西（GX）、海南（HI）；印度、缅甸、泰国、越南、印度尼西亚

其他文献（**Reference**）：Schintlmeister, 2008.

（128）黎明笋舟蛾 *Saliocleta aurora* **(Kiriakoff, 1962)**

Kiriakoff, 1962b: 234.

异名（**Synonym**）：

Bireta aurora Kiriakoff, 1962b: 234.

分布（**Distribution**）：浙江（ZJ）

其他文献（**Reference**）：Kiriakoff, 1967a; Schintlmeister, 1992; Wu *et* Fang, 2003h.

（129）长茎笋舟蛾 *Saliocleta longipennis* **(Moore, 1881)**

Moore, 1881: 340.

异名（**Synonym**）：

Norraca longipennis Moore, 1881: 340;

Oraura ordgara (nec. Schaus): Cai, 1979a: 96.

分布（**Distribution**）：浙江（ZJ）、湖南（HN）、广西（GX）、海南（HI）；马来西亚

其他文献（**Reference**）：Schintlmeister, 1992; Wu *et* Fang, 2003h.

（130）黄笋舟蛾 *Saliocleta ochracea* **(Moore, 1879)**

Moore, 1879b: 65.

异名（**Synonym**）：

Ceira ochracea Moore, 1879b: 65.

分布（**Distribution**）：广西（GX）；印度（锡金）、尼泊尔、泰国、越南

其他文献（**Reference**）：Wu *et* Fang, 2003h.

（131）棕斑笋舟蛾 *Saliocleta seacona* **(Swinhoe, 1916)**

Swinhoe, 1916: 216.

异名（**Synonym**）：

Ceira seacona Swinhoe, 1916: 216.

分布（**Distribution**）：云南（YN）、海南（HI）；越南

其他文献（**Reference**）：Wu *et* Fang, 2003h.

（132）点姬舟蛾 *Saliocleta postica* **(Moore, 1879)**

Moore, 1879b: 66.

异名（**Synonym**）：

Ceira postica Moore, 1879b: 66.

分布（**Distribution**）：云南（YN）；印度（锡金）

其他文献（**Reference**）：Kiriakoff, 1962a; Schintlmeister *et* Fang, 2001; Wu *et* Fang, 2003h.

（133）光笋舟蛾 *Saliocleta argus* **(Schintlmeister, 1989)**

Schintlmeister, 1989b: 106.

异名（**Synonym**）：

Ceira niveipicta argus Schintlmeister, 1989b: 106.

分布（**Distribution**）：陕西（SN）、云南（YN）

其他文献（**Reference**）：Schintlmeister *et* Fang, 2001; Wu *et* Fang, 2003h.

（134）褐笋舟蛾 *Saliocleta dabashanica* **(Schintlmeister, 2002)**

Schintlmeister, 2002: 185.

异名（**Synonym**）：

Armiana dabashanica Schintlmeister, 2002: 185.

分布（**Distribution**）：陕西（SN）、甘肃（GS）

其他文献（**Reference**）：Wu *et* Fang, 2003h.

（135）雪斑笋舟蛾 *Saliocleta niveipicta* **(Kiriakoff, 1962)**

Kiriakoff, 1962b: 235.

异名（**Synonym**）：

Norracana niveipicta Kiriakoff, 1962b: 235.

分布（**Distribution**）：浙江（ZJ）、福建（FJ）

其他文献（**Reference**）：Schintlmeister, 1992; Wu *et* Fang, 2003h.

（136）显笋舟蛾 *Saliocleta distineo* **(Schintlmeister, 1997)**

Schintlmeister, 1997: 72.

异名（**Synonym**）：

Ceira distineo Schintlmeister, 1997: 72.

分布（Distribution）：福建（FJ）、广西（GX）

其他文献（Reference）：Wu *et* Fang, 2003h.

（137）齿瓣箩舟蛾 *Saliocleta eustachus* **(Schintlmeister, 1997)**

Schintlmeister, 1997: 75.

异名（Synonym）：

Ceira eustachus Schintlmeister, 1997: 75.

分布（Distribution）：江西（JX）、福建（FJ）、广西（GX）；越南

其他文献（Reference）：Wu *et* Fang, 2003h.

（137a）齿瓣箩舟蛾西方亚种 *Saliocleta eustachus brefkaensis* **Schintlmeister, 2008**

Schintlmeister, 2008: 83.

分布（Distribution）：陕西（SN）、四川（SC）

（137b）齿瓣箩舟蛾指名亚种 *Saliocleta eustachus eustachus* **(Schintlmeister, 1997)**

Schintlmeister, 1997: 75.

分布（Distribution）：江西（JX）、福建（FJ）、广西（GX）；越南

（138）马来箩舟蛾 *Saliocleta malayana* **(Schintlmeister, 1994)**

Schintlmeister, 1994: 223.

异名（Synonym）：

Ceira malayana Schintlmeister, 1994: 223.

分布（Distribution）：云南（YN）；越南、缅甸、马来西亚

其他文献（Reference）：Wu *et* Fang, 2003h.

（139）凹缘箩舟蛾 *Saliocleta margarethae* **(Kiriakoff, 1959)**

Kiriakoff, 1959: 322.

异名（Synonym）：

Norraca margarethae Kiriakoff, 1959: 322.

分布（Distribution）：云南（YN）；缅甸

其他文献（Reference）：Schintlmeister *et* Fang, 2001; Wu *et* Fang, 2003h.

（140）云姬舟蛾 *Saliocleta nubila* **Kiriakoff, 1962**

Kiriakoff, 1962a: 194.

分布（Distribution）：四川（SC）；越南

其他文献（Reference）：Schintlmeister, 1997; Wu *et* Fang, 2003h.

（141）浅黄箩舟蛾 *Saliocleta postfusca* **(Kiriakoff, 1962)**

Kiriakoff, 1962b: 233.

异名（Synonym）：

Bireta postfusca Kiriakoff, 1962b: 233;

Norraca decurrens (nec. Moore): Cai, 1979a: 96.

分布（Distribution）：浙江（ZJ）、江西（JX）、湖北（HB）、

四川（SC）、云南（YN）、福建（FJ）；印度、越南、泰国、缅甸

其他文献（Reference）：Kiriakoff, 1968; Schintlmeister, 1992; Wu *et* Fang, 2003h.

（142）竹箩舟蛾 *Saliocleta retrofusca* **(de Joannis, 1907)**

de Joannis, 1907: 367.

异名（Synonym）：

Norraca retrofusca de Joannis, 1907: 367.

分布（Distribution）：江苏（JS）、上海（SH）、浙江（ZJ）、江西（JX）、湖南（HN）、广东（GD）；越南

其他文献（Reference）：Cai, 1979a; Schintlmeister, 1992; Wu *et* Fang, 2003h.

18）腱舟蛾属 *Tensha* Matsumura, 1925

Matsumura, 1925b: 392.

其他文献（Reference）：Wu *et* Fang, 2003h.

（143）德腱舟蛾 *Tensha delineivena* **(Swinhoe, 1894)**

Swinhoe, 1894b: 159.

异名（Synonym）：

Turnaca delineivena Swinhoe, 1894b: 159.

分布（Distribution）：广西（GX）、海南（HI）；印度、越南、马来西亚、印度尼西亚

其他文献（Reference）：Schintlmeister *et* Fang, 2001; Wu *et* Fang, 2003h.

（144）条纹腱舟蛾 *Tensha striatella* **Matsumura, 1925**

Matsumura, 1925b: 392.

分布（Distribution）：台湾（TW）

其他文献（Reference）：Wu *et* Fang, 2003h.

19）曲线舟蛾属 *Togaritensha* Matsumura, 1929

Matsumura, 1929a: 43.

其他文献（Reference）：Wu *et* Fang, 2003h.

（145）曲线舟蛾 *Togaritensha curvilinea* **Wileman, 1911**

Wileman, 1911a: 174.

异名（Synonym）：

Norraca curvilinea Wileman, 1911a: 174;

Togaritensha acuta Matsumura, 1929a: 43.

分布（Distribution）：云南（YN）、福建（FJ）、台湾（TW）；越南、泰国

其他文献（Reference）：Wu *et* Fang, 2003h.

20）拓舟蛾属 *Turnaca* Walker, 1864

Walker, 1864: 254.

异名（Synonym）：

Rebita Kiriakoff, 1962a: 211.

其他文献（**Reference**）：Wu *et* Fang, 2003h.

（146）营拓舟蛾 *Turnaca ernestina* (Swinhoe, 1885)

Swinhoe, 1885: 302.

异名（**Synonym**）：

Corma ernestina Swinhoe, 1885: 302.

分布（**Distribution**）：香港（HK）；印度

其他文献（**Reference**）：Gaede *In* Seitz, 1930; Wu *et* Fang, 2003h.

（147）印度拓舟蛾 *Turnaca indica* (Moore, 1879)

Moore, 1879b: 67.

异名（**Synonym**）：

Pydna indica Moore, 1879b: 67.

分布（**Distribution**）：云南（YN）；印度

其他文献（**Reference**）：Kiriakoff, 1968; Wu *et* Fang, 2003h.

2. 二尾舟蛾亚科 Cerurinae Butler, 1881

Butler, 1881b: 317.

21）二尾舟蛾属 *Cerura* von Schrank, 1802

von Schrank, 1802: 155.

其他文献（**Reference**）：Wu *et* Fang, 2003h.

（148）杨二尾舟蛾 *Cerura erminea* (Esper, 1783)

Esper, 1783: 100.

异名（**Synonym**）：

Phalaena erminea Esper, 1783: 100.

别名（**Common name**）：二尾柳天社蛾，双尾天社蛾，贴树皮，杨二岔

分布（**Distribution**）：黑龙江（HL）、吉林（JL）、辽宁（LN）、内蒙古（NM）、河北（HEB）、天津（TJ）、北京（BJ）、山西（SX）、山东（SD）、河南（HEN）、陕西（SN）、宁夏（NX）、甘肃（GS）、青海（QH）、安徽（AH）、江苏（JS）、上海（SH）、浙江（ZJ）、江西（JX）、湖南（HN）、湖北（HB）、四川（SC）、重庆（CQ）、云南（YN）、西藏（XZ）、福建（FJ）、台湾（TW）、广东（GD）、海南（HI）、香港（HK）、澳门（MC）；朝鲜、日本、越南

其他文献（**Reference**）：Wu *et* Fang, 2003h.

（148a）杨二尾舟蛾滇缅亚种 *Cerura erminea birmanica* (Bryk, 1949)

Bryk, 1949: 29.

异名（**Synonym**）：

Dicranura birmanica Bryk, 1949: 29.

分布（**Distribution**）：甘肃（GS）、四川（SC）、云南（YN）

其他文献（**Reference**）：Wu *et* Fang, 2003h.

（148b）杨二尾舟蛾台湾亚种 *Cerura erminea formosana* (Matsumura, 1929)

Matsumura, 1929b: 89.

异名（**Synonym**）：

Dicranura formosana Matsumura, 1929b: 89.

分布（**Distribution**）：台湾（TW）

其他文献（**Reference**）：Wu *et* Fang, 2003h.

（148c）杨二尾舟蛾大陆亚种 *Cerura erminea menciana* Moore, 1877

Moore, 1877: 89.

分布（**Distribution**）：黑龙江（HL）、吉林（JL）、辽宁（LN）、内蒙古（NM）、河北（HEB）、天津（TJ）、北京（BJ）、山西（SX）、山东（SD）、河南（HEN）、陕西（SN）、宁夏（NX）、甘肃（GS）、青海（QH）、新疆（XJ）、安徽（AH）、江苏（JS）、上海（SH）、浙江（ZJ）、江西（JX）、湖南（HN）、湖北（HB）、四川（SC）、重庆（CQ）、贵州（GZ）、云南（YN）、西藏（XZ）、福建（FJ）、台湾（TW）、广东（GD）、广西（GX）、海南（HI）、香港（HK）、澳门（MC）

其他文献（**Reference**）：Wu *et* Fang, 2003h.

（149）黑带二尾舟蛾 *Cerura felina* Butler, 1877

Butler, 1877: 477.

分布（**Distribution**）：辽宁（LN）、河北（HEB）、北京（BJ）、甘肃（GS）；朝鲜、日本

其他文献（**Reference**）：Cai, 1979a; Wu *et* Fang, 2003h.

（150）普氏二尾舟蛾 *Cerura przewalskyi* (Alpheraky, 1882)

Alpheraky, 1882: 38.

异名（**Synonym**）：

Harpyia przewalskyi Alpheraky, 1882: 38.

分布（**Distribution**）：新疆（XJ）、西藏（XZ）；中亚

其他文献（**Reference**）：Kiriakoff, 1967a; Schintlmeister *et* Fang, 2001; Wu *et* Fang, 2003h.

22）燕尾舟蛾属 *Furcula* Lamarck, 1816

Lamarck, 1816: 581.

其他文献（**Reference**）：Wu *et* Fang, 2003h.

（151）铜燕尾舟蛾 *Furcula aeruginosa* (Christoph, 1873)

Christoph, 1873: 4.

异名（**Synonym**）：

Harpyia aeruginosa Christoph, 1873: 4.

分布（**Distribution**）：新疆（XJ）；蒙古国、阿富汗、俄罗斯、哈萨克斯坦

其他文献（**Reference**）：Schintlmeister, 1998; Wu *et* Fang, 2003h.

（151a）铜燕尾舟蛾阿克苏亚种 *Furcula aeruginosa ludoviciae* (Püngeler, 1901)

Püngeler, 1901: 180.

异名（Synonym）：

Cerura ludoviciae Püngeler, 1901: 180.

分布（Distribution）：新疆（XJ）

其他文献（Reference）：Daniel, 1965; Schintlmeister *et* Fang, 2001; Wu *et* Fang, 2003h.

（151b）铜燕尾舟蛾南疆亚种 *Furcula aeruginosa ludovicior* (Gaede, 1933)

Gaede, 1933: 174.

异名（Synonym）：

Cerura ludovicior Gaede, 1933: 174.

分布（Distribution）：新疆（XJ）

其他文献（Reference）：Daniel, 1965; Schintlmeister, 1998; Wu *et* Fang, 2003h.

（151c）铜燕尾舟蛾蒙古亚种 *Furcula aeruginosa mongolica* Schintlmeister, 1998

Schintlmeister, 1998: 83.

分布（Distribution）：新疆（XJ）；蒙古国

其他文献（Reference）：Wu *et* Fang, 2003h.

（151d）铜燕尾舟蛾中亚亚种 *Furcula aeruginosa petri* (Alpheraky, 1882)

Alpheraky, 1882: 37.

异名（Synonym）：

Harpyia petri Alpheraky, 1882: 37.

分布（Distribution）：新疆（XJ）；哈萨克斯坦

其他文献（Reference）：Schintlmeister, 1992, 1998; Wu *et* Fang, 2003h.

（152）碧燕尾舟蛾 *Furcula bicuspis* (Borkhausen, 1790)

Borkhausen, 1790: 380.

异名（Synonym）：

Bombyx bicuspis Borkhausen, 1790: 380.

分布（Distribution）：吉林（JL）、北京（BJ）、山西（SX）；日本；欧洲（中部和北部）、北美洲

其他文献（Reference）：Kiriakoff, 1967a; Schintlmeister, 1992; Wu *et* Fang, 2003h.

（153）二岔燕尾舟蛾 *Furcula bifida* (Brahm, 1787)

Brahm, 1787: 161.

异名（Synonym）：

Bombyx bifida Brahm, 1787: 161.

分布（Distribution）：新疆（XJ）

其他文献（Reference）：Kiriakoff, 1967a; Schintlmeister, 1998; Wu *et* Fang, 2003h.

（154）燕尾舟蛾 *Furcula furcula* (Clerck, 1759)

Clerck, 1759: 1, pl. 9.

异名（Synonym）：

Phalaena furcula Clerck, 1759: 1, pl. 9.

别名（Common name）：绯燕尾舟蛾，黑斑天社蛾，小双尾天社蛾，腰带燕尾舟蛾，中黑天社蛾

分布（Distribution）：黑龙江（HL）、吉林（JL）、内蒙古（NM）、河北（HEB）、陕西（SN）、甘肃（GS）、新疆（XJ）、江苏（JS）、浙江（ZJ）、湖北（HB）、四川（SC）、云南（YN）；日本、朝鲜、俄罗斯（西伯利亚）

其他文献（Reference）：Schintlmeister, 1992; Wu *et* Fang, 2003h.

（154a）燕尾舟蛾间亚种 *Furcula furcula intercalaris* (Grum-Grshimailo, 1899)

Grum-Grshimailo, 1899: 470.

异名（Synonym）：

Harpyia intercalaris Grum-Grshimailo, 1899: 470.

分布（Distribution）：陕西（SN）、甘肃（GS）

其他文献（Reference）：Kiriakoff, 1967a; Schintlmeister, 1992; Wu *et* Fang, 2003h.

（154b）燕尾舟蛾绯亚种 *Furcula furcula sangaica* (Moore, 1877)

Moore, 1877: 90.

异名（Synonym）：

Cerura sangaica Moore, 1877: 90;
Cerura lanigera Butler, 1877: 474.

分布（Distribution）：黑龙江（HL）、吉林（JL）、内蒙古（NM）、河北（HEB）、天津（TJ）、北京（BJ）、甘肃（GS）、新疆（XJ）、上海（SH）、浙江（ZJ）、湖北（HB）、四川（SC）、云南（YN）；日本、朝鲜、俄罗斯（西伯利亚）

其他文献（Reference）：Kiriakoff, 1967a; Cai, 1979a; Wu *et* Fang, 2003h.

（155）著带燕尾舟蛾 *Furcula nicetia* (Schaus, 1928)

Schaus, 1928: 74.

异名（Synonym）：

Cerura nicetia Schaus, 1928: 74;
Cerura malaisei Bryk, 1941: 146.

分布（Distribution）：四川（SC）、云南（YN）

其他文献（Reference）：Kiriakoff, 1967a; Schintlmeister, 1992; Wu *et* Fang, 2003h.

（156）藏燕尾舟蛾 *Furcula tibetana* Schintlmeister, 1998

Schintlmeister, 1998: 108.

分布（Distribution）：西藏（XZ）

其他文献（Reference）：Wu *et* Fang, 2003h.

23）邻二尾舟蛾属 *Kamalia* Kocak et Kemal, 2006

Kocak *et* Kemal, 2006: 3.

异名（**Synonym**）：

Paracerura Schintlmeister, 2002: 106.

其他文献（**Reference**）：Schintlmeister, 2008.

（157）哈邻二尾舟蛾 *Kamalia harutai* (Sugi, 1992)

Sugi, 1992: 95.

异名（**Synonym**）：

Cerura harutai Sugi, 1992: 95.

分布（**Distribution**）：台湾（TW）；尼泊尔、巴基斯坦、印度、不丹

其他文献（**Reference**）：Schintlmeister, 2008.

（158）神邻二尾舟蛾 *Kamalia priapus* (Schintlmeister, 1997)

Schintlmeister, 1997: 85.

异名（**Synonym**）：

Cerura priapus Schintlmeister, 1997: 85;

Cerura (*Cerura*) *dayongi* Schintlmeister *et* Fang, 2001: 47.

分布（**Distribution**）：上海（SH）、浙江（ZJ）、江西（JX）、云南（YN）、福建（FJ）、广东（GD）、广西（GX）、海南（HI）、香港（HK）；越南、缅甸、泰国

其他文献（**Reference**）：Wu *et* Fang, 2003h.

（159）玫邻二尾舟蛾 *Kamalia subrosea* (Matsumura, 1927)

Matsumura, 1927a: 8.

异名（**Synonym**）：

Cerura subrosea Matsumura, 1927a: 8.

分布（**Distribution**）：台湾（TW）

其他文献（**Reference**）：Matsumura, 1929a; Schintlmeister, 1992; Sugi, 1979a; Wu *et* Fang, 2003h.

（160）白邻二尾舟蛾 *Kamalia tattakana* (Matsumura, 1927)

Matsumura, 1927a: 7.

异名（**Synonym**）：

Cerura tattakana Matsumura, 1927a: 7;

Neocerura wisei (nec. Swinhoe): Cai, 1979a: 48.

别名（**Common name**）：大新二尾舟蛾

分布（**Distribution**）：江苏（JS）、浙江（ZJ）、湖北（HB）；日本、越南

其他文献（**Reference**）：Kiriakoff, 1968; Wu *et* Fang, 2003h.

24）新二尾舟蛾属 *Neocerura* Matsumura, 1929

Matsumura, 1929b: 89.

其他文献（**Reference**）：Wu *et* Fang, 2003h.

（161）新二尾舟蛾 *Neocerura liturata* (Walker, 1855)

Walker, 1855b: 988.

异名（**Synonym**）：

Cerura liturata Walker, 1855b: 988;

Cerura arikana Matsumura, 1927a: 7;

Cerura liturata baibarana Matsumura, 1927a: 7.

分布（**Distribution**）：浙江（ZJ）、湖南（HN）、云南（YN）、台湾（TW）、广东（GD）；尼泊尔、印度、缅甸、泰国、越南、印度尼西亚、马来西亚、菲律宾

其他文献（**Reference**）：Cai, 1979a; Wu *et* Fang, 2003h.

（162）多带新二尾舟蛾 *Neocerura multifasciata* Schintlmeister, 2008

Schintlmeister, 2008: 124.

分布（**Distribution**）：江西（JX）、云南（YN）

3. 蚁舟蛾亚科 Dicranurinae Duponchel, 1845

Duponchel, 1845: 86.

异名（**Synonym**）：

Heterocampinae Neumoegen *et* Dyar, 1894: 200;

Stauropinae Matsumura, 1925b: 406;

Fentoniinae Matsumura, 1929b: 78.

25）垠舟蛾属 *Acmeshachia* Matsumura, 1929

Matsumura, 1929a: 38.

异名（**Synonym**）：

Oreodonta Kiriakoff, 1967b: 54.

其他文献（**Reference**）：Wu *et* Fang, 2003h.

（163）双带垠舟蛾 *Acmeshachia albifascia* (Moore, 1879)

Moore, 1879b: 69.

异名（**Synonym**）：

Pheosia albifascia Moore, 1879b: 69.

别名（**Common name**）：双带舟蛾

分布（**Distribution**）：重庆（CQ）、云南（YN）、西藏（XZ）；印度（锡金）、尼泊尔、越南

其他文献（**Reference**）：Cai, 1979a; Gaede *In* Seitz, 1930; Kiriakoff, 1968; Schintlmeister, 1992; Wu *et* Fang, 2003h.

（164）巨垠舟蛾 *Acmeshachia gigantea* (Elwes, 1890)

Elwes, 1890: 399.

异名（**Synonym**）：

Notodonta gigantea Elwes, 1890: 399;

Acmeshachia takamukui Matsumura, 1929a: 39.

分布（**Distribution**）：浙江（ZJ）、江西（JX）、云南（YN）、福建（FJ）、台湾（TW）、海南（HI）；印度（北部）、泰国、

越南

其他文献（Reference）：Kiriakoff, 1968; Schintlmeister *et* Fang, 2001; Wu *et* Fang, 2003h.

26）反掌舟蛾属 *Antiphalera* Gaede, 1930

Gaede, 1930: 614.

异名（Synonym）：

Grangulina Kiriakoff, 1974: 377.

其他文献（Reference）：Wu *et* Fang, 2003h.

（165）铁腕反掌舟蛾 *Antiphalera armata* Yang, 1995

Yang, 1995a: 334.

异名（Synonym）：

Antiphalera philippoi Schintlmeister, 1997: 104.

别名（Common name）：铁腕舟蛾

分布（Distribution）：浙江（ZJ）；越南

其他文献（Reference）：Wu *et* Fang, 2003h.

（166）双线反掌舟蛾 *Antiphalera bilineata* (Hampson, 1896)

Hampson, 1896: 455.

异名（Synonym）：

Phalera bilineata Hampson, 1896: 455;

Grangulina montana Kiriakoff, 1974: 379.

分布（Distribution）：重庆（CQ）、云南（YN）；尼泊尔、印度（锡金）、不丹、越南

其他文献（Reference）：Gaede *In* Seitz, 1930; Wu *et* Fang, 2003h.

（167）妙反掌舟蛾 *Antiphalera exquisitor* Schintlmeister, 1989

Schintlmeister, 1989b: 108.

分布（Distribution）：浙江（ZJ）、江西（JX）、福建（FJ）、广东（GD）、广西（GX）、海南（HI）

其他文献（Reference）：Wu *et* Fang, 2003h.

（168）克反掌舟蛾 *Antiphalera klapperichi* Kiriakoff, 1963

Kiriakoff, 1963a: 261.

分布（Distribution）：福建（FJ）

其他文献（Reference）：Wu *et* Fang, 2003h.

27）良舟蛾属 *Benbowia* Kiriakoff, 1967

Kiriakoff, 1967b: 52.

其他文献（Reference）：Wu *et* Fang, 2003h.

（169）曲良舟蛾 *Benbowia callista* Schintlmeister, 1997

Schintlmeister, 1997: 97.

异名（Synonym）：

Stauropus virescens (nec. Moore): Cai, 1979a: 54;

Benbowia camilla Schintlmeister, 1997: 98;

Benbowia callista xingyun Schintlmeister *et* Fang, 2001: 52.

别名（Common name）：绿蚁舟蛾

分布（Distribution）：浙江（ZJ）、湖北（HB）、四川（SC）、重庆（CQ）、云南（YN）、广西（GX）、海南（HI）；印度、尼泊尔、泰国、越南（北部）

其他文献（Reference）：Wu *et* Fang, 2003h.

（170）塔良舟蛾 *Benbowia takamukuanus* (Matsumura, 1925)

Matsumura, 1925b: 392.

异名（Synonym）：

Stauropus takamukuanus Matsumura, 1925b: 392.

分布（Distribution）：台湾（TW）

其他文献（Reference）：Kiriakoff, 1968; Schintlmeister, 1992; Wu *et* Fang, 2003h.

（171）良舟蛾 *Benbowia virescens* (Moore, 1879)

Moore, 1879a: 404.

异名（Synonym）：

Stauropus virescens Moore, 1879a: 404.

分布（Distribution）：云南（YN）；印度、缅甸、越南、柬埔寨、印度尼西亚、马来西亚

其他文献（Reference）：Schintlmeister, 2008.

28）昏舟蛾属 *Betashachia* Matsumura, 1925

Matsumura, 1925b: 399.

异名（Synonym）：

Pseudofentonia Kiriakoff, 1963a: 277;

Apistaeschra Kiriakoff, 1963a: 272;

Mesaeschra Kiriakoff, 1963a: 273;

Antifentonia Kiriakoff, 1967a: 96.

其他文献（Reference）：Wu *et* Fang, 2003h.

（172）显昏舟蛾 *Betashachia angustipennis* Matsumura, 1925

Matsumura, 1925b: 398.

异名（Synonym）：

Pseudofentonia cineraria Kiriakoff, 1963a: 277.

分布（Distribution）：浙江（ZJ）、江西（JX）、湖南（HN）、湖北（HB）、福建（FJ）、台湾（TW）；印度尼西亚

其他文献（Reference）：Wu *et* Fang, 2003h.

（173）长栉昏舟蛾 *Betashachia gregarius* Schintlmeister, 2008

Schintlmeister, 2008: 192.

分布（Distribution）：江西（JX）

（174）昏舟蛾 *Betashachia senescens* (Kiriakoff, 1963)

Kiriakoff, 1963a: 273.

异名（Synonym）：

Mesaeschra senescens Kiriakoff, 1963a: 273.

分布（Distribution）：江苏（JS）、浙江（ZJ）、江西（JX）、四川（SC）、福建（FJ）、广东（GD）、广西（GX）；韩国

其他文献（Reference）：Cai, 1979a; Schintlmeister, 1992; Wu *et* Fang, 2003h.

（175）修昏舟蛾 *Betashachia substyxana* (Kiriakoff, 1963)

Kiriakoff, 1963a: 272.

异名（Synonym）：

Apistaeschra substyxana Kiriakoff, 1963a: 272.

分布（Distribution）：江苏（JS）、浙江（ZJ）

其他文献（Reference）：Schintlmeister, 1992; Wu *et* Fang, 2003h.

29）灯舟蛾属 *Cerasana* Walker, 1862

Walker, 1862b: 123.

其他文献（Reference）：Wu *et* Fang, 2003h.

（176）灯舟蛾 *Cerasana rubripuncta* de Joannis, 1900

de Joannis, 1900: 449.

异名（Synonym）：

Cerasana anceps (nec. Walker): Cai, 1979a: 39;

Cerasana lemeemagdalenae Lemee *et* Tams, 1950: 42.

分布（Distribution）：云南（YN）、广西（GX）；越南

其他文献（Reference）：Schintlmeister *et* Fang, 2001; Wu *et* Fang, 2003h.

30）灰舟蛾属 *Cnethodonta* Staudinger, 1887

Staudinger, 1887b: 214, 215.

其他文献（Reference）：Wu *et* Fang, 2003h.

（177）爱灰舟蛾 *Cnethodonta alia* Kobayashi *et* Kishida, 2005

Kobayashi *et al.*, 2005: 323.

分布（Distribution）：陕西（SN）、四川（SC）、广东（GD）

其他文献（Reference）：Schintlmeister, 2008.

（178）显灰舟蛾 *Cnethodonta dispicio* Schintlmeister, 2008

Schintlmeister, 2008: 163.

分布（Distribution）：陕西（SN）、甘肃（GS）、湖南（HN）、四川（SC）

（179）灰舟蛾 *Cnethodonta grisescens* Staudinger, 1887

Staudinger, 1887b: 214.

分布（Distribution）：吉林（JL）、辽宁（LN）、河北（HEB）、北京（BJ）、山西（SX）、陕西（SN）、甘肃（GS）、浙江（ZJ）、江西（JX）、湖南（HN）、湖北（HB）、四川（SC）、福建（FJ）、台湾（TW）、广西（GX）、海南（HI）；日本、朝鲜、俄罗斯、越南

其他文献（Reference）：Cai, 1979a; Schintlmeister, 1992; Wu *et* Fang, 2003h.

（179a）灰舟蛾台湾亚种 *Cnethodonta grisescens baibarana* Matsumura, 1929

Matsumura, 1929a: 46.

异名（Synonym）：

Cnethodonta baibarana Matsumura, 1929a: 46.

分布（Distribution）：台湾（TW）、海南（HI）；日本、越南

其他文献（Reference）：Schintlmeister, 1992; Wu *et* Fang, 2003h.

（179b）灰舟蛾指名亚种 *Cnethodonta grisescens girsescens* Staudinger, 1887

Staudinger, 1887b: 214.

分布（Distribution）：黑龙江（HL）、吉林（JL）、辽宁（LN）、河北（HEB）、北京（BJ）、山西（SX）、陕西（SN）、甘肃（GS）、浙江（ZJ）、江西（JX）、湖南（HN）、湖北（HB）、四川（SC）、重庆（CQ）、福建（FJ）、台湾（TW）、广西（GX）；日本、朝鲜、俄罗斯

其他文献（Reference）：Wu *et* Fang, 2003h.

（180）疹灰舟蛾 *Cnethodonta pustulifer* (Oberthür, 1911)

Oberthür, 1911: 323.

异名（Synonym）：

Stauropus pustulifer Oberthür, 1911: 323.

分布（Distribution）：陕西（SN）、甘肃（GS）、湖北（HB）、四川（SC）、云南（YN）；越南

其他文献（Reference）：Kiriakoff, 1967a; Schintlmeister, 1992; Wu *et* Fang, 2003h.

（180a）疹灰舟蛾秦岭亚种 *Cnethodonta pustulifer famelica* Schintlmeister, 2008

Schintlmeister, 2008: 163.

分布（Distribution）：陕西（SN）、湖北（HB）

（180b）疹灰舟蛾指名亚种 *Cnethodonta pustulifer pustulife* (Oberthür, 1911)

Oberthür, 1911: 323.

异名（Synonym）：

Stauropus pustulofer Oberthür, 1911: 323.

分布（Distribution）：甘肃（GS）、四川（SC）

其他文献（Reference）：Schintlmeister *et* Fang, 2001; Wu *et* Fang, 2003h.

31）选舟蛾属 *Dicranura* Reichenbach, 1817

Reichenbach, 1817: 282.

异名（Synonym）：

Exaereta Hübner, 1820: 200;

Dicranoura Berthold, 1827: 479;

Uropus Rambur, 1832: 278.

其他文献（**Reference**）：Wu *et* Fang, 2003h.

（181）伽选舟蛾 *Dicranura tsvetajevi* Schintlmeister *et* Sviridov, 1985

Schintlmeister *et* Sviridov, 1985: 58.

异名（**Synonym**）：

Exaereta ulmi (nec. Denis *et* Schiffermüller): Cai, 1979a: 81.

别名（**Common name**）：榆选舟蛾

分布（**Distribution**）：黑龙江（HL）；俄罗斯

其他文献（**Reference**）：Wu *et* Fang, 2003h.

32）龙舟蛾属 *Dracoskapha* Yang, 1995

Yang, 1995b: 159.

其他文献（**Reference**）：Wu *et* Fang, 2003h.

（182）古桥龙舟蛾 *Dracoskapha pontada* Yang, 1995

Yang, 1995b: 159.

分布（**Distribution**）：浙江（ZJ）、江西（JX）

其他文献（**Reference**）：Wu *et* Fang, 2003h.

33）伊舟蛾属 *Egonociades* Kiriakoff, 1963

Kiriakoff, 1963a: 269.

其他文献（**Reference**）：Wu *et* Fang, 2003h.

（183）伊舟蛾 *Egonociades discosticta* (Hampson, 1900)

Hampson, 1900: 41.

异名（**Synonym**）：

Fentonia discosticta Hampson, 1900: 41;

Egonociades basistriata Kiriakoff, 1963a: 269.

分布（**Distribution**）：浙江（ZJ）、福建（FJ）；印度、泰国、越南

其他文献（**Reference**）：Wu *et* Fang, 2003h.

34）纷舟蛾属 *Fentonia* Butler, 1881

Butler, 1881a: 20.

异名（**Synonym**）：

Urocampa Staudinger, 1892a: 343;

Neoshachia Matsumura, 1925b: 400;

Subwilemanus Kiriakoff, 1963a: 281.

其他文献（**Reference**）：Wu *et* Fang, 2003h.

（184）斑纷舟蛾 *Fentonia baibarana* Matsumura, 1929

Matsumura, 1929a: 41.

异名（**Synonym**）：

Fentonia ocypete baibarana Matsumura, 1929a: 41;

Fentonia ocypete: Nakamura, 1973a: 65.

分布（**Distribution**）：浙江（ZJ）、湖南（HN）、湖北（HB）、

四川（SC）、云南（YN）、福建（FJ）、台湾（TW）、广西（GX）、海南（HI）；泰国、越南

其他文献（**Reference**）：Schintlmeister *et* Fang, 2001; Wu *et* Fang, 2003h.

（185）曲纷舟蛾 *Fentonia excurvata* (Hampson, 1893)

Hampson, 1893b: 161.

异名（**Synonym**）：

Pheosia excurvata Hampson, 1893b: 161;

Subwilemanus modestior Kiriakoff, 1963a: 284.

分布（**Distribution**）：江西（JX）、四川（SC）、云南（YN）、福建（FJ）、广西（GX）、海南（HI）；尼泊尔、印度（北部）、越南（北部）

其他文献（**Reference**）：Schintlmeister *et* Fang, 2001; Wu *et* Fang, 2003h.

（186）大涟纷舟蛾 *Fentonia macroparabolica* Nakamura, 1973

Nakamura, 1973a: 67.

分布（**Distribution**）：陕西（SN）、甘肃（GS）、台湾（TW）

其他文献（**Reference**）：Nakamura, 1976a; Schintlmeister, 1992; Wu *et* Fang, 2003h.

（187）洛纷舟蛾 *Fentonia notodontina* (Rothschild, 1917)

Rothschild, 1917: 246.

异名（**Synonym**）：

Stauropus notodontina Rothschild, 1917: 246;

Norracoides subnigrescens Kiriakoff, 1963a: 279.

分布（**Distribution**）：四川（SC）、云南（YN）、福建（FJ）；印度（北部）、缅甸、越南、泰国

其他文献（**Reference**）：Schintlmeister *et* Fang, 2001; Wu *et* Fang, 2003h.

（188）栎纷舟蛾 *Fentonia ocypete* (Bremer, 1861)

Bremer, 1861: 481.

异名（**Synonym**）：

Harpyia ocypete Bremer, 1861: 481;

Fentonia laevis Butler, 1881a: 20;

Fentonia ocypete japonica Grünberg, 1912: 292;

Fentonia crenulata Matsumura, 1922: 522;

Fentonia ocypete yun Yang *et* Lee, 1978: 505.

别名（**Common name**）：花罗锅，罗锅虫，屁豆虫，气虫，细翅天社蛾，旋风舟蛾

分布（**Distribution**）：黑龙江（HL）、吉林（JL）、北京（BJ）、山西（SX）、陕西（SN）、甘肃（GS）、江苏（JS）、浙江（ZJ）、江西（JX）、湖南（HN）、湖北（HB）、四川（SC）、重庆（CQ）、贵州（GZ）、云南（YN）、福建（FJ）；日本、朝鲜、俄罗斯

其他文献（**Reference**）：Cai, 1979a; Schintlmeister, 1992; Wu *et* Fang, 2003h.

（189）涟纷舟蛾 *Fentonia parabolica* (Matsumura, 1925)

Matsumura, 1925b: 400.

异名（**Synonym**）：

Neoshachia parabolica Matsumura, 1925b: 400;

Subwilemanus pictus Kiriakoff, 1963a: 282.

别名（**Common name**）：新涟舟蛾

分布（**Distribution**）：甘肃（GS）、浙江（ZJ）、江西（JX）、湖南（HN）、湖北（HB）、福建（FJ）、台湾（TW）、广西（GX）、海南（HI）

其他文献（**Reference**）：Cai, 1979a; Schintlmeister, 1992; Wu *et* Fang, 2003h.

（190）幽纷舟蛾 *Fentonia shenghua* Schintlmeister *et* Fang, 2001

Schintlmeister *et* Fang, 2001: 59.

分布（**Distribution**）：湖北（HB）、四川（SC）、重庆（CQ）、云南（YN）

其他文献（**Reference**）：Wu *et* Fang, 2003h.

35）圆纷舟蛾属 *Formofentonia* Matsumura, 1925

Matsumura, 1925b: 396.

其他文献（**Reference**）：Wu *et* Fang, 2003h.

（191）圆纷舟蛾 *Formofentonia orbifer* (Hampson, 1892)

Hampson, 1892b: 152.

异名（**Synonym**）：

Stauropus orbifer Hampson, 1892b: 152.

分布（**Distribution**）：江西（JX）、四川（SC）、云南（YN）、台湾（TW）、广西（GX）、海南（HI）；印度（锡金）、印度尼西亚、马来西亚

其他文献（**Reference**）：Gaede *In* Seitz, 1930; Cai, 1979a; Wu *et* Fang, 2003h.

（191a）圆纷舟蛾指名亚种 *Formofentonia orbifer orbifer* (Hampson, 1892)

Hampson, 1892b: 152.

异名（**Synonym**）：

Stauropus orbifer Hampson, 1892b: 152.

分布（**Distribution**）：江西（JX）、四川（SC）、云南（YN）、广西（GX）、海南（HI）；印度（锡金）、印度尼西亚、马来西亚

其他文献（**Reference**）：Cai, 1979a; Gaede *In* Seitz, 1930; Wu *et* Fang, 2003h.

（191b）圆纷舟蛾台湾亚种 *Formofentonia orbifer rotundata* (Matsumura, 1925)

Matsumura, 1925b: 396.

异名（**Synonym**）：

Formofentonia rotundata Matsumura, 1925b: 396.

分布（**Distribution**）：台湾（TW）

其他文献（**Reference**）：Kiriakoff, 1968; Wu *et* Fang, 2003h.

36）弗舟蛾属 *Franzdaniela* Sugi, 1992

Sugi, 1992: 96.

其他文献（**Reference**）：Wu *et* Fang, 2003h.

（192）弗舟蛾 *Franzdaniela fasciata* Sugi, 1992

Sugi, 1992: 96.

分布（**Distribution**）：湖北（HB）、福建（FJ）；尼泊尔、越南

其他文献（**Reference**）：Wu *et* Fang, 2003h.

37）纺舟蛾属 *Fusadonta* Matsumura, 1920

Matsumura, 1920a: 146.

异名（**Synonym**）：

Pheosilla Kiriakoff, 1963a: 274.

其他文献（**Reference**）：Wu *et* Fang, 2003h.

（193）阿纺舟蛾 *Fusadonta atra* Kobayashi *et* Wang, 2008

Kobayashi *et al.*, 2008: 125.

分布（**Distribution**）：陕西（SN）、广东（GD）

其他文献（**Reference**）：Schintlmeister, 2008.

（194）基线纺舟蛾 *Fusadonta basilinea* (Wileman, 1911)

Wileman, 1911b: 292.

异名（**Synonym**）：

Notodonta basilinea Wileman, 1911b: 292.

分布（**Distribution**）：浙江（ZJ）、湖北（HB）；日本、韩国

其他文献（**Reference**）：Matsumura, 1920a; Kiriakoff, 1967a; Schintlmeister *et* Fang, 2001; Wu *et* Fang, 2003h.

（195）荫纺舟蛾 *Fusadonta umbra* (Kiriakoff, 1963)

Kiriakoff, 1963a: 276.

异名（**Synonym**）：

Pheosilla umbra Kiriakoff, 1963a: 276.

分布（**Distribution**）：浙江（ZJ）、贵州（GZ）、广东（GD）

其他文献（**Reference**）：Schintlmeister *et* Fang, 2001; Wu *et* Fang, 2003h.

38）枝背舟蛾属 *Harpyia* Ochsenheimer, 1810

Ochsenheimer, 1810: 19.

异名（**Synonym**）：

Hoplitis Hübner, 1819: 147;

Hybocampa Lederer, 1853: 78;

Damata Walker, 1855b: 1044.

其他文献（**Reference**）：Wu *et* Fang, 2003h.

（196）异瓣枝背舟蛾 *Harpyia asymmetria* **Schintl-meister** *et* **Fang, 2001**

Schintlmeister *et* Fang, 2001: 54.

分布（Distribution）：陕西（SN）

其他文献（Reference）：Wu *et* Fang, 2003h.

（197）鹿枝背舟蛾 *Harpyia longipennis* **(Walker, 1855)**

Walker, 1855b: 1044.

异名（Synonym）：

Damata longipennis Walker, 1855b: 1044.

别名（Common name）：鹿舟蛾

分布（Distribution）：湖北（HB）、四川（SC）、云南（YN）、西藏（XZ）、台湾（TW）、海南（HI）；印度、尼泊尔、缅甸、越南、泰国

其他文献（Reference）：Cai, 1979a; Schintlmeister, 1997; Wu *et* Fang, 2003h.

（197a）鹿枝背舟蛾台湾亚种 *Harpyia longipennis formosicola* **(Matsumura, 1929)**

Matsumura, 1929a: 44.

异名（Synonym）：

Damata longipennis formosicola Matsumura, 1929a: 44.

分布（Distribution）：台湾（TW）

其他文献（Reference）：Schintlmeister *et* Fang, 2001; Wu *et* Fang, 2003h.

（197b）鹿枝背舟蛾指名亚种 *Harpyia longipennis longipennis* **(Walker, 1855)**

Walker, 1855b: 1044.

异名（Synonym）：

Damata longipennis Walker, 1855b: 1044.

分布（Distribution）：西藏（XZ）；印度、尼泊尔、巴基斯坦

其他文献（Reference）：Wu *et* Fang, 2003h.

（197c）鹿枝背舟蛾云南亚种 *Harpyia longipennis yunnanensis* **Schintlmeister** *et* **Fang, 2001**

Schintlmeister *et* Fang, 2001: 54.

分布（Distribution）：湖北（HB）、四川（SC）、云南（YN）、海南（HI）；越南、缅甸

（198）小点枝背舟蛾 *Harpyia microsticta* **(Swinhoe, 1892)**

Swinhoe, 1892: 302.

异名（Synonym）：

Damata microsticta Swinhoe, 1892: 302.

分布（Distribution）：浙江（ZJ）、江西（JX）、湖南（HN）、湖北（HB）、重庆（CQ）、云南（YN）、福建（FJ）、台湾（TW）、广西（GX）；印度（北部）、马来西亚、印度尼西亚

其他文献（Reference）：Kiriakoff, 1967a, 1968; Schintlmeister, 1992; Wu *et* Fang, 2003h.

（198a）小点枝背舟蛾中国亚种 *Harpyia microsticta baibarana* **(Matsumura, 1927)**

Matsumura, 1927a: 13.

异名（Synonym）：

Damatoides baibarana Matsumura, 1927a: 13.

分布（Distribution）：浙江（ZJ）、江西（JX）、湖南（HN）、湖北（HB）、重庆（CQ）、云南（YN）、福建（FJ）、台湾（TW）、广西（GX）

其他文献（Reference）：Wu *et* Fang, 2003h.

（199）小斑枝背舟蛾 *Harpyia tokui* **(Sugi, 1977)**

Sugi, 1977: 9.

异名（Synonym）：

Hybocampa tokui Sugi, 1977: 9.

分布（Distribution）：陕西（SN）、浙江（ZJ）；日本

其他文献（Reference）：Schintlmeister *et* Fang, 2001; Wu *et* Fang, 2003h.

（200）栎枝背舟蛾 *Harpyia umbrosa* **(Staudinger, 1892)**

Staudinger, 1892a: 343.

异名（Synonym）：

Hybocampa milhauseri umbrosa Staudinger, 1892a: 343.

别名（Common name）：银白天社蛾

分布（Distribution）：黑龙江（HL）、北京（BJ）、山西（SX）、山东（SD）、江苏（JS）、浙江（ZJ）、湖南（HN）、湖北（HB）、四川（SC）、重庆（CQ）、云南（YN）；日本、朝鲜

其他文献（Reference）：Kiriakoff, 1967a; Cai, 1979a; Schintlmeister, 1992; Wu *et* Fang, 2003h.

39）对纷舟蛾属 *Hemifentonia* **Kiriakoff, 1967**

Kiriakoff, 1967a: 152.

异名（Synonym）：

Parafentonia Kiriakoff, 1963a: 277.

其他文献（Reference）：Wu *et* Fang, 2003h.

（201）对纷舟蛾 *Hemifentonia mandschurica* **(Oberthür, 1911)**

Oberthür, 1911: 323.

异名（Synonym）：

Drynonia mandschurica Oberthür, 1911: 323;

Microphalera styxana Schaus, 1928: 89;

Parafentonia inconspicua Kiriakoff, 1963a: 278.

分布（Distribution）：浙江（ZJ）、江西（JX）、湖北（HB）、四川（SC）、贵州（GZ）、广西（GX）

其他文献（Reference）：Kiriakoff, 1967a; Cai, 1979a; Schintlmeister, 1992; Wu *et* Fang, 2003h.

40）润舟蛾属 *Liparopsis* Hampson, 1893

Hampson, 1893b: 154.
其他文献（**Reference**）：Wu *et* Fang, 2003h.

（202）东润舟蛾 *Liparopsis postalbida* **Hampson, 1893**

Hampson, 1893b: 154.
异名（**Synonym**）：
Liparopsis formosana Wileman, 1914b: 323.
分布（**Distribution**）：浙江（ZJ）、江西（JX）、湖南（HN）、湖北（HB）、云南（YN）、福建（FJ）、广东（GD）、广西（GX）、海南（HI）；印度、缅甸、泰国、老挝、越南、印度尼西亚
其他文献（**Reference**）：Kiriakoff, 1968; Schintlmeister, 1992, 2008; Wu *et* Fang, 2003h.

41）小蚁舟蛾属 *Miostauropus* Kiriakoff, 1963

Kiriakoff, 1963a: 273.
其他文献（**Reference**）：Wu *et* Fang, 2003h.

（203）小蚁舟蛾 *Miostauropus mioides* **(Hampson, 1904)**

Hampson, 1904: 150.
异名（**Synonym**）：
Stauropus mioides Hampson, 1904: 150;
Miostauropus mioides caerulescens Kiriakoff, 1963a: 274;
Miostauropus thomasi Sugi, 1992: 113.
分布（**Distribution**）：云南（YN）、西藏（XZ）、福建（FJ）；印度、尼泊尔、缅甸、越南
其他文献（**Reference**）：Cai, 1982b; Wu *et* Fang, 2003h.

42）云舟蛾属 *Neopheosia* Matsumura, 1920

Matsumura, 1920a: 147.
其他文献（**Reference**）：Wu *et* Fang, 2003h.

（204）云舟蛾 *Neopheosia fasciata* **(Moore, 1888)**

Moore, 1888: 401.
异名（**Synonym**）：
Pheosia fasciata Moore, 1888: 401;
Neopheosia fasciata formosana Okano, 1959: 39.
分布（**Distribution**）：北京（BJ）、陕西（SN）、甘肃（GS）、浙江（ZJ）、江西（JX）、湖南（HN）、湖北（HB）、四川（SC）、重庆（CQ）、贵州（GZ）、云南（YN）、西藏（XZ）、福建（FJ）、台湾（TW）、广东（GD）、广西（GX）、海南（HI）；日本、印度、缅甸、泰国、越南、印度尼西亚、马来西亚、菲律宾
其他文献（**Reference**）：Matsumura, 1920a; Cai, 1979a; Schintlmeister, 1992; Wu *et* Fang, 2003h.

43）梭舟蛾属 *Netria* Walker, 1855

Walker, 1855c: 1504.

其他文献（**Reference**）：Wu *et* Fang, 2003h.

（205）丽梭舟蛾 *Netria livoris* **Schintlmeister, 2006**

Schintlmeister, 2006: 85.
分布（**Distribution**）：云南（YN）；越南、泰国、老挝
其他文献（**Reference**）：Schintlmeister, 2008.

（206）多齿梭舟蛾 *Netria multispinae* **Schintlmeister, 2006**

Schintlmeister, 2006: 81.
分布（**Distribution**）：贵州（GZ）、云南（YN）、福建（FJ）、广东（GD）、广西（GX）；印度、尼泊尔、缅甸、泰国、越南、老挝、印度尼西亚
其他文献（**Reference**）：Wu *et* Fang, 2003h; Schintlmeister, 2008.

（206a）多齿梭舟蛾指名亚种 *Netria multispinae multispinae* **Schintlmeister, 2006**

Schintlmeister, 2006: 81.
分布（**Distribution**）：云南（YN）、台湾（TW）；尼泊尔、印度、缅甸、泰国、越南、老挝、印度尼西亚
其他文献（**Reference**）：Schintlmeister, 2008.

（206b）多齿梭舟蛾黑色亚种 *Netria multispinae nigrescens* **Schintlmeister, 2006**

Schintlmeister, 2006: 84.
分布（**Distribution**）：江西（JX）、广东（GD）、广西（GX）
其他文献（**Reference**）：Schintlmeister, 2008.

（207）梭舟蛾 *Netria viridescens* **Walker, 1855**

Walker, 1855c: 1504.
分布（**Distribution**）：云南（YN）、福建（FJ）、台湾（TW）、广东（GD）；尼泊尔、越南、泰国、菲律宾、马来西亚、印度尼西亚
其他文献（**Reference**）：Wu *et* Fang, 2003h.

（207a）梭舟蛾东南亚种 *Netria viridescens continentalis* **Schintlmeister, 2006**

Schintlmeister, 2006: 67.
分布（**Distribution**）：福建（FJ）、台湾（TW）；印度、尼泊尔、越南、老挝、柬埔寨
其他文献（**Reference**）：Schintlmeister, 2008.

（207b）梭舟蛾滇缅亚种 *Netria viridescens suffusca* **Schintlmeister, 2006**

Schintlmeister, 2006: 69.
分布（**Distribution**）：云南（YN）；缅甸
其他文献（**Reference**）：Schintlmeister, 2008.

44）野舟蛾属 *Omichlis* Hampson, 1895

Hampson, 1895: 279.
其他文献（**Reference**）：Schintlmeister, 2008.

（208）扇野舟蛾 *Omichlis rufotincta* **Hampson, 1895**

Hampson, 1895: 279.

分布（**Distribution**）：海南（HI）；印度、尼泊尔、缅甸、泰国、柬埔寨、越南

其他文献（**Reference**）：Schintlmeister, 2008.

45）敏舟蛾属 *Oxoia* Kiriakoff, 1967

Kiriakoff, 1967b: 53.

异名（**Synonym**）：

Panteleclita Kiriakoff, 1974: 419.

其他文献（**Reference**）：Wu *et* Fang, 2003h.

（209）宝石敏舟蛾 *Oxoia smaragdiplena* **(Walker, 1862)**

Walker, 1862b: 134.

异名（**Synonym**）：

Exaereta smaragdiplena Walker, 1862b: 134;

Somera oxoia Swinhoe, 1904: 152.

分布（**Distribution**）：云南（YN）；印度、缅甸、泰国、越南、老挝、印度尼西亚、马来西亚、菲律宾

其他文献（**Reference**）：Schintlmeister, 2008.

（210）绿敏舟蛾 *Oxoia viridipicta* **(Kiriakoff, 1974)**

Kiriakoff, 1974: 419.

异名（**Synonym**）：

Panteleclita viridipicta Kiriakoff, 1974: 419.

分布（**Distribution**）：云南（YN）；印度（北部）、泰国、印度尼西亚

其他文献（**Reference**）：Holloway, 1983; Schintlmeister *et* Fang, 2001; Wu *et* Fang, 2003h.

46）刹舟蛾属 *Parachadisra* Gaede, 1930

Gaede, 1930: 636.

其他文献（**Reference**）：Wu *et* Fang, 2003h.

（211）白缘刹舟蛾 *Parachadisra atrifusa* **(Hampson, 1897)**

Hampson, 1897: 282.

异名（**Synonym**）：

Chadisra atrifusa Hampson, 1897: 282.

分布（**Distribution**）：陕西（SN）、浙江（ZJ）、湖南（HN）、福建（FJ）、广西（GX）；印度（北部）、越南

其他文献（**Reference**）：Kiriakoff, 1968; Wu *et* Fang, 2003h.

47）弱舟蛾属 *Pseudohoplitis* Gaede, 1930

Gaede, 1930: 640.

其他文献（**Reference**）：Wu *et* Fang, 2003h.

（212）春弱舟蛾 *Pseudohoplitis vernalis infuscata* **Gaede, 1930**

Gaede, 1930: 640.

分布（**Distribution**）：云南（YN）；缅甸、泰国、印度尼西亚

其他文献（**Reference**）：Wu *et* Fang, 2003h.

48）峭舟蛾属 *Rachia* Moore, 1879

Moore, 1879b: 70.

异名（**Synonym**）：

Macroshachia Matsumura, 1925b: 395;

Angustiala Bryk, 1949: 3.

其他文献（**Reference**）：Wu *et* Fang, 2003h.

（213）线峭舟蛾 *Rachia lineata* **(Matsumura, 1925)**

Matsumura, 1925b: 395.

异名（**Synonym**）：

Macroshachia lineata Matsumura, 1925b: 395.

分布（**Distribution**）：陕西（SN）、台湾（TW）；越南

其他文献（**Reference**）：Kiriakoff, 1968; Schintlmeister, 1997; Wu *et* Fang, 2003h.

（214）羽峭舟蛾 *Rachia plumosa* **Moore, 1879**

Moore, 1879b: 70.

分布（**Distribution**）：陕西（SN）、云南（YN）、西藏（XZ）；印度、尼泊尔

其他文献（**Reference**）：Cai, 1979a; Wu *et* Fang, 2003h.

（215）纹峭舟蛾 *Rachia striata* **Hampson, 1892**

Hampson, 1892b: 132.

异名（**Synonym**）：

Notodonta nodyna Swinhoe, 1907: 206;

Angustiala cryptocephala Bryk, 1949: 4.

分布（**Distribution**）：湖南（HN）、四川（SC）、云南（YN）；尼泊尔、印度（锡金）、缅甸、泰国、越南

其他文献（**Reference**）：Wu *et* Fang, 2003h.

49）涟舟蛾属 *Shachia* Matsumura, 1919

Matsumura, 1919a: 75.

异名（**Synonym**）：

Microhoplitis Marumo, 1920: 296;

Toddia Kiriakoff, 1967a: 111;

Toddiana Kiriakoff, 1973: 42.

其他文献（**Reference**）：Wu *et* Fang, 2003h.

（216）艾涟舟蛾 *Shachia eingana* **(Schaus, 1928)**

Schaus, 1928: 80.

异名（**Synonym**）：

Fentonia eingana Schaus, 1928: 80;

Shachia circumscripta (nec. Butler): Cai, 1979a: 41.

分布（**Distribution**）：陕西（SN）、湖北（HB）、四川（SC）

其他文献（**Reference**）：Kiriakoff, 1967a, 1973; Schintlmeister *et* Fang, 2001; Wu *et* Fang, 2003h.

50）索舟蛾属 *Somera* Walker, 1855

Walker, 1855a: 882.

其他文献（**Reference**）：Kiriakoff, 1968; Wu *et* Fang, 2003h.

（217）棕斑索舟蛾 *Somera viridifusca* **Walker, 1855**

Walker, 1855a: 882.

分布（**Distribution**）：山东（SD）、云南（YN）、台湾（TW）、广西（GX）、海南（HI）；印度（北部）、尼泊尔、泰国、越南、印度尼西亚、马来西亚、菲律宾

其他文献（**Reference**）：Wu *et* Fang, 2003h.

（218）绿索舟蛾 *Somera virens watsoni* **Schintlmeister, 1997**

Schintlmeister, 1997: 99.

分布（**Distribution**）：云南（YN）、海南（HI）；印度、尼泊尔、缅甸、越南、老挝、泰国

其他文献（**Reference**）：Wu *et* Fang, 2003h.

51）拟蚁舟蛾属 *Stauroplitis* Gaede, 1930

Gaede, 1930: 639.

异名（**Synonym**）：

Briachisia Kiriakoff, 1968: 140;

Antichadisra Kiriakoff, 1974: 416.

其他文献（**Reference**）：Wu *et* Fang, 2003h.

（219）双拟蚁舟蛾 *Stauroplitis accomodus* **Schintlmeister *et* Fang, 2001**

Schintlmeister *et* Fang, 2001: 57.

分布（**Distribution**）：云南（YN）；印度、泰国、老挝、缅甸

其他文献（**Reference**）：Wu *et* Fang, 2003h.

52）蚁舟蛾属 *Stauropus* Germar, 1812

Germar, 1812: 45.

异名（**Synonym**）：

Terasion Hübner, 1819: 147;

Neostauropus Kiriakoff, 1967a: 89.

其他文献（**Reference**）：Wu *et* Fang, 2003h.

（220）爱蚁舟蛾 *Stauropus abitus* **Kobayashi, Kishida *et* Wang, 2007**

Kobayashi *et al.*, 2007b: 263.

分布（**Distribution**）：广东（GD）

其他文献（**Reference**）：Schintlmeister, 2008.

（221）龙眼蚁舟蛾 *Stauropus alternus* **Walker, 1855**

Walker, 1855b: 1020.

异名（**Synonym**）：

Stauropus indicus Moore, 1879a: 404.

分布（**Distribution**）：云南（YN）、台湾（TW）、广东（GD）、香港（HK）；印度、尼泊尔、缅甸、越南、泰国、老挝、柬埔寨、印度尼西亚、马来西亚、菲律宾

其他文献（**Reference**）：Cai, 1979a; Schintlmeister, 1992; Wu *et* Fang, 2003h.

（222）茅莓蚁舟蛾 *Stauropus basalis* **Moore, 1877**

Moore, 1877: 90.

异名（**Synonym**）：

分布（**Distribution**）：河北（HEB）、北京（BJ）、山西（SX）、山东（SD）、陕西（SN）、甘肃（GS）、江苏（JS）、上海（SH）、浙江（ZJ）、江西（JX）、湖南（HN）、湖北（HB）、四川（SC）、重庆（CQ）、贵州（GZ）、云南（YN）、福建（FJ）、台湾（TW）、广西（GX）；日本、朝鲜、俄罗斯（远东地区）、越南

其他文献（**Reference**）：Kiriakoff, 1967a; Cai, 1979a; Schintlmeister, 1992; Wu *et* Fang, 2003h.

（222a）茅莓蚁舟蛾指名亚种 *Stauropus basalis basalis* **Moore, 1877**

Moore, 1877: 90.

异名（**Synonym**）：

Stauropus mediolinea Rothschild, 1917: 245.

分布（**Distribution**）：河北（HEB）、北京（BJ）、山西（SX）、山东（SD）、陕西（SN）、甘肃（GS）、江苏（JS）、上海（SH）、浙江（ZJ）、江西（JX）、湖南（HN）、湖北（HB）、四川（SC）、重庆（CQ）、贵州（GZ）、云南（YN）、福建（FJ）、台湾（TW）、广西（GX）；日本、朝鲜、俄罗斯（远东地区）、越南

其他文献（**Reference**）：Schintlmeister, 1992; Wu *et* Fang, 2003h.

（222b）茅莓蚁舟蛾台湾亚种 *Stauropus basalis usuguronis* **Matsumura, 1934**

Matsumura, 1934b: 178.

异名（**Synonym**）：

Stauropus usuguronis Matsumura, 1934b: 178.

分布（**Distribution**）：台湾（TW）

其他文献（**Reference**）：Schintlmeister, 1992; Wu *et* Fang, 2003h.

（223）苹蚁舟蛾 *Stauropus fagi* (Linnaeus, 1758)

Linnaeus, 1758: 508.

异名（**Synonym**）：

Phalaena Noctua fagi Linnaeus, 1758: 508;

Stauropus persimilis Butler, 1879b: 353.

别名（**Common name**）：苹果天社蛾

分布（**Distribution**）：吉林（JL）、内蒙古（NM）、山西（SX）；日本、朝鲜、俄罗斯；欧洲

其他文献（**Reference**）：Cai, 1979a; Kiriakoff, 1967a; Schintlmeister, 1992; Wu et Fang, 2003h.

（224）大蚁舟蛾 *Stauropus major* Van Eecke, 1929

Van Eecke, 1929: 166.

异名（**Synonym**）：

Stauropus albimacula Gaede, 1930: 626.

分布（**Distribution**）：海南（HI）；印度、缅甸、越南、印度尼西亚、马来西亚

其他文献（**Reference**）：Schintlmeister, 2008.

（225）花蚁舟蛾 *Stauropus picteti* Oberthür, 1911

Oberthür, 1911: 322.

分布（**Distribution**）：陕西（SN）、甘肃（GS）、湖南（HN）、四川（SC）、云南（YN）

其他文献（**Reference**）：Kiriakoff, 1967a; Schintlmeister, 1992; Wu et Fang, 2003h.

（226）锡金蚁舟蛾 *Stauropus sikkimensis* Moore, 1865

Moore, 1865: 811.

分布（**Distribution**）：四川（SC）、云南（YN）、西藏（XZ）、台湾（TW）；印度、尼泊尔、缅甸、越南

其他文献（**Reference**）：Kiriakoff, 1968; Cai, 1979a; Schintlmeister, 1992; Wu et Fang, 2003h.

（226a）锡金蚁舟蛾西南亚种 *Stauropus sikkimensis erdmanni* Schintlmeister, 1989

Schintlmeister, 1989b: 108.

分布（**Distribution**）：四川（SC）、云南（YN）、西藏（XZ）

其他文献（**Reference**）：Wu et Fang, 2003h.

（226b）锡金蚁舟蛾台湾亚种 *Stauropus sikkimensis lushanus* Okano, 1960

Okano, 1960b: 13.

异名（**Synonym**）：

Stauropus lushanus Okano, 1960b: 13.

分布（**Distribution**）：台湾（TW）

其他文献（**Reference**）：Kiriakoff, 1968; Wu et Fang, 2003h.

（227）司寇蚁舟蛾 *Stauropus skoui* Schintlmeister, 2008

Schintlmeister, 2008: 152.

分布（**Distribution**）：陕西（SN）、湖北（HB）、四川（SC）

（228）台蚁舟蛾 *Stauropus teikichiana* Matsumura, 1929

Matsumura, 1929a: 37.

分布（**Distribution**）：江西（JX）、湖南（HN）、福建（FJ）、台湾（TW）、广西（GX）、海南（HI）；日本、越南

其他文献（**Reference**）：Kiriakoff, 1968; Schintlmeister, 1992; Wu et Fang, 2003h.

（228a）台蚁舟蛾大陆亚种 *Stauropus teikichiana fuscus* Wang et Kobayashi, 2007

Kobayashi et al., 2007b: 270.

分布（**Distribution**）：江西（JX）、湖南（HN）、福建（FJ）、广东（GD）、广西（GX）、海南（HI）

（228b）台蚁舟蛾指名亚种 *Stauropus teikichiana teikichiana* Matsumura, 1929

Matsumura, 1929a: 37.

分布（**Distribution**）：台湾（TW）

53）胯舟蛾属 *Syntypistis* Turner, 1907

Turner, 1907: 679.

异名（**Synonym**）：

Quadricalarifera Strand, 1915-1916: 160;

Egonocia Marumo, 1920: 333;

Taiwa Kiriakoff, 1967b: 51.

其他文献（**Reference**）：Wu et Fang, 2003h.

（229）布胯舟蛾 *Syntypistis abmelana* Kobayashi et Kishida, 2005

Kobayashi et al., 2005: 321.

分布（**Distribution**）：广东（GD）、广西（GX）

其他文献（**Reference**）：Schintlmeister, 2008.

（230）尖胯舟蛾 *Syntypistis acula* Kishida et Kobayashi, 2005

Kobayashi et al., 2005: 320.

分布（**Distribution**）：广东（GD）

其他文献（**Reference**）：Schintlmeister, 2008.

（231）糊胯舟蛾 *Syntypistis ambigua* Schintlmeister et Fang, 2001

Schintlmeister et Fang, 2001: 49.

分布（**Distribution**）：湖南（HN）、湖北（HB）、四川（SC）、广西（GX）；越南（北部）

其他文献（**Reference**）：Wu et Fang, 2003h.

（232）阿胯舟蛾 *Syntypistis aspera* Kobayashi et Kishida, 2004

Kobayashi et al., 2004c: 203.

分布（**Distribution**）：福建（FJ）、广东（GD）

其他文献（**Reference**）：Schintlmeister, 2008.

（233）白斑胯舟蛾 *Syntypistis comatus* (Leech, 1898)

Leech, 1898: 306.

异名（**Synonym**）：

Stauropus comatus Leech, 1898: 306;

Quadriclcarifera viridimacula Matsumura, 1922: 521.

别名（**Common name**）：白斑胯白舟蛾

分布（**Distribution**）：甘肃（GS）、江西（JX）、湖南（HN）、湖北（HB）、四川（SC）、云南（YN）、西藏（XZ）、福建（FJ）、台湾（TW）、广东（GD）；印度（北部）、缅甸、泰国、越南、马来西亚、印度尼西亚、菲律宾

其他文献（**Reference**）：Cai, 1979a; Schintlmeister, 1992; Schintlmeister *et* Fang, 2001; Wu *et* Fang, 2003h.

（234）铜绿胯舟蛾 *Syntypistis cupreonitens* **(Kiriakoff, 1963)**

Kiriakoff, 1963a: 265.

异名（**Synonym**）：

Quadricalcarifera cupreonitens Kiriakoff, 1963a: 265;

Quadricalcarifera viridigutta Kiriakoff, 1963a: 266.

分布（**Distribution**）：浙江（ZJ）、江西（JX）、广东（GD）；越南

其他文献（**Reference**）：Schintlmeister *et* Fang, 2001; Wu *et* Fang, 2003h.

（235）青胯舟蛾 *Syntypistis cyanea* **(Leech, 1889)**

Leech, 1889: 642.

异名（**Synonym**）：

Somera cyanea Leech, 1888: 642;

Quadricalcarifera fransciscana Kiriakoff, 1963a: 263.

分布（**Distribution**）：浙江（ZJ）、江西（JX）、云南（YN）、福建（FJ）、台湾（TW）、广东（GD）；日本、朝鲜、越南

其他文献（**Reference**）：Kiriakoff, 1967a; Schintlmeister, 1992; Schintlmeister *et* Fang, 2001; Wu *et* Fang, 2003h.

（236）白花胯舟蛾 *Syntypistis fasciata* **(Moore, 1879)**

Moore, 1879b: 58.

异名（**Synonym**）：

Dasychira fasciata Moore, 1879b: 58.

分布（**Distribution**）：云南（YN）；印度、缅甸、印度尼西亚（爪哇岛）

其他文献（**Reference**）：Kiriakoff, 1968; Schintlmeister *et* Fang, 2001; Wu *et* Fang, 2003h.

（237）篱胯舟蛾 *Syntypistis hercules* **(Schintlmeister, 1997)**

Schintlmeister, 1997: 92.

异名（**Synonym**）：

Quadricalcarifera chlorotricha (nec. Schintlmeister): Cai, 1979a: 50;

Quadricalcarifera hercules Schintlmeister, 1997: 92.

别名（**Common name**）：绿绒胯白舟蛾

分布（**Distribution**）：四川（SC）；越南

其他文献（**Reference**）：Wu *et* Fang, 2003h.

（238）主胯舟蛾 *Syntypistis jupiter* **(Schintlmeister, 1997)**

Schintlmeister, 1997: 93.

异名（**Synonym**）：

Quadricalcarifera jupiter Schintlmeister, 1997: 93;

Quadricalcarifera defector Schintlmeister, 1997: 93.

分布（**Distribution**）：云南（YN）、海南（HI）；印度（阿

萨姆邦）、越南、泰国

其他文献（**Reference**）：Schintlmeister *et* Fang, 2001; Wu *et* Fang, 2003h.

（239）线胯舟蛾 *Syntypistis lineata* **(Okano, 1960)**

Okano, 1960b: 15.

异名（**Synonym**）：

Desmeocraera lineata Okano, 1960b: 15.

分布（**Distribution**）：台湾（TW）；泰国

其他文献（**Reference**）：Schintlmeister, 2008.

（240）黑胯舟蛾 *Syntypistis melana* **Wu *et* Fang, 2003**

Wu *et* Fang, 2003f: 357.

分布（**Distribution**）：贵州（GZ）、广西（GX）

其他文献（**Reference**）：Wu *et* Fang, 2003h.

（241）黑基胯舟蛾 *Syntypistis nigribasalis* **(Wileman, 1910)**

Wileman, 1910: 289.

异名（**Synonym**）：

Stauropus nigribasalis Wileman, 1910: 289;

Desmeocraera saitonis Matsumura, 1927a: 12;

Quadricalcarifera notoprocta Yang, 1995b: 162.

分布（**Distribution**）：浙江（ZJ）、江西（JX）、贵州（GZ）、福建（FJ）、台湾（TW）、广西（GX）；越南、泰国、印度尼西亚、马来西亚、菲律宾

其他文献（**Reference**）：Schintlmeister *et* Fang, 2001; Wu *et* Fang, 2003h.

（241a）黑基胯舟蛾指名亚种 *Syntypistis nigribasalis nigribasalis* **(Wileman, 1910)**

Wileman, 1910: 289.

分布（**Distribution**）：台湾（TW）

（241b）黑基胯舟蛾热带亚种 *Syntypistis nigribasalis tropica* **(Kiriakoff, 1974)**

Kiriakoff, 1974: 388.

分布（**Distribution**）：浙江（ZJ）、江西（JX）、贵州（GZ）、福建（FJ）、广西（GX）；越南、泰国、印度尼西亚、马来西亚、菲律宾

（242）葩胯舟蛾 *Syntypistis parcevirens* **(de Joannis, 1929)**

de Joannis, 1929: 455.

异名（**Synonym**）：

Stauropus parcevirens de Joannis, 1929: 455;

Stauropus sporadochlorus Bryk, 1949: 24.

分布（**Distribution**）：陕西（SN）、甘肃（GS）、湖南（HN）、湖北（HB）、四川（SC）、重庆（CQ）、云南（YN）、福建（FJ）；越南、缅甸

其他文献（**Reference**）：Kiriakoff, 1963a, 1963b; Wu *et* Fang,

2003h.

（243）佩胯舟蛾 *Syntypistis perdix* (Moore, 1879)

Moore, 1879b: 58.

异名（Synonym）：

Dasychira perdix Moore, 1879b: 58.

分布（Distribution）：浙江（ZJ）、湖南（HN）、云南（YN）、福建（FJ）、台湾（TW）、广东（GD）、广西（GX）、海南（HI）；印度（北部）、尼泊尔、泰国、越南

其他文献（Reference）：Kiriakoff, 1968; Schintlmeister, 1992; Schintlmeister *et* Fang, 2001; Wu *et* Fang, 2003h.

（243a）佩胯舟蛾古田亚种 *Syntypistis perdix gutianshana* (Yang, 1995)

Yang, 1995b: 162.

异名（Synonym）：

Quadricalcarifera gutianshana Yang, 1995b: 162.

分布（Distribution）：华南

其他文献（Reference）：Schintlmeister *et* Fang, 2001; Wu *et* Fang, 2003h.

（243b）佩胯舟蛾指名亚种 *Syntypistis perdix perdix* (Moore, 1879)

Moore, 1879b: 58.

异名（Synonym）：

Dasychira perdix Moore, 1879b: 58;

Stauropus confusa Wileman, 1910: 289;

Cnethodonta horishana Matsumura, 1920a: 140;

Quadricalcarifera kikuchii Matsumura, 1927a: 12.

分布（Distribution）：云南（YN）；印度（北部）、尼泊尔、泰国、越南

其他文献（Reference）：Schintlmeister *et* Fang, 2001; Wu *et* Fang, 2003h.

（244）陪胯舟蛾 *Syntypistis praeclara* Kobayashi *et* Wang, 2004

Kobayashi *et al.*, 2004c: 200.

分布（Distribution）：广东（GD）、广西（GX）

其他文献（Reference）：Schintlmeister, 2008.

（245）普胯舟蛾 *Syntypistis pryeri* (Leech, 1889)

Leech, 1889b: 216.

异名（Synonym）：

Somera pryeri Leech, 1889b: 216;

Stauropus lama Oberthür, 1911: 322.

分布（Distribution）：陕西（SN）、甘肃（GS）、浙江（ZJ）、湖南（HN）、湖北（HB）、四川（SC）、重庆（CQ）、云南（YN）、福建（FJ）、台湾（TW）、广西（GX）；日本、朝鲜

其他文献（Reference）：Kiriakoff, 1967a; Schintlmeister, 1992; Schintlmeister *et* Fang, 2001; Wu *et* Fang, 2003h.

（246）希胯舟蛾 *Syntypistis sinope* Schintlmeister, 2002

Schintlmeister, 2002: 194.

分布（Distribution）：陕西（SN）、广东（GD）、广西（GX）；越南

其他文献（Reference）：Schintlmeister, 2008.

（247）粤胯舟蛾 *Syntypistis spadix* Kishida *et* Kobayashi, 2004

Kobayashi *et al.*, 2004c: 199.

分布（Distribution）：广东（GD）、海南（HI）

其他文献（Reference）：Schintlmeister, 2008.

（248）斯胯舟蛾 *Syntypistis spitzeri* (Schintlmeister, 1987)

Schintlmeister, 1987a: 56.

异名（Synonym）：

Quadricalcarifera spitzeri Schintlmeister, 1987a: 56.

分布（Distribution）：江西（JX）、云南（YN）、广西（GX）；越南、缅甸、泰国

其他文献（Reference）：Schintlmeister *et* Fang, 2001; Wu *et* Fang, 2003h.

（248a）斯胯舟蛾东南亚种 *Syntypistis spitzeri inornata* Schintlmeister, 2008

Schintlmeister, 2008: 176.

分布（Distribution）：江西（JX）、广东（GD）、广西（GX）

其他文献（Reference）：Schintlmeister, 2008.

（248b）斯胯舟蛾指名亚种 *Syntypistis spitzeri spitzer* (Schintlmeister, 1987)

Schintlmeister, 1987a: 56.

分布（Distribution）：云南（YN）；越南、缅甸、泰国

（249）亚红胯舟蛾 *Syntypistis subgeneris* (Strand, 1915)

Strand, 1915-1916: 160.

异名（Synonym）：

Stauropus pulverulenta Wileman, 1910: 289;

Stauropus (Quadricalcarifera) subgeneris Strand, 1915-1916: 160;

Egonocia formosana Marumo, 1920: 335;

Stauropus wilemani Matsumura, 1924: 38.

分布（Distribution）：安徽（AH）、江苏（JS）、浙江（ZJ）、江西（JX）、湖南（HN）、福建（FJ）、台湾（TW）、广东（GD）、广西（GX）、海南（HI）；日本、朝鲜、印度（锡金）、越南

其他文献（Reference）：Kiriakoff, 1967a, 1968; Schintlmeister, 1992; Schintlmeister *et* Fang, 2001; Wu *et* Fang, 2003h.

（250）微灰胯舟蛾 *Syntypistis subgriseoviridis* (Kiriakoff, 1963)

Kiriakoff, 1963a: 265.

异名（**Synonym**）：

Quadricalcarifera subgriseoviridis Kiriakoff, 1963a: 265.

别名（**Common name**）：青白胯舟蛾

分布（**Distribution**）：陕西（SN）、甘肃（GS）、江苏（JS）、浙江（ZJ）、江西（JX）、湖南（HN）、湖北（HB）、四川（SC）、重庆（CQ）、广西（GX）

其他文献（**Reference**）：Cai, 1979a; Schintlmeister *et* Fang, 2001; Wu *et* Fang, 2003h.

（251）兴胯舟蛾 *Syntypistis synechochlora* (Kiriakoff, 1963)

Kiriakoff, 1963a: 262.

异名（**Synonym**）：

Quadricalcarifera synechochlora Kiriakoff, 1963a: 262;

Quadricalcarifera plebeja Kiriakoff, 1963a: 265.

分布（**Distribution**）：四川（SC）、云南（YN）、福建（FJ）、广东（GD）；缅甸、越南

其他文献（**Reference**）：Schintlmeister, 2008.

（252）防胯舟蛾 *Syntypistis thetis* Schintlmeister, 2008

Schintlmeister, 2008: 179.

异名（**Synonym**）：

Syntypistis defector (nec. Schintlmeister): Wu *et* Fang, 2003f: 356.

分布（**Distribution**）：云南（YN）；越南

其他文献（**Reference**）：Wu *et* Fang, 2003h.

（253）荫胯舟蛾 *Syntypistis umbrosa* (Matsumura, 1927)

Matsumura, 1927a: 6.

异名（**Synonym**）：

Quadricalcarifera umbrosa Matsumura, 1927a: 6;

Desmeocraera okurai Okano, 1960b: 14.

分布（**Distribution**）：江苏（JS）、四川（SC）、重庆（CQ）、云南（YN）、福建（FJ）、台湾（TW）、广东（GD）、广西（GX）、海南（HI）；印度、越南、马来西亚、印度尼西亚

其他文献（**Reference**）：Schintlmeister *et* Fang, 2001; Wu *et* Fang, 2003h.

（254）胜胯舟蛾 *Syntypistis victor* Schintlmeister *et* Fang, 2001

Schintlmeister *et* Fang, 2001: 49.

分布（**Distribution**）：辽宁（LN）、北京（BJ）、陕西（SN）、湖北（HB）

其他文献（**Reference**）：Wu *et* Fang, 2003h.

（255）苔胯舟蛾 *Syntypistis viridipicta* (Wileman, 1910)

Wileman, 1910: 312.

异名（**Synonym**）：

Stauropus viridipicta Wileman, 1910: 312;

Desmeocraera marginalis Matsumura, 1920b: 392;

Desmeocraera kusukusuana Matsumura, 1929a: 38;

Quadricalcarifera medioviridis Kiriakoff, 1963a: 263.

别名（**Common name**）：苔胯白舟蛾

分布（**Distribution**）：浙江（ZJ）、江西（JX）、湖南（HN）、湖北（HB）、贵州（GZ）、福建（FJ）、台湾（TW）、广东（GD）、广西（GX）、海南（HI）；印度、缅甸、泰国、越南、马来西亚、印度尼西亚

其他文献（**Reference**）：Okano, 1960b; Cai, 1979a; Schintlmeister, 1992; Schintlmeister *et* Fang, 2001; Wu *et* Fang, 2003h.

（256）威胯舟蛾 *Syntypistis witoldi* (Schintlmeister, 1997)

Schintlmeister, 1997: 96.

异名（**Synonym**）：

Quadricalcarifera witoldi Schintlmeister, 1997: 96.

分布（**Distribution**）：云南（YN）；越南、缅甸、泰国

其他文献（**Reference**）：Schintlmeister *et* Fang, 2001; Wu *et* Fang, 2003h.

54）远舟蛾属 *Teleclita* Turner, 1903

Turner, 1903: 53.

异名（**Synonym**）：

Pseudoteleclita Kiriakoff, 1968: 219;

Poecilopheosta Kiriakoff, 1968: 203.

其他文献（**Reference**）：Wu *et* Fang, 2003h.

（257）中点远舟蛾 *Teleclita centristicta* (Hampson, 1898)

Hampson, 1898: 282.

异名（**Synonym**）：

Pheosia centristicta Hampson, 1898: 282.

分布（**Distribution**）：云南（YN）；印度、尼泊尔、斯里兰卡、缅甸、越南

其他文献（**Reference**）：Schintlmeister, 2008.

（258）灰远舟蛾 *Teleclita grisea* (Swinhoe, 1892)

Swinhoe, 1892: 298.

异名（**Synonym**）：

Pheosia grisea Swinhoe, 1892: 298.

分布（**Distribution**）：云南（YN）；印度（北部）、泰国、越南

其他文献（**Reference**）：Hampson, 1892b; Gaede *In* Seitz, 1930; Kiriakoff, 1968; Schintlmeister *et* Fang, 2001; Wu *et* Fang, 2003h.

55）美舟蛾属 *Uropyia* Staudinger, 1892

Staudinger, 1892a: 344.

其他文献（**Reference**）：Wu *et* Fang, 2003h.

（259）梅氏美舟蛾 *Uropyia melli* Schintlmeister, 2002

Schintlmeister, 2002: 193.

分布（**Distribution**）：陕西（SN）

其他文献（Reference）：Schintlmeister, 2008.

（260）核桃美舟蛾 *Uropyia meticulodina* (Oberthür, 1884)

Oberthür, 1884: 16.

异名（Synonym）：

Notodoonta meticulodina Oberthür, 1884: 16;

Uropyia hammamelis Mell, 1931: 377.

别名（Common name）：核桃天社蛾，核桃舟蛾

分布（Distribution）：吉林（JL）、辽宁（LN）、北京（BJ）、山东（SD）、陕西（SN）、甘肃（GS）、江苏（JS）、浙江（ZJ）、江西（JX）、湖南（HN）、湖北（HB）、四川（SC）、贵州（GZ）、云南（YN）、福建（FJ）、广西（GX）；日本、朝鲜、俄罗斯（远东地区）

其他文献（Reference）：Staudinger, 1892a; Cai, 1979a; Schintlmeister, 1992; Wu *et* Fang, 2003h.

56）空舟蛾属 *Vaneeckeia* Kiriakoff, 1967

Kiriakoff, 1967b: 49.

其他文献（Reference）：Wu *et* Fang, 2003h.

（261）木荷空舟蛾 *Vaneeckeia pallidifascia* (Hampson, 1893)

Hampson, 1893b: 151.

异名（Synonym）：

Stauropus pallidifascia Hampson, 1893b: 151;

Quadricalcarifera concentrica Matsumura, 1927a: 11;

Quadricalcarifera centrbrunnea Matsumura, 1927a: 11.

分布（Distribution）：浙江（ZJ）、福建（FJ）、台湾（TW）、广东（GD）、广西（GX）；日本（南部）、印度、泰国、越南、印度尼西亚、马来西亚、菲律宾、新几内亚岛

其他文献（Reference）：Wu *et* Fang, 2003h.

57）威舟蛾属 *Wilemanus* Nagano, 1916

Nagano, 1916: 2.

异名（Synonym）：

Chadisroides Matsumura, 1924: 35;

Ganminia Cai, 1979b: 462.

其他文献（Reference）：Wu *et* Fang, 2003h.

（262）梨威舟蛾 *Wilemanus bidentatus* (Wileman, 1911)

Wileman, 1911b: 287.

异名（Synonym）：

Stauropus bidentatus Wileman, 1911b: 287.

别名（Common name）：黑纹银天社蛾，亚梨威舟蛾

分布（Distribution）：黑龙江（HL）、辽宁（LN）、河北（HEB）、北京（BJ）、山西（SX）、山东（SD）、江苏（JS）、浙江（ZJ）、江西（JX）、湖南（HN）、湖北（HB）、四川（SC）、贵州（GZ）、云南（YN）、福建（FJ）、广东（GD）、广西（GX）；日本、朝鲜、俄罗斯

其他文献（Reference）：Wu *et* Fang, 2003h.

（262a）梨威舟蛾乌苏里亚种 *Wilemanus bidentatus pira* (Druce, 1901)

Druce, 1901: 77.

异名（Synonym）：

Ochrostigma ussuriensis Püngeler, 1912: 305;

Chadisra coreana Matsumura, 1922: 521;

Wilemanus bidentatus coreanus Matsumura, 1924: 30;

Wilemanus duli Yang *et* Lee, 1978: 506.

分布（Distribution）：黑龙江（HL）、河北（HEB）、北京（BJ）、山西（SX）、山东（SD）、江苏（JS）、浙江（ZJ）、江西（JX）、湖南（HN）、湖北（HB）、四川（SC）、贵州（GZ）、云南（YN）、福建（FJ）、广东（GD）、广西（GX）；俄罗斯、朝鲜

其他文献（Reference）：Cai, 1979a; Schintlmeister, 1992; Wu *et* Fang, 2003h.

（263）赣闽威舟蛾 *Wilemanus hamata* (Cai, 1979)

Cai, 1979b: 462.

异名（Synonym）：

Ganminia hamata Cai, 1979b: 462.

别名（Common name）：赣闽舟蛾

分布（Distribution）：江西（JX）、福建（FJ）；越南

其他文献（Reference）：Schintlmeister, 1992; Wu *et* Fang, 2003h.

4. 蕊舟蛾亚科 Dudusinae Matsumura, 1925

Matsumura, 1925b: 406.

58）蕊舟蛾属 *Dudusa* Walker, 1865

Walker, 1865: 447.

异名（Synonym）：

Dudusopsis Matsumura, 1929b: 81.

其他文献（Reference）：Walker, 1865; Wu *et* Fang, 2003h.

（264）间蕊舟蛾 *Dudusa distincta* Mell, 1922

Mell, 1922: 121.

异名（Synonym）：

Dudusa intermedia Sugi, 1987b: 303.

分布（Distribution）：湖北（HB）、四川（SC）、贵州（GZ）、云南（YN）；越南、泰国、老挝

其他文献（Reference）：Sugi, 1987b; Wu *et* Fang, 2003h.

（265）著蕊舟蛾 *Dudusa nobilis* Walker, 1865

Walker, 1865: 447.

异名（Synonym）：

Dudusa baibarana Matsumura, 1929a: 37.

别名（**Common name**）：著蕊尾舟蛾

分布（**Distribution**）：北京（BJ）、陕西（SN）、浙江（ZJ）、湖北（HB）、台湾（TW）、广西（GX）、海南（HI）；泰国、越南

其他文献（**Reference**）：Mell, 1930; Wu *et* Fang, 2003h.

（266）壮蕊舟蛾 *Dudusa obesa* Schintlmeister *et* Fang, 2001

Schintlmeister *et* Fang, 2001: 27.

分布（**Distribution**）：河南（HEN）、甘肃（GS）、湖北（HB）、四川（SC）、云南（YN）、福建（FJ）、广西（GX）

其他文献（**Reference**）：Wu *et* Fang, 2003h.

（267）黑蕊舟蛾 *Dudusa sphingiformis* Moore, 1872

Moore, 1872: 577.

异名（**Synonym**）：

Dudusa sphingiformis birmana Bryk, 1949: 1;

Dudusa sphingiformis coreana Nakatomi, 1977: 41;

Dudusa sphingiformis tsushimana Nakamura, 1978: 220.

别名（**Common name**）：黑蕊尾舟蛾

分布（**Distribution**）：河北（HEB）、北京（BJ）、山东（SD）、河南（HEN）、陕西（SN）、甘肃（GS）、浙江（ZJ）、江西（JX）、湖南（HN）、湖北（HB）、四川（SC）、贵州（GZ）、云南（YN）、福建（FJ）、广西（GX）；朝鲜、日本、缅甸、印度、越南

其他文献（**Reference**）：Nakamura, 1978; Wu *et* Fang, 2003h.

（268）联蕊舟蛾 *Dudusa synopla* Swinhoe, 1907

Swinhoe, 1907: 205.

异名（**Synonym**）：

Dudusa sphingiformis rufobrunnea Mell, 1922: 121;

Dudusa fumosa Matsumura, 1925b: 391;

Dudusa horishana Matsumura, 1929b: 80.

分布（**Distribution**）：北京（BJ）、浙江（ZJ）、江西（JX）、四川（SC）、云南（YN）、台湾（TW）、广东（GD）、广西（GX）、海南（HI）；印度（锡金）、缅甸、泰国、越南、马来西亚、印度尼西亚

其他文献（**Reference**）：Mell, 1930; Wu *et* Fang, 2003h.

59）星舟蛾属 *Euhampsonia* Dyar, 1897

Dyar, 1897: 16.

异名（**Synonym**）：

Shachihoka Matsumura, 1925b: 403;

Rabtala Draeseke, 1926: 105;

Lampronadata Kiriakoff, 1967a: 23.

别名（**Common name**）：凹缘舟蛾属，二星舟蛾属

其他文献（**Reference**）：Wu *et* Fang, 2003h.

（269）白星舟蛾 *Euhampsonia albocristata* Kishida *et* Wang, 2003

Kishida *et al.*, 2003: 182.

分布（**Distribution**）：广东（GD）

其他文献（**Reference**）：Schintlmeister, 2008.

（270）黄二星舟蛾 *Euhampsonia cristata* (Butler, 1877)

Butler, 1877: 480.

异名（**Synonym**）：

Trabla cristata Butler, 1877: 480.

别名（**Common name**）：大光头，槲天社蛾

分布（**Distribution**）：黑龙江（HL）、吉林（JL）、辽宁（LN）、内蒙古（NM）、河北（HEB）、北京（BJ）、山西（SX）、山东（SD）、河南（HEN）、陕西（SN）、甘肃（GS）、安徽（AH）、江苏（JS）、浙江（ZJ）、江西（JX）、湖南（HN）、湖北（HB）、四川（SC）、云南（YN）、台湾（TW）、海南（HI）；日本、朝鲜、俄罗斯、缅甸

其他文献（**Reference**）：Cai, 1979a; Wu *et* Fang, 2003h.

（271）台湾星舟蛾 *Euhampsonia formosana* (Matsumura, 1925)

Matsumura, 1925b: 403.

异名（**Synonym**）：

Shachihoka formosana Matsumura, 1925b: 403.

分布（**Distribution**）：台湾（TW）

其他文献（**Reference**）：Schintlmeister, 1992; Wu *et* Fang, 2003h.

（272）锯齿星舟蛾 *Euhampsonia serratifera* Sugi, 1994

Sugi, 1994b: 115.

异名（**Synonym**）：

Euhampsonia niveiceps (nec. Walker): Cai, 1979a: 101.

别名（**Common name**）：凹缘舟蛾

分布（**Distribution**）：北京（BJ）、浙江（ZJ）、湖北（HB）、四川（SC）、云南（YN）、福建（FJ）、广西（GX）；泰国、越南、老挝、缅甸

其他文献（**Reference**）：Wu *et* Fang, 2003h.

（272a）锯齿星舟蛾指名亚种 *Euhampsonia serratifera serratifera* Sugi, 1994

Sugi, 1994b: 115.

分布（**Distribution**）：浙江（ZJ）、湖南（HN）、四川（SC）、云南（YN）、福建（FJ）、广西（GX）；越南、老挝、泰国、缅甸

（272b）锯齿星舟蛾秦岭亚种 *Euhampsonia serratifera viridiflavescens* Schintlmeister, 2008

Schintlmeister, 2008: 44.

分布（**Distribution**）：北京（BJ）、陕西（SN）

（273）辛氏星舟蛾 *Euhampsonia sinjaevi* Schintlmeister, 1997

Schintlmeister, 1997: 55.

分布（**Distribution**）：陕西（SN）、甘肃（GS）、湖南（HN）、

湖北（HB）、四川（SC）、云南（YN）；越南

其他文献（Reference）：Wu *et* Fang, 2003h.

（274）银二星舟蛾 *Euhampsonia splendida* (Oberthür, 1881)

Oberthür, 1881: 65.

异名（Synonym）：

Trabala splendida Oberthür, 1881: 65.

分布（Distribution）：黑龙江（HL）、吉林（JL）、辽宁（LN）、河北（HEB）、北京（BJ）、山东（SD）、河南（HEN）、陕西（SN）、浙江（ZJ）、湖南（HN）、湖北（HB）；日本、朝鲜、俄罗斯

其他文献（Reference）：Cai, 1979a; Wu *et* Fang, 2003h.

60）钩翅舟蛾属 *Gangarides* Moore, 1865

Moore, 1865: 821.

其他文献（Reference）：Wu *et* Fang, 2003h.

（275）钩翅舟蛾 *Gangarides dharma* Moore, 1865

Moore, 1865: 821.

异名（Synonym）：

Gangarides puerariae Mell, 1922: 123.

分布（Distribution）：辽宁（LN）、北京（BJ）、陕西（SN）、甘肃（GS）、浙江（ZJ）、江西（JX）、湖南（HN）、湖北（HB）、四川（SC）、云南（YN）、西藏（XZ）、福建（FJ）、广西（GX）、海南（HI）、香港（HK）；朝鲜、孟加拉国、印度、泰国、越南、缅甸

其他文献（Reference）：Wu *et* Fang, 2003h.

（276）黄钩翅舟蛾 *Gangarides flavescens* Schintlmeister, 1997

Schintlmeister, 1997: 54.

分布（Distribution）：四川（SC）、海南（HI）；越南

其他文献（Reference）：Wu *et* Fang, 2003h.

（277）淡红钩翅舟蛾 *Gangarides rufinus* Schintlmeister, 1997

Schintlmeister, 1997: 53.

分布（Distribution）：云南（YN）；泰国、越南、缅甸

其他文献（Reference）：Wu *et* Fang, 2003h.

（278）带纹钩翅舟蛾 *Gangarides vittipalpis* (Walker, 1869)

Walker, 1869: 90.

异名（Synonym）：

Lonomia vittipalpis Walker, 1869: 90.

分布（Distribution）：云南（YN）、广西（GX）、海南（HI）；印度、越南、泰国、缅甸、马来西亚

其他文献（Reference）：Wu *et* Fang, 2003h.

61）甘舟蛾属 *Gangaridopsis* Grünberg, 1912

Grünberg, 1912: 294.

异名（Synonym）：

Thermojana Yang, 1995a: 367 (Eupterotidae).

其他文献（Reference）：Wu *et* Fang, 2003h.

（279）红褐甘舟蛾 *Gangaridopsis dercetis* Schintlmeister, 1989

Schintlmeister, 1989b: 105.

异名（Synonym）：

Cangaridopsis citrina (nec. Wileman): Cai, 1982a: 137.

分布（Distribution）：浙江（ZJ）、江西（JX）、湖南（HN）、福建（FJ）

其他文献（Reference）：Wu *et* Fang, 2003h.

（280）中华甘舟蛾 *Gangaridopsis sinica* (Yang, 1995)

Yang, 1995a: 367.

异名（Synonym）：

Thermojana sinica Yang, 1995a: 367 (Eupterotidae);

Gangaridopsis magnata Kishida *et* Suzuki *In*: Kishida *et al.*, 2003: 180.

分布（Distribution）：浙江（ZJ）、江西（JX）、广东（GD）

其他文献（Reference）：Schintlmeister, 2008.

62）枯叶舟蛾属 *Leucolopha* Hampson, 1896

Hampson, 1896: 460.

其他文献（Reference）：Hampson, 1896; Wu *et* Fang, 2003h.

（281）别枯叶舟蛾 *Leucolopha singulus* Schintlmeister *et* Fang, 2001

Schintlmeister *et* Fang, 2001: 30.

分布（Distribution）：甘肃（GS）、四川（SC）

其他文献（Reference）：Wu *et* Fang, 2003h.

（282）华枯叶舟蛾 *Leucolopha sinica* Chen *et* Wang, 2006

Chen *et* Wang, 2006: 65.

异名（Synonym）：

Leucolopha undulifera (nec. Hampson): Wu *et* Fang, 2003h: 107.

分布（Distribution）：浙江（ZJ）、湖南（HN）

其他文献（Reference）：Wu *et* Fang, 2003h; Schintlmeister, 2008.

63）魁舟蛾属 *Megashachia* Matsumura, 1929

Matsumura, 1929a: 36.

其他文献（Reference）：Matsumura, 1929a; Wu *et* Fang, 2003h.

（283）棕魁舟蛾 *Megashachia brunnea* Cai, 1985

Cai, 1985: 314.

异名（Synonym）：

Tarsolepis equidarum Bänziger, 1988: 25.

分布（Distribution）：江西（JX）、湖南（HN）、云南（YN）、福建（FJ）、海南（HI）；越南、泰国

其他文献（Reference）：Wu *et* Fang, 2003h.

（284）魁舟蛾 *Megashachia fulgurifera* (Walker, 1858)

Walker, 1858: 1347.

异名（Synonym）：

Crino fulgurifera Walker, 1858: 1347;

Megashachia takamukuana Matsumura, 1929a: 36.

分布（Distribution）：云南（YN）、台湾（TW）；印度

其他文献（Reference）：Kishida, 1981; Schintlmeister, 1992; Wu *et* Fang, 2003h.

64）点舟蛾属 *Stigmatophorina* Mell, 1922

Mell, 1922: 122.

其他文献（Reference）：Wu *et* Fang, 2003h.

（285）点舟蛾 *Stigmatophorina sericea* (Rothschild, 1917)

Rothschild, 1917: 252.

异名（Synonym）：

Tarsolepis sericea Rothschild, 1917: 252;

Stigmatophorina hammamelis Mell, 1922: 122.

分布（Distribution）：安徽（AH）、上海（SH）、浙江（ZJ）、江西（JX）、湖南（HN）、湖北（HB）、四川（SC）、云南（YN）、福建（FJ）、广东（GD）、广西（GX）；泰国、越南、印度尼西亚

其他文献（Reference）：Mell, 1922; Wu *et* Fang, 2003h; Schintlmeister, 2008.

65）银斑舟蛾属 *Tarsolepis* Butler, 1872

Butler, 1872c: 125.

其他文献（Reference）：Wu *et* Fang, 2003h.

（286）象银斑舟蛾 *Tarsolepis elephantorum* Bänziger, 1988

Bänziger, 1988: 19.

分布（Distribution）：云南（YN）、广西（GX）；越南、泰国

其他文献（Reference）：Wu *et* Fang, 2003h.

（287）俪心银斑舟蛾 *Tarsolepis inscius* Schintlmeister, 1997

Schintlmeister, 1997: 52.

异名（Synonym）：

Tarsolepis kochi (nec. Semper): Cai, 1979a: 30.

分布（Distribution）：云南（YN）；越南

其他文献（Reference）：Wu *et* Fang, 2003h.

（288）肖剑心银斑舟蛾 *Tarsolepis japonica* Wileman *et* South, 1917

Wileman *et* South, 1917: 29.

异名（Synonym）：

Tarsolepis japonica inouei Okano, 1958: 52.

分布（Distribution）：江苏（JS）、浙江（ZJ）、湖北（HB）、贵州（GZ）、云南（YN）、福建（FJ）、台湾（TW）、广西（GX）、海南（HI）；日本、韩国

其他文献（Reference）：Wu *et* Fang, 2003h.

（289）红褐银斑舟蛾 *Tarsolepis malayana* Nakamura, 1976

Nakamura, 1976b: 35.

异名（Synonym）：

Tarsolepis rufobrunnea (nec. Rothschild): Wu *et* Fang, 2003h: 102.

分布（Distribution）：云南（YN）；印度、缅甸、泰国、越南、马来西亚

其他文献（Reference）：Rothschild, 1917; Wu *et* Fang, 2003h.

（290）剑心银斑舟蛾 *Tarsolepis remicauda* Butler, 1872

Butler, 1872c: 125.

异名（Synonym）：

Tarsoepis sommeri (nec. Hübner): Cai, 1979a: 29.

分布（Distribution）：云南（YN）；印度、泰国、越南、缅甸、印度尼西亚、马来西亚、新几内亚岛

其他文献（Reference）：Wu *et* Fang, 2003h.

（291）台湾银斑舟蛾 *Tarsolepis taiwana* Wileman, 1910

Wileman, 1910: 188.

分布（Distribution）：四川（SC）、云南（YN）、福建（FJ）、台湾（TW）

其他文献（Reference）：Wu *et* Fang, 2003h.

66）窦舟蛾属 *Zaranga* Moore, 1884

Moore, 1884a: 357.

其他文献（Reference）：Wu *et* Fang, 2003h.

（292）点窦舟蛾 *Zaranga citrinaria* Gaede, 1933

Gaede, 1933: 174.

分布（Distribution）：陕西（SN）、甘肃（GS）、湖北（HB）、四川（SC）、云南（YN）

其他文献（Reference）：Wu *et* Fang, 2003h.

（293）窦舟蛾 *Zaranga pannosa* Moore, 1884

Moore, 1884a: 357.

分布（Distribution）：台湾（TW）；巴基斯坦、印度、尼泊尔

其他文献（Reference）：Wu *et* Fang, 2003h.

（293a）窦舟蛾台湾亚种 *Zaranga pannosa necopinatus* **Schintlmeister, 2008**

Schintlmeister, 2008: 36.

分布（**Distribution**）：台湾（TW）

（294）图库窦舟蛾 *Zaranga tukuringra* **Streltzov** *et* **Yakovlev, 2007**

Streltzov *et* Yakovlev, 2007: 24.

异名（**Synonym**）：

Zaranga pannosa (nec. Moore): Wu *et* Fang, 2003h: 104.

分布（**Distribution**）：山西（SX）、陕西（SN）、甘肃（GS）、湖北（HB）、四川（SC）、云南（YN）、西藏（XZ）；韩国、俄罗斯、越南、缅甸

其他文献（**Reference**）：Schintlmeister, 2008.

5. 舟蛾亚科 Notodontinae Stephens, 1829

Stephens, 1829: 39.

67）黏舟蛾属 *Calyptronotum* Roepke, 1944

Roepke, 1944: 5.

其他文献（**Reference**）：Wu *et* Fang, 2003h.

（295）黏舟蛾 *Calyptronotum singapura* (**Gaede, 1930**)

Gaede, 1930: 624.

异名（**Synonym**）：

Pseudofentonia singapura Gaede, 1930: 624.

分布（**Distribution**）：云南（YN）、海南（HI）；越南、缅甸、泰国、印度尼西亚、马来西亚、菲律宾、新加坡

其他文献（**Reference**）：Roepke, 1944; Schintlmeister *et* Fang, 2001; Wu *et* Fang, 2003h.

68）查舟蛾属 *Chadisra* Walker, 1862

Walker, 1862a: 82.

异名（**Synonym**）：

Stenoshachia Matsumura, 1925b: 398;

Metasomera Matsumura, 1925b: 396;

Melagona Gaede, 1930: 635;

Parachadisra Gaede, 1930: 636;

Sawia Kiriakoff, 1967a: 23;

Chadisrella Kiriakoff, 1967b: 57;

Timoraca Kiriakoff, 1968: 212;

Celapana Kiriakoff, 1968: 214;

Antithemerastis Kiriakoff, 1968: 216.

其他文献（**Reference**）：Wu *et* Fang, 2003h.

（296）查舟蛾 *Chadisra bipars* **Walker, 1862**

Walker, 1862a: 82.

异名（**Synonym**）：

Metasomera plagifera Matsumura, 1925b: 396.

分布（**Distribution**）：台湾（TW）；印度、尼泊尔、斯里兰卡、泰国、越南、马来西亚、印度尼西亚

其他文献（**Reference**）：Wu *et* Fang, 2003h.

（297）后白查舟蛾 *Chadisra bipartita* (**Matsumura, 1925**)

Matsumura, 1925b: 398.

异名（**Synonym**）：

Stenoshachia bipartita Matsumura, 1925a: 134.

分布（**Distribution**）：台湾（TW）、广东（GD）、广西（GX）、海南（HI）；日本、尼泊尔、印度（锡金）、泰国、越南、印度尼西亚

其他文献（**Reference**）：Schintlmeister, 1992; Wu *et* Fang, 2003h.

69）封舟蛾属 *Cleapa* Walker, 1855

Walker, 1855b: 1036.

异名（**Synonym**）：

Marushachia Matsumura, 1934a: 153.

其他文献（**Reference**）：Wu *et* Fang, 2003h.

（298）侧带封舟蛾 *Cleapa latifascia* **Walker, 1855**

Walker, 1855b: 1037.

异名（**Synonym**）：

Cleapa latifascia formosae Strand, 1820: 186;

Marushachia rotundata Matsumura, 1934a: 153.

分布（**Distribution**）：云南（YN）、台湾（TW）；印度、尼泊尔、缅甸、印度尼西亚

其他文献（**Reference**）：Wu *et* Fang, 2003h.

70）林舟蛾属 *Drymonia* Hübner, 1819

Hübner, 1819: 144.

异名（**Synonym**）：

Notodon Meigen, 1830: 171;

Chaonia Stephens, 1828: 29.

其他文献（**Reference**）：Wu *et* Fang, 2003h.

（299）锯纹林舟蛾 *Drymonia dodonides* (**Staudinger, 1887**)

Staudinger, 1887b: 220.

异名（**Synonym**）：

Drymonia trimacula dodonides Staudinger, 1887b: 220.

分布（**Distribution**）：黑龙江（HL）、吉林（JL）、陕西（SN）；朝鲜、日本、俄罗斯

其他文献（**Reference**）：Cai, 1979a; Wu *et* Fang, 2003h.

（299a）锯纹林舟蛾中华亚种 *Drymonia dodonides sinensis* **Schintlmeister, 1989**

Schintlmeister, 1989b: 109.

分布（Distribution）：黑龙江（HL）、吉林（JL）、陕西（SN）

其他文献（Reference）：Wu *et* Fang, 2003h.

71）娓舟蛾属 *Ellida* Grote, 1876

Grote, 1876: 125.

异名（Synonym）：

Urodonta Staudinger, 1887b: 217;

Urodontoides Matsumura, 1929a: 48;

Urodontopsis Matsumura, 1929a: 48;

Chadisrina Gaede, 1930: 636.

其他文献（Reference）：Wu *et* Fang, 2003h.

（300）卵斑娓舟蛾 *Ellida arcuata* (Alpheraky, 1897)

Alpheraky, 1897a: 154.

异名（Synonym）：

Urodonta arcuata Alpheraky, 1897a: 154.

分布（Distribution）：吉林（JL）、台湾（TW）；朝鲜、日本

其他文献（Reference）：Cai, 1979a; Schintlmeister, 1992; Wu *et* Fang, 2003h.

（301）布朗娓舟蛾 *Ellida branickii* (Oberthür, 1880)

Oberthür, 1880: 60.

异名（Synonym）：

Uropus branickii Oberthür, 1880: 60.

分布（Distribution）：陕西（SN）；朝鲜、日本

其他文献（Reference）：Kiriakoff, 1967a; Schintlmeister *et* Fang, 2001; Wu *et* Fang, 2003h.

（302）雅娓舟蛾 *Ellida ornatrix* Schintlmeister *et* Fang, 2001

Schintlmeister *et* Fang, 2001: 68.

分布（Distribution）：陕西（SN）、四川（SC）

其他文献（Reference）：Wu *et* Fang, 2003h.

（303）绿斑娓舟蛾 *Ellida viridimixta* (Bremer, 1861)

Bremer, 1861: 487.

异名（Synonym）：

Miselia viridimixta Bremer, 1861: 487.

分布（Distribution）：黑龙江（HL）、吉林（JL）；日本、朝鲜、俄罗斯（西伯利亚东南部）、越南

其他文献（Reference）：Cai, 1979a; Kiriakoff, 1967a; Schintlmeister, 1992; Wu *et* Fang, 2003h.

72）同心舟蛾属 *Homocentridia* Kiriakoff, 1967

Kiriakoff, 1967a: 144.

异名（Synonym）：

Khasidonta Kiriakoff, 1968: 175.

其他文献（Reference）：Wu *et* Fang, 2003h.

（304）同心舟蛾 *Homocentridia concentrica* (Oberthür, 1911)

Oberthür, 1911: 336.

异名（Synonym）：

Fentonia concentrica Oberthür, 1911: 336.

分布（Distribution）：陕西（SN）、甘肃（GS）、江苏（JS）、浙江（ZJ）、江西（JX）、湖南（HN）、湖北（HB）、四川（SC）、云南（YN）、福建（FJ）

其他文献（Reference）：Kiriakoff, 1967a; Cai, 1979a; Wu *et* Fang, 2003h.

（305）角翅同心舟蛾 *Homocentridia picta* Hampson, 1900

Hampson, 1900: 42.

分布（Distribution）：四川（SC）、广西（GX）；印度、尼泊尔、泰国、越南

其他文献（Reference）：Schintlmeister, 2008.

（305a）角翅同心舟蛾越南亚种 *Homocentridia picta alius* Schintlmeister, 1997

Schintlmeister, 1997: 108.

分布（Distribution）：四川（SC）、广西（GX）；越南、泰国

73）霭舟蛾属 *Hupodonta* Butler, 1877

Butler, 1877: 475.

其他文献（Reference）：Wu *et* Fang, 2003h.

（306）皮霭舟蛾 *Hupodonta corticalis* Butler, 1877

Butler, 1877: 475.

异名（Synonym）：

Hupodonta pulcherrima pallida Okano, 1960a: 38.

分布（Distribution）：陕西（SN）、甘肃（GS）、浙江（ZJ）、湖南（HN）、湖北（HB）、云南（YN）、福建（FJ）、台湾（TW）；日本、朝鲜、俄罗斯

其他文献（Reference）：Wu *et* Fang, 2003h.

（307）木霭舟蛾 *Hupodonta lignea* Matsumura, 1919

Matsumura, 1919a: 75.

分布（Distribution）：北京（BJ）、陕西（SN）、甘肃（GS）、湖南（HN）、四川（SC）、云南（YN）、台湾（TW）

其他文献（Reference）：Wu *et* Fang, 2003h.

（308）曼霭舟蛾 *Hupodonta manyusri* Schintlmeister, 2008

Schintlmeister, 2008: 290.

分布（Distribution）：云南（YN）；越南

（309）丽霭舟蛾 *Hupodonta pulcherrima* (Moore, 1865)

Moore, 1865: 814.

异名（Synonym）：

Pheosia pulcherrima Moore, 1865: 814.

分布（Distribution）：四川（SC）、云南（YN）、西藏（XZ）；印度、尼泊尔、越南

其他文献（Reference）：Schintlmeister *et* Fang, 2001; Wu *et* Fang, 2003h.

（310）匀霭舟蛾 *Hupodonta uniformis* Schintlmeister, 2002

Schintlmeister, 2002: 197.

分布（Distribution）：陕西（SN）、四川（SC）、云南（YN）

其他文献（Reference）：Schintlmeister, 2008.

74）白齿舟蛾属 *Leucodonta* Staudinger, 1892

Staudinger, 1892a: 349.

异名（Synonym）：

Microdonta Duponchel, [1845] 1844: 93;

Hierophanta Meyrick, 1894b: 230;

Shironia Matsumura, 1925a: 110.

其他文献（Reference）：Wu *et* Fang, 2003h.

（311）白齿舟蛾 *Leucodonta bicoloria* (Denis *et* Schiffermüller, 1775)

Denis *et* Schiffermüller, 1775: 49.

异名（Synonym）：

Phalaena bicoloria Denis *et* Schiffermüller, 1775: 49;

Notodonta albida Boisduval, 1834: pl. 70, fig. 6;

Schironia nivea Matsumura, 1925a: 110.

分布（Distribution）：黑龙江（HL）、吉林（JL）；日本、朝鲜、俄罗斯；欧洲

其他文献（Reference）：Kiriakoff, 1967a; Cai, 1979a; Schintlmeister, 1992; Schintlmeister *et* Fang, 2001; Wu *et* Fang, 2003h.

75）黎舟蛾属 *Libido* Bryk, 1949

Bryk, 1949: 26.

异名（Synonym）：

Pantherinus Nakamura, 1973b: 58.

其他文献（Reference）：Wu *et* Fang, 2003h.

（312）双点黎舟蛾 *Libido bipunctata* (Okano, 1960)

Okano, 1960b: 16.

异名（Synonym）：

Pseudofentonia bipunctata Okano, 1960b: 16.

别名（Common name）：双点新林舟蛾

分布（Distribution）：浙江（ZJ）、台湾（TW）；越南

其他文献（Reference）：Schintlmeister, 1992, 1997; Wu *et* Fang, 2003h.

（313）卡黎舟蛾 *Libido canus* (Kobayashi *et* Wang, 2004)

Kobayashi *et al.*, 2004b: 177.

分布（Distribution）：广东（GD）

其他文献（Reference）：Schintlmeister, 2008.

（314）努黎舟蛾 *Libido nue* (Kishida *et* Kobayashi, 2004)

Kobayashi *et al.*, 2004b: 176.

分布（Distribution）：江西（JX）、广东（GD）

其他文献（Reference）：Schintlmeister, 2008.

（315）黑点黎舟蛾 *Libido voluptuosa* Bryk, 1949

Bryk, 1949: 26.

别名（Common name）：黑点新林舟蛾

分布（Distribution）：四川（SC）、云南（YN）；越南、缅甸

其他文献（Reference）：Schintlmeister, 1997; Schintlmeister *et* Fang, 2001; Wu *et* Fang, 2003h.

76）冠舟蛾属 *Lophocosma* Staudinger, 1887

Staudinger, 1887b: 220.

其他文献（Reference）：Wu *et* Fang, 2003h.

（316）台冠舟蛾 *Lophocosma amplificans* Schintlmeister, 2005

Schintlmeister, 2005b: 108.

分布（Distribution）：台湾（TW）

其他文献（Reference）：Schintlmeister, 2008.

（317）冠舟蛾 *Lophocosma atriplaga* Staudinger, 1887

Staudinger, 1887b: 220.

异名（Synonym）：

Lophocosma similis Yang *et* Lee, 1978: 503.

分布（Distribution）：黑龙江（HL）、吉林（JL）、河北（HEB）、北京（BJ）；日本、朝鲜、俄罗斯

其他文献（Reference）：Cai, 1979a; Schintlmeister, 1992; Wu *et* Fang, 2003h.

（318）中介冠舟蛾 *Lophocosma intermedia* Kiriakoff, 1963

Kiriakoff, 1963a: 280.

异名（Synonym）：

Lophocosma rectangula Yang, 1995a: 333;

Lophocosma recurvata Yang, 1995a: 334.

分布（Distribution）：陕西（SN）、浙江（ZJ）、湖南（HN）、湖北（HB）、云南（YN）

其他文献（Reference）：Wu *et* Fang, 2003h.

（319）弯臂冠舟蛾 *Lophocosma nigrilinea* (Leech, 1899)

Leech, 1899: 216.

异名（Synonym）：

Stauropus nigrilinea Leech, 1899: 216;

Lophocosma curvatum Gaede, 1933: 177.

分布（Distribution）：山西（SX）、陕西（SN）、甘肃（GS）、

浙江（ZJ）、湖北（HB）、四川（SC）、台湾（TW）

其他文献（Reference）：Schintlmeister, 1992; Wu et Fang, 2003h.

（319a）弯臂冠舟蛾台湾亚种 *Lophocosma nigrilinea geniculatum* (Matsumura, 1929)

Matsumura, 1929a: 47.

异名（Synonym）：

Lophocosma geniculatum Matsumura, 1929a: 47.

分布（Distribution）：台湾（TW）

其他文献（Reference）：Schintlmeister, 1992; Wu et Fang, 2003h.

（319b）弯臂冠舟蛾指名亚种 *Lophocosma nigrilinea nigrilinea* (Leech, 1899)

Leech, 1899: 216.

异名（Synonym）：

Stauropus nigrilinea Leech, 1899: 216.

分布（Distribution）：山西（SX）、陕西（SN）、甘肃（GS）、浙江（ZJ）、湖北（HB）、四川（SC）

其他文献（Reference）：Wu et Fang, 2003h.

77）黑隅舟蛾属 *Melagonina* Gaede, 1933

Gaede, 1933: 182.

其他文献（Reference）：Wu et Fang, 2003h.

（320）黑隅舟蛾 *Melagonina hoenei* Gaede, 1933

Gaede, 1933: 182.

分布（Distribution）：江苏（JS）、湖南（HN）、湖北（HB）

其他文献（Reference）：Cai, 1982a; Schintlmeister, 1992; Wu et Fang, 2003h.

78）间掌舟蛾属 *Mesophalera* Matsumura, 1920

Matsumura, 1920a: 150.

异名（Synonym）：

Pellewia Kiriakoff, 1967a: 135.

其他文献（Reference）：Wu et Fang, 2003h.

（321）艾米间掌舟蛾 *Mesophalera amica* Kishida et Kobayashi, 2005

Kobayashi et al., 2005: 324.

分布（Distribution）：广东（GD）、广西（GX）、海南（HI）

（322）步间掌舟蛾 *Mesophalera bruno* Schintlmeister, 1997

Schintlmeister, 1997: 110.

分布（Distribution）：福建（FJ）、台湾（TW）；越南、泰国、柬埔寨

（323）紫间掌舟蛾 *Mesophalera cantiana* (Schaus, 1928)

Schaus, 1928: 79.

异名（Synonym）：

Fentonia cantiana Schaus, 1928: 79.

分布（Distribution）：四川（SC）；缅甸

其他文献（Reference）：Kiriakoff, 1967a; Schintlmeister et Fang, 2001; Wu et Fang, 2003h.

（324）褐间掌舟蛾 *Mesophalera ferruginis* (Kishida et Kobayashi, 2004)

Kobayashi et al., 2004a: 161.

异名（Synonym）：

Neodrymonia ferruginis Kishida et Kobayashi In: Kobayashi et al., 2004a: 161.

别名（Common name）：褐新林舟蛾

分布（Distribution）：广东（GD）、广西（GX）

（325）皮间掌舟蛾 *Mesophalera libera* Schintlmeister, 2008

Schintlmeister, 2008: 248.

分布（Distribution）：广西（GX）

（326）月间掌舟蛾 *Mesophalera lundbladi* Kiriakoff, 1959

Kiriakoff, 1959: 315.

分布（Distribution）：云南（YN）、广西（GX）、海南（HI）；越南、缅甸、泰国、老挝

其他文献（Reference）：Schintlmeister et Fang, 2001; Wu et Fang, 2003h.

（327）中白间掌舟蛾 *Mesophalera mediopallens* (Sugi, 1989)

Sugi, 1989: 220.

异名（Synonym）：

Disparia mediopallens Sugi, 1989: 220;

Pseudofentonia nivala Yang, 1995b: 161.

别名（Common name）：雪拟纷舟蛾，中白拟纷舟蛾

分布（Distribution）：浙江（ZJ）、江西（JX）、湖南（HN）、福建（FJ）；缅甸、泰国、越南

其他文献（Reference）：Wu et Fang, 2003h.

（328）间掌舟蛾 *Mesophalera sigmata* (Butler, 1877)

Butler, 1877: 473.

异名（Synonym）：

Phalera sigmata Butler, 1877: 473.

别名（Common name）：竖线舟蛾

分布（Distribution）：山东（SD）、浙江（ZJ）、江西（JX）、湖南（HN）、四川（SC）、福建（FJ）、台湾（TW）、广东（GD）、广西（GX）；日本、朝鲜

其他文献（Reference）：Cai, 1979a; Schintlmeister, 1992; Wu et Fang, 2003h.

（329）曲间掌舟蛾 *Mesophalera sigmatoides* Kiriakoff, 1963

Kiriakoff, 1963a: 261.

分布（Distribution）：贵州（GZ）、福建（FJ）、广西（GX）、海南（HI）；越南

其他文献（Reference）：Schintlmeister, 1992; Wu et Fang, 2003h.

（330）理想间掌舟蛾 *Mesophalera speratus* Schintlmeister, 2005

Schintlmeister, 2005b: 108.

分布（Distribution）：台湾（TW）

其他文献（Reference）：Schintlmeister, 2008.

79）心舟蛾属 *Metriaeschra* Kiriakoff, 1963

Kiriakoff, 1963a: 270.

其他文献（Reference）：Wu et Fang, 2003h.

（331）幻心舟蛾 *Metriaeschra apatela* Kiriakoff, 1963

Kiriakoff, 1963a: 270.

分布（Distribution）：四川（SC）、云南（YN）、台湾（TW）

其他文献（Reference）：Schintlmeister, 1992; Wu et Fang, 2003h.

（331a）幻心舟蛾指名亚种 *Metriaeschra apatela apatela* Kiriakoff, 1963

Kiriakoff, 1963a: 270.

分布（Distribution）：四川（SC）、云南（YN）

其他文献（Reference）：Wu et Fang, 2003h.

（331b）幻心舟蛾台湾亚种 *Metriaeschra apatela elegans* (Nakamura, 1973)

Nakamura, 1973b: 53.

异名（Synonym）：

Metriaeschra elegans Nakamura, 1973b: 53.

分布（Distribution）：台湾（TW）

其他文献（Reference）：Schintlmeister et Fang, 2001; Wu et Fang, 2003h.

（332）戒心舟蛾 *Metriaeschra zhubajie* Schintlmeister et Fang, 2001

Schintlmeister et Fang, 2001: 81.

分布（Distribution）：陕西（SN）、甘肃（GS）、湖南（HN）、湖北（HB）、四川（SC）

其他文献（Reference）：Wu et Fang, 2003h.

80）觅舟蛾属 *Mimesisomera* Bryk, 1949

Bryk, 1949: 28.

其他文献（Reference）：Wu et Fang, 2003h.

（333）银褐觅舟蛾 *Mimesisomera aureobrunnea* Bryk, 1949

Bryk, 1949: 28.

分布（Distribution）：甘肃（GS）、四川（SC）、云南（YN）；缅甸

其他文献（Reference）：Wu et Fang, 2003h.

81）新林舟蛾属 *Neodrymonia* Matsumura, 1920

Matsumura, 1920a: 143.

其他文献（Reference）：Wu et Fang, 2003h.

（334）端白新林舟蛾 *Neodrymonia terminalis* (Kiriakoff, 1963)

Kiriakoff, 1963a: 260.

异名（Synonym）：

Phalerina terminalis Kiriakoff, 1963a: 260.

分布（Distribution）：湖南（HN）、福建（FJ）、台湾（TW）、广西（GX）；越南

其他文献（Reference）：Schintlmeister, 1992; Wu et Fang, 2003h.

（334a）端白新林舟蛾台湾亚种 *Neodrymonia terminalis anmashanensis* Kishida, 1994

Kishida, 1994b: 61.

分布（Distribution）：台湾（TW）

（334b）端白新林舟蛾指名亚种 *Neodrymonia terminalis terminalis* (Kiriakoff, 1963)

Kiriakoff, 1963a: 260.

分布（Distribution）：浙江（ZJ）、湖南（HN）、福建（FJ）、广东（GD）、广西（GX）

（335）白基新林舟蛾 *Neodrymonia albinobasis* Schintlmeister, 2008

Schintlmeister, 2008: 264.

分布（Distribution）：江西（JX）、湖南（HN）、海南（HI）；柬埔寨、越南、泰国

其他文献（Reference）：Schintlmeister, 2008.

（336）安新林舟蛾 *Neodrymonia anna* Schintlmeister, 1989

Schintlmeister, 1989b: 110.

分布（Distribution）：浙江（ZJ）、湖南（HN）、湖北（HB）、重庆（CQ）、福建（FJ）、广东（GD）、广西（GX）；朝鲜

其他文献（Reference）：Wu et Fang, 2003h.

（337）陀新林舟蛾 *Neodrymonia apicalis* (Moore, 1879)

Moore, 1879b: 68.

异名（Synonym）：

Ramesa apicalis Moore, 1879b: 68;

Nepalia vesperalis Nakamura, 1974: 121.

分布（Distribution）：云南（YN）；印度、尼泊尔、越南

其他文献（Reference）：Nakamura, 1984; Wu *et* Fang, 2003h.

（338）基新林舟蛾 *Neodrymonia basalis* (Moore, 1879)

Moore, 1879b: 60.

异名（Synonym）：

Heterocampa basalis Moore, 1879b: 60;

Neodrymonia brunnea (nec. Moore): Cai, 1979a: 68.

分布（Distribution）：四川（SC）、云南（YN）；印度（锡金）、缅甸

其他文献（Reference）：Schintlmeister *et* Fang, 2001; Wu *et* Fang, 2003h.

（339）半新林舟蛾 *Neodrymonia comes* Schintlmeister, 1989

Schintlmeister, 1989b: 110.

异名（Synonym）：

Neodrymonia griseus Schintlmeister, 1997: 116.

分布（Distribution）：湖南（HN）、四川（SC）、云南（YN）、广西（GX）；越南

其他文献（Reference）：Wu *et* Fang, 2003h.

（340）朝鲜新林舟蛾 *Neodrymonia coreana* Matsumura, 1922

Matsumura, 1922: 522.

异名（Synonym）：

Neodrymonia delia (nec. Leech): Cai, 1979a: 67.

别名（Common name）：新林舟蛾

分布（Distribution）：山东（SD）、江苏（JS）、浙江（ZJ）、江西（JX）、湖南（HN）、四川（SC）、云南（YN）、福建（FJ）、广东（GD）；朝鲜

其他文献（Reference）：Schintlmeister, 1992; Wu *et* Fang, 2003h.

（341）德新林舟蛾 *Neodrymonia deliana* Gaede, 1933

Gaede, 1933: 176.

分布（Distribution）：黑龙江（HL）、山东（SD）、浙江（ZJ）、四川（SC）；日本、朝鲜

其他文献（Reference）：Schintlmeister, 2008.

（342）伊新林舟蛾 *Neodrymonia elisabethae* Holloway *et* Bender, 1985

Holloway *et* Bender, 1985: 106.

分布（Distribution）：云南（YN）；印度、缅甸、越南、泰国、印度尼西亚、马来西亚

其他文献（Reference）：Schintlmeister, 2008.

（343）蕨新林舟蛾 *Neodrymonia filix* Schintlmeister, 1989

Schintlmeister, 1989b: 111.

分布（Distribution）：浙江（ZJ）、湖南（HN）、广东（GD）

其他文献（Reference）：Wu *et* Fang, 2003h.

（344）希新林舟蛾 *Neodrymonia hirta* Kobayashi *et* Kishida, 2008

Kobayashi *et al.*, 2008: 117.

分布（Distribution）：广东（GD）

其他文献（Reference）：Schintlmeister, 2008.

（345）卉新林舟蛾 *Neodrymonia hui* Schintlmeister *et* Fang, 2001

Schintlmeister *et* Fang, 2001: 71.

分布（Distribution）：四川（SC）、云南（YN）

其他文献（Reference）：Wu *et* Fang, 2003h.

（346）火新林舟蛾 *Neodrymonia ignicoruscens* Galsworthy, 1997

Galsworthy, 1997: 131.

分布（Distribution）：福建（FJ）、广东（GD）、海南（HI）、香港（HK）

其他文献（Reference）：Schintlmeister *et* Fang, 2001; Wu *et* Fang, 2003h.

（347）茵新林舟蛾 *Neodrymonia inevitabilis* Schintlmeister, 1989

Schintlmeister, 1989b: 109.

分布（Distribution）：江苏（JS）、上海（SH）、浙江（ZJ）、江西（JX）

其他文献（Reference）：Wu *et* Fang, 2003h.

（348）缘纹新林舟蛾 *Neodrymonia marginalis* (Matsumura, 1925)

Matsumura, 1925b: 392.

异名（Synonym）：

Formotensha marginalis Matsumura, 1925b: 392;

Neofentonia acuminata Matsumura, 1929a: 40.

别名（Common name）：缘纹拟纷舟蛾

分布（Distribution）：安徽（AH）、江苏（JS）、浙江（ZJ）、江西（JX）、湖南（HN）、湖北（HB）、四川（SC）、福建（FJ）、台湾（TW）、广东（GD）、广西（GX）；日本、朝鲜

其他文献（Reference）：Cai, 1979a; Schintlmeister, 1992; Wu *et* Fang, 2003h.

（349）门新林舟蛾 *Neodrymonia mendax* Schintlmeister, 1989

Schintlmeister, 1989b: 110.

分布（Distribution）：浙江（ZJ）、福建（FJ）；越南

其他文献（**Reference**）：Wu *et* Fang, 2003h.

（350）莫新林舟蛾 *Neodrymonia moorei* **(Kirby, 1892)**

Kirby, 1892: 565.
异名（**Synonym**）：
Heterocampa moorei Kirby, 1892: 565.
分布（**Distribution**）：四川（SC）；印度（锡金）
其他文献（**Reference**）：Kiriakoff, 1968; Schintlmeister, 1997; Wu *et* Fang, 2003h.

（351）普新林舟蛾 *Neodrymonia pseudobasalis* **Schintlmeister, 1997**

Schintlmeister, 1997: 116.
分布（**Distribution**）：四川（SC）、云南（YN）、广东（GD）、广西（GX）；越南
其他文献（**Reference**）：Wu *et* Fang, 2003h.

（352）连点新林舟蛾 *Neodrymonia seriatopunctata* **(Matsumura, 1925)**

Matsumura, 1925a: 37.
异名（**Synonym**）：
Disparia seriatopunctata Matsumura, 1925a: 37;
Disparia lunulata Yang, 1995b: 161.
别名（**Common name**）：新月迴舟蛾
分布（**Distribution**）：陕西（SN）、浙江（ZJ）、湖南（HN）、台湾（TW）、海南（HI）；尼泊尔、印度（锡金）、越南、泰国
其他文献（**Reference**）：Schintlmeister, 1992; Wu *et* Fang, 2003h.

（353）华新林舟蛾 *Neodrymonia sinica* **Kobayashi *et* Kishida, 2003**

Kobayashi *et al.*, 2003: 236.
分布（**Distribution**）：福建（FJ）、广东（GD）

（354）港新林舟蛾 *Neodrymonia taipoensis* **Galsworthy, 1997**

Galsworthy, 1997: 131.
分布（**Distribution**）：湖南（HN）、海南（HI）、香港（HK）
其他文献（**Reference**）：Wu *et* Fang, 2003h.

（355）台新林舟蛾 *Neodrymonia taiwana* **Kobayashi, 2005**

Kobayashi, 2005: 330.
分布（**Distribution**）：台湾（TW）

（356）祝新林舟蛾 *Neodrymonia zuanwu* **Kobayashi *et* Wang, 2004**

Kobayashi *et al.*, 2004a: 162.
分布（**Distribution**）：福建（FJ）、广东（GD）

（357）欧氏新林舟蛾 *Neodrymonia okanoi* **Schintlmeister, 1997**

Schintlmeister, 1997: 118.
分布（**Distribution**）：湖南（HN）；越南
其他文献（**Reference**）：Wu *et* Fang, 2003h.

（358）拳新林舟蛾 *Neodrymonia rufa* **(Yang, 1995)**

Yang, 1995a: 334.
异名（**Synonym**）：
Pugniphalera rufa Yang, 1995a: 334.
别名（**Common name**）：赤拳舟蛾
分布（**Distribution**）：浙江（ZJ）、江西（JX）、湖南（HN）、云南（YN）、福建（FJ）；越南
其他文献（**Reference**）：Schintlmeister *et* Fang, 2001; Wu *et* Fang, 2003h.

82）雾舟蛾属 *Nephodonta* Sugi, 1980

Sugi, 1980: 179.
其他文献（**Reference**）：Wu *et* Fang, 2003h.

（359）游雾舟蛾 *Nephodonta dubiosa* **(Kiriakoff, 1963)**

Kiriakoff, 1963a: 279.
异名（**Synonym**）：
Norracoides dubiosa Kiriakoff, 1963a: 279.
分布（**Distribution**）：福建（FJ）；越南
其他文献（**Reference**）：Schintlmeister, 1992; Wu *et* Fang, 2003h.

（360）台湾雾舟蛾 *Nephodonta taiwanensis* **Schintlmeister, 2005**

Schintlmeister, 2005b: 105.
分布（**Distribution**）：台湾（TW）
其他文献（**Reference**）：Schintlmeister, 2008.

（361）灰雾舟蛾 *Nephodonta tsushimensis* **Sugi, 1980**

Sugi, 1980: 179.
分布（**Distribution**）：陕西（SN）；日本
其他文献（**Reference**）：Schintlmeister, 2008.

（361a）灰雾舟蛾太白亚种 *Nephodonta tsushimensis taibaiana* **Schintlmeister *et* Fang, 2001**

Schintlmeister *et* Fang, 2001: 60.
分布（**Distribution**）：陕西（SN）
其他文献（**Reference**）：Wu *et* Fang, 2003h.

83）白边舟蛾属 *Nerice* Walker, 1855

Walker, 1855b: 1076.
异名（**Synonym**）：

Nericoides Matsumura, 1924: 35;

Pseudonerice Bryk, 1949: 40;

Chokaia Kiriakoff, 1967a: 195.

其他文献（**Reference**）：Wu *et* Fang, 2003h.

（362）胜白边舟蛾 *Nerice aemulator* Schintlmeister *et* Fang, 2001

Schintlmeister *et* Fang, 2001: 65.

异名（**Synonym**）：

Nericoides upina (nec. Alpheraky): Cai, 1979a: 73.

分布（**Distribution**）：四川（SC）、云南（YN）、西藏（XZ）

其他文献（**Reference**）：Wu *et* Fang, 2003h.

（363）榆白边舟蛾 *Nerice davidi* Oberthür, 1881

Oberthür, 1881: 17.

别名（**Common name**）：榆红肩天社蛾，榆天社蛾

分布（**Distribution**）：黑龙江（HL）、吉林（JL）、内蒙古（NM）、河北（HEB）、北京（BJ）、山西（SX）、山东（SD）、陕西（SN）、甘肃（GS）、江苏（JS）、江西（JX）；朝鲜、日本、俄罗斯（西伯利亚南部）

其他文献（**Reference**）：Kiriakoff, 1967a; Cai, 1979a; Schintlmeister, 1992; Wu *et* Fang, 2003h.

（363a）榆白边舟蛾秦岭亚种 *Nerice davidi alea* Schintlmeister, 2008

Schintlmeister, 2008: 230.

分布（**Distribution**）：陕西（SN）、甘肃（GS）、四川（SC）

（363b）榆白边舟蛾指名亚种 *Nerice davidi davidi* Oberthür, 1881

Oberthür, 1881: 17.

分布（**Distribution**）：黑龙江（HL）、吉林（JL）、内蒙古（NM）、北京（BJ）、山西（SX）、山东（SD）、江苏（JS）、江西（JX）；蒙古国、朝鲜、俄罗斯

（364）异帱白边舟蛾 *Nerice dispar* (Cai, 1979)

Cai, 1979b: 464.

异名（**Synonym**）：

Chokaia dispar Cai, 1979b: 464.

别名（**Common name**）：异帱舟蛾

分布（**Distribution**）：云南（YN）；越南、泰国

其他文献（**Reference**）：Schintlmeister, 1992; Wu *et* Fang, 2003h.

（365）双齿白边舟蛾 *Nerice leechi* Staudinger, 1892

Staudinger, 1892a: 648.

分布（**Distribution**）：黑龙江（HL）、吉林（JL）、甘肃（GS）；俄罗斯（远东地区）

其他文献（**Reference**）：Cai, 1979a; Kiriakoff, 1967a; Schintlmeister, 1992; Wu *et* Fang, 2003h.

（366）色基白边舟蛾 *Nerice pictibasis* (Hampson, 1897)

Hampson, 1897: 282.

异名（**Synonym**）：

Pheosia pictibasis Hampson, 1897: 282;

Pseudonerice unidentata Bryk, 1949: 40.

分布（**Distribution**）：云南（YN）、西藏（XZ）；印度

其他文献（**Reference**）：Schintlmeister *et* Fang, 2001; Wu *et* Fang, 2003h.

（367）大齿白边舟蛾 *Nerice upina* Alpheraky, 1892

Alpheraky, 1892: 17.

异名（**Synonym**）：

Nericodes minor Cai, 1979b: 464.

别名（**Common name**）：小白边舟蛾

分布（**Distribution**）：陕西（SN）、甘肃（GS）、青海（QH）

其他文献（**Reference**）：Schintlmeister, 1992; Wu *et* Fang, 2003h.

84）娜舟蛾属 *Norracoides* Strand, 1915

Strand, 1915-1916: 156.

其他文献（**Reference**）：Wu *et* Fang, 2003h.

（368）朴娜舟蛾 *Norracoides basinotata* (Wileman, 1910)

Wileman, 1910: 344.

异名（**Synonym**）：

Notodonta basinotata Wileman, 1910: 344;

Norracoides discocellularis Strand, 1915-1916: 156;

Notodonta bipunctigera Matsumura, 1925b: 402.

分布（**Distribution**）：江苏（JS）、上海（SH）、浙江（ZJ）、江西（JX）、湖北（HB）、福建（FJ）、台湾（TW）、广东（GD）、海南（HI）；韩国

其他文献（**Reference**）：Kiriakoff, 1968; Cai, 1979a; Schintlmeister, 1992; Wu *et* Fang, 2003h.

85）舟蛾属 *Notodonta* Ochsenheimer, 1810

Ochsenheimer, 1810: 45.

异名（**Synonym**）：

Mimodonta Matsumura, 1920a: 144;

Microdontella Strand, 1934: 111;

Eligmodonta Kiriakoff, 1967a: 181;

Tritophia Kiriakoff, 1967a: 141.

其他文献（**Reference**）：Wu *et* Fang, 2003h.

（369）黄斑舟蛾 *Notodonta dembowskii* Oberthür, 1879

Oberthür, 1879a: 12.

异名（**Synonym**）：

Notodonta rothschildi Wileman *et* South, 1916a: 133.

分布（**Distribution**）：黑龙江（HL）、吉林（JL）、内蒙古（NM）、山西（SX）；日本、朝鲜、俄罗斯

其他文献（**Reference**）：Cai, 1979a; Wu *et* Fang, 2003h.

（370）奔舟蛾 *Notodonta dromedarius* **(Linnaeus, 1767)**

Linnaeus, 1767: 827.

异名（Synonym）：

Bombyx dromedarius Linnaeus, 1767: 827;

Bombyx perfuscus Haworth, 1803: 100;

Phalaena zeba Donovan, 1807: 12, pl. 397, fig. 1.

分布（Distribution）：新疆（XJ）；俄罗斯；欧洲

其他文献（Reference）：Kiriakoff, 1968; Wu *et* Fang, 2003h.

（370a）奔舟蛾北方亚种 *Notodonta dromedarius sibirica* **Schintlmeister *et* Fang, 2001**

Schintlmeister *et* Fang, 2001: 62.

分布（Distribution）：新疆（XJ）；俄罗斯、哈萨克斯坦

其他文献（Reference）：Wu *et* Fang, 2003h.

（371）灰色舟蛾 *Notodonta griseotincta* **Wileman, 1910**

Wileman, 1910: 312.

异名（Synonym）：

Notodonta horishana Matsumura, 1925b: 402;

Notodonta mushensis Matsumura, 1929a: 41.

分布（Distribution）：福建（FJ）、台湾（TW）

其他文献（Reference）：Schintlmeister, 1992; Wu *et* Fang, 2003h.

（372）黑色舟蛾 *Notodonta musculus* **(Kiriakoff, 1963)**

Kiriakoff, 1963a: 285.

异名（Synonym）：

Notodonta nigra Wu *et* Fang, 2003a: 146.

分布（Distribution）：陕西（SN）

其他文献（Reference）：Wu *et* Fang, 2003h; Schintlmeister, 2008.

（373）瑰舟蛾 *Notodonta roscida* **Kiriakoff, 1963**

Kiriakoff, 1963a: 286.

分布（Distribution）：河南（HEN）、陕西（SN）、甘肃（GS）、湖北（HB）

其他文献（Reference）：Schintlmeister, 1992; Wu *et* Fang, 2003h.

（374）烟灰舟蛾 *Notodonta torva* **(Hübner, 1803)**

Hübner, 1803: 29.

异名（Synonym）：

Bombyx torva Hübner, 1803: 29;

Bombyx tritophus Esper, 1786: 299;

Notodonta tritophus unifornis Oberthür, 1911: 323;

Notodonta sugitanii Matsumura, 1924: 31.

分布（Distribution）：黑龙江（HL）、吉林（JL）、内蒙古（NM）、北京（BJ）、山西（SX）、陕西（SN）、湖北（HB）；日本、俄罗斯；欧洲

其他文献（Reference）：Cai, 1979a; Kiriakoff, 1963a; Schintlmeister, 1992; Wu *et* Fang, 2003h.

（375）粗舟蛾 *Notodonta trachitso* **Oberthür, 1894**

Oberthür, 1894: 21.

分布（Distribution）：陕西（SN）、甘肃（GS）、四川（SC）

其他文献（Reference）：Schintlmeister, 1992; Wu *et* Fang, 2003h.

（376）黄白舟蛾 *Notodonta ziczac* **(Linnaeus, 1758)**

Linnaeus, 1758: 504.

异名（Synonym）：

Bombyx ziczac Linnaeus, 1758: 504.

分布（Distribution）：新疆（XJ）；中亚、欧洲

其他文献（Reference）：Ochsenheimer, 1810; Wu *et* Fang, 2003h.

（376a）黄白舟蛾中亚亚种 *Notodonta ziczac pallida* **Grünberg, 1912**

Grünberg, 1912: 300.

分布（Distribution）：新疆（XJ）；中亚

其他文献（Reference）：Wu *et* Fang, 2003h.

86）仿齿舟蛾属 *Odontosiana* Kiriakoff, 1963

Kiriakoff, 1963a: 288.

其他文献（Reference）：Wu *et* Fang, 2003h.

（377）仿齿舟蛾 *Odontosiana tephroxantha* **(Püngeler, 1900)**

Püngeler, 1900: 116.

异名（Synonym）：

Notodonta tephroxantha Püngeler, 1900: 116;

Odontosiana schistacea Kiriakoff, 1963a: 288.

分布（Distribution）：山西（SX）、甘肃（GS）、青海（QH）

其他文献（Reference）：Cai, 1979a; Schintlmeister, 1992; Wu *et* Fang, 2003h.

87）仿白边舟蛾属 *Paranerice* Kiriakoff, 1963

Kiriakoff, 1963a: 280.

其他文献（Reference）：Wu *et* Fang, 2003h.

（378）仿白边舟蛾 *Paranerice hoenei* **Kiriakoff, 1963**

Kiriakoff, 1963a: 280.

异名（Synonym）：

Paranerice hoenei hobei Yang *et* Lee, 1978: 510.

分布（Distribution）：辽宁（LN）、北京（BJ）、山西（SX）、陕西（SN）、甘肃（GS）、湖北（HB）

其他文献（Reference）：Cai, 1979a; Schintlmeister, 1992; Wu *et* Fang, 2003h.

88）内斑舟蛾属 *Peridea* Stephens, 1828

Stephens, 1828: 32.

异名（**Synonym**）：

Mesodonta Matsumura, 1920a: 145.

其他文献（**Reference**）：Wu *et* Fang, 2003h.

（379）著内斑舟蛾 *Peridea aliena* (Staudinger, 1892)

Staudinger, 1892a: 352.

异名（**Synonym**）：

Notodonta nitobei Matsumura, 1909b: 59.

分布（**Distribution**）：黑龙江（HL）、吉林（JL）；日本、朝鲜、俄罗斯

其他文献（**Reference**）：Cai, 1979a; Staudinger, 1892a; Wu *et* Fang, 2003h.

（380）阿内斑舟蛾 *Peridea aperta* Kobayashi *et* Kishida, 2008

Kobayashi *et al.*, 2008: 125.

分布（**Distribution**）：广西（GX）

其他文献（**Reference**）：Schintlmeister, 2008.

（381）卡内斑舟蛾 *Peridea clasnaumanni* Schintlmeister, 2005

Schintlmeister, 2005b: 165.

分布（**Distribution**）：江西（JX）、湖南（HN）、云南（YN）

其他文献（**Reference**）：Schintlmeister, 2008.

（382）分内斑舟蛾 *Peridea dichroma* Kiriakoff, 1959

Kiriakoff, 1959: 329.

分布（**Distribution**）：陕西（SN）、甘肃（GS）、湖北（HB）、四川（SC）；缅甸、越南

其他文献（**Reference**）：Wu *et* Fang, 2003h.

（382a）分内斑舟蛾锈色亚种 *Peridea dichroma rubrica* Schintlmeister *et* Fang, 2001

Schintlmeister *et* Fang, 2001: 63.

分布（**Distribution**）：陕西（SN）、甘肃（GS）、湖北（HB）、四川（SC）、贵州（GZ）

其他文献（**Reference**）：Wu *et* Fang, 2003h.

（383）厄内斑舟蛾 *Peridea elzet* Kiriakoff, 1963

Kiriakoff, 1963a: 285.

异名（**Synonym**）：

Peridea trachitso (nec. Oberthür): Cai, 1979a: 107.

分布（**Distribution**）：辽宁（LN）、北京（BJ）、山西（SX）、陕西（SN）、甘肃（GS）、江苏（JS）、浙江（ZJ）、江西（JX）、湖南（HN）、湖北（HB）、四川（SC）、重庆（CQ）、云南（YN）、福建（FJ）；日本、朝鲜

其他文献（**Reference**）：Schintlmeister, 1992; Wu *et* Fang, 2003h.

（384）濛内斑舟蛾 *Peridea gigantea* Butler, 1877

Butler, 1877: 474.

分布（**Distribution**）：黑龙江（HL）、吉林（JL）、内蒙古（NM）；日本、朝鲜、俄罗斯

其他文献（**Reference**）：Cai, 1979a; Schintlmeister, 1992; Wu *et* Fang, 2003h.

（384a）濛内斑舟蛾东北亚种 *Peridea gigantea monetaria* Oberthür, 1879

Oberthür, 1879a: 12.

分布（**Distribution**）：黑龙江（HL）、吉林（JL）、内蒙古（NM）；俄罗斯、朝鲜

（385）赭小内斑舟蛾 *Peridea graeseri* (Staudinger, 1892)

Staudinger, 1892a: 351.

异名（**Synonym**）：

Notodonta graeseri Staudinger, 1892a: 351;

Notodonta arnoldi Oberthür, 1911: 322.

分布（**Distribution**）：黑龙江（HL）、吉林（JL）、北京（BJ）、山西（SX）、陕西（SN）、甘肃（GS）、湖北（HB）、台湾（TW）；日本、朝鲜、俄罗斯

其他文献（**Reference**）：Cai, 1979a; Schintlmeister, 1992; Wu *et* Fang, 2003h.

（385a）赭小内斑舟蛾指名亚种 *Peridea graeseri graeseri* (Staudinger, 1892)

Staudinger, 1892a: 351.

分布（**Distribution**）：黑龙江（HL）、吉林（JL）、北京（BJ）、山西（SX）、陕西（SN）、甘肃（GS）、湖北（HB）；日本、朝鲜、俄罗斯

其他文献（**Reference**）：Wu *et* Fang, 2003h.

（385b）赭小内斑舟蛾台湾亚种 *Peridea graeseri tayal* Kishida, 1987

Kishida *et* Yazaki, 1987: 261.

分布（**Distribution**）：台湾（TW）

其他文献（**Reference**）：Wu *et* Fang, 2003h.

（386）扇内斑舟蛾 *Peridea grahami* (Schaus, 1928)

Schaus, 1928: 74.

异名（**Synonym**）：

Notodonta grahami Schaus, 1928: 74;

Notodonta scutellaris Bryk, 1949: 32.

分布（**Distribution**）：河北（HEB）、北京（BJ）、山西（SX）、陕西（SN）、甘肃（GS）、湖南（HN）、湖北（HB）、四川（SC）、云南（YN）、台湾（TW）；缅甸、越南

其他文献（**Reference**）：Cai, 1979a; Schintlmeister, 1992; Wu *et* Fang, 2003h.

（387）霍氏内斑舟蛾 *Peridea hoenei* Kiriakoff, 1963

Kiriakoff, 1963a: 284.

分布（**Distribution**）：云南（YN）

其他文献（**Reference**）：Schintlmeister, 1992; Wu *et* Fang, 2003h.

（388）简内斑舟蛾 *Peridea jankowskii* Oberthür, 1879

Oberthür, 1879a: 11.

异名（Synonym）：

Notodonta jankowski Oberthür, 1879a: 11.

别名（Common name）：黄小内斑舟蛾，简舟蛾

分布（Distribution）：黑龙江（HL）、吉林（JL）、辽宁（LN）；朝鲜

其他文献（Reference）：Cai, 1979a; Schintlmeister, 1992; Wu et Fang, 2003h.

（389）侧带内斑舟蛾 *Peridea lativitta* (Wileman, 1911)

Wileman, 1911b: 292.

异名（Synonym）：

Notodonta lativitta Wileman, 1911b: 292.

分布（Distribution）：黑龙江（HL）、吉林（JL）、辽宁（LN）、北京（BJ）、山西（SX）、山东（SD）、陕西（SN）、浙江（ZJ）、湖北（HB）；日本、朝鲜、俄罗斯

其他文献（Reference）：Cai, 1979a; Schintlmeister, 1992; Wu et Fang, 2003h.

（389a）侧带内斑舟蛾中原亚种 *Peridea lativitta interrupta* Kiriakoff, 1963

Kiriakoff, 1963a: 284.

分布（Distribution）：陕西（SN）、浙江（ZJ）、湖北（HB）、四川（SC）；韩国

其他文献（Reference）：Wu et Fang, 2003h.

（389b）侧带内斑舟蛾指名亚种 *Peridea lativitta lativitta* (Wileman, 1911)

Wileman, 1911b: 292.

分布（Distribution）：黑龙江（HL）、吉林（JL）、辽宁（LN）、北京（BJ）、山西（SX）、山东（SD）；日本、朝鲜、俄罗斯

其他文献（Reference）：Wu et Fang, 2003h.

（390）卵内斑舟蛾 *Peridea moltrechti* (Oberthür, 1911)

Oberthür, 1911: 322.

异名（Synonym）：

Notodonta moltrechti Oberthür, 1911: 322.

分布（Distribution）：黑龙江（HL）、吉林（JL）、北京（BJ）、陕西（SN）、湖南（HN）、四川（SC）；日本、朝鲜

其他文献（Reference）：Cai, 1979a; Schintlmeister, 1992; Wu et Fang, 2003h.

（391）锡金内斑舟蛾 *Peridea moorei* (Hampson, 1893)

Hampson, 1893b: 163.

异名（Synonym）：

Notodonta sikkima Moore, 1879b: 60;

Notodonta moorei Hampson, 1893b: 163.

分布（Distribution）：湖南（HN）、湖北（HB）、四川（SC）、云南（YN）、西藏（XZ）、福建（FJ）、台湾（TW）、广西（GX）、海南（HI）；尼泊尔、印度（锡金）、马来西亚、泰国、越南

其他文献（Reference）：Wu et Fang, 2003h.

（391a）锡金内斑舟蛾东方亚种 *Peridea moorei ochreipennis* Nakamura, 1973

Nakamura, 1973b: 54.

异名（Synonym）：

Peridea ochreipennis Nakamura, 1973b: 54.

分布（Distribution）：湖南（HN）、湖北（HB）、四川（SC）、福建（FJ）、台湾（TW）、广西（GX）、海南（HI）；泰国、越南、马来西亚

其他文献（Reference）：Schintlmeister, 1992; Wu et Fang, 2003h.

（391b）锡金内斑舟蛾指名亚种 *Peridea moorei moorei* (Hampson, 1893)

Hampson, 1893b: 163.

分布（Distribution）：云南（YN）、西藏（XZ）；尼泊尔、印度（锡金）

其他文献（Reference）：Moore, 1879b; Wu et Fang, 2003h.

（392）暗内斑舟蛾 *Peridea oberthuri* (Staudinger, 1892)

Staudinger, 1892a: 354.

异名（Synonym）：

Notodonta oberthuri Staudinger, 1892a: 354;

Mesodonta takasagonis Matsumura, 1929a: 42;

Peridea moneratia (nec. Oberthür): Cai, 1979a: 107.

分布（Distribution）：黑龙江（HL）、吉林（JL）、辽宁（LN）、台湾（TW）；朝鲜、日本、俄罗斯

其他文献（Reference）：Schintlmeister, 1992; Wu et Fang, 2003h.

89）围掌舟蛾属 *Periphalera* Kiriakoff, 1959

Kiriakoff, 1959: 314.

其他文献（Reference）：Wu et Fang, 2003h.

（393）白尾围掌舟蛾 *Periphalera albicauda* (Bryk, 1949)

Bryk, 1949: 8.

异名（Synonym）：

Phalera albicauda Bryk, 1949: 8.

分布（Distribution）：福建（FJ）、广西（GX）；缅甸、越南、泰国

其他文献（Reference）：Kiriakoff, 1959; Schintlmeister, 1992; Wu et Fang, 2003h.

（394）黑围掌舟蛾 *Periphalera melanius* Schintlmeister, 1997

Schintlmeister, 1997: 128.

分布（Distribution）：陕西（SN）、湖南（HN）、重庆（CQ）、云南（YN）

其他文献（Reference）：Wu et Fang, 2003h.

（395）棕围掌舟蛾 *Periphalera spadixa* Wu et Fang, 2003

Wu et Fang, 2003h: 596.

分布（Distribution）：云南（YN）；越南

其他文献（Reference）：Schintlmeister, 2008.

90）剑舟蛾属 *Pheosia* Hübner, [1819]

Hübner, [1819] 1816: 145.

异名（Synonym）：

Leiocampa Stephens, 1828: 24.

其他文献（Reference）：Wu et Fang, 2003h.

（396）白顶剑舟蛾 *Pheosia albivertex* (Hampson, 1892)

Hampson, 1892b: 152.

异名（Synonym）：

Stauropus albivertex Hampson, 1892b: 152.

分布（Distribution）：西藏（XZ）；克什米尔地区、尼泊尔、不丹、巴基斯坦

其他文献（Reference）：Kiriakoff, 1968; Schintlmeister et Fang, 2001; Wu et Fang, 2003h; Schintlmeister, 2008.

（397）佛剑舟蛾 *Pheosia buddhista* (Püngeler, 1899)

Püngeler, 1899: 289.

异名（Synonym）：

Notodonta buddhista Püngeler, 1899: 289.

分布（Distribution）：甘肃（GS）、青海（QH）、西藏（XZ）

其他文献（Reference）：Gaede, 1934; Schintlmeister, 1992; Wu et Fang, 2003h.

（398）戈剑舟蛾 *Pheosia gelupka* Gaede, 1934

Gaede, 1934: 178.

异名（Synonym）：

Pheosia buddhista f. *gelupka* Gaede, 1934: 178.

分布（Distribution）：陕西（SN）、甘肃（GS）、四川（SC）、云南（YN）、西藏（XZ）、福建（FJ）

其他文献（Reference）：Schintlmeister, 2008.

（399）杨剑舟蛾 *Pheosia rimosa* Packard, 1864

Packard, 1864: 358.

异名（Synonym）：

Pheosia fusiformis (nec. Matsumura): Cai, 1979a: 110;

Pheosia fusiformis continentalis Tshistjakov, 1985: 59.

分布（Distribution）：黑龙江（HL）、吉林（JL）、内蒙古（NM）、北京（BJ）、山西（SX）、陕西（SN）、甘肃（GS）、新疆（XJ）、台湾（TW）；日本、朝鲜、俄罗斯

其他文献（Reference）：Schintlmeister, 1992; Wu et Fang, 2003h.

（399a）杨剑舟蛾指名亚种 *Pheosia rimosa rimosa* Packard, 1864

Packard, 1864: 358.

分布（Distribution）：黑龙江（HL）、吉林（JL）、内蒙古（NM）、北京（BJ）、山西（SX）、陕西（SN）、甘肃（GS）、新疆（XJ）；日本、朝鲜、俄罗斯

其他文献（Reference）：Schintlmeister, 1992; Wu et Fang, 2003h.

（399b）杨剑舟蛾台湾亚种 *Pheosia rimosa taiwanognoma* Nakamura, 1973

Nakamura, 1973b: 53.

异名（Synonym）：

Pheosia taiwanognoma Nakamura, 1973b: 53.

分布（Distribution）：台湾（TW）

其他文献（Reference）：Schintlmeister, 1992; Wu et Fang, 2003h.

91）夙舟蛾属 *Pheosiopsis* Bryk, 1949

Bryk, 1949: 33.

其他文献（Reference）：Wu et Fang, 2003h.

（400）悦夙舟蛾 *Pheosiopsis optata* Schintlmeister, 1997

Schintlmeister, 1997: 126.

分布（Distribution）：云南（YN）、海南（HI）；越南

其他文献（Reference）：Wu et Fang, 2003h.

（401）心白夙舟蛾 *Pheosiopsis alboaccentuata* (Oberthür, 1911)

Oberthür, 1911: 336.

异名（Synonym）：

Microphalera alboaccentuata Oberthür, 1911: 336.

分布（Distribution）：陕西（SN）、四川（SC）

其他文献（Reference）：Schintlmeister et Fang, 2001; Wu et Fang, 2003h.

（402）苍白夙舟蛾 *Pheosiopsis inconspicua* (Kiriakoff, 1963)

Kiriakoff, 1963a: 272.

异名（Synonym）：

Metriaeschra pallidior Kiriakoff, 1963a: 271;

Oligaeschra inconspicua Kiriakoff, 1963a: 272.

分布（Distribution）：山西（SX）、陕西（SN）

其他文献（Reference）：Schintlmeister, 1992; Schintlmeister et Fang, 2001; Wu et Fang, 2003h.

（403）平夙舟蛾 *Pheosiopsis li* Schintlmeister, 1997

Schintlmeister, 1997: 125.

分布（Distribution）：陕西（SN）、云南（YN）；越南

其他文献（Reference）：Wu et Fang, 2003h.

（404）路夙舟蛾 *Pheosiopsis luscinicola* (Nakamura, 1973)

Nakamura, 1973b: 56.

异名（Synonym）：

Suzukia (*Pheosiopsis*) *luscinicola* Nakamura, 1973b: 56.

分布（Distribution）：台湾（TW）

其他文献（Reference）：Schintlmeister, 1992; Wu *et* Fang, 2003h.

（405）顶夙舟蛾 *Pheosiopsis plutenkoi* Schintlmeister *et* Fang, 2001

Schintlmeister *et* Fang, 2001: 78.

分布（Distribution）：陕西（SN）

其他文献（Reference）：Wu *et* Fang, 2003h.

（406）荣夙舟蛾 *Pheosiopsis ronbrechlini* Schintlmeister *et* Fang, 2001

Schintlmeister *et* Fang, 2001: 79.

分布（Distribution）：云南（YN）

其他文献（Reference）：Wu *et* Fang, 2003h.

（407）微绒夙舟蛾 *Pheosiopsis subvelutina* (Kiriakoff, 1963)

Kiriakoff, 1963a: 271.

异名（Synonym）：

Oligaeschra subvelutina Kiriakoff, 1963a: 271.

分布（Distribution）：云南（YN）

其他文献（Reference）：Schintlmeister, 1992; Wu *et* Fang, 2003h.

（408）奥夙舟蛾 *Pheosiopsis abalienata* Kishida *et* Kobayashi, 2005

Kobayashi *et al*., 2005: 328.

分布（Distribution）：湖南（HN）、广东（GD）、广西（GX）

其他文献（Reference）：Schintlmeister, 2008.

（409）角夙舟蛾 *Pheosiopsis antennalis* (Bryk, 1949)

Bryk, 1949: 33.

异名（Synonym）：

Notodonta antennalis Bryk, 1949: 33.

分布（Distribution）：陕西（SN）、四川（SC）、贵州（GZ）、云南（YN）、西藏（XZ）；印度（锡金）、越南、缅甸

其他文献（Reference）：Schintlmeister *et* Fang, 2001; Wu *et* Fang, 2003h.

（410）碧夙舟蛾 *Pheosiopsis birmidonta* (Bryk, 1949)

Bryk, 1949: 31.

异名（Synonym）：

Notodonta flavicincta birmidonta Bryk, 1949: 31.

分布（Distribution）：四川（SC）、云南（YN）；缅甸

其他文献（Reference）：Kiriakoff, 1959, 1968; Schintlmeister, 1992; Wu *et* Fang, 2003h.

（411）黛尔夙舟蛾 *Pheosiopsis dierli* Sugi, 1992

Sugi, 1992: 102.

异名（Synonym）：

Pheosiopsis diehli Dierl, 1976b: 83.

分布（Distribution）：广西（GX）；尼泊尔、印度（锡金）、泰国、越南

其他文献（Reference）：Wu *et* Fang, 2003h.

（412）噶夙舟蛾 *Pheosiopsis gaedei* Schintlmeister, 1989

Schintlmeister, 1989b: 111.

分布（Distribution）：陕西（SN）、浙江（ZJ）、湖南（HN）、湖北（HB）、云南（YN）；越南

其他文献（Reference）：Wu *et* Fang, 2003h.

（412a）噶夙舟蛾指名亚种 *Pheosiopsis gaedei gaedei* Schintlmeister, 1989

Schintlmeister, 1989b: 111.

分布（Distribution）：陕西（SN）、浙江（ZJ）、湖南（HN）、湖北（HB）、四川（SC）

其他文献（Reference）：Schintlmeister, 2008.

（412b）噶夙舟蛾越南亚种 *Pheosiopsis gaedei kuni* Schintlmeister, 2008

Schintlmeister, 2008: 279.

分布（Distribution）：云南（YN）；越南

（413）姬夙舟蛾 *Pheosiopsis gilda* Schintlmeister, 1997

Schintlmeister, 1997: 121.

分布（Distribution）：云南（YN）、海南（HI）；越南

其他文献（Reference）：Wu *et* Fang, 2003h.

（414）穆夙舟蛾 *Pheosiopsis mulieris* Kobayashi *et* Kishida, 2008

Kobayashi *et al*., 2008: 122.

分布（Distribution）：广东（GD）

其他文献（Reference）：Schintlmeister, 2008.

（415）雪花夙舟蛾 *Pheosiopsis niveipicta* Bryk, 1949

Bryk, 1949: 33.

分布（Distribution）：陕西（SN）、湖北（HB）、云南（YN）；缅甸、泰国

其他文献（Reference）：Schintlmeister *et* Fang, 2001; Wu *et* Fang, 2003h.

（416）努夙舟蛾 *Pheosiopsis norina* Schintlmeister, 1989

Schintlmeister, 1989b: 111.

分布（Distribution）：云南（YN）；越南、泰国

其他文献（Reference）：Wu *et* Fang, 2003h; Schintlmeister, 2008.

（417）灰白夙舟蛾 *Pheosiopsis pallidogriseus* Schintlmeister, 1997

Schintlmeister, 1997: 123.

分布（Distribution）：陕西（SN）、湖北（HB）、贵州（GZ）、

广西（GX）；越南

其他文献（Reference）：Wu *et* Fang, 2003h.

（417a）灰白夙舟蛾西部亚种 *Pheosiopsis pallidogriseus lassus* Schintlmeister, 2008

Schintlmeister, 2008: 278.

分布（Distribution）：陕西（SN）、湖北（HB）、四川（SC）

（417b）灰白夙舟蛾指名亚种 *Pheosiopsis pallidogriseus pallidogriseus* Schintlmeister, 1997

Schintlmeister, 1997: 123.

分布（Distribution）：湖南（HN）、贵州（GZ）、广东（GD）、广西（GX）；越南

其他文献（Reference）：Schintlmeister, 2008.

（418）绿夙舟蛾 *Pheosiopsis viresco* Schintlmeister, 1997

Schintlmeister, 1997: 122.

分布（Distribution）：湖南（HN）；越南

其他文献（Reference）：Wu *et* Fang, 2003h.

（419）岐夙舟蛾 *Pheosiopsis abludo* Schintlmeister *et* Fang, 2001

Schintlmeister *et* Fang, 2001: 78.

分布（Distribution）：陕西（SN）、湖北（HB）

其他文献（Reference）：Wu *et* Fang, 2003h.

（420）阿里山夙舟蛾 *Pheosiopsis alishanensis* (Kishida, 1990)

Kishida, 1990: 16.

异名（Synonym）：

Suzukiana alishanensis Kishida, 1990: 16.

分布（Distribution）：台湾（TW）

其他文献（Reference）：Schintlmeister *et* Fang, 2001; Wu *et* Fang, 2003h.

（421）喜夙舟蛾 *Pheosiopsis cinerea* (Butler, 1879)

Butler, 1879b: 353.

异名（Synonym）：

Peridea cinerea Butler, 1879b: 353;

Notodonta suzukii Takeuchi, 1916: 94.

别名（Common name）：夙舟蛾

分布（Distribution）：中国；日本、朝鲜、俄罗斯

其他文献（Reference）：Cai, 1979a; Schintlmeister, 1992; Wu *et* Fang, 2003h.

（421a）喜夙舟蛾秦岭亚种 *Pheosiopsis cinerea canescens* (Kiriakoff, 1963)

Kiriakoff, 1963a: 266.

异名（Synonym）：

Suzukia cinerea canescens Kiriakoff, 1963a: 266.

分布（Distribution）：北京（BJ）、山西（SX）、陕西（SN）、甘肃（GS）、浙江（ZJ）、湖南（HN）、湖北（HB）、四川（SC）、云南（YN）

其他文献（Reference）：Schintlmeister *et* Fang, 2001; Wu *et* Fang, 2003h.

（421b）喜夙舟蛾台湾亚种 *Pheosiopsis cinerea formosana* (Okano, 1959)

Okano, 1959: 39.

异名（Synonym）：

Suzukia formosana Okano, 1959: 39.

分布（Distribution）：台湾（TW）

其他文献（Reference）：Schintlmeister, 1992; Wu *et* Fang, 2003h.

（421c）喜夙舟蛾乌苏亚种 *Pheosiopsis cinerea ussuriensis* (Moltrecht, 1914)

Moltrecht, 1914: 34.

异名（Synonym）：

Notodonta cinerea ussuriensis Moltrecht, 1914: 34.

分布（Distribution）：吉林（JL）；朝鲜、俄罗斯

其他文献（Reference）：Schintlmeister, 1992; Wu *et* Fang, 2003h.

（422）吉夙舟蛾 *Pheosiopsis gefion* Schintlmeister, 1997

Schintlmeister, 1997: 124.

分布（Distribution）：海南（HI）；越南

其他文献（Reference）：Schintlmeister *et* Fang, 2001; Wu *et* Fang, 2003h.

（423）林夙舟蛾 *Pheosiopsis linus* Schintlmeister, 2005

Schintlmeister, 2005b: 109.

分布（Distribution）：台湾（TW）

其他文献（Reference）：Schintlmeister, 2008.

（424）新角夙舟蛾 *Pheosiopsis pseudoantennalis* Schintlmeister, 2008

Schintlmeister, 2008: 280.

分布（Distribution）：云南（YN）；越南、缅甸、印度

（425）川夙舟蛾 *Pheosiopsis sichuanensis* (Cai, 1981)

Cai, 1981: 96.

异名（Synonym）：

Suzukia sichuanensis Cai, 1981: 96;

Pheosiopsis (Suzukiana) musette Schintlmeister, 1989b: 111.

分布（Distribution）：湖南（HN）、湖北（HB）、四川（SC）、重庆（CQ）、云南（YN）、福建（FJ）；越南、泰国、老挝

其他文献（Reference）：Schintlmeister *et* Fang, 2001; Wu *et* Fang, 2003h.

（426）歇夙舟蛾 *Pheosiopsis xiejiana* **Kobayashi** *et* **Wang, 2005**

Kobayashi *et al*., 2005: 329.

分布（**Distribution**）：湖南（HN）、广东（GD）、广西（GX）

其他文献（**Reference**）：Schintlmeister, 2008.

92）拟纷舟蛾属 *Pseudofentonia* Strand, 1912

Strand, 1912: 40.

其他文献（**Reference**）：Wu *et* Fang, 2003h.

（427）弱拟纷舟蛾 *Pseudofentonia diluta* (Hampson, 1910)

Hampson, 1910: 92.

异名（**Synonym**）：

Stauropus diluta Hampson, 1910: 92.

分布（**Distribution**）：江苏（JS）、浙江（ZJ）、江西（JX）、湖南（HN）、湖北（HB）、四川（SC）、重庆（CQ）、贵州（GZ）、云南（YN）、福建（FJ）、台湾（TW）、广东（GD）、广西（GX）、海南（HI）；日本、缅甸、印度、尼泊尔、缅甸、泰国、越南、马来西亚、印度尼西亚

其他文献（**Reference**）：Schintlmeister, 1992, 1997; Wu *et* Fang, 2003h.

（427a）弱拟纷舟蛾大陆亚种 *Pseudofentonia diluta abraama* (Schaus, 1928)

Schaus, 1928: 78.

异名（**Synonym**）：

Fentonia abraama Schaus, 1928: 78.

分布（**Distribution**）：江苏（JS）、浙江（ZJ）、江西（JX）、湖南（HN）、湖北（HB）、四川（SC）、重庆（CQ）、贵州（GZ）、云南（YN）、福建（FJ）、广东（GD）、广西（GX）、海南（HI）；越南

其他文献（**Reference**）：Cai, 1979a; Schintlmeister, 1992, 1997; Wu *et* Fang, 2003h.

（427b）弱拟纷舟蛾台湾亚种 *Pseudofentonia diluta variegata* (Wileman, 1910)

Wileman, 1910: 290.

异名（**Synonym**）：

Fentonia variegata Wileman, 1910: 290.

分布（**Distribution**）：台湾（TW）

其他文献（**Reference**）：Schintlmeister, 1992; Schintlmeister *et* Fang, 2001; Wu *et* Fang, 2003h.

（428）段拟纷舟蛾 *Pseudofentonia dua* **Schintlmeister, 1997**

Schintlmeister, 1997: 113.

分布（**Distribution**）：福建（FJ）；越南

其他文献（**Reference**）：Wu *et* Fang, 2003h.

（429）灰拟纷舟蛾 *Pseudofentonia grisescens* **Gaede, 1934**

Gaede, 1934: 22.

异名（**Synonym**）：

Pseudofentonia obliquiplaga forma *grisescens* Gaede, 1930: 642;

Disparia obliquiplaga grisescens Gaede, 1934: 22;

Neodrymonia obliquiplaga (nec. Moore): Cai, 1979a: 69.

别名（**Common name**）：斜带新林舟蛾

分布（**Distribution**）：湖南（HN）、四川（SC）、福建（FJ）、广东（GD）

其他文献（**Reference**）：Schintlmeister, 1992; Wu *et* Fang, 2003h.

（430）黛拟纷舟蛾 *Pseudofentonia tiga* **Schintlmeister, 1997**

Schintlmeister, 1997: 115.

分布（**Distribution**）：云南（YN）；越南

其他文献（**Reference**）：Wu *et* Fang, 2003h.

（431）埃拟纷舟蛾 *Pseudofentonia aemuli* **Kobayashi** *et* **Kishida, 2005**

Kobayashi *et al*., 2005: 328.

分布（**Distribution**）：广东（GD）

其他文献（**Reference**）：Schintlmeister, 2008.

（432）黑带拟纷舟蛾 *Pseudofentonia emiror* **Schintlmeister, 1989**

Schintlmeister, 1989b: 109.

异名（**Synonym**）：

Neodrymonia basalis (nec. Moore): Cai, 1979a: 68.

别名（**Common name**）：黑带新林舟蛾

分布（**Distribution**）：浙江（ZJ）、江西（JX）

其他文献（**Reference**）：Schintlmeister, 1992; Wu *et* Fang, 2003h.

（433）中村拟纷舟蛾 *Pseudofentonia nakamurai* (Sugi, 1990)

Sugi, 1990: 162.

异名（**Synonym**）：

Pseudofentonia (*Formotensha*) *kezukai* ab. *obsequia* Nakamura, 1973b: 58;

Neodrymonia nakamurai Sugi, 1990: 162.

分布（**Distribution**）：台湾（TW）

其他文献（**Reference**）：Schintlmeister *et* Fang, 2001; Wu *et* Fang, 2003h.

（434）玛拟纷舟蛾 *Pseudofentonia mars* **Kobayashi** *et* **Wang, 2003**

Kobayashi *et al*., 2003: 232.

分布（**Distribution**）：湖南（HN）、福建（FJ）、广东（GD）、

广西（GX）

其他文献（Reference）：Schintlmeister, 2008.

（435）白中拟纷舟蛾 *Pseudofentonia medioalbida* Nakamura, 1973

Nakamura, 1973a: 76.

异名（Synonym）：

Pseudofentonia (Disparia) medioalbida Nakamura, 1973a: 76.

分布（Distribution）：台湾（TW）

其他文献（Reference）：Schintlmeister, 1992; Wu *et* Fang, 2003h.

（436）黑纹拟纷舟蛾 *Pseudofentonia nigrofasciata* (Wileman, 1910)

Wileman, 1910: 290.

异名（Synonym）：

Fentonia nigrofasciata Wileman, 1910: 290;

Disparia wilemani Matsumura, 1925b: 393.

分布（Distribution）：台湾（TW）

其他文献（Reference）：Schintlmeister, 1992; Wu *et* Fang, 2003h.

（437）布拟纷舟蛾 *Pseudofentonia brechlini* Schintlmeister, 1997

Schintlmeister, 1997: 114.

分布（Distribution）：广东（GD）、广西（GX）；越南

其他文献（Reference）：Schintlmeister, 2008.

（437a）布拟纷舟蛾南岭亚种 *Pseudofentonia brechlini nanlingensis* Kishida *et* Wang, 2003

Kobayashi *et al.*, 2003: 233.

分布（Distribution）：广东（GD）、广西（GX）

其他文献（Reference）：Schintlmeister, 2008.

（438）散拟纷舟蛾 *Pseudofentonia difflua* Schintlmeister, 2007

Schintlmeister *et* Pinratana, 2007: 181.

分布（Distribution）：湖南（HN）、云南（YN）；泰国

（438a）散拟纷舟蛾中南亚种 *Pseudofentonia difflua ampat* Schintlmeister, 2008

Schintlmeister, 2008: 257.

分布（Distribution）：湖南（HN）

（438b）散拟纷舟蛾指名亚种 *Pseudofentonia difflua difflua* Schintlmeister, 2007

Schintlmeister *et* Pinratana, 2007: 181.

分布（Distribution）：云南（YN）；泰国

其他文献（Reference）：Schintlmeister, 2008.

（439）斑拟纷舟蛾 *Pseudofentonia maculata* (Moore, 1879)

Moore, 1879b: 60.

异名（Synonym）：

Heterocampa maculata Moore, 1879b: 60.

分布（Distribution）：江西（JX）、云南（YN）、福建（FJ）、台湾（TW）；印度（北部）、越南

其他文献（Reference）：Kiriakoff, 1968; Schintlmeister, 1992; Wu *et* Fang, 2003h.

（440）银拟纷舟蛾 *Pseudofentonia argentifera* (Moore, 1866)

Moore, 1866: 813.

异名（Synonym）：

Hererocampa argentifera Moore, 1866: 813;

Pseudofentonia (Formotenshan) kezukai Nakamura, 1973b: 57.

分布（Distribution）：湖南（HN）、四川（SC）、云南（YN）、台湾（TW）；印度（北部）、尼泊尔、缅甸、越南、印度尼西亚

其他文献（Reference）：Schintlmeister, 1992; Wu *et* Fang, 2003h.

（440a）银拟纷舟蛾西南亚种 *Pseudofentonia argentifera antiflavus* Schintlmeister, 1997

Schintlmeister, 1997: 111.

分布（Distribution）：湖南（HN）、四川（SC）、云南（YN）；越南

其他文献（Reference）：Wu *et* Fang, 2003h.

（440b）银拟纷舟蛾指名亚种 *Pseudofentonia argentifera argentifera* (Moore, 1866)

Moore, 1866: 813.

异名（Synonym）：

Heterocampa argentifera Moore, 1866: 813.

分布（Distribution）：台湾（TW）；印度（北部）、尼泊尔、缅甸、印度尼西亚

其他文献（Reference）：Wu *et* Fang, 2003h.

（441）绿拟纷舟蛾 *Pseudofentonia plagiviridis* (Moore, 1879)

Moore, 1879b: 61.

异名（Synonym）：

Heterocampa plagiviridis Moore, 1879b: 61.

别名（Common name）：绿间掌舟蛾

分布（Distribution）：云南（YN）；印度、尼泊尔、缅甸、越南、泰国

其他文献（Reference）：Nakamura, 1974; Kiriakoff, 1968; Cai, 1979a; Schintlmeister, 1992, 1997; Wu *et* Fang, 2003h.

（441a）绿拟纷舟蛾大型亚种 *Pseudofentonia plagiviridis maximum* Schintlmeister, 1997

Schintlmeister, 1997: 112.

分布（Distribution）：云南（YN）、台湾（TW）；泰国、越南

其他文献（**Reference**）：Schintlmeister, 2008.

93）仿夜舟蛾属 *Pseudosomera* Bender *et* Steiniger, 1984

Bender *et* Steiniger, 1984: 27.
其他文献（**Reference**）：Wu *et* Fang, 2003h.

（442）仿夜舟蛾 *Pseudosomera noctuiformis* Bender *et* Steiniger, 1984

Bender *et* Steiniger, 1984: 27.
分布（**Distribution**）：甘肃（GS）、重庆（CQ）、云南（YN）、台湾（TW）；越南、泰国、印度尼西亚
其他文献（**Reference**）：Wu *et* Fang, 2003h.

（442a）仿夜舟蛾云雾亚种 *Pseudosomera noctuiformis yunwu* Schintlmeister *et* Fang, 2001

Schintlmeister *et* Fang, 2001: 81.
分布（**Distribution**）：甘肃（GS）、重庆（CQ）、云南（YN）；泰国
其他文献（**Reference**）：Wu *et* Fang, 2003h.

94）岩舟蛾属 *Rachiades* Kiriakoff, 1967

Kiriakoff, 1967a: 123.
异名（**Synonym**）：
Horaia Nakamura, 1973b: 55;
Hypostaurella Kiriakoff, 1974: 397;
Pulia Kiriakoff, 1974: 406;
Peridopsis Nakamura, 1976a: 50.
其他文献（**Reference**）：Wu *et* Fang, 2003h.

（443）苔岩舟蛾 *Rachiades lichenicolor* (Oberthür, 1911)

Oberthür, 1911: 336.
异名（**Synonym**）：
Semidonta lichenicolor Oberthür, 1911: 336.
分布（**Distribution**）：北京（BJ）、陕西（SN）、甘肃（GS）、湖北（HB）、四川（SC）、云南（YN）、福建（FJ）、台湾（TW）、海南（HI）
其他文献（**Reference**）：Kiriakoff, 1967a; Schintlmeister, 1992; Wu *et* Fang, 2003h.

（443a）苔岩舟蛾台湾亚种 *Rachiades lichenicolor albimaculata* (Okano, 1958)

Okano, 1958: 52.
异名（**Synonym**）：
Peridea albimaculata Okano, 1958: 52.
分布（**Distribution**）：台湾（TW）
其他文献（**Reference**）：Schintlmeister, 1992; Schintlmeister *et* Fang, 2001; Wu *et* Fang, 2003h.

（443b）苔岩舟蛾指名亚种 *Rachiades lichenicolor lichenicolor* (Oberthür, 1911)

Oberthür, 1911: 336.
异名（**Synonym**）：
Semidonta lichenicolor Oberthür, 1911: 336.
分布（**Distribution**）：甘肃（GS）、四川（SC）、重庆（CQ）、云南（YN）、西藏（XZ）
其他文献（**Reference**）：Schintlmeister *et* Fang, 2001; Wu *et* Fang, 2003h.

（443c）苔岩舟蛾陕甘亚种 *Rachiades lichenicolor murzini* Schintlmeister *et* Fang, 2001

Schintlmeister *et* Fang, 2001: 64.
分布（**Distribution**）：北京（BJ）、陕西（SN）、甘肃（GS）、湖北（HB）
其他文献（**Reference**）：Wu *et* Fang, 2003h.

（443d）苔岩舟蛾南方亚种 *Rachiades lichenicolor siamensis* Sugi, 1993

Sugi, 1993: 150.
异名（**Synonym**）：
Rachiades siamensis Sugi, 1993: 150.
分布（**Distribution**）：云南（YN）、福建（FJ）、海南（HI）；泰国、越南
其他文献（**Reference**）：Schintlmeister *et* Fang, 2001; Wu *et* Fang, 2003h.

95）申舟蛾属 *Schintlmeistera* Kemal *et* Kocak, 2005

Kemal *et* Kocak, 2005: 12.
异名（**Synonym**）：
Lupa Schintlmeister, 1997: 126.
其他文献（**Reference**）：Wu *et* Fang, 2003h; Schintlmeister, 2008.

（444）罗申舟蛾 *Schintlmeistera lupanaria* (Schintlmeister, 1997)

Schintlmeister, 1997: 126.
异名（**Synonym**）：
Pheosiopsis (*Lupa*) *lupanaria* Schintlmeister, 1997: 126.
分布（**Distribution**）：云南（YN）、海南（HI）；越南
其他文献（**Reference**）：Wu *et* Fang, 2003h; Schintlmeister, 2008.

96）半齿舟蛾属 *Semidonta* Staudinger, 1892

Staudinger, 1892a: 358.
异名（**Synonym**）：
Sinodonta Kiriakoff, 1967a: 107.
其他文献（**Reference**）：Wu *et* Fang, 2003h.

（445）大半齿舟蛾 _Semidonta basalis_ (Moore, 1865)

Moore, 1865: 813.

异名（Synonym）：

Notodonta basalis Moore, 1865: 813;

Semidonta bidens Oberthür, 1914: 59.

分布（Distribution）： 陕西（SN）、甘肃（GS）、浙江（ZJ）、江西（JX）、湖南（HN）、湖北（HB）、四川（SC）、云南（YN）、福建（FJ）、台湾（TW）、广东（GD）、广西（GX）、海南（HI）；印度、尼泊尔、泰国、越南

其他文献（Reference）： Schintlmeister, 1992; Wu _et_ Fang, 2003h.

（446）半齿舟蛾 _Semidonta biloba_ (Oberthür, 1880)

Oberthür, 1880: 63.

异名（Synonym）：

Drymonia biloba Oberthür, 1880: 63.

分布（Distribution）： 黑龙江（HL）、吉林（JL）；日本、朝鲜

其他文献（Reference）： Kiriakoff, 1967a; Cai, 1979a; Schintlmeister, 1992; Wu _et_ Fang, 2003h.

97）沙舟蛾属 _Shaka_ Matsumura, 1920

Matsumura, 1920a: 143.

异名（Synonym）：

Brachionycoides Marumo, 1920: 316;

Nagandopsis Matsumura, 1934a: 152.

其他文献（Reference）： Wu _et_ Fang, 2003h.

（447）沙舟蛾 _Shaka atrovittatus_ (Bremer, 1861)

Bremer, 1861: 483.

异名（Synonym）：

Brachionycha (_Asteroscopus_) _atrovittata_ Bremer, 1861: 483;

Destolmia insignis Butler, 1881a: 19;

Notodonta toddii Holland, 1889: 311;

Nagandopsis kawachiensis Matsumura, 1934a: 153;

Shaka atristrigatus Yang _et_ Lee, 1978: 508.

别名（Common name）： 黑条沙舟蛾

分布（Distribution）： 黑龙江（HL）、吉林（JL）、辽宁（LN）、河北（HEB）、北京（BJ）、山西（SX）、陕西（SN）、甘肃（GS）、江西（JX）、湖南（HN）、四川（SC）、云南（YN）、台湾（TW）；日本、朝鲜、俄罗斯

其他文献（Reference）： Cai, 1979a; Schintlmeister, 1992; Wu _et_ Fang, 2003h.

（447a）沙舟蛾指名亚种 _Shaka atrovittatus atrovittatus_ (Bremer, 1861)

Bremer, 1861: 483.

异名（Synonym）：

Brachionycha (_Asteroscopus_) _atrovittata_ Bremer, 1861: 483.

分布（Distribution）： 黑龙江（HL）、吉林（JL）、辽宁（LN）、

河北（HEB）、北京（BJ）、山西（SX）、陕西（SN）、甘肃（GS）、江西（JX）、湖南（HN）、四川（SC）、云南（YN）；日本、朝鲜

其他文献（Reference）： Wu _et_ Fang, 2003h.

（447b）沙舟蛾台湾亚种 _Shaka atrovittatus mushana_ (Matsumura, 1929)

Matsumura, 1929a: 41.

异名（Synonym）：

Notodonta mushana Matsumura, 1929a: 41.

分布（Distribution）： 台湾（TW）

其他文献（Reference）： Schintlmeister, 1992; Wu _et_ Fang, 2003h.

6. 掌舟蛾亚科 Phalerinae Butler, 1886

Butler, 1886: 8.

98）掌舟蛾属 _Phalera_ Hübner, 1819

Hübner, 1819: 147.

异名（Synonym）：

Acrosema Meigen, 1830: 24;

Hammatophora Westwood, 1843a: 63;

Anticyra Walker, 1855b: 1091;

Dinara Walker, 1856: 1699;

Horishachia Matsumura, 1929a: 40;

Phaleromimus Bryk, 1949: 9;

Erconholda Kiriakoff, 1968: 220.

其他文献（Reference）： Wu _et_ Fang, 2003h.

（448）阿掌舟蛾 _Phalera abnoctans_ Kobayashi _et_ Kishida, 2006

Kobayashi _et al._, 2006: 150.

分布（Distribution）： 四川（SC）、云南（YN）、广东（GD）

其他文献（Reference）： Schintlmeister, 2008.

（449）婀掌舟蛾 _Phalera aciei_ Wang _et_ Kobayashi, 2006

Kobayashi _et al._, 2006: 145.

分布（Distribution）： 广东（GD）

其他文献（Reference）： Schintlmeister, 2008.

（450）雪花掌舟蛾 _Phalera albizziae_ Mell, 1931

Mell, 1931: 379.

异名（Synonym）：

Phalera niveomaculata Kiriakoff, 1963a: 260.

分布（Distribution）： 江西（JX）、福建（FJ）

其他文献（Reference）： Schintlmeister, 1992; Wu _et_ Fang, 2003h.

（451）鞋掌舟蛾 _Phalera albocalceolata_ (Bryk, 1949)

Bryk, 1949: 9.

异名（**Synonym**）：

Phalerominus albocalceolata Bryk, 1949: 9.

分布（**Distribution**）：江苏（JS）、云南（YN）；泰国、越南、缅甸

其他文献（**Reference**）：Cai *et* Wang, 1987；Wu *et* Fang, 2003h.

（452）宽掌舟蛾 *Phalera alpherakyi* Leech, 1898

Leech, 1898: 299.

分布（**Distribution**）：北京（BJ）、山西（SX）、陕西（SN）、甘肃（GS）、江苏（JS）、浙江（ZJ）、湖北（HB）、四川（SC）、云南（YN）、福建（FJ）、广西（GX）；越南

其他文献（**Reference**）：Wu *et* Fang, 2003h.

（453）窄掌舟蛾 *Phalera angustipennis* Matsumura, 1919

Matsumura, 1919a: 78.

分布（**Distribution**）：辽宁（LN）；日本、朝鲜

其他文献（**Reference**）：Wu *et* Fang, 2003h, 2004b.

（454）银掌舟蛾 *Phalera argenteolepis* Schintlmeister, 1997

Schintlmeister, 1997: 137.

分布（**Distribution**）：云南（YN）；越南

其他文献（**Reference**）：Wu *et* Fang, 2003h.

（455）栎掌舟蛾 *Phalera assimilis* (Bremer *et* Grey, 1853)

Bremer *et* Grey, 1853: 64.

异名（**Synonym**）：

Phalera staudingeri Alpheraky, 1895: 187；
Phalera ningpoana Felder *et* Felder, 1862: 37；
Phalera fuscescens Butler, 1881c: 597；
Phalera jesoensis Matsumura, 1919a: 78；
Phalera muku Matsumura, 1934b: 173.

别名（**Common name**）：彩节天社蛾，黄斑天社蛾，栎黄斑天社蛾，栎黄掌舟蛾，麻栎毛虫，肖黄掌舟蛾，榆天社蛾

分布（**Distribution**）：辽宁（LN）、河北（HEB）、北京（BJ）、山西（SX）、河南（HEN）、陕西（SN）、甘肃（GS）、江苏（JS）、浙江（ZJ）、江西（JX）、湖南（HN）、湖北（HB）、四川（SC）、重庆（CQ）、云南（YN）、福建（FJ）、台湾（TW）、广西（GX）、海南（HI）；朝鲜、日本、俄罗斯

其他文献（**Reference**）：Matsumura, 1934b；Cai, 1979a；Schintlmeister, 1992；Wu *et* Fang, 2003h.

（455a）栎掌舟蛾指名亚种 *Phalera assimilis assimilis* (Bremer *et* Grey, 1853)

Bremer *et* Grey, 1853: 64.

分布（**Distribution**）：辽宁（LN）、河北（HEB）、北京（BJ）、山西（SX）、河南（HEN）、陕西（SN）、甘肃（GS）、江苏（JS）、浙江（ZJ）、江西（JX）、湖南（HN）、湖北（HB）、四川（SC）、云南（YN）、福建（FJ）、广西（GX）、海南（HI）；俄罗斯、朝鲜、日本

（455b）栎掌舟蛾台湾亚种 *Phalera assimilis formosicola* Matsumura, 1934

Matsumura, 1934b: 172.

分布（**Distribution**）：台湾（TW）

（456）短掌舟蛾 *Phalera brevisa* Wu *et* Fang, 2003

Wu *et* Fang, 2003h: 729.

分布（**Distribution**）：云南（YN）

（457）圆掌舟蛾 *Phalera bucephala* (Linnaeus, 1758)

Linnaeus, 1758: 508.

异名（**Synonym**）：

Phalaena Noctua bucephala Linnaeus, 1758: 508；
Phalaena bucephala infulgens Graeser, 1888: 146.

别名（**Common name**）：牛头天社蛾，银色天社蛾，圆黄掌舟蛾

分布（**Distribution**）：黑龙江（HL）、吉林（JL）、内蒙古（NM）、新疆（XJ）；朝鲜、俄罗斯（西伯利亚）；亚洲（东部）、欧洲、非洲（东北部）

其他文献（**Reference**）：Cai, 1979a；Schintlmeister, 1992；Wu *et* Fang, 2003h.

（458）高粱掌舟蛾 *Phalera combusta* (Walker, 1855)

Walker, 1855b: 1092.

异名（**Synonym**）：

Dinara combusta (Walker): Cai, 1979a: 61；
Anticyra combusta Walker, 1855b: 1092；
Dinara lineolata Walker, 1856: 1700.

别名（**Common name**）：瞪眼虎，高粱大青虫，高粱黏虫，高粱天社蛾，高粱掌舟蛾，望天猴

分布（**Distribution**）：河北（HEB）、北京（BJ）、云南（YN）、福建（FJ）、台湾（TW）、广西（GX）；印度、尼泊尔、越南、缅甸、泰国、老挝、印度尼西亚、马来西亚、菲律宾

其他文献（**Reference**）：Kiriakoff, 1968；Cai, 1979a；Schintlmeister, 1992；Wu *et* Fang, 2003h.

（459）葛藤掌舟蛾 *Phalera cossioides* Walker, 1863

Walker, 1863: 80.

异名（**Synonym**）：

Phalera procera (nec. Felder): Cai, 1979a: 60.

分布（**Distribution**）：云南（YN）、广西（GX）；印度、泰国、越南、老挝

其他文献（**Reference**）：Wu *et* Fang, 2003h.

（460）白斑掌舟蛾 *Phalera elzbietae* Schintlmeister, 2008

Schintlmeister, 2008: 367.

异名（**Synonym**）：

Phalera albizziae (nec. Mell): Schintlmeister *et* Fang, 2001: 94；
Wu *et* Fang, 2003h: 751.

分布（Distribution）：陕西（SN）、湖北（HB）

（461）环掌舟蛾 *Phalera eminens* Schintlmeister, 1997

Schintlmeister, 1997: 136.

分布（Distribution）：云南（YN）；越南、泰国、缅甸

其他文献（Reference）：Wu *et* Fang, 2003h.

（462）突掌舟蛾 *Phalera exserta* Wu *et* Fang, 2004

Wu *et* Fang, 2004b: 115.

分布（Distribution）：云南（YN）

其他文献（Reference）：Wu *et* Fang, 2003h.

（463）苹掌舟蛾 *Phalera flavescens* (Bremer *et* Grey, 1853)

Bremer *et* Grey, 1853: 31.

异名（Synonym）：

Pygaera flavescens Bremer *et* Grey, 1853: 31;

Trisula andreas Oberthür, 1881: 38;

Phalera flavescens kuangtungensis Mell, 1931: 380.

别名（Common name）：黑纹天社蛾，举尾毛虫，举肢毛虫，苹黄天社蛾，苹天社蛾，秋黏虫，舟形蛄蟖，舟形毛虫

分布（Distribution）：黑龙江（HL）、辽宁（LN）、河北（HEB）、北京（BJ）、山西（SX）、山东（SD）、陕西（SN）、甘肃（GS）、江苏（JS）、上海（SH）、浙江（ZJ）、江西（JX）、湖南（HN）、湖北（HB）、四川（SC）、重庆（CQ）、贵州（GZ）、云南（YN）、福建（FJ）、台湾（TW）、广东（GD）、广西（GX）、海南（HI）；朝鲜、日本、俄罗斯、缅甸、泰国、越南、老挝

其他文献（Reference）：Cai, 1979a; Schintlmeister, 1992; Wu *et* Fang, 2003h.

（463a）苹掌舟蛾云南亚种 *Phalera flavescens alticola* Mell, 1931

Mell, 1931: 380.

分布（Distribution）：云南（YN）；缅甸、泰国

其他文献（Reference）：Wu *et* Fang, 2003h.

（463b）苹掌舟蛾指名亚种 *Phalera flavescens flavescens* (Bremer *et* Grey, 1853)

Bremer *et* Grey, 1853: 31.

分布（Distribution）：黑龙江（HL）、辽宁（LN）、河北（HEB）、北京（BJ）、山西（SX）、山东（SD）、陕西（SN）、甘肃（GS）、江苏（JS）、上海（SH）、浙江（ZJ）、江西（JX）、湖南（HN）、湖北（HB）、四川（SC）、重庆（CQ）、贵州（GZ）、福建（FJ）、台湾（TW）、广东（GD）、广西（GX）、海南（HI）；朝鲜、日本、俄罗斯、缅甸、越南、老挝

其他文献（Reference）：Wu *et* Fang, 2003h.

（464）继掌舟蛾 *Phalera goniophora* Hampson, 1910

Hampson, 1910: 90.

异名（Synonym）：

Phalera himalayana Nakamura, 1974: 122;

Phalera raya (nec. Moore): Cai, 1979a: 61.

分布（Distribution）：江西（JX）、云南（YN）、福建（FJ）、广西（GX）；印度、尼泊尔、越南、泰国

其他文献（Reference）：Schintlmeister, 1992; Wu *et* Fang, 2003h.

（465）刺槐掌舟蛾 *Phalera grotei* Moore, 1859

Moore, 1859: 434.

异名（Synonym）：

Phalera sangana birmicola Bryk, 1949: 7;

Phalera cihuai Yang *et* Lee, 1978: 487;

Phalera birmicola obfuscata Nakamura, 1978: 221;

Phalera sangana (nec. Moore): Cai, 1979a: 59.

分布（Distribution）：辽宁（LN）、河北（HEB）、北京（BJ）、山东（SD）、安徽（AH）、江苏（JS）、浙江（ZJ）、江西（JX）、湖南（HN）、湖北（HB）、四川（SC）、贵州（GZ）、云南（YN）、福建（FJ）、广东（GD）、广西（GX）、海南（HI）；朝鲜、印度、尼泊尔、缅甸、越南、印度尼西亚、马来西亚

其他文献（Reference）：Wu *et* Fang, 2003h.

（466）壮掌舟蛾 *Phalera hadrian* Schintlmeister, 1989

Schintlmeister, 1989b: 115.

分布（Distribution）：陕西（SN）、甘肃（GS）、浙江（ZJ）、湖北（HB）、四川（SC）、贵州（GZ）

其他文献（Reference）：Wu *et* Fang, 2003h.

（467）黄条掌舟蛾 *Phalera huangtiao* Schintlmeister *et* Fang, 2001

Schintlmeister *et* Fang, 2001: 93.

分布（Distribution）：云南（YN）、广西（GX）；越南、泰国、缅甸

其他文献（Reference）：Wu *et* Fang, 2003h.

（467a）黄条掌舟蛾台湾亚种 *Phalera huangtiao baoshinchangi* Kobayashi *et* Kishida, 2007

Kobayashi *et al.*, 2007a: 274.

分布（Distribution）：台湾（TW）

其他文献（Reference）：Schintlmeister, 2008.

（467b）黄条掌舟蛾指名亚种 *Phalera huangtiao huangtiao* Schintlmeister *et* Fang, 2001

Schintlmeister *et* Fang, 2001: 93.

分布（Distribution）：云南（YN）、广东（GD）、广西（GX）；泰国、缅甸、越南

（468）迈掌舟蛾 *Phalera minor* Nagano, 1916

Nagano, 1916: 24.

异名（Synonym）：

Phalera beijingana Yang *et* Lee, 1978: 490.

别名（**Common name**）：小掌舟蛾

分布（**Distribution**）：北京（BJ）、陕西（SN）、甘肃（GS）、浙江（ZJ）、湖南（HN）、湖北（HB）、四川（SC）、云南（YN）、台湾（TW）；日本、朝鲜、越南、泰国

其他文献（**Reference**）：Wu *et* Fang, 2003h.

（469）昏掌舟蛾 *Phalera obscura* Wileman, 1910

Wileman, 1910: 138.

异名（**Synonym**）：

Horishachia infusca Matsumura, 1929a: 39;

Phalera sargerechti Mell, 1959: 314;

Phalera immaculata Yang *et* Lee, 1978: 492.

别名（**Common name**）：无斑掌舟蛾

分布（**Distribution**）：河北（HEB）、浙江（ZJ）、江西（JX）、福建（FJ）、台湾（TW）、广东（GD）

其他文献（**Reference**）：Wu *et* Fang, 2003h.

（470）欧掌舟蛾 *Phalera obtrudo* Schintlmeister, 2008

Schintlmeister, 2008: 364.

分布（**Distribution**）：四川（SC）、云南（YN）

（471）春掌舟蛾 *Phalera ora* Schintlmeister, 1989

Schintlmeister, 1989b: 114.

分布（**Distribution**）：江苏（JS）、四川（SC）、云南（YN）

其他文献（**Reference**）：Wu *et* Fang, 2003h.

（472）纹掌舟蛾 *Phalera ordgara* Schaus, 1928

Schaus, 1928: 82.

异名（**Synonym**）：

Phalera yunnanensis Mell, 1931: 378.

分布（**Distribution**）：四川（SC）、云南（YN）

其他文献（**Reference**）：Cai, 1979a; Schintlmeister, 1992; Wu *et* Fang, 2003h.

（473）珠掌舟蛾 *Phalera parivala* Moore, 1895

Moore, 1895: 434.

分布（**Distribution**）：湖北（HB）、四川（SC）、云南（YN）、西藏（XZ）、广西（GX）；印度、尼泊尔、越南、泰国

其他文献（**Reference**）：Cai, 1979a; Schintlmeister, 1992; Wu *et* Fang, 2003h.

（474）刺桐掌舟蛾 *Phalera raya* Moore, 1859

Moore, 1859: 433.

异名（**Synonym**）：

Phalera alaya Nakamura, 1974: 122.

分布（**Distribution**）：西藏（XZ）；印度、尼泊尔、印度尼西亚、澳大利亚

其他文献（**Reference**）：Wu *et* Fang, 2003h.

（475）伞掌舟蛾 *Phalera sangana* Moore, 1859

Moore, 1859: 433.

异名（**Synonym**）：

Phalera stigmigera Butler, 1880b: 66.

分布（**Distribution**）：云南（YN）、海南（HI）；印度、不丹、缅甸

其他文献（**Reference**）：Wu *et* Fang, 2003h.

（476）拟宽掌舟蛾 *Phalera schintlmeisteri* Wu *et* Fang, 2004

Wu *et* Fang, 2004b: 113.

分布（**Distribution**）：陕西（SN）、浙江（ZJ）、湖南（HN）、湖北（HB）、四川（SC）、贵州（GZ）、云南（YN）、福建（FJ）

其他文献（**Reference**）：Wu *et* Fang, 2003h.

（477）脂掌舟蛾 *Phalera sebrus* Schintlmeister, 1989

Schintlmeister, 1989b: 114.

分布（**Distribution**）：陕西（SN）、甘肃（GS）、浙江（ZJ）、云南（YN）、福建（FJ）、海南（HI）

其他文献（**Reference**）：Wu *et* Fang, 2003h.

（478）苏掌舟蛾 *Phalera sundana* Holloway, 1982

Holloway, 1982: 201.

分布（**Distribution**）：广东（GD）、海南（HI）；马来西亚、印度尼西亚、泰国

其他文献（**Reference**）：Schintlmeister, 2008.

（479）榆掌舟蛾 *Phalera takasagoensis* Matsumura, 1919

Matsumura, 1919a: 79.

异名（**Synonym**）：

Phalera takasagoensis matsumurai Okano, 1959: 40;

Phalera takasagoensis ulmivora Yang *et* Lee, 1978: 490;

Phalera fucescens (nec. Butler): Cai, 1979a: 57.

别名（**Common name**）：顶黄斑天社蛾，黄掌舟蛾，榆黄掌舟蛾，榆毛虫

分布（**Distribution**）：河北（HEB）、北京（BJ）、山东（SD）、陕西（SN）、甘肃（GS）、江苏（JS）、湖南（HN）、台湾（TW）；日本、朝鲜

其他文献（**Reference**）：Wu *et* Fang, 2003h.

（480）灰掌舟蛾 *Phalera torpida* Walker, 1865

Walker, 1865: 431.

分布（**Distribution**）：江西（JX）、湖南（HN）、四川（SC）、云南（YN）、福建（FJ）、广东（GD）、广西（GX）、海南（HI）；印度（北部）、巴基斯坦、尼泊尔、越南、泰国、老挝、缅甸、柬埔寨

其他文献（**Reference**）：Kiriakoff, 1968; Cai, 1979a; Schintlmeister, 1992; Wu *et* Fang, 2003h.

（480a）灰掌舟蛾中越亚种 *Phalera torpida maculifera* Kobayashi *et* Kishida, 2007

Kobayashi *et al.*, 2007a: 286.

分布（**Distribution**）：江西（JX）、湖南（HN）、四川（SC）、云南（YN）、福建（FJ）、广东（GD）、广西（GX）、海南（HI）；越南、老挝

（481）三齿掌舟蛾 *Phalera triodes* **Wu et Fang, 2003**

Wu *et* Fang, 2003h: 727.

分布（**Distribution**）：海南（HI）

（482）弯曲掌舟蛾 *Phalera wanqu* **Schintlmeister et Fang, 2001**

Schintlmeister *et* Fang, 2001: 94.

分布（**Distribution**）：四川（SC）

其他文献（**Reference**）：Wu *et* Fang, 2003h.

（483）仔掌舟蛾 *Phalera zi* **Kishida et Kobayashi, 2006**

Kobayashi *et al.*, 2006: 151.

分布（**Distribution**）：广东（GD）、广西（GX）；缅甸、泰国

其他文献（**Reference**）：Schintlmeister, 2008.

（484）泽掌舟蛾 *Phalera ziran* **Kobayashi et Wang, 2006**

Kobayashi *et al.*, 2006: 145.

分布（**Distribution**）：陕西（SN）、江西（JX）、四川（SC）、福建（FJ）、广东（GD）

其他文献（**Reference**）：Schintlmeister, 2008.

99）蚕舟蛾属 *Phalerodonta* Staudinger, 1892

Staudinger, 1892a: 367.

异名（**Synonym**）：

Naganoea Matsumura, 1920a: 142.

其他文献（**Reference**）：Wu *et* Fang, 2003h.

（485）栎蚕舟蛾 *Phalerodonta bombycina* **(Oberthür, 1880)**

Oberthür, 1880: 63.

异名（**Synonym**）：

Notodonta bombycina Oberthür, 1880: 63;

Ochrostigma albibasis Chiang, 1935: 352.

别名（**Common name**）：红头虫，栎褐天社蛾，栎褐舟蛾，栎天社蛾，栎叶天社蛾，栎叶杨天社蛾，麻栎天社蛾

分布（**Distribution**）：山东（SD）、陕西（SN）、安徽（AH）、江苏（JS）、浙江（ZJ）、江西（JX）、四川（SC）、福建（FJ）；日本、朝鲜、俄罗斯

其他文献（**Reference**）：Cai, 1979a; Schintlmeister, 1992; Schintlmeister *et* Fang, 2001; Wu *et* Fang, 2003h.

（486）幽蚕舟蛾 *Phalerodonta inclusa* **(Hampson, 1910)**

Hampson, 1910: 91.

异名（**Synonym**）：

Stauropus inclusa Hampson, 1910: 91.

分布（**Distribution**）：陕西（SN）、湖北（HB）、台湾（TW）；日本、印度（北部）、尼泊尔、越南

其他文献（**Reference**）：Schintlmeister *et* Fang, 2001; Wu *et* Fang, 2003h.

（486a）幽蚕舟蛾台湾亚种 *Phalerodonta inclusa formosana* **(Okano, 1970)**

Okano, 1970: 53.

异名（**Synonym**）：

Phalerodonta manleyi formosana Okano, 1970: 53.

分布（**Distribution**）：台湾（TW）

其他文献（**Reference**）：Schintlmeister *et* Fang, 2001; Wu *et* Fang, 2003h.

（486b）幽蚕舟蛾指名亚种 *Phalerodonta inclusa inclusa* **(Hampson, 1910)**

Hampson, 1910: 91.

异名（**Synonym**）：

Sturopus inclusa Hampson, 1910: 91.

分布（**Distribution**）：陕西（SN）、湖北（HB）；印度（北部）、尼泊尔、越南

其他文献（**Reference**）：Schintlmeister *et* Fang, 2001; Wu *et* Fang, 2003h.

（487）基氏蚕舟蛾 *Phalerodonta kiriakoffi* **Schintlmeister, 1985**

Schintlmeister, 1985a: 221.

分布（**Distribution**）：云南（YN）

其他文献（**Reference**）：Wu *et* Fang, 2003h.

100）天舟蛾属 *Snellentia* Kiriakoff, 1968

Kiriakoff, 1968: 60.

其他文献（**Reference**）：Wu *et* Fang, 2003h.

（488）天舟蛾 *Snellentia divaricata* **(Gaede, 1930)**

Gaede, 1930: 614.

异名（**Synonym**）：

Phalera divaricata Gaede, 1930: 614.

分布（**Distribution**）：云南（YN）；印度、马来西亚、印度尼西亚

其他文献（**Reference**）：Kiriakoff, 1968; Cai, 1979a; Wu *et* Fang, 2003h.

101）伸掌舟蛾属 *Teinophalera* Kiriakoff, 1968

Kiriakoff, 1968: 59.

其他文献（**Reference**）：Schintlmeister, 2008.

（489）伸掌舟蛾 *Teinophalera elongata* **(Rothschild, 1917)**

Rothschild, 1917: 253.

异名（**Synonym**）：

Phalera elongata Rothschild, 1917: 253.

分布（**Distribution**）：华南、华东；印度、泰国、越南

其他文献（**Reference**）：Schintlmeister, 2008.

7. 广舟蛾亚科 Platychasminae Nakamura, 1956

Nakamura, 1956: 143.

102）绿舟蛾属 *Cyphanta* Walker, 1865

Walker, 1865: 856.

其他文献（**Reference**）：Wu *et* Fang, 2003h.

（490）大斑绿舟蛾 *Cyphanta canachlora* **Schintlmeister, 2008**

Schintlmeister, 2008: 411.

分布（**Distribution**）：陕西（SN）

（491）褐斑绿舟蛾 *Cyphanta chortochroa* **Hampson, 1893**

Hampson, 1893b: 175.

分布（**Distribution**）：陕西（SN）、云南（YN）；印度（西北部）、尼泊尔、越南、缅甸、泰国

其他文献（**Reference**）：Wu *et* Fang, 2003h.

（492）褐带绿舟蛾 *Cyphanta xanthochlora* **Walker, 1865**

Walker, 1865: 856.

分布（**Distribution**）：四川（SC）、云南（YN）、西藏（XZ）；尼泊尔、印度（锡金）、缅甸、越南

其他文献（**Reference**）：Wu *et* Fang, 2003h.

103）广舟蛾属 *Platychasma* Butler, 1881

Butler, 1881c: 596.

其他文献（**Reference**）：Wu *et* Fang, 2003h.

（493）雅广舟蛾 *Platychasma elegantula* **Chen, Kishida et Wang, 2008**

Chen *et al.*, 2008: 63.

分布（**Distribution**）：湖南（HN）、广西（GX）

其他文献（**Reference**）：Schintlmeister, 2008.

（494）黄带广舟蛾 *Platychasma flavida* **Wu *et* Fang, 2003**

Wu *et* Fang, 2003c: 307.

分布（**Distribution**）：浙江（ZJ）、四川（SC）、广东（GD）

其他文献（**Reference**）：Wu *et* Fang, 2003h.

（495）广舟蛾 *Platychasma virgo* **Butler, 1881**

Butler, 1881c: 596.

分布（**Distribution**）：陕西（SN）、湖北（HB）；日本、朝鲜

其他文献（**Reference**）：Wu *et* Fang, 2003h.

8. 羽齿舟蛾亚科 Ptilodontinae Packard, 1864

Packard, 1864: 351.

104）大齿舟蛾属 *Allodonta* Staudinger, 1887

Staudinger, 1887b: 223.

异名（**Synonym**）：

Coreodonta Matsumura, 1924: 35.

其他文献（**Reference**）：Wu *et* Fang, 2003h.

（496）大齿舟蛾 *Allodonta plebeja* **(Oberthür, 1880)**

Oberthür, 1880: 65.

异名（**Synonym**）：

Notodonta plebeja Oberthür, 1880: 65;

Notodonta tristis Staudinger, 1887b: 233;

Coreodonta coreana Matsumura, 1924: 32.

分布（**Distribution**）：辽宁（LN）、北京（BJ）、陕西（SN）、甘肃（GS）、湖北（HB）、云南（YN）；朝鲜、俄罗斯

其他文献（**Reference**）：Cai, 1982a; Kiriakoff, 1967a; Sugi, 1980; Wu *et* Fang, 2003h.

105）暗齿舟蛾属 *Allodontoides* Matsumura, 1922

Matsumura, 1922: 523.

异名（**Synonym**）：

Scotodonta Kiriakoff, 1968: 147.

其他文献（**Reference**）：Wu *et* Fang, 2003h.

（497）暗齿舟蛾 *Allodontoides tenebrosa* **(Moore, 1866)**

Moore, 1866: 815.

异名（**Synonym**）：

Phalera tenebrosa Moore, 1866: 815.

分布（**Distribution**）：四川（SC）、云南（YN）、台湾（TW）；印度、越南

其他文献（**Reference**）：Kiriakoff, 1968; Cai, 1979a; Schintlmeister, 1992; Wu *et* Fang, 2003h.

（497a）暗齿舟蛾中原亚种 *Allodontoides tenebrosa chinensis* **Wu *et* Sun, 2008**

Wu *et* Sun, 2008: 9.

分布（**Distribution**）：河南（HEN）

（497b）暗齿舟蛾台湾亚种 *Allodontoides tenebrosa furva* **(Wileman, 1910)**

Wileman, 1910: 313.

异名（Synonym）：

Notodonta furva Wileman, 1910: 313;

Hyperaeschra tenebrosella Strand, 1915-1916: 155;

Hyperaeschra discoidalis Matsumura, 1920a: 148.

分布（Distribution）：云南（YN）、台湾（TW）

其他文献（Reference）：Wu *et* Fang, 2003h.

（497c）暗齿舟蛾指名亚种 *Allodontoides tenebrosa tenebrosa* (Moore, 1866)

Moore, 1866: 815.

分布（Distribution）：四川（SC）；印度、越南

其他文献（Reference）：Wu *et* Fang, 2003h.

106）须舟蛾属 *Barbarossula* Kiriakoff, 1963

Kiriakoff, 1963a: 285.

其他文献（Reference）：Wu *et* Fang, 2003h.

（498）紫须舟蛾 *Barbarossula peniculus* (Bryk, 1949)

Bryk, 1949: 32.

异名（Synonym）：

Notodonta peniculus Bryk, 1949: 32.

分布（Distribution）：湖南（HN）、云南（YN）；缅甸

其他文献（Reference）：Kiriakoff, 1968; Schintlmeister *et* Fang, 2001; Wu *et* Fang, 2003h.

（499）红须舟蛾 *Barbarossula rufibarbis* Kiriakoff, 1963

Kiriakoff, 1963a: 285.

分布（Distribution）：陕西（SN）、甘肃（GS）

其他文献（Reference）：Schintlmeister, 1992; Wu *et* Fang, 2003h.

107）上舟蛾属 *Epinotodonta* Matsumura, 1920

Matsumura, 1920a: 147.

其他文献（Reference）：Wu *et* Fang, 2003h.

（500）污灰上舟蛾 *Epinotodonta griseotincta* Kiriakoff, 1963

Kiriakoff, 1963a: 276.

分布（Distribution）：重庆（CQ）、云南（YN）

其他文献（Reference）：Cai, 1979a; Schintlmeister, 1992; Wu *et* Fang, 2003h.

108）后齿舟蛾属 *Epodonta* Matsumura, 1922

Matsumura, 1922: 517.

其他文献（Reference）：Wu *et* Fang, 2003h.

（501）卡后齿舟蛾 *Epodonta colorata* Kobayashi, Kishida et Wang, 2009

Kobayashi *et al.*, 2009: 289.

分布（Distribution）：广东（GD）

（502）后齿舟蛾 *Epodonta lineata* (Oberthür, 1881)

Oberthür, 1881: 61.

异名（Synonym）：

Notodonta lineata Oberthür, 1881: 61.

分布（Distribution）：陕西（SN）、甘肃（GS）、江西（JX）、湖南（HN）、湖北（HB）、四川（SC）、贵州（GZ）；日本、朝鲜、俄罗斯

其他文献（Reference）：Cai, 1979a; Schintlmeister, 1992; Wu *et* Fang, 2003h.

109）怪舟蛾属 *Hagapteryx* Matsumura, 1920

Matsumura, 1920a: 149.

异名（Synonym）：

Margaropsecas Kiriakoff, 1963a: 289.

其他文献（Reference）：Wu *et* Fang, 2003h.

（503）怪舟蛾 *Hagapteryx admirabilis* (Staudinger, 1887)

Staudinger, 1887b: 224.

异名（Synonym）：

Lophopteryx admirabilis Staudinger, 1887b: 224.

分布（Distribution）：甘肃（GS）、福建（FJ）；日本、俄罗斯

其他文献（Reference）：Matsumura, 1920a; Wu *et* Fang, 2003h.

（504）珍尼怪舟蛾 *Hagapteryx janae* Schintlmeister et Fang, 2001

Schintlmeister *et* Fang, 2001: 88.

分布（Distribution）：陕西（SN）、四川（SC）

其他文献（Reference）：Wu *et* Fang, 2003h.

（505）珠怪舟蛾 *Hagapteryx margarethae* (Kiriakoff, 1963)

Kiriakoff, 1963a: 290.

异名（Synonym）：

Margaropsecas margarethae Kiriakoff, 1963a: 290.

分布（Distribution）：云南（YN）

其他文献（Reference）：Schintlmeister, 1992; Wu *et* Fang, 2003h.

（506）岐怪舟蛾 *Hagapteryx mirabilior* (Oberthür, 1911)

Oberthür, 1911: 324.

异名（Synonym）：

Lophopteryx mirabilior Oberthür, 1911: 324;

Hagapteryx kishidai Nakamura, 1978: 213.

分布（Distribution）：吉林（JL）、北京（BJ）、陕西（SN）、甘肃（GS）、浙江（ZJ）、江西（JX）、湖南（HN）、湖北（HB）、四川（SC）、云南（YN）、福建（FJ）；日本、朝鲜、俄罗斯、越南

其他文献（Reference）：Cai, 1979a, 1982a; Schintlmeister, 1992; Wu *et* Fang, 2003h.

（507）杉怪舟蛾 *Hagapteryx sugii* **Schintlmeister, 1989**

Schintlmeister, 1989b: 112.

分布（**Distribution**）：湖南（HN）、福建（FJ）

其他文献（**Reference**）：Wu *et* Fang, 2003h.

（508）托尼怪舟蛾 *Hagapteryx tonyi* **Schintlmeister *et* Fang, 2001**

Schintlmeister *et* Fang, 2001: 89.

分布（**Distribution**）：云南（YN）

其他文献（**Reference**）：Wu *et* Fang, 2003h.

110）异齿舟蛾属 *Hexafrenum* Matsumura, 1925

Matsumura, 1925b: 400.

异名（**Synonym**）：

Allodontina Kiriakoff, 1974: 409.

其他文献（**Reference**）：Wu *et* Fang, 2003h.

（509）灰颈异齿舟蛾 *Hexafrenum argillacea* (Kiriakoff, 1963)

Kiriakoff, 1963a: 278.

异名（**Synonym**）：

Allodonta argillacea Kiriakoff, 1963a: 278.

分布（**Distribution**）：浙江（ZJ）、江西（JX）、福建（FJ）、海南（HI）；越南

其他文献（**Reference**）：Cai, 1979a; Holloway, 1983; Schintlmeister, 1992; Wu *et* Fang, 2003h.

（509a）灰颈异齿舟蛾指名亚种 *Hexafrenum argillacea argillacea* **Kiriakoff, 1963**

Kiriakoff, 1963a: 278.

分布（**Distribution**）：浙江（ZJ）、江西（JX）、福建（FJ）

（509b）灰颈异齿舟蛾浅色亚种 *Hexafrenum argillacea minutus* **Schintlmeister, 2008**

Schintlmeister, 2008: 344.

分布（**Distribution**）：湖南（HN）、广西（GX）、海南（HI）

（510）鸟异齿舟蛾 *Hexafrenum avis* **Schintlmeister *et* Fang, 2001**

Schintlmeister *et* Fang, 2001: 90.

异名（**Synonym**）：

Hexafrenum maculifer avis Schintlmeister *et* Fang, 2001: 90.

分布（**Distribution**）：甘肃（GS）、湖北（HB）、四川（SC）、云南（YN）；越南

其他文献（**Reference**）：Wu *et* Fang, 2003h, 2004a.

（510a）鸟异齿舟蛾指名亚种 *Hexafrenum avis avis* **Schintlmeister *et* Fang, 2001**

Schintlmeister *et* Fang, 2001: 90.

分布（**Distribution**）：陕西（SN）、湖北（HB）、四川（SC）、云南（YN）

（510b）鸟异齿舟蛾红褐亚种 *Hexafrenum avis mysteae* **Schintlmeister, 2008**

Schintlmeister, 2008: 346.

分布（**Distribution**）：江西（JX）、广西（GX）

（511）领异齿舟蛾 *Hexafrenum collaris* (Swinhoe, 1904)

Swinhoe, 1904: 132.

异名（**Synonym**）：

Notodonta collaris Swinhoe, 1904: 132.

分布（**Distribution**）：四川（SC）、云南（YN）、西藏（XZ）；印度

其他文献（**Reference**）：Holloway, 1983; Schintlmeister *et* Fang, 2001; Wu *et* Fang, 2003h.

（512）海南异齿舟蛾 *Hexafrenum hainanensis* **Wu *et* Fang, 2004**

Wu *et* Fang, 2004a: 105.

分布（**Distribution**）：海南（HI）

其他文献（**Reference**）：Wu *et* Fang, 2003h; Schintlmeister, 2008.

（513）白颈异齿舟蛾 *Hexafrenum leucodera* (Staudinger, 1892)

Staudinger, 1892a: 357.

异名（**Synonym**）：

Allodonta leucodera Staudinger, 1892a: 357;

Allodonta elongata Oberthür, 1911: 323;

Allodonta (*Hexafrenum*) *leucodera insularis* Nakamura, 1978: 214.

分布（**Distribution**）：黑龙江（HL）、吉林（JL）、辽宁（LN）、北京（BJ）、山西（SX）、陕西（SN）、甘肃（GS）、浙江（ZJ）、湖北（HB）、四川（SC）、云南（YN）、福建（FJ）、台湾（TW）；日本、朝鲜、俄罗斯

其他文献（**Reference**）：Cai, 1979a; Kiriakoff, 1967a; Sugi, 1980; Schintlmeister, 1992; Wu *et* Fang, 2003h.

（513a）白颈异齿舟蛾指名亚种 *Hexafrenum leucodera leucodera* (Staudinger, 1892)

Staudinger, 1892a: 357.

异名（**Synonym**）：

Allodonta leucodera Staudinger, 1892a: 357.

分布（**Distribution**）：黑龙江（HL）、吉林（JL）、辽宁（LN）、北京（BJ）、山西（SX）、陕西（SN）、甘肃（GS）、浙江（ZJ）、湖南（HN）、湖北（HB）、福建（FJ）、台湾（TW）；日本、朝鲜、俄罗斯

其他文献（**Reference**）：Wu *et* Fang, 2003h, 2004a.

（513b）白颈异齿舟蛾云南亚种 *Hexafrenum leucodera yunnana* (Kiriakoff, 1963)

Kiriakoff, 1963a: 278.

异名（Synonym）：

Allodonta sikkima yunnana Kiriakoff, 1963a: 278.

分布（Distribution）：四川（SC）、云南（YN）

其他文献（Reference）：Wu *et* Fang, 2003h, 2004a.

（514）斑异齿舟蛾 *Hexafrenum maculifer* Matsumura, 1925

Matsumura, 1925b: 400.

异名（Synonym）：

Hexafrenum basipuncta Matsumura, 1929a: 43;

Allodonta (*Hexafrenum*) *leucodera yamamotoi* Nakamura, 1978: 214.

分布（Distribution）：浙江（ZJ）、云南（YN）、福建（FJ）；越南

其他文献（Reference）：Wu *et* Fang, 2003h.

（514a）斑异齿舟蛾越南亚种 *Hexafrenum maculifer kalixt* Schintlmeister, 1997

Schintlmeister, 1997: 133.

异名（Synonym）：

Allodonta sikkima sikkima (nec. Moore): Cai, 1979a: 117.

分布（Distribution）：云南（YN）；印度（北部）、越南、泰国

其他文献（Reference）：Wu *et* Fang, 2003h.

（514b）斑异齿舟蛾浙闽亚种 *Hexafrenum maculifer longinae* Schintlmeister, 1989

Schintlmeister, 1989b: 114.

分布（Distribution）：浙江（ZJ）、福建（FJ）

其他文献（Reference）：Wu *et* Fang, 2003h.

（514c）斑异齿舟蛾指名亚种 *Hexafrenum maculifer maculifer* Matsumura, 1925

Matsumura, 1925b: 400.

异名（Synonym）：

Hexafrenum maculifer Matsumura, 1925b: 400.

分布（Distribution）：台湾（TW）

其他文献（Reference）：Schintlmeister, 1992; Wu *et* Fang, 2003h.

（515）耳异齿舟蛾 *Hexafrenum otium* Schintlmeister *et* Fang, 2001

Schintlmeister *et* Fang, 2001: 92.

分布（Distribution）：陕西（SN）

其他文献（Reference）：Wu *et* Fang, 2003h.

（516）帕异齿舟蛾 *Hexafrenum paliki* Schintlmeister, 1997

Schintlmeister, 1997: 133.

分布（Distribution）：广东（GD）；越南

其他文献（Reference）：Schintlmeister, 2008.

（517）尼异齿舟蛾 *Hexafrenum pseudosikkima* Sugi, 1992

Sugi, 1992: 109.

分布（Distribution）：云南（YN）；尼泊尔、印度、缅甸、泰国、越南

其他文献（Reference）：Schintlmeister, 2008.

（518）单色异齿舟蛾 *Hexafrenum unicolor* (Kiriakoff, 1974)

Kiriakoff, 1974: 410.

异名（Synonym）：

Allodonta unicolor Kiriakoff, 1974: 410.

分布（Distribution）：云南（YN）；印度、不丹、尼泊尔

其他文献（Reference）：Holloway, 1983; Schintlmeister *et* Fang, 2001; Wu *et* Fang, 2003h.

（519）紫异齿舟蛾 *Hexafrenum viola* Schintlmeister, 1997

Schintlmeister, 1997: 135.

分布（Distribution）：云南（YN）；越南、泰国

其他文献（Reference）：Schintlmeister, 2008.

111）丝舟蛾属 *Higena* Matsumura, 1925

Matsumura, 1925b: 394.

异名（Synonym）：

Kikuchiana Matsumura, 1927a: 10;

Anthyparaeschra Gaede, 1930: 628;

Sagamora Kiriakoff, 1967a: 61.

其他文献（Reference）：Wu *et* Fang, 2003h.

（520）丝舟蛾 *Higena trichosticha* (Hampson, 1897)

Hampson, 1897: 283.

异名（Synonym）：

Hyperaeschra trichosticha Hampson, 1897: 283;

Higena plumigera Matsumura, 1925b: 394;

Kikuchiana infuscata Matsumura, 1927a: 10.

分布（Distribution）：江西（JX）、台湾（TW）、广西（GX）、海南（HI）；印度、泰国、越南

其他文献（Reference）：Gaede *In* Seitz, 1930; Schintlmeister, 1992; Schintlmeister *et* Fang, 2001; Wu *et* Fang, 2003h.

112）丽齿舟蛾属 *Himeropteryx* Staudinger, 1887

Staudinger, 1887b: 228.

其他文献（Reference）：Wu *et* Fang, 2003h.

（521）丽齿舟蛾 *Himeropteryx miraculosa* Staudinger, 1887

Staudinger, 1887b: 228.

分布（Distribution）：黑龙江（HL）、陕西（SN）、湖北（HB）、

台湾（TW）；日本、朝鲜、俄罗斯

其他文献（Reference）：Cai, 1979a; Schintlmeister, 1992; Wu *et* Fang, 2003h.

113）扁齿舟蛾属 *Hiradonta* Matsumura, 1924

Matsumura, 1924: 31.

其他文献（Reference）：Wu *et* Fang, 2003h.

（522）窄翅扁齿舟蛾 *Hiradonta angustipennis* Nakatomi *et* Kishida, 1984

Nakatomi *et* Kishida, 1984: 203.

分布（Distribution）：台湾（TW）；越南

其他文献（Reference）：Schintlmeister, 1992; Wu *et* Fang, 2003h.

（523）黑纹扁齿舟蛾 *Hiradonta chi* (Bang-Haas, 1927)

Bang-Haas, 1927: 81.

异名（Synonym）：

Notodonta chi Bang-Haas, 1927: 81.

分布（Distribution）：河北（HEB）、北京（BJ）、甘肃（GS）

其他文献（Reference）：Kiriakoff, 1967a; Cai, 1979a; Schintlmeister, 1992; Wu *et* Fang, 2003h.

（524）歌扁齿舟蛾 *Hiradonta gnoma* Kobayashi *et* Kishida, 2008

Kobayashi *et* Kishida, 2008: 81.

分布（Distribution）：云南（YN）；越南、泰国、老挝

其他文献（Reference）：Schintlmeister, 2008.

（525）白纹扁齿舟蛾 *Hiradonta hannemanni* Schintlmeister, 1989

Schintlmeister, 1989b: 113.

异名（Synonym）：

Hiradonta takaonis (nec. Matsumura): Cai, 1979a: 116;

Hiradonta alboaccentuata (nec. Oberthür): Wu *et* Fang, 2003h: 670.

分布（Distribution）：北京（BJ）、陕西（SN）、甘肃（GS）、浙江（ZJ）、江西（JX）、湖北（HB）、四川（SC）、云南（YN）、西藏（XZ）

其他文献（Reference）：Cai, 1979a; Schintlmeister, 2008.

（526）扁齿舟蛾 *Hiradonta takaonis* Matsumura, 1924

Matsumura, 1924: 36.

分布（Distribution）：北京（BJ）、湖北（HB）；日本、朝鲜

其他文献（Reference）：Cai, 1979a; Wu *et* Fang, 2003h.

114）亥齿舟蛾属 *Hyperaeschrella* Strand, 1916

Strand, 1915-1916: 154.

异名（Synonym）：

Polyaeschra Kiriakoff, 1967b: 60;

Kumataia Kiriakoff, 1967b: 56.

其他文献（Reference）：Wu *et* Fang, 2003h.

（527）柯亥齿舟蛾 *Hyperaeschrella kosemponica* Strand, 1916

Strand, 1915-1916: 154.

异名（Synonym）：

Hyperaeschra nigricosta Matsumura, 1924: 32;

Allodontoides costiguttatus Matsumura, 1925b: 402.

分布（Distribution）：甘肃（GS）、浙江（ZJ）、江西（JX）、湖北（HB）、四川（SC）、台湾（TW）、广西（GX）、海南（HI）；越南

其他文献（Reference）：Schintlmeister, 2008.

（528）双线亥齿舟蛾 *Hyperaeschrella nigribasis* (Hampson, 1892)

Hampson, 1892b: 165.

异名（Synonym）：

Hyperaeschra nigribasis Hampson, 1892b: 165.

别名（Common name）：双线暗齿舟蛾

分布（Distribution）：云南（YN）；印度、不丹、尼泊尔、巴基斯坦、阿富汗、越南、泰国、缅甸、老挝、印度尼西亚

其他文献（Reference）：Strand, 1915-1916; Schintlmeister, 1992; Schintlmeister *et* Fang, 2001; Wu *et* Fang, 2003h.

115）冠齿舟蛾属 *Lophontosia* Staudinger, 1892

Staudinger, 1892b: 361.

异名（Synonym）：

Olophontosia Yang *In*: Yang *et* Lee, 1978: 502.

其他文献（Reference）：Wu *et* Fang, 2003h.

（529）波冠齿舟蛾 *Lophontosia boenischnorum* Schintlmeister, 2008

Schintlmeister, 2008: 315.

分布（Distribution）：陕西（SN）、四川（SC）

（530）冠齿舟蛾 *Lophontosia cuculus* (Staudinger, 1887)

Staudinger, 1887b: 226.

异名（Synonym）：

Odontosia cuculus Staudinger, 1887b: 226.

分布（Distribution）：黑龙江（HL）、吉林（JL）、山西（SX）、陕西（SN）、江苏（JS）、浙江（ZJ）；日本、朝鲜、俄罗斯

其他文献（Reference）：Cai, 1979a; Schintlmeister, 1992; Wu *et* Fang, 2003h.

（531）北京冠齿舟蛾 *Lophontosia draesekei* Bang-Haas, 1927

Bang-Haas, 1927: 81.

分布（**Distribution**）：北京（BJ）、陕西（SN）、甘肃（GS）、江苏（JS）

其他文献（**Reference**）：Yang et Lee, 1978; Cai, 1979a; Schintlmeister et Fang, 2001; Wu et Fang, 2003h.

（532）棕冠齿舟蛾 *Lophontosia fusca* Okano, 1960

Okano, 1960a: 37.

分布（**Distribution**）：台湾（TW）

其他文献（**Reference**）：Schintlmeister, 1992; Wu et Fang, 2003h.

（533）珍珠冠齿舟蛾 *Lophontosia margareta* Schintlmeister, 1989

Schintlmeister, 1989b: 112.

分布（**Distribution**）：浙江（ZJ）、湖南（HN）

其他文献（**Reference**）：Wu et Fang, 2003h.

（534）朴氏冠齿舟蛾 *Lophontosia parki* Tshistjakov et Kwon, 1997

Tshistjakov et Kwon, 1997: 53.

分布（**Distribution**）：吉林（JL）；韩国

其他文献（**Reference**）：Schintlmeister, 2008.

（535）中国冠齿舟蛾 *Lophontosia sinensis* (Moore, 1877)

Moore, 1877: 91.

异名（**Synonym**）：

Lophopteryx sinensis Moore, 1877: 91.

分布（**Distribution**）：江苏（JS）、上海（SH）、浙江（ZJ）

其他文献（**Reference**）：Kiriakoff, 1967a; Cai, 1979a; Schintlmeister, 1992; Wu et Fang, 2003h.

（536）悠冠齿舟蛾 *Lophontosia uteae* Schintlmeister, 2008

Schintlmeister, 2008: 316.

分布（**Distribution**）：陕西（SN）

116）亮舟蛾属 *Megaceramis* Hampson, 1893

Hampson, 1893b: 167.

其他文献（**Reference**）：Wu et Fang, 2003h.

（537）卡亮舟蛾 *Megaceramis clara* Kobayashi, 2012

Kobayashi, 2012: 67-74.

分布（**Distribution**）：台湾（TW）、广西（GX）；越南、泰国

（537a）卡亮舟蛾指名亚种 *Megaceramis clara clara* Kobayashi, 2012

Kobayashi, 2012: 67-74.

分布（**Distribution**）：台湾（TW）

（537b）卡亮舟蛾桂越亚种 *Megaceramis clara lata* Kobayashi, 2012

Kobayashi, 2012: 67-74.

分布（**Distribution**）：广西（GX）；越南、泰国

（538）亮舟蛾 *Megaceramis lamprolepis* Hampson, 1893

Hampson, 1893b: 167.

分布（**Distribution**）：陕西（SN）、湖南（HN）、四川（SC）、云南（YN）；印度、尼泊尔、越南

其他文献（**Reference**）：Schintlmeister et Fang, 2001; Wu et Fang, 2003h; Schintlmeister, 2008.

（539）影亮舟蛾 *Megaceramis opaca* Kobayashi, 2012

Kobayashi, 2012: 67-74.

分布（**Distribution**）：四川（SC）

117）小掌舟蛾属 *Microphalera* Butler, 1885

Butler, 1885a: 119.

其他文献（**Reference**）：Wu et Fang, 2003h.

（540）灰小掌舟蛾 *Microphalera grisea* Butler, 1885

Butler, 1885a: 120.

分布（**Distribution**）：北京（BJ）、山西（SX）、陕西（SN）、甘肃（GS）、浙江（ZJ）、四川（SC）、云南（YN）、台湾（TW）；日本、朝鲜、俄罗斯

其他文献（**Reference**）：Schintlmeister, 1992; Wu et Fang, 2003h.

（540a）灰小掌舟蛾大陆亚种 *Microphalera grisea vladmurzini* Schintlmeister, 2008

Schintlmeister, 2008: 311.

分布（**Distribution**）：北京（BJ）、山西（SX）、陕西（SN）、甘肃（GS）、浙江（ZJ）、四川（SC）、云南（YN）

（540b）灰小掌舟蛾台湾亚种 *Microphalera grisea yoshimotoi* (Kishida, 1984)

Kishida, 1984: 24.

异名（**Synonym**）：

Microphalera yoshimotoi Kishida, 1984: 24.

分布（**Distribution**）：台湾（TW）

其他文献（**Reference**）：Schintlmeister, 1992; Wu et Fang, 2003h.

118）齿舟蛾属 *Odontosia* Hübner, 1819

Hübner, 1819: 145.

其他文献（**Reference**）：Wu et Fang, 2003h.

（541）中带齿舟蛾 *Odontosia sieversii* (Ménétriés, 1856)

Ménétriés, 1856: 44.

异名（**Synonym**）：

Notodonta sieversii Ménétriés, 1856: 44;

Odontosia sieversii f. *arnoldiana* Kardakoff, 1920: 418;

Odontosia sieversii ussurica Bytinski-Salz, 1939: 167.

分布（**Distribution**）：黑龙江（HL）、吉林（JL）

其他文献（**Reference**）：Kiriakoff, 1967a; Cai, 1979a; Schin-tlmeister, 1992; Wu *et* Fang, 2003h.

119）肖齿舟蛾属 *Odontosina* Gaede, 1933

Gaede, 1933: 182.

其他文献（**Reference**）：Wu *et* Fang, 2003h.

（542）愚肖齿舟蛾 *Odontosina morosa* (Kiriakoff, 1963)

Kiriakoff, 1963a: 292.

异名（**Synonym**）：

Odontosia morosa Kiriakoff, 1963a: 292.

分布（**Distribution**）：重庆（CQ）、云南（YN）

其他文献（**Reference**）：Kiriakoff, 1967a; Cai, 1979a; Schin-tlmeister, 1992; Wu *et* Fang, 2003h.

（543）肖齿舟蛾 *Odontosina nigronervata* Gaede, 1933

Gaede, 1933: 183.

分布（**Distribution**）：云南（YN）

其他文献（**Reference**）：Cai, 1979a; Schintlmeister, 1992; Wu *et* Fang, 2003h.

（544）陕甘肖齿舟蛾 *Odontosina shaanganensis* Wu *et* Fang, 2003

Wu *et* Fang, 2003g: 132.

分布（**Distribution**）：陕西（SN）、甘肃（GS）

其他文献（**Reference**）：Wu *et* Fang, 2003h.

（545）察隅肖齿舟蛾 *Odontosina zayuana* Cai, 1982

Cai, 1982b: 25.

分布（**Distribution**）：西藏（XZ）

其他文献（**Reference**）：Wu *et* Fang, 2003h.

120）羽舟蛾属 *Pterostoma* Germar, 1812

Germar, 1812: 42.

异名（**Synonym**）：

Euchila Billberg, 1820: 84;

Orthorinia Boisduval, 1828: 56;

Ptilodontis Stephens, 1828: 28;

Epiptilodontis Kiriakoff, 1963a: 256.

其他文献（**Reference**）：Wu *et* Fang, 2003h.

（546）山羽舟蛾 *Pterostoma gigantina* Staudinger, 1892

Staudinger, 1892a: 363.

异名（**Synonym**）：

Pterostoma palpina gigantina Staudinger, 1892a: 363;

Pterostoma montanum Cai, 1979b: 463.

分布（**Distribution**）：黑龙江（HL）、吉林（JL）、河北（HEB）；日本、朝鲜、俄罗斯

其他文献（**Reference**）：Schintlmeister *et* Fang, 2001; Wu *et* Fang, 2003h.

（547）灰羽舟蛾 *Pterostoma griseum* (Bremer, 1861)

Bremer, 1861: 481.

异名（**Synonym**）：

Ptilodontis griseum Bremer, 1861: 481;

Pterostoma sinica gigantina Draeseke, 1926: 105.

分布（**Distribution**）：黑龙江（HL）、吉林（JL）、内蒙古（NM）、北京（BJ）、陕西（SN）、甘肃（GS）、四川（SC）、云南（YN）；日本、朝鲜、俄罗斯

其他文献（**Reference**）：Cai, 1979a; Schintlmeister, 1992; Wu *et* Fang, 2003h.

（547a）灰羽舟蛾指名亚种 *Pterostoma griseum griseum* (Bremer, 1861)

Bremer, 1861: 481.

分布（**Distribution**）：黑龙江（HL）、吉林（JL）、内蒙古（NM）、北京（BJ）；俄罗斯、朝鲜、日本

（547b）灰羽舟蛾西部亚种 *Pterostoma griseum occidenta* Schintlmeister, 2008

Schintlmeister, 2008: 297.

分布（**Distribution**）：陕西（SN）、甘肃（GS）、四川（SC）、云南（YN）

（548）红羽舟蛾 *Pterostoma hoenei* Kiriakoff, 1963

Kiriakoff, 1963a: 257.

分布（**Distribution**）：河北（HEB）、北京（BJ）、山西（SX）、陕西（SN）、甘肃（GS）

其他文献（**Reference**）：Cai, 1979a; Schintlmeister, 1992; Wu *et* Fang, 2003h.

（549）塔城羽舟蛾 *Pterostoma palpina* (Clerck, 1759)

Clerck, 1759: 1.

异名（**Synonym**）：

Phalaena palpina Clerck, 1759: 1;

Pterostoma salicis Germar, 1812: 43;

Pterostoma tachengensis Cai, 1979b: 463.

分布（**Distribution**）：新疆（XJ）

其他文献（**Reference**）：Schintlmeister, 1992; Wu *et* Fang, 2003h.

（550）毛羽舟蛾 *Pterostoma pterostomina* (Kiriakoff, 1963)

Kiriakoff, 1963a: 257.

异名（**Synonym**）：

Epiptilodontis pterostomina Kiriakoff, 1963a: 257.

分布（**Distribution**）：河南（HEN）、湖南（HN）；越南、缅甸

其他文献（**Reference**）：Schintlmeister, 1992; Wu *et* Fang, 2003h.

（551）槐羽舟蛾 *Pterostoma sinicum* Moore, 1877

Moore, 1877: 91.

异名（Synonym）：

Pterostoma grisea Graeser, 1888: 145.

别名（**Common name**）：白杨天社蛾，国槐羽舟蛾，中华杨天社蛾

分布（**Distribution**）：辽宁（LN）、河北（HEB）、北京（BJ）、山西（SX）、山东（SD）、陕西（SN）、甘肃（GS）、安徽（AH）、江苏（JS）、上海（SH）、浙江（ZJ）、江西（JX）、湖南（HN）、湖北（HB）、四川（SC）、云南（YN）、西藏（XZ）、福建（FJ）、广西（GX）；日本、朝鲜、俄罗斯

其他文献（**Reference**）：Cai, 1979a; Schintlmeister, 1992; Wu *et* Fang, 2003h.

121）羽齿舟蛾属 *Ptilodon* Hübner, 1822

Hübner, 1822: 15.

异名（Synonym）：

Lophopteryx Stephens, 1828: 26;

Fusapteryx Matsumura, 1920a: 146;

Ptilodontella Kiriakoff, 1967a: 176.

其他文献（**Reference**）：Wu *et* Fang, 2003h.

（552）影带羽齿舟蛾 *Ptilodon amplius* Schintlmeister *et* Fang, 2001

Schintlmeister *et* Fang, 2001: 87.

分布（**Distribution**）：四川（SC）、云南（YN）

其他文献（**Reference**）：Wu *et* Fang, 2003h.

（553）暗羽齿舟蛾 *Ptilodon atrofusa* (Hampson, 1892)

Hampson, 1892b: 166.

异名（Synonym）：

Lophopteryx atrofusa Hampson, 1892b: 166.

分布（**Distribution**）：云南（YN）；印度、尼泊尔、泰国

其他文献（**Reference**）：Nakamura, 1974; Schintlmeister, 1992; Wu *et* Fang, 2003h.

（554）秋羽齿舟蛾 *Ptilodon autumnalis* Schintlmeister, 1997

Schintlmeister, 1997: 131.

分布（**Distribution**）：陕西（SN）；越南

其他文献（**Reference**）：Wu *et* Fang, 2003h.

（555）细羽齿舟蛾 *Ptilodon capucina* (Linnaeus, 1758)

Linnaeus, 1758: 507.

异名（Synonym）：

Phalaena capucina Linnaeus, 1758: 507;

Lophopteryx camelina sachalinensis Matsumura, 1934a: 155;

Ptilodon huabeiensis Yang *et* Lee, 1978: 500.

分布（**Distribution**）：黑龙江（HL）、吉林（JL）、辽宁（LN）、北京（BJ）、陕西（SN）；日本、朝鲜；从安纳托利亚到欧洲

其他文献（**Reference**）：Schintlmeister, 1992; Wu *et* Fang, 2003h.

（555a）细羽齿舟蛾东亚亚种 *Ptilodon capucina kuwayamae* (Matsumura, 1919)

Matsumura, 1919a: 77.

异名（Synonym）：

Lophopteryx kuwayamae Matsumura, 1919a: 77.

分布（**Distribution**）：黑龙江（HL）、吉林（JL）、辽宁（LN）、北京（BJ）、陕西（SN）；日本、朝鲜

其他文献（**Reference**）：Cai, 1979a; Schintlmeister, 1992; Wu *et* Fang, 2003h.

（556）侯羽齿舟蛾 *Ptilodon hoegei* (Graeser, 1888)

Graeser, 1888: 144.

异名（Synonym）：

Lophopteryx hoegei Graeser, 1888: 144;

Lophopteryx saturata hoegei f. *discalis* Bryk, 1948: 6;

Lophopteryx hasegawai Okano, 1955b: 32.

分布（**Distribution**）：黑龙江（HL）、西藏（XZ）、台湾（TW）；日本、朝鲜、俄罗斯

其他文献（**Reference**）：Kiriakoff, 1967a; Schintlmeister, 1992; Wu *et* Fang, 2003h.

（557）小林羽齿舟蛾 *Ptilodon kobayashii* Schintlmeister, 2008

Schintlmeister, 2008: 308.

分布（**Distribution**）：四川（SC）、云南（YN）

（558）富羽齿舟蛾 *Ptilodon ladislai* (Oberthür, 1879)

Oberthür, 1879a: 13.

异名（Synonym）：

Lophopteryx ladislai Oberthür, 1879a: 13.

别名（**Common name**）：富舟蛾

分布（**Distribution**）：黑龙江（HL）、吉林（JL）、陕西（SN）、甘肃（GS）；日本、朝鲜、俄罗斯

其他文献（**Reference**）：Kiriakoff, 1967a; Cai, 1979a; Schintlmeister, 1992; Wu *et* Fang, 2003h.

（559）长突羽齿舟蛾 *Ptilodon longexsertus* Wu *et* Fang, 2003

Wu *et* Fang, 2003b: 518.

分布（**Distribution**）：福建（FJ）

其他文献（**Reference**）：Wu *et* Fang, 2003h.

（560）拟粗羽齿舟蛾 *Ptilodon pseudorobusta* Schintlmeister *et* Fang, 2001

Schintlmeister *et* Fang, 2001: 86.

异名（Synonym）：

Ptilodon robusta (nec. Matsumura): Cai, 1979a: 120.

分布（**Distribution**）：吉林（JL）、陕西（SN）

其他文献（**Reference**）：Wu *et* Fang, 2003h.

（561）绚羽齿舟蛾 *Ptilodon saturata* (Walker, 1865)

Walker, 1865: 415.

异名（Synonym）：

Lophopteryx saturata Walker, 1865: 415.

分布（**Distribution**）：吉林（JL）、河北（HEB）、北京（BJ）、陕西（SN）、甘肃（GS）、浙江（ZJ）、四川（SC）、云南（YN）；印度（北部）、尼泊尔、不丹、缅甸、越南

其他文献（**Reference**）：Kiriakoff, 1968; Cai, 1979a; Schintlmeister, 1992; Wu *et* Fang, 2003h.

（562）严羽齿舟蛾 *Ptilodon severin* Schintlmeister, 1989

Schintlmeister, 1989b: 112.

分布（**Distribution**）：云南（YN）；泰国

其他文献（**Reference**）：Wu *et* Fang, 2003h.

（563）板突羽齿舟蛾 *Ptilodon spinosa* Schintlmeister, 2007

Schintlmeister *et* Pinratana, 2007: 206.

异名（Synonym）：

Ptilodon flavistigma (nec. Moore): Schintlmeister, 1992: 146; Wu *et* Fang, 2003h: 629.

分布（**Distribution**）：湖北（HB）、福建（FJ）；印度（北部）、泰国、越南

其他文献（**Reference**）：Schintlmeister *et* Pinratana, 2007.

（563a）板突羽齿舟蛾中国亚种 *Ptilodon spinosa enzoi* Schintlmeister, 2007

Schintlmeister *et* Pinratana, 2007: 207.

分布（**Distribution**）：江西（JX）、湖北（HB）、福建（FJ）、广东（GD）、广西（GX）、海南（HI）

（564）优羽齿舟蛾 *Ptilodon utrius* Schintlmeister, 2008

Schintlmeister, 2008: 308.

分布（**Distribution**）：陕西（SN）

122）毛舟蛾属 *Ptilodontosia* Kiriakoff, 1968

Kiriakoff, 1968: 232.

其他文献（**Reference**）：Wu *et* Fang, 2003h.

（565）毛舟蛾 *Ptilodontosia crenulata* (Hampson, 1896)

Hampson, 1896: 460.

异名（Synonym）：

Lophopteryx crenulata Hampson, 1896: 460.

分布（**Distribution**）：云南（YN）、西藏（XZ）；印度（锡金）、尼泊尔

其他文献（**Reference**）：Kiriakoff, 1968; Schintlmeister *et* Fang, 2001; Wu *et* Fang, 2003h.

123）翼舟蛾属 *Ptilophora* Stephens, 1828

Stephens, 1828: 29.

异名（Synonym）：

Ptilophoroides Matsumura, 1920a: 149.

其他文献（**Reference**）：Wu *et* Fang, 2003h.

（566）秦岭翼舟蛾 *Ptilophora ala* Schintlmeister *et* Fang, 2001

Schintlmeister *et* Fang, 2001: 88.

异名（Synonym）：

Ptilophora jezoensis ala Schintlmeister *et* Fang, 2001: 88; *Ptilophora fuscior* Kishida *et* Kobayashi, 2002: 87.

别名（**Common name**）：薄翼舟蛾秦岭亚种

分布（**Distribution**）：陕西（SN）、四川（SC）

其他文献（**Reference**）：Kishida *et* Kobayashi, 2002; Wu *et* Fang, 2003h; Schintlmeister, 2008.

（567）川翼舟蛾 *Ptilophora horieaurea* Kishida *et* Kobayashi, 2002

Kishida *et* Kobayashi, 2002: 89.

分布（**Distribution**）：四川（SC）

其他文献（**Reference**）：Schintlmeister, 2008.

（568）台湾翼舟蛾 *Ptilophora rufula* Kobayashi, 1994

Kobayashi, 1994: 18.

异名（Synonym）：

Ptilophora jezoensis rufula Kobayashi, 1994: 18.

别名（**Common name**）：薄翼舟蛾台湾亚种

分布（**Distribution**）：台湾（TW）

其他文献（**Reference**）：Wu *et* Fang, 2003h; Schintlmeister, 2008.

124）华舟蛾属 *Spatalina* Bryk, 1949

Bryk, 1949: 34.

异名（Synonym）：

Xeropteryx Kiriakoff, 1963a: 289; *Inouella* Kiriakoff, 1967a: 193.

其他文献（**Reference**）：Wu *et* Fang, 2003h.

（569）银华舟蛾 *Spatalina argentata* (Moore, 1879)

Moore, 1879b: 61.

异名（Synonym）：

Lophopteryx argentata Moore, 1879b: 61.

分布（**Distribution**）：云南（YN）；印度（锡金）、尼泊尔、越南

其他文献（**Reference**）：Kiriakoff, 1968; Schintlmeister *et* Fang, 2001; Wu *et* Fang, 2003h.

（570）双突华舟蛾 *Spatalina birmalina* (Bryk, 1949)

Bryk, 1949: 24.

异名（Synonym）：

Spatalina argentata (nec. Bryk): Cai, 1979a: 132; *Spatalina argentata birmalina* Bryk, 1949: 24.

别名（**Common name**）：华舟蛾

分布（**Distribution**）：云南（YN）；印度（锡金）、缅甸、越南

其他文献（**Reference**）：Kiriakoff, 1968; Schintlmeister *et* Fang, 2001; Wu *et* Fang, 2003h.

（571）干华舟蛾 *Spatalina desiccata* (Kiriakoff, 1963)

Kiriakoff, 1963a: 289.

异名（**Synonym**）：

Spatalina ferruginosa (nec. Moore): Wu *et* Fang, 2003h: 613.

分布（**Distribution**）：江西（JX）、四川（SC）、云南（YN）；缅甸、越南、泰国、老挝

其他文献（**Reference**）：Kiriakoff, 1968; Cai, 1979a; Schintlmeister, 1992, 2008.

（572）黑华舟蛾 *Spatalina melanopa* Schintlmeister, 2007

Schintlmeister *et* Pinratana, 2007: 201.

分布（**Distribution**）：云南（YN）；泰国

其他文献（**Reference**）：Schintlmeister, 2008.

（573）超华舟蛾 *Spatalina suppleo* Schintlmeister, 2007

Schintlmeister *et* Pinratana, 2007: 200.

分布（**Distribution**）：云南（YN）；泰国

其他文献（**Reference**）：Schintlmeister, 2008.

（574）荫华舟蛾 *Spatalina umbrosa* (Leech, 1898)

Leech, 1898: 313.

异名（**Synonym**）：

Lophopteryx umbrosa Leech, 1898: 313.

别名（**Common name**）：荫羽舟蛾

分布（**Distribution**）：黑龙江（HL）、陕西（SN）、四川（SC）、云南（YN）、广东（GD）；尼泊尔、印度（锡金）、缅甸、泰国、越南

其他文献（**Reference**）：Kiriakoff, 1967a; Cai, 1979a; Schintlmeister, 1992; Wu *et* Fang, 2003h.

125）土舟蛾属 *Togepteryx* Matsumura, 1920

Matsumura, 1920a: 149.

异名（**Synonym**）：

Epicosmolopha Kiriakoff, 1963a: 281.

其他文献（**Reference**）：Wu *et* Fang, 2003h.

（575）背白土舟蛾 *Togepteryx dorsoalbida* Schintlmeister, 1989

Schintlmeister, 1989b: 113.

分布（**Distribution**）：黑龙江（HL）、江西（JX）、湖南（HN）、湖北（HB）、四川（SC）、贵州（GZ）、福建（FJ）、广西（GX）

其他文献（**Reference**）：Wu *et* Fang, 2003h.

（576）背黄土舟蛾 *Togepteryx dorsoflavida* (Kiriakoff, 1963)

Kiriakoff, 1963a: 281.

异名（**Synonym**）：

Epicosmolopha dorsoflavida Kiriakoff, 1963a: 281.

分布（**Distribution**）：陕西（SN）

其他文献（**Reference**）：Schintlmeister, 1992; Wu *et* Fang, 2003h.

（577）拟土舟蛾 *Togepteryx incongruens* Schintlmeister, 1989

Schintlmeister, 1989b: 113.

分布（**Distribution**）：浙江（ZJ）

其他文献（**Reference**）：Wu *et* Fang, 2003h.

（578）梅氏土舟蛾 *Togepteryx meyi* Schintlmeister, 2008

Schintlmeister, 2008: 327.

分布（**Distribution**）：陕西（SN）

（579）土舟蛾 *Togepteryx velutina* (Oberthür, 1880)

Oberthür, 1880: 64.

异名（**Synonym**）：

Drymonia velutina Oberthür, 1880: 64.

分布（**Distribution**）：黑龙江（HL）、吉林（JL）、贵州（GZ）；日本、朝鲜、俄罗斯

其他文献（**Reference**）：Cai, 1979a; Schintlmeister, 1992; Wu *et* Fang, 2003h.

9. 扇舟蛾亚科 Pygaerinae Duponchel, [1845]

Duponchel, [1845] 1844: 95.

异名（**Synonym**）：

Melalophinae Grote, 1895: 3;

Gluphisiinae Packard, 1895: 88;

Spatalinae Matsumura, 1929b: 78.

126）奇舟蛾属 *Allata* Walker, 1862

Walker, 1862b: 140.

其他文献（**Reference**）：Wu *et* Fang, 2003h.

（580）本奇舟蛾 *Allata benderi* Dierl, 1976

Dierl, 1976: 209.

分布（**Distribution**）：云南（YN）、西藏（XZ）、福建（FJ）

其他文献（**Reference**）：Schintlmeister *et* Fang, 2001; Wu *et* Fang, 2003h.

（581）倍奇舟蛾 *Allata duplius* Schintlmeister, 2007

Schintlmeister *et* Pinratana, 2007: 235.

分布（**Distribution**）：云南（YN）；印度、缅甸、泰国、老

挝、越南

（582）威奇舟蛾 *Allata vigesco* Schintlmeister, 2008

Schintlmeister, 2008: 380.

分布（Distribution）：广西（GX）

（583）新奇舟蛾 *Allata sikkima* (Moore, 1879)

Moore, 1879b: 61.

异名（Synonym）：

Celeia sikkima Moore, 1879b: 61;

Neophyta costalis (nec. Moore): Cai, 1979a: 141;

Allata (*Celeia*) *licitus* Schintlmeister, 1989b: 116.

别名（Common name）：明肩新奇舟蛾

分布（Distribution）：甘肃（GS）、浙江（ZJ）、江西（JX）、湖南（HN）、四川（SC）、贵州（GZ）、云南（YN）、福建（FJ）、广西（GX）、海南（HI）；印度（锡金）、越南、马来西亚、印度尼西亚

其他文献（Reference）：Wu *et* Fang, 2003h.

（584）伪奇舟蛾 *Allata laticostalis* (Hampson, 1900)

Hampson, 1900: 43.

异名（Synonym）：

Spatalia laticostalis Hampson, 1900: 43;

Spatalia argyropeza Oberthür, 1914: 58.

别名（Common name）：半明奇舟蛾，银刀奇舟蛾

分布（Distribution）：河北（HEB）、北京（BJ）、山西（SX）、陕西（SN）、甘肃（GS）、浙江（ZJ）、江西（JX）、湖北（HB）、四川（SC）、云南（YN）、福建（FJ）；印度（北部）、阿富汗、巴基斯坦、越南

其他文献（Reference）：Cai, 1979a; Kiriakoff, 1967a; Schintlmeister, 1992; Wu *et* Fang, 2003h.

127）扇舟蛾属 *Clostera* Samouelle, 1819

Samouelle, 1819: 247.

异名（Synonym）：

Ichtyura Hübner, 1819: 162;

Melalopha Hübner, 1822: 14, 16, 19, 20;

Neoclostera Kiriakoff, 1963a: 254.

其他文献（Reference）：Wu *et* Fang, 2003h.

（585）风扇舟蛾 *Clostera aello* Schintlmeister *et* Fang, 2001

Schintlmeister *et* Fang, 2001: 99.

异名（Synonym）：

Clotera modesta (nec. Staudinger): Cai, 1982b: 31.

分布（Distribution）：西藏（XZ）

其他文献（Reference）：Wu *et* Fang, 2003h.

（586）杨扇舟蛾 *Clostera anachoreta* ([Denis *et* Schiffermüller], 1775)

Denis *et* Schiffermüller, 1775: 55.

异名（Synonym）：

Phalaena anachoreta [Denis *et* Schiffermüller], 1775: 55;

Pygaera anachoreta pallida Staudinger, 1887a: 101.

别名（Common name）：白杨灰天社蛾，白杨天社蛾，小叶杨天社蛾，杨树天社蛾

分布（Distribution）：黑龙江（HL）、吉林（JL）、辽宁（LN）、内蒙古（NM）、河北（HEB）、天津（TJ）、北京（BJ）、山西（SX）、山东（SD）、河南（HEN）、陕西（SN）、宁夏（NX）、甘肃（GS）、青海（QH）、新疆（XJ）、安徽（AH）、江苏（JS）、上海（SH）、浙江（ZJ）、江西（JX）、湖南（HN）、湖北（HB）、四川（SC）、重庆（CQ）、云南（YN）、西藏（XZ）、福建（FJ）、台湾（TW）、香港（HK）；日本、朝鲜、印度、斯里兰卡、越南、印度尼西亚；欧洲

其他文献（Reference）：Cai, 1979a; Schintlmeister, 1992; Wu *et* Fang, 2003h.

（587）分月扇舟蛾 *Clostera anastomosis* (Linnaeus, 1758)

Linnaeus, 1758: 506.

异名（Synonym）：

Phalaena anastomosis Linnaeus, 1758: 506;

Neoclostera insignior Kiriakoff, 1963a: 254.

别名（Common name）：山杨天社蛾，杨树天社蛾，杨叶夜蛾，银波天社蛾

分布（Distribution）：黑龙江（HL）、吉林（JL）、内蒙古（NM）、河北（HEB）、陕西（SN）、甘肃（GS）、新疆（XJ）、安徽（AH）、江苏（JS）、上海（SH）、浙江（ZJ）、湖南（HN）、湖北（HB）、四川（SC）、重庆（CQ）、贵州（GZ）、云南（YN）、福建（FJ）；日本、朝鲜、俄罗斯、蒙古国；欧洲

其他文献（Reference）：Cai, 1979a; Schintlmeister, 1992; Wu *et* Fang, 2003h.

（588）角扇舟蛾 *Clostera angularis* (Snellen, 1895)

Snellen, 1895: 128.

异名（Synonym）：

Ichthyura angularis Snellen, 1895: 128.

分布（Distribution）：云南（YN）；越南、印度尼西亚、马来西亚

其他文献（Reference）：Cai, 1979a; Wu *et* Fang, 2003h.

（589）灰短扇舟蛾 *Clostera canesens* (Graeser, 1892)

Graeser, 1892: 303.

异名（Synonym）：

Pygaera curtula canescens Graeser, 1892: 303.

分布（Distribution）：新疆（XJ）；安纳托利亚；中亚、欧洲

其他文献（Reference）：Cai, 1979a; Wu *et* Fang, 2003h.

（590）共扇舟蛾 *Clostera costicomma* (Hampson, 1892)

Hampson, 1892b: 173.

异名（Synonym）：

Ichtyura costicomma Hampson, 1892b: 173.

分布（Distribution）：云南（YN）；印度、巴基斯坦、越南

其他文献（Reference）：Schintlmeister *et* Fang, 2001; Wu *et* Fang, 2003h.

（591）短扇舟蛾 *Clostera albosigma curtuloides* (Erschoff, 1870)

Erschoff, 1870: 193.

异名（Synonym）：

Clostera albosigma korecurtula Bryk, 1948: 9.

分布（Distribution）：黑龙江（HL）、吉林（JL）、北京（BJ）、山西（SX）、陕西（SN）、甘肃（GS）、青海（QH）、云南（YN）；日本、朝鲜、俄罗斯；北美洲

其他文献（Reference）：Cai, 1979a; Schintlmeister, 1992; Wu *et* Fang, 2003h.

（592）影扇舟蛾 *Clostera fulgurita* (Walker, 1865)

Walker, 1865: 433.

异名（Synonym）：

Ichtyura fulgurita Walker, 1865: 433.

分布（Distribution）：湖北（HB）、云南（YN）、福建（FJ）、广东（GD）、广西（GX）、海南（HI）；印度、尼泊尔、缅甸、泰国、越南、马来西亚、印度尼西亚

其他文献（Reference）：Schintlmeister *et* Fang, 2001; Wu *et* Fang, 2003h.

（593）玛扇舟蛾 *Clostera mahatma* (Bryk, 1949)

Bryk, 1949: 43.

异名（Synonym）：

Pygaera mahatma Bryk, 1949: 43.

分布（Distribution）：四川（SC）、云南（YN）、西藏（XZ）；印度、尼泊尔、不丹、缅甸

其他文献（Reference）：Schintlmeister, 2008.

（594）中亚扇舟蛾 *Clostera obscurior* (Staudinger, 1887)

Staudinger, 1887a: 102.

异名（Synonym）：

Pygaera pigra obscurior Staudinger, 1887a: 102.

分布（Distribution）：新疆（XJ）；哈萨克斯坦

其他文献（Reference）：Schintlmeister *et* Fang, 2001; Wu *et* Fang, 2003h.

（595）柳扇舟蛾 *Clostera pallida* (Walker, 1855)

Walker, 1855b: 1077.

异名（Synonym）：

Nerice pallida Walker, 1855b: 1077;

Pygaera rufa Luh, 1947: 61.

分布（Distribution）：四川（SC）、云南（YN）、西藏（XZ）、广西（GX）；印度（北部）、尼泊尔、泰国、缅甸、越南

其他文献（Reference）：Cai, 1982a; Wu *et* Fang, 2003h.

（596）漫扇舟蛾 *Clostera pigra* (Hufnagel, 1766)

Hufnagel, 1766: 426.

异名（Synonym）：

Phalaena pigra Hufnagel, 1766: 426.

分布（Distribution）：黑龙江（HL）、吉林（JL）、辽宁（LN）、河北（HEB）、甘肃（GS）；朝鲜、俄罗斯、安纳托利亚；欧洲、北美洲

其他文献（Reference）：Cai, 1982a; Wu *et* Fang, 2003h.

（597）仁扇舟蛾 *Clostera restitura* (Walker, 1865)

Walker, 1865: 433.

异名（Synonym）：

Ichthyura restitura Walker, 1865: 433;

Ichtyura indica Moore, 1865: 813.

分布（Distribution）：江苏（JS）、上海（SH）、浙江（ZJ）、湖南（HN）、云南（YN）、福建（FJ）、台湾（TW）、广东（GD）、广西（GX）、海南（HI）、香港（HK）；印度、越南、马来西亚、印度尼西亚

其他文献（Reference）：Schintlmeister, 1992; Wu *et* Fang, 2003h.

（598）横扇舟蛾 *Clostera transecta* (Dudgeon, 1898)

Dudgeon, 1898: 36.

异名（Synonym）：

Ichtyura transecta Dudgeon, 1898: 36.

分布（Distribution）：云南（YN）、福建（FJ）；尼泊尔、印度、缅甸、泰国、越南

其他文献（Reference）：Schintlmeister, 2008.

128）锦舟蛾属 *Ginshachia* Matsumura, 1929

Matsumura, 1929a: 45.

其他文献（Reference）：Wu *et* Fang, 2003h.

（599）贝锦舟蛾 *Ginshachia baenzigeri* Schintlmeister, 2007

Schintlmeister *et* Pinratana, 2007: 240.

分布（Distribution）：云南（YN）、西藏（XZ）；印度、尼泊尔、缅甸、泰国、老挝、越南

其他文献（Reference）：Schintlmeister, 2008.

（600）锦舟蛾 *Ginshachia elongata* Matsumura, 1929

Matsumura, 1929a: 45.

分布（Distribution）：台湾（TW）

其他文献（Reference）：Wu *et* Fang, 2003h.

（601）光锦舟蛾 *Ginshachia phoebe* Schintlmeister, 1989

Schintlmeister, 1989b: 115.

分布（Distribution）：陕西（SN）、甘肃（GS）、湖南（HN）、

重庆（CQ）、福建（FJ）、广西（GX）、海南（HI）；越南

其他文献（Reference）：Wu *et* Fang, 2003h.

（601a）光锦舟蛾指名亚种 *Ginshachia phoebe phoebe* Schintlmeister, 1989

Schintlmeister, 1989b: 115.

分布（Distribution）：湖南（HN）、福建（FJ）、海南（HI）；越南

其他文献（Reference）：Wu *et* Fang, 2003h.

（601b）光锦舟蛾秦巴亚种 *Ginshachia phoebe shanguang* Schintlmeister *et* Fang, 2001

Schintlmeister *et* Fang, 2001: 98.

分布（Distribution）：陕西（SN）、甘肃（GS）、重庆（CQ）、广西（GX）

其他文献（Reference）：Wu *et* Fang, 2003h.

（602）朱氏锦舟蛾 *Ginshachia zhui* Schintlmeister *et* Fang, 2001

Schintlmeister *et* Fang, 2001: 98.

分布（Distribution）：云南（YN）

其他文献（Reference）：Wu *et* Fang, 2003h.

129）谷舟蛾属 *Gluphisia* Boisduval, 1828

Boisduval, 1828: 56.

异名（Synonym）：

Paragluphisia Djakonov, 1927: 219.

其他文献（Reference）：Wu *et* Fang, 2003h.

（603）杨谷舟蛾 *Gluphisia crenata* (Esper, 1785)

Esper, 1785: 245.

异名（Synonym）：

分布（Distribution）：黑龙江（HL）、吉林（JL）、河北（HEB）、山西（SX）、陕西（SN）、甘肃（GS）、江苏（JS）、浙江（ZJ）、四川（SC）、云南（YN）；日本、朝鲜、俄罗斯；欧洲（中西部）、北美洲

其他文献（Reference）：Schintlmeister, 1992；Wu *et* Fang, 2003h.

（603a）杨谷舟蛾指名亚种 *Gluphisia crenata crenata* (Esper, 1785)

Esper, 1785: 245.

异名（Synonym）：

Bombyx crenata Esper, 1785: 245;

Bombyx rurea Fabricius, 1787: 164;

Ochrostigma japonica Wileman, 1911b: 281.

分布（Distribution）：黑龙江（HL）；日本、朝鲜、俄罗斯；欧洲（中西部）、北美洲

其他文献（Reference）：Wu *et* Fang, 2003h.

（603b）杨谷舟蛾细颚亚种 *Gluphisia crenata meridionalis* Kiriakoff, 1963

Kiriakoff, 1963a: 259.

异名（Synonym）：

Gluphisia crenata tristis Nakamura, 1956: 143;

Gluphisis tristis meridionalis Kiriakoff, 1963a: 259.

分布（Distribution）：吉林（JL）、河北（HEB）、山西（SX）、陕西（SN）、甘肃（GS）、江苏（JS）、浙江（ZJ）、湖北（HB）、四川（SC）、云南（YN）

其他文献（Reference）：Wu *et* Fang, 2003h.

130）角翅舟蛾属 *Gonoclostera* Butler, 1877

Butler, 1877: 475.

异名（Synonym）：

Plusiogramma Hampson, 1895: 278.

其他文献（Reference）：Wu *et* Fang, 2003h.

（604）金纹角翅舟蛾 *Gonoclostera argentata* (Oberthür, 1914)

Oberthür, 1914: 59.

异名（Synonym）：

Pygaera argentata Oberthür, 1914: 59;

Plusiogramma transsecta Gaede, 1930: 609;

Plusiogramma aurisigna (nec. Hampson): Cai, 1979a: 154;

Gonoclostera fangi Pan, Li *et* Han, 2010: 387-388.

别名（Common name）：金纹舟蛾

分布（Distribution）：北京（BJ）、陕西（SN）、甘肃（GS）、湖南（HN）、湖北（HB）、四川（SC）、重庆（CQ）、云南（YN）

其他文献（Reference）：Schintlmeister, 1992；Wu *et* Fang, 2003h.

（605）暗角翅舟蛾 *Gonoclostera denticulata* (Oberthür, 1911)

Oberthür, 1911: 337.

异名（Synonym）：

Pygaera denticulata Oberthür, 1911: 337.

分布（Distribution）：陕西（SN）、浙江（ZJ）、四川（SC）

其他文献（Reference）：Schintlmeister, 1992；Wu *et* Fang, 2003h.

（606）角翅舟蛾 *Gonoclostera timoniorum* Bremer, 1861

Bremer, 1861: 482.

异名（Synonym）：

Pygaera timoniorum Bremer, 1861: 482;

Pygaera timonides Bremer, 1864: 45.

分布（Distribution）：黑龙江（HL）、吉林（JL）、辽宁（LN）、北京（BJ）、山东（SD）、陕西（SN）、甘肃（GS）、安徽（AH）、江苏（JS）、上海（SH）、浙江（ZJ）、江西（JX）、

湖北（HB）；日本、朝鲜、俄罗斯

其他文献（Reference）：Cai, 1979a; Schintlmeister, 1992; Wu et Fang, 2003h.

131）裂翅舟蛾属 *Metaschalis* Hampson, 1892

Hampson, 1892b: 158.

其他文献（Reference）：Wu et Fang, 2003h.

（607）裂翅舟蛾 *Metaschalis disrupta* (Moore, 1879)

Moore, 1879b: 62.

异名（Synonym）：

Celeia disrupta Moore, 1879b: 62.

分布（Distribution）：云南（YN）、西藏（XZ）、广西（GX）、海南（HI）；印度、泰国、越南、印度尼西亚、马来西亚

其他文献（Reference）：Cai, 1982a; Schintlmeister, 1992; Wu et Fang, 2003h.

132）小舟蛾属 *Micromelalopha* Nagano, 1916

Nagano, 1916: 10.

异名（Synonym）：

Bifurcifer Ebert, 1968: 203;

Closteroides Kiriakoff, 1977: 33;

Closterellus Fletcher, 1980: 41.

其他文献（Reference）：Wu et Fang, 2003h.

（608）强小舟蛾 *Micromelalopha adrian* Schintlmeister, 1989

Schintlmeister, 1989b: 116.

分布（Distribution）：浙江（ZJ）、江西（JX）、湖南（HN）、湖北（HB）、福建（FJ）、广东（GD）

其他文献（Reference）：Wu et Fang, 2003h.

（609）白额小舟蛾 *Micromelalopha albifrons* Schintlmeister, 1989

Schintlmeister, 1989b: 117.

分布（Distribution）：广东（GD）、香港（HK）；越南

其他文献（Reference）：Wu et Fang, 2003h.

（610）干小舟蛾 *Micromelalopha baibarana* Matsumura, 1929

Matsumura, 1929a: 46.

分布（Distribution）：台湾（TW）、海南（HI）；越南

其他文献（Reference）：Wu et Fang, 2003h.

（611）内斑小舟蛾 *Micromelalopha dorsimacula* Kiriakoff, 1963

Kiriakoff, 1963a: 253.

分布（Distribution）：陕西（SN）、甘肃（GS）、云南（YN）

其他文献（Reference）：Wu et Fang, 2003h.

（612）赭小舟蛾 *Micromelalopha haemorrhoidalis* Kiriakoff, 1963

Kiriakoff, 1963a: 250.

异名（Synonym）：

Micromelalopha cinereibasis Kiriakoff, 1963a: 250.

分布（Distribution）：内蒙古（NM）、北京（BJ）、陕西（SN）、甘肃（GS）、四川（SC）、云南（YN）、西藏（XZ）

其他文献（Reference）：Kiriakoff, 1963a; Cai, 1979a; Schintlmeister, 1992; Wu et Fang, 2003h.

（613）美小舟蛾 *Micromelalopha megaera* Schintlmeister, 2008

Schintlmeister, 2008: 408.

分布（Distribution）：四川（SC）

（614）细小舟蛾 *Micromelalopha ralla* Wu et Fang, 2003

Wu et Fang, 2003e: 225.

分布（Distribution）：云南（YN）

其他文献（Reference）：Wu et Fang, 2003h.

（615）杨小舟蛾 *Micromelalopha sieversi* (Staudinger, 1892)

Staudinger, 1892a: 370.

异名（Synonym）：

Pygaera sieversi Staudinger, 1892a: 370;

Micromelalopha troglodyta (nec. Graeser): Cai, 1979a: 151;

Micromelalopha populivona Yang et Lee, 1978: 498.

别名（Common name）：小舟蛾，杨褐天社蛾

分布（Distribution）：黑龙江（HL）、吉林（JL）、北京（BJ）、山西（SX）、山东（SD）、安徽（AH）、江苏（JS）、浙江（ZJ）、江西（JX）、湖南（HN）、湖北（HB）、四川（SC）、重庆（CQ）、云南（YN）、西藏（XZ）；日本、朝鲜、俄罗斯

其他文献（Reference）：Schintlmeister, 1992; Wu et Fang, 2003h.

（616）西小舟蛾 *Micromelalopha simonovi* Schintlmeister, 1997

Schintlmeister, 1997: 144.

分布（Distribution）：广西（GX）；越南

其他文献（Reference）：Schintlmeister, 2008.

（617）谷小舟蛾 *Micromelalopha sitecta* Schintlmeister, 1989

Schintlmeister, 1989b: 116.

分布（Distribution）：云南（YN）、西藏（XZ）；尼泊尔

其他文献（Reference）：Wu et Fang, 2003h.

（618）锯小舟蛾 *Micromelalopha troglodytodes* Kiriakoff, 1963

Kiriakoff, 1963a: 253.

分布（Distribution）：四川（SC）、云南（YN）

其他文献（**Reference**）：Schintlmeister, 2008.

（619）异小舟蛾 *Micromelalopha variata* Wu *et* Fang, 2003

Wu *et* Fang, 2003e: 224.

分布（**Distribution**）：云南（YN）；缅甸

其他文献（**Reference**）：Wu *et* Fang, 2003h.

（620）邻小舟蛾 *Micromelalopha vicina* Kiriakoff, 1963

Kiriakoff, 1963a: 250.

分布（**Distribution**）：黑龙江（HL）、浙江（ZJ）、江西（JX）、湖南（HN）、贵州（GZ）、福建（FJ）、广东（GD）；朝鲜、俄罗斯

其他文献（**Reference**）：Schintlmeister, 1992; Wu *et* Fang, 2003h.

（620a）邻小舟蛾黄斑亚种 *Micromelalopha vicina flavomaculata* Tshistjakov, 1977

Tshistjakov, 1977: 839.

分布（**Distribution**）：黑龙江（HL）；日本、朝鲜、俄罗斯

其他文献（**Reference**）：Wu *et* Fang, 2003h.

（620b）邻小舟蛾指名亚种 *Micromelalopha vicina vicina* Kiriakoff, 1963

Kiriakoff, 1963a: 250.

分布（**Distribution**）：浙江（ZJ）、江西（JX）、湖南（HN）、贵州（GZ）、福建（FJ）、广东（GD）

其他文献（**Reference**）：Kiriakoff, 1963a.

133）姹羽舟蛾属 *Pterotes* Berg, 1901

Berg, 1901: 311.

异名（**Synonym**）：

Pteroma Staudinger, 1896: pl. 5, fig. 13;

Danielita Kiriakoff, 1970b: 124.

其他文献（**Reference**）：Wu *et* Fang, 2003h.

（621）姹羽舟蛾 *Pterotes eugenia* (Staudinger, 1896)

Staudinger, 1896: pl. 5, fig. 13.

异名（**Synonym**）：

Pteroma eugenia Staudinger, 1896: pl. 5, fig. 13.

分布（**Distribution**）：内蒙古（NM）、陕西（SN）；蒙古国

其他文献（**Reference**）：Cai, 1979a; Schintlmeister, 1992; Wu *et* Fang, 2003h.

134）拟扇舟蛾属 *Pygaera* Ochsenheimer, 1810

Ochsenheimer, 1810: 224.

其他文献（**Reference**）：Wu *et* Fang, 2003h.

（622）拟扇舟蛾 *Pygaera timon* (Hübner, [1803])

Hübner, [1803] 1800: 3.

异名（**Synonym**）：

Bombyx timon Hübner, [1803] 1800: 3.

分布（**Distribution**）：黑龙江（HL）、吉林（JL）、内蒙古（NM）；亚洲（东部）、欧洲

其他文献（**Reference**）：Cai, 1979a; Schintlmeister, 1992; Wu *et* Fang, 2003h.

135）裂舟蛾属 *Rhegmatophila* Standfuss, 1888

Standfuss, 1888: 239.

其他文献（**Reference**）：Wu *et* Fang, 2003h.

（623）基裂舟蛾 *Rhegmatophila vinculum* Hering, 1936

Hering, 1936: 4.

分布（**Distribution**）：四川（SC）、云南（YN）

其他文献（**Reference**）：Wu *et* Fang, 2003h.

136）玫舟蛾属 *Rosama* Walker, 1855

Walker, 1855b: 1066.

异名（**Synonym**）：

Eguria Matsumura, 1924: 37;

Yamatoa Kiriakoff, 1967a: 205.

其他文献（**Reference**）：Wu *et* Fang, 2003h.

（624）金纹玫舟蛾 *Rosama auritracta* (Moore, 1865)

Moore, 1865: 811.

异名（**Synonym**）：

Celeia auritracta Moore, 1865: 811;

Spatalia albifasciata Hampson, 1892b: 170.

别名（**Common name**）：球玫舟蛾

分布（**Distribution**）：云南（YN）；印度（北部）、越南

其他文献（**Reference**）：Kiriakoff, 1968; Cai, 1979a; Schintlmeister, 1992; Wu *et* Fang, 2003h.

（625）肉桂玫舟蛾 *Rosama cinnamomea* Leech, 1888

Leech, 1888: 637.

异名（**Synonym**）：

Rosama plusioides (nec. Moore): Cai, 1979a: 136.

别名（**Common name**）：银角玫舟蛾

分布（**Distribution**）：陕西（SN）、江苏（JS）、浙江（ZJ）；日本、朝鲜

其他文献（**Reference**）：Schintlmeister, 1992; Wu *et* Fang, 2003h.

（626）锈玫舟蛾 *Rosama ornata* (Oberthür, 1884)

Oberthür, 1884: 15.

异名（**Synonym**）：

Ptilodonta ornata Oberthür, 1884: 15;

Rosama macrodonta Butler, 1885a: 127.

分布（**Distribution**）：黑龙江（HL）、辽宁（LN）、北京（BJ）、

江苏（JS）、上海（SH）、浙江（ZJ）、湖南（HN）、湖北（HB）、台湾（TW）、广东（GD）；日本、朝鲜、俄罗斯

其他文献（**Reference**）：Kiriakoff, 1967a; Cai, 1979a; Schintlmeister, 1992; Wu *et* Fang, 2003h.

（627）暗玫舟蛾 *Rosama plusioides* **Moore, 1879**

Moore, 1879b: 62.

异名（**Synonym**）：

Rosame fusca Cai, 1979b: 464.

分布（**Distribution**）：四川（SC）、云南（YN）、广东（GD）；印度（北部）、尼泊尔、越南、印度尼西亚

其他文献（**Reference**）：Wu *et* Fang, 2003h.

（628）胞银玫舟蛾 *Rosama sororella* **Bryk, 1949**

Bryk, 1949: 38.

分布（**Distribution**）：四川（SC）、云南（YN）；缅甸

其他文献（**Reference**）：Cai, 1979a; Wu *et* Fang, 2003h.

（629）纹玫舟蛾 *Rosama strigosa* **Walker, 1855**

Walker, 1855b: 1066.

分布（**Distribution**）：广东（GD）、海南（HI）；印度、越南、印度尼西亚

其他文献（**Reference**）：Schintlmeister, 2008.

（630）黑纹玫舟蛾 *Rosama x-magnum* **Bryk, 1949**

Bryk, 1949: 37.

异名（**Synonym**）：

Rosama eminens Bryk, 1949: 39;

Rosama plusioides x-magnum Bryk, 1949: 37;

Rosama lijiangensis Cai, 1979b: 463.

别名（**Common name**）：丽江玫舟蛾

分布（**Distribution**）：四川（SC）、云南（YN）；缅甸

其他文献（**Reference**）：Bryk, 1949; Cai, 1979a; Schintlmeister, 1992; Wu *et* Fang, 2003h.

137）金舟蛾属 *Spatalia* Hübner, 1819

Hübner, 1819: 145.

异名（**Synonym**）：

Heterodonta Duponchel, 1844: 92;

Spataloides Matsumura, 1924: 36;

Stenospatalia Matsumura, 1924: 36.

其他文献（**Reference**）：Wu *et* Fang, 2003h.

（631）德金舟蛾 *Spatalia decorata* **Schintlmeister, 2002**

Schintlmeister, 2002: 201.

分布（**Distribution**）：陕西（SN）、广东（GD）

其他文献（**Reference**）：Schintlmeister, 2008.

（632）丽金舟蛾 *Spatalia dives* **Oberthür, 1884**

Oberthür, 1884: 15.

异名（**Synonym**）：

Spatalia okamotonis Matsumura, 1909b: 82;

Spatalia dives angustipennis Okano, 1960a: 39.

分布（**Distribution**）：黑龙江（HL）、吉林（JL）、辽宁（LN）、陕西（SN）、湖南（HN）、湖北（HB）、贵州（GZ）、台湾（TW）；日本、朝鲜、俄罗斯

其他文献（**Reference**）：Cai, 1979a; Schintlmeister, 1992; Wu *et* Fang, 2003h.

（633）艳金舟蛾 *Spatalia doerriesi* **Graeser, 1888**

Graeser, 1888: 141.

分布（**Distribution**）：黑龙江（HL）、吉林（JL）、内蒙古（NM）、陕西（SN）、甘肃（GS）、湖北（HB）、四川（SC）、重庆（CQ）；日本、朝鲜、俄罗斯

其他文献（**Reference**）：Cai, 1979a; Schintlmeister, 1992; Wu *et* Fang, 2003h.

（634）富金舟蛾 *Spatalia plusiotis* （**Oberthür, 1880**）

Oberthür, 1880: 65.

异名（**Synonym**）：

Ptilodontis plusiotis Oberthür, 1880: 65.

分布（**Distribution**）：黑龙江（HL）、吉林（JL）、北京（BJ）、陕西（SN）、甘肃（GS）、浙江（ZJ）、湖南（HN）、湖北（HB）、四川（SC）；朝鲜、俄罗斯

其他文献（**Reference**）：Cai, 1979a; Schintlmeister, 1992; Wu *et* Fang, 2003h.

（635）顶斑金舟蛾 *Spatalia procne* **Schintlmeister, 1989**

Schintlmeister, 1989b: 115.

分布（**Distribution**）：江西（JX）、湖南（HN）、福建（FJ）、广西（GX）；越南

其他文献（**Reference**）：Wu *et* Fang, 2003h.

10. 司舟蛾亚科 Scranciinae Miller, 1991

Miller, 1991: 182, 194.

138）重舟蛾属 *Baradesa* Moore, 1883

Moore, 1883a: 16.

其他文献（**Reference**）：Wu *et* Fang, 2003h.

（636）宽带重舟蛾 *Baradesa lithosioides* **Moore, 1883**

Moore, 1883a: 17.

分布（**Distribution**）：云南（YN）；印度（锡金）、尼泊尔、越南

其他文献（**Reference**）：Wu *et* Fang, 2003h.

（637）窄带重舟蛾 *Baradesa omissa* **Rothschild, 1917**

Rothschild, 1917: 258.

分布（**Distribution**）：浙江（ZJ）、云南（YN）、广东（GD）、

广西（GX）；印度、越南、马来西亚

其他文献（**Reference**）：Wu *et* Fang, 2003h.

（638）端重舟蛾 *Baradesa ultima* Sugi, 1992

Sugi, 1992: 103.

分布（**Distribution**）：云南（YN）、西藏（XZ）

其他文献（**Reference**）：Wu *et* Fang, 2003h.

139）细翅舟蛾属 *Gargetta* Walker, 1865

Walker, 1865: 455.

其他文献（**Reference**）：Wu *et* Fang, 2003h.

（639）细翅舟蛾 *Gargetta costigera* Walker, 1865

Walker, 1865: 455.

分布（**Distribution**）：海南（HI）、香港（HK）；印度、尼泊尔、泰国

其他文献（**Reference**）：Schintlmeister, 2008.

（640）异细翅舟蛾 *Gargetta divisa* Gaede, 1930

Gaede, 1930: 615.

分布（**Distribution**）：广东（GD）、香港（HK）；印度、尼泊尔、缅甸、越南、马来西亚、印度尼西亚、菲律宾

其他文献（**Reference**）：Wu *et* Fang, 2003h.

（641）方氏细翅舟蛾 *Gargetta fangi* Schintlmeister, 2002

Schintlmeister, 2002: 187.

分布（**Distribution**）：海南（HI）；泰国、老挝

其他文献（**Reference**）：Schintlmeister, 2008.

（642）银边细翅舟蛾 *Gargetta nagaensis* Hampson, 1892

Hampson, 1892b: 135.

分布（**Distribution**）：江西（JX）、湖北（HB）、云南（YN）；印度、印度尼西亚

其他文献（**Reference**）：Wu *et* Fang, 2003h.

140）木舟蛾属 *Ortholomia* Felder, 1861

Felder, 1861: 39.

异名（**Synonym**）：

Besida Walker, 1865: 456;

Osica Walker, 1865: 766;

Parathemerastis Bethune-Baker, 1916: 383.

其他文献（**Reference**）：Wu *et* Fang, 2003h.

（643）木舟蛾 *Ortholomia xylinata* (Walker, 1865)

Walker, 1865: 456.

异名（**Synonym**）：

Besida xylinata Walker, 1865: 456.

分布（**Distribution**）：云南（YN）；越南、泰国、印度尼西亚（爪哇岛）、菲律宾

其他文献（**Reference**）：Wu *et* Fang, 2003h.

141）怀舟蛾属 *Phycidopsis* Hampson, 1893

Hampson, 1893b: 91.

其他文献（**Reference**）：Wu *et* Fang, 2003h.

（644）怀舟蛾 *Phycidopsis albovittata* Hampson, 1893

Hampson, 1893b: 91.

分布（**Distribution**）：云南（YN）；日本、斯里兰卡、印度、印度尼西亚、菲律宾

其他文献（**Reference**）：Wu *et* Fang, 2003h.

142）波舟蛾属 *Porsica* Walker, 1866

Walker, 1866: 1823.

其他文献（**Reference**）：Wu *et* Fang, 2003h.

（645）曲波舟蛾 *Porsica curvaria* Hampson, 1892

Hampson, 1892b: 136.

异名（**Synonym**）：

Gargetta curvaria Hampson, 1892b: 136.

分布（**Distribution**）：上海（SH）、香港（HK）；印度、马来西亚、印度尼西亚、菲律宾

其他文献（**Reference**）：Kiriakoff, 1968; Wu *et* Fang, 2003h.

（646）波舟蛾 *Porsica ingens* Walker, 1866

Walker, 1866: 1823.

分布（**Distribution**）：浙江（ZJ）、云南（YN）、广东（GD）、香港（HK）；印度、缅甸、泰国、越南、印度尼西亚

其他文献（**Reference**）：Schintlmeister, 2008.

（646a）波舟蛾指名亚种 *Porsica ingens ingens* Walker, 1866

Walker, 1866: 1823.

分布（**Distribution**）：浙江（ZJ）、云南（YN）、广东（GD）、香港（HK）；印度、越南、泰国、缅甸

其他文献（**Reference**）：Wu *et* Fang, 2003h.

（647）点带波舟蛾 *Porsica punctifascia* (Hampson, 1897)

Hampson, 1897: 281.

异名（**Synonym**）：

Gargetta punctifascia Hampson, 1897: 281.

分布（**Distribution**）：华南；印度、泰国、老挝、越南、印度尼西亚、菲律宾

其他文献（**Reference**）：Schintlmeister, 2008.

143）愚舟蛾属 *Pseudogargetta* Bethune-Baker, 1904

Bethune-Baker, 1904: 373.

异名（**Synonym**）：

Blakeia Kiriakoff, 1967b: 39.

其他文献（**Reference**）：Kiriakoff, 1967a; Wu *et* Fang, 2003h.

（648）愚舟蛾 *Pseudogargetta marmorata* **(Kiriakoff, 1967)**

Kiriakoff, 1967b: 41.

异名（**Synonym**）：

Blakeia marmorata Kiriakoff, 1967b: 41.

分布（**Distribution**）：广西（GX）；越南、马来西亚、加里曼丹岛

其他文献（**Reference**）：Wu *et* Fang, 2003h.

11. 异舟蛾亚科 Thaumetopoeinae Aurivillius, 1889

Aurivillius, 1889: 68, 75.

144）雪舟蛾属 *Gazalina* Walker, 1865

Walker, 1865: 298.

异名（**Synonym**）：

Oligoclona Felder, 1874: pl. 94, fig. 10;

Ansonia Kiriakoff, 1967a: 57.

其他文献（**Reference**）：Wu *et* Fang, 2003h.

（649）黑脉雪舟蛾 *Gazalina apsara* **(Moore, 1859)**

Moore, 1859: 341.

异名（**Synonym**）：

Dasychira apsara Moore, 1859: 341;

Gazalina venosata Walker, 1865: 398.

别名（**Common name**）：黑脉雪异舟蛾

分布（**Distribution**）：云南（YN）、西藏（XZ）；印度（锡金）、尼泊尔

其他文献（**Reference**）：Cai, 1979a; Wu *et* Fang, 2003h.

（650）三线雪舟蛾 *Gazalina chrysolopha* **(Kollar, 1844)**

Kollar, 1844: 470.

异名（**Synonym**）：

Liparis chrysolopha Kollar, 1844: 470.

别名（**Common name**）：三线洁异舟蛾

分布（**Distribution**）：河南（HEN）、陕西（SN）、甘肃（GS）、湖南（HN）、湖北（HB）、四川（SC）、重庆（CQ）、贵州（GZ）、云南（YN）、西藏（XZ）、广西（GX）、海南（HI）；印度、巴基斯坦、尼泊尔

其他文献（**Reference**）：Cai, 1979a, 1992; Wu *et* Fang, 2003h.

（651）白雪舟蛾 *Gazalina purification* **Sugi, 1993**

Sugi, 1993: 155.

分布（**Distribution**）：台湾（TW）

其他文献（**Reference**）：Wu *et* Fang, 2003h.

（652）双线雪舟蛾 *Gazalina transversa* **Moore, 1879**

Moore, 1879b: 47.

分布（**Distribution**）：云南（YN）、广东（GD）、广西（GX）；印度（锡金）、尼泊尔

其他文献（**Reference**）：Cai, 1979a; Wu *et* Fang, 2003h.

四、凤蝶科 Papilionidae Latreille, [1802]

Latreille, [1802]: 187.

1. 凤蝶亚科 Papilioninae Latreille, [1802]

Latreille, [1802]: 187 (as Papilionides).

1）宽尾凤蝶属 *Agehana* Matsumura, 1936

Matsumura, 1936: 86.

（1）宽尾凤蝶 *Agehana elwesi* (Leech, 1889)

Leech, 1889a: 113.

异名（**Synonym**）：

Papilio elwesi Leech, 1889a: 113.

别名（**Common name**）：大尾凤蝶，中国宽尾凤蝶

分布（**Distribution**）：陕西（SN）、浙江（ZJ）、江西（JX）、湖北（HB）、四川（SC）、重庆（CQ）、贵州（GZ）、福建（FJ）、广东（GD）、广西（GX）、海南（HI）

其他文献（**Reference**）：Bridges, 1988; Chou, 1994; Wu, 2001a.

（1a）宽尾凤蝶指名亚种 *Agehana elwesi elwesi* (Leech, 1889)

Leech, 1889a: 113.

分布（**Distribution**）：陕西（SN）、浙江（ZJ）、江西（JX）、湖北（HB）、四川（SC）、重庆（CQ）、贵州（GZ）、福建（FJ）、广东（GD）、广西（GX）、海南（HI）

（1b）宽尾凤蝶白斑型 *Agehana elwesi* f. *cavalerei* (Le Cerf, 1923)

Le Cerf, 1923: 362.

异名（**Synonym**）：

Papilio elwesi cavalerei Le Cerf, 1923: 362.

分布（**Distribution**）：四川（SC）

（2）台湾宽尾凤蝶 *Agehana maraho* (Shiraki *et* Sonan, 1934)

Shiraki *et* Sonan, 1934: 177.

异名（**Synonym**）：

Papilio maraho Shiraki *et* Sonan, 1934: 177.

别名（**Common name**）：宽尾凤蝶，阔尾凤蝶

分布（**Distribution**）：台湾（TW）

其他文献（**Reference**）：Igarashi, 1979; Bridges, 1988; Chou, 1994; Wu, 2001a.

2）曙凤蝶属 *Atrophaneura* Reakirt, 1865

Reakirt, 1865: 446.

异名（**Synonym**）：

Polydorus Swainson, 1833: 101;

Pangerana Moore, 1886b: 51;

Karanga Moore, 1902: 157.

其他文献（**Reference**）：Wu, 2001a.

（3）暖曙凤蝶 *Atrophaneura aidonea* (Doubleday, 1845)

Doubleday, 1845: 178.

异名（**Synonym**）：

Paplio aidoneus Doubleday, 1845: 178;

Atrophaneura nox hainanensis Gu *et* Chen, 1997: 36.

别名（**Common name**）：红肩凤蝶，鳞心凤蝶，心形曙凤蝶，玛曙凤蝶海南亚种

分布（**Distribution**）：四川（SC）、云南（YN）、广东（GD）、广西（GX）、海南（HI）；印度、泰国、缅甸、越南

其他文献（**Reference**）：Talbot, 1949; Wu, 2001a.

（4）曙凤蝶 *Atrophaneura horishana* Matsumura, 1910

Matsumura, 1910: 209.

别名（**Common name**）：桃红凤蝶

分布（**Distribution**）：台湾（TW）

其他文献（**Reference**）：Wu, 2001a.

（5）瓦曙凤蝶 *Atrophaneura varuna* (White, 1842)

White, 1842: 280.

异名（**Synonym**）：

Papilio varuna White, 1842: 280.

分布（**Distribution**）：云南（YN）、广西（GX）、海南（HI）；印度、尼泊尔、缅甸、老挝、越南、泰国、马来西亚等地

其他文献（**Reference**）：Miller, 1987b; Talbot, 1949; Chou, 1994; Wu, 2001a.

（5a）瓦曙凤蝶海南亚种 *Atrophaneura varuna astorion* (Westwood, 1842)

Westwood, 1842a: 37.

异名（**Synonym**）：

Papilio varuna astorion Westwood, 1842a: 37.

分布（**Distribution**）：广西（GX）、海南（HI）

其他文献（**Reference**）：Wu, 2001a.

（5b）瓦曙凤蝶白斑亚种 *Atrophaneura varuna zaleuca* (Hewitson, 1878)

Hewitson, 1878: 3.

异名（**Synonym**）：

Papilio zeleucus Hewitson, 1878: 3.

别名（**Common name**）：白边窄曙凤蝶，窄曙凤蝶

分布（**Distribution**）：云南（YN）、西藏（XZ）；缅甸

其他文献（**Reference**）：Wu, 2001a.

3）麝凤蝶属 *Byasa* Moore, 1882

Moore, 1882: 258.

异名（**Synonym**）：

Panosmia Wood-Mason *et* de Nicéville, 1886: 374.

其他文献（**Reference**）：Wu, 2001a.

（6）麝凤蝶 *Byasa alcinous* (Klug, 1836)

Klug, 1836: 1.

异名（**Synonym**）：

Papilio alcinous Klug, 1836: 1.

别名（**Common name**）：麝香凤蝶，麝香曙凤蝶

分布（**Distribution**）：海南（HI）；日本

其他文献（**Reference**）：Wu, 2001a.

（6a）麝凤蝶海南亚种 *Byasa alcinous loochooanus* (Rothschild, 1896)

Rothschild, 1896a: 421.

分布（**Distribution**）：海南（HI）

其他文献（**Reference**）：Wu, 2001a.

（7）中华麝凤蝶 *Byasa confusa* (Rothschild, 1895)

Rothschild, 1895: 269.

异名（**Synonym**）：

Papilio alcinous confusus Rothschild, 1895: 269;

Papilio alcinous mansonensis Fruhstorfer, 1901b: 113.

分布（**Distribution**）：黑龙江（HL）、吉林（JL）、辽宁（LN）、河北（HEB）、山西（SX）、山东（SD）、河南（HEN）、陕西（SN）、江苏（JS）、江西（JX）、四川（SC）、云南（YN）、福建（FJ）、台湾（TW）、广东（GD）、广西（GX）、海南（HI）；日本、韩国、越南

其他文献（**Reference**）：Wu, 2001a.

（8）短尾麝凤蝶 *Byasa crassipes* (Oberthür, 1893)

Oberthür, 1893: 2.

异名（**Synonym**）：

Papilio crassipes Oberthür, 1893: 2.

分布（**Distribution**）：四川（SC）、云南（YN）；缅甸、越南

其他文献（**Reference**）：Chou, 1994; Bridges, 1988; Wu, 2001a.

（9）达摩麝凤蝶 *Byasa daemonius* (Alpheraky, 1895)

Alpheraky, 1895a: 180.

异名（**Synonym**）：

Atrophaneura daemonius Alpheraky, 1895a: 180.

分布（**Distribution**）：四川（SC）、云南（YN）、西藏（XZ）

其他文献（**Reference**）：Chou, 1994; Wu, 2001a.

（9a）达摩麝凤蝶指名亚种 *Byasa daemonius daemonius* (Alpheraky, 1895)

Alpheraky, 1895a: 180.

分布（**Distribution**）：西藏（XZ）

其他文献（**Reference**）：Wu, 2001a.

（9b）达摩麝凤蝶云南亚种 *Byasa daemonius yunnana* (Oberthür, 1907)

Oberthür, 1907: 137.

异名（**Synonym**）：

Papilio daemonius yunnana Oberthür, 1907: 137.

分布（**Distribution**）：四川（SC）、云南（YN）

其他文献（**Reference**）：Wu, 2001a.

（10）白斑麝凤蝶 *Byasa dasarada* (Moore, 1858)

Moore, 1858: 96.

异名（**Synonym**）：

Papilio dasarada Moore, 1858: 96.

分布（**Distribution**）：四川（SC）、云南（YN）、海南（HI）；印度（锡金）、不丹、尼泊尔、缅甸、越南

其他文献（**Reference**）：Chou, 1994; Wu, 2001a; Bridges, 1988.

（10a）白斑麝凤蝶海南亚种 *Byasa dasarada melanura* (Rothschild, 1905)

Rothschild, 1905: 78.

异名（**Synonym**）：

Papilio dasarada melanura Rothschild, 1905: 78;

Byasa stenoptera Chou *et* Gu *In*: Chou, 1994: 112.

别名（**Common name**）：玄麝凤蝶

分布（**Distribution**）：海南（HI）

其他文献（**Reference**）：Chou, 1994; Wu, 2001a.

（10b）白斑麝凤蝶云南亚种 *Byasa dasarada ouvrardi* (Oberthür, 1920)

Oberthür, 1920: 202.

异名（**Synonym**）：

Papilio dasarada ouvrardi Oberthür, 1920: 202.

分布（**Distribution**）：四川（SC）、云南（YN）

其他文献（**Reference**）：Wu, 2001a.

（11）云南麝凤蝶 *Byasa hedistus* (Jordan, 1928)

Jordan, 1928: 165.

异名（**Synonym**）：

Papilio hedistus Jordan, 1928: 165.

分布（**Distribution**）：云南（YN）、福建（FJ）

其他文献（**Reference**）：Chou, 1994; Bridges, 1988; Wu, 2001a.

（12）长尾麝凤蝶 *Byasa impediens* (Rothschild, 1895)

Rothschild, 1895: 269.

异名（**Synonym**）：

Papilio alcinous impediens Rothschild, 1895: 269.

分布（**Distribution**）：浙江（ZJ）、江西（JX）、湖南（HN）、福建（FJ）、台湾（TW）

其他文献（**Reference**）：Wu, 2001a.

（12a）长尾麝凤蝶台湾亚种（艳丽亚种）*Byasa impediens febanus* (Fruhstorfer, 1908)

Fruhstorfer, 1908a: 46.

异名（**Synonym**）：

Papilio koannania Matsumura, 1908: 67;

Papilio jonasi Rothschild, 1908a: 168;

Papilio febanus Fruhstorfer, 1908a: 46.

分布（**Distribution**）：台湾（TW）

其他文献（**Reference**）：Wu, 2001a.

（12b）长尾麝凤蝶指名亚种 *Byasa impediens impediens* (Rothschild, 1895)

Rothschild, 1895: 269.

分布（**Distribution**）：河南（HEN）、陕西（SN）、甘肃（GS）、安徽（AH）、浙江（ZJ）、江西（JX）、湖南（HN）、湖北（HB）、四川（SC）、云南（YN）、福建（FJ）

其他文献（**Reference**）：Wu, 2001a.

（13）纨裤麝凤蝶 *Byasa latreillei* (Donovan, 1826)

Donovan, 1826: 140.

异名（**Synonym**）：

Papilio latreillei Donovan, 1826: 140.

别名（**Common name**）：瑰丽麝凤蝶

分布（**Distribution**）：云南（YN）、西藏（XZ）、广西（GX）；不丹、尼泊尔、印度

其他文献（**Reference**）：Wu, 2001a; Chou, 1994.

（13a）纨裤麝凤蝶广西亚种 *Byasa latreillei kabrua* (Tytler, 1915)

Tytler, 1915: 513.

异名（**Synonym**）：

Papilio latreillei kabrua Tytler, 1915: 513.

分布（**Distribution**）：云南（YN）、广西（GX）

其他文献（**Reference**）：Wu, 2001a.

（13b）纨裤麝凤蝶指名亚种 *Byasa latreillei latreillei* (Donovan, 1826)

Donovan, 1826: 140.

分布（**Distribution**）：四川（SC）、云南（YN）、西藏（XZ）

分布（**Distribution**）：西藏（XZ）

其他文献（**Reference**）：Wu, 2001a.

（14）灰绒麝凤蝶 *Byasa mencius* (Felder et Felder, 1862)

Felder C *et* Felder R, 1862: 22.

异名（**Synonym**）：

Papilio mencius Felder C *et* Felder R, 1862: 22.

别名（**Common name**）：灰绒麝香曙凤蝶

分布（**Distribution**）：陕西（SN）、甘肃（GS）、浙江（ZJ）、四川（SC）、云南（YN）、福建（FJ）

其他文献（**Reference**）：Wu, 2001a.

（14a）灰绒麝凤蝶指名亚种 *Byasa mencius mencius* (Felder *et* Felder, 1862)

Felder C *et* Felder R, 1862: 22.

分布（**Distribution**）：河南（HEN）、陕西（SN）、甘肃（GS）、安徽（AH）、浙江（ZJ）、江西（JX）、湖北（HB）、四川（SC）、云南（YN）、福建（FJ）、广西（GX）

其他文献（**Reference**）：Wu, 2001a.

（14b）灰绒麝凤蝶白斑亚种 *Byasa mencius rhadinus* (Jordan, 1928)

Jordan, 1928: 169.

异名（**Synonym**）：

Papilio mencius rhadinus Jordan, 1928: 169.

别名（**Common name**）：娆麝凤蝶

分布（**Distribution**）：云南（YN）

其他文献（**Reference**）：Bridges, 1988; Wu, 2001a.

（15）粗绒麝凤蝶 *Byasa nevilli* (Wood-Mason, 1882)

Wood-Mason, 1882: 105.

异名（**Synonym**）：

Papilio nevilli Wood-Mason, 1882: 105.

别名（**Common name**）：糙绒麝凤蝶

分布（**Distribution**）：四川（SC）、云南（YN）；印度（锡金）

其他文献（**Reference**）：Chou, 1994; Bridges, 1988; Wu, 2001a.

（16）突缘麝凤蝶 *Byasa plutonius* (Oberthür, 1876)

Oberthür, 1876: 16.

异名（**Synonym**）：

Papilio plutonius Oberthür, 1876: 16.

别名（**Common name**）：突缘麝香曙凤蝶

分布（**Distribution**）：陕西（SN）、四川（SC）、云南（YN）、西藏（XZ）；印度（锡金）、不丹、尼泊尔

其他文献（**Reference**）：Wu, 2001a.

（16a）突缘麝凤蝶指名亚种 *Byasa plutonius plutonius* (Oberthür, 1876)

Oberthür, 1876: 16.

分布（**Distribution**）：四川（SC）、云南（YN）、西藏（XZ）

其他文献（Reference）：Wu, 2001a.

（16b）突缘麝凤蝶陕西亚种 *Byasa plutonius tytleri* **Evans, 1923**

Evans, 1923: 233.

异名（Synonym）：

Byasa alcinous tytleri Evans, 1923: 233.

分布（Distribution）：陕西（SN）

其他文献（Reference）：Jordan, 1928; Wu, 2001a.

（17）彩裙麝凤蝶 *Byasa polla* de Nicéville, 1897

de Nicéville, 1897a: 633.

异名（Synonym）：

Atrophaneura polla de Nicéville, 1897a: 633.

分布（Distribution）：云南（YN）；印度、缅甸、泰国、老挝

其他文献（Reference）：Chou, 1994; Wu, 2001a.

（18）多姿麝凤蝶 *Byasa polyeuetes* (Doubleday, 1842)

Doubleday, 1842: 74.

异名（Synonym）：

Papilio polyeuctes Doubleday, 1842: 74.

别名（Common name）：大红纹风蝶，黄斑黑纹风蝶，麝凤蝶

分布（Distribution）：山西（SX）、河南（HEN）、陕西（SN）、四川（SC）、云南（YN）、西藏（XZ）、台湾（TW）；印度、不丹、尼泊尔、泰国、越南

其他文献（Reference）：Wu, 2001a; Chou, 1994; Bridges, 1988.

（18a）多姿麝凤蝶华西亚种 *Byasa polyeuetes lama* (Oberthür, 1876)

Oberthür, 1876: 15.

异名（Synonym）：

Papilio polyeuctes lama Oberthür, 1876: 15.

分布（Distribution）：四川（SC）

其他文献（Reference）：Wu, 2001a.

（18b）多姿麝凤蝶指名亚种 *Byasa polyeuetes polyeuctes* (Doubleday, 1842)

Doubleday, 1842: 74.

分布（Distribution）：山西（SX）、河南（HEN）、陕西（SN）、云南（YN）、西藏（XZ）

其他文献（Reference）：Wu, 2001a.

（18c）多姿麝凤蝶台湾亚种 *Byasa polyeuetes termessa* (Fruhstorfer, 1908)

Fruhstorfer, 1908b: 535.

异名（Synonym）：

Papilio polyeuctes termessa Fruhstorfer, 1908b: 535.

分布（Distribution）：台湾（TW）

其他文献（Reference）：Wu, 2001a.

（19）三叉麝凤蝶 *Byasa trifurca* **Wu et Bai, 2001**

Wu *et* Bai, 2001: 81.

分布（Distribution）：四川（SC）

其他文献（Reference）：Wu, 2001a.

4）斑凤蝶属 *Chilasa* Moore, 1881

Moore, 1880-1881: 153.

（20）褐斑凤蝶 *Chilasa agestor* **Gray, 1831**

Gray, 1831: 32.

异名（Synonym）：

Papilio (Chilasa) agestor Gray, 1831: 32.

别名（Common name）：斑凤蝶，茶褐斑凤蝶，褐拟斑凤蝶

分布（Distribution）：浙江（ZJ）、四川（SC）、云南（YN）、福建（FJ）、台湾（TW）、广东（GD）、广西（GX）；印度、尼泊尔、缅甸、泰国、马来西亚

其他文献（Reference）：Munroe, 1961; Chou, 1994; Wu, 2001a.

（20a）褐斑凤蝶台湾亚种 *Chilasa agestor matsumurae* (Fruhstorfer, 1909)

Fruhstorfer, 1909a: 282.

异名（Synonym）：

Papilio agestor matsurnurae Fruhstorfer, 1909a: 282.

分布（Distribution）：台湾（TW）

其他文献（Reference）：Wu, 2001a.

（20b）褐斑凤蝶大陆亚种 *Chilasa agestor restricta* (Leech, 1893)

Leech, 1893: 557.

异名（Synonym）：

Papilio agestor restricta Leech, 1893: 557.

分布（Distribution）：浙江（ZJ）、四川（SC）、云南（YN）、福建（FJ）、广东（GD）、广西（GX）

其他文献（Reference）：Wu, 2001a.

（21）斑凤蝶 *Chilasa clytia* (Linnaeus, 1758)

Linnaeus, 1758: 479.

异名（Synonym）：

Papilio clytia Linnaeus, 1758: 479.

别名（Common name）：黄边凤蝶，拟斑凤蝶

分布（Distribution）：四川（SC）、云南（YN）、福建（FJ）、台湾（TW）、广东（GD）、广西（GX）、海南（HI）、香港（HK）；印度、不丹、尼泊尔、缅甸、泰国、巴基斯坦、菲律宾、马来西亚

其他文献（Reference）：Chou, 1994; Munroe, 1961; Wu, 2001a.

（21a）斑凤蝶基本型 *Chilasa clytia* f. *clytia* (Linnaeus, 1758)

Linnaeus, 1758: 479.

分布（**Distribution**）：四川（SC）、云南（YN）、福建（FJ）、台湾（TW）、广东（GD）、广西（GX）、海南（HI）、香港（HK）

其他文献（**Reference**）：Wu, 2001a.

（21b）斑凤蝶异常型 *Chilasa clytia* f. *disimilis* (Linnaeus, 1758)

Linnaeus, 1758: 479.

异名（**Synonym**）：

Papilio clytia disimilis Linnaeus, 1758: 479.

分布（**Distribution**）：四川（SC）、云南（YN）、福建（FJ）、台湾（TW）、广东（GD）、广西（GX）、海南（HI）、香港（HK）

其他文献（**Reference**）：Wu, 2001a.

（21c）斑凤蝶极异型 *Chilasa clytia* f. *dissimilima* Evans, 1923

Evans, 1923: 245.

异名（**Synonym**）：

Chilasa clytia dissimilima Evans, 1923: 245.

分布（**Distribution**）：四川（SC）、云南（YN）、福建（FJ）、台湾（TW）、广东（GD）、广西（GX）、海南（HI）、香港（HK）

其他文献（**Reference**）：Wu, 2001a.

（22）小黑斑凤蝶 *Chilasa epycides* (Hewitson, 1864)

Hewitson, 1864: pl. 6, fig. 16.

异名（**Synonym**）：

Papilio epycides Hewitson, 1864: pl. 6, fig. 16.

别名（**Common name**）：黄星斑凤蝶，黄星凤蝶

分布（**Distribution**）：浙江（ZJ）、福建（FJ）、台湾（TW）；印度、缅甸、泰国、不丹、越南、马来西亚、印度尼西亚

其他文献（**Reference**）：Bridges, 1988; Chou, 1994; Wu, 2001a.

（22a）小黑斑凤蝶指名亚种 *Chilasa epycides epycides* (Hewitson, 1864)

Hewitson, 1864: pl. 6, fig. 16.

分布（**Distribution**）：浙江（ZJ）、江西（JX）、四川（SC）、贵州（GZ）、云南（YN）、福建（FJ）

其他文献（**Reference**）：Wu, 2001a.

（22b）小黑斑凤蝶黑化亚种 *Chilasa epycides melanoleuca* (Ney, 1911)

Ney, 1911: 5.

异名（**Synonym**）：

Papilio epycides melanoleucus Ney, 1911: 5.

分布（**Distribution**）：台湾（TW）

其他文献（**Reference**）：Wu, 2001a.

（23）翠蓝斑凤蝶 *Chilasa paradoxa* (Zinken, 1831)

Zinken, 1831: 162.

异名（**Synonym**）：

Zelima paradoxa Zinken, 1831: 162.

分布（**Distribution**）：四川（SC）、云南（YN）、海南（HI）；印度、缅甸、马来西亚

其他文献（**Reference**）：Bridges, 1988; Chou, 1994; Wu, 2001a.

（23a）翠蓝斑凤蝶云南亚种 *Chilasa paradoxa telearchus* (Hewitson, 1852)

Hewitson, 1852: 22.

异名（**Synonym**）：

Papilio paradoxa telearchus Hewitson, 1852: 22.

分布（**Distribution**）：四川（SC）、云南（YN）、海南（HI）

其他文献（**Reference**）：Wu, 2001a.

（24）臀珠斑凤蝶 *Chilasa slateri* (Hewitson, 1856)

Hewitson, 1856: pl. 4.

异名（**Synonym**）：

Papilio slateri Hewitson, 1856: pl. 4.

别名（**Common name**）：紫剑纹凤蝶

分布（**Distribution**）：福建（FJ）、海南（HI）；印度、不丹、缅甸、泰国、越南、马来西亚

其他文献（**Reference**）：Bridges, 1988; Chou, 1994; Wu, 2001a.

（24a）臀珠斑凤蝶海南亚种 *Chilasa slateri hainanensis* Chou, 1994

Chou, 1994: 22.

分布（**Distribution**）：海南（HI）

其他文献（**Reference**）：Wu, 2001a.

（24b）臀珠斑凤蝶指名亚种 *Chilasa slateri slateri* (Hewitson, 1856)

Hewitson, 1856: pl. 4.

分布（**Distribution**）：福建（FJ）

其他文献（**Reference**）：Wu, 2001a.

5）青凤蝶属 *Graphium* Scopoli, 1777

Scopoli, 1777: 433.

异名（**Synonym**）：

Idaides Hübner, [1819]: 85;

Zetides Hübner, [1819]: 85;

Chlorisses Swainson, 1832-1833: 89;

Semicaudati Koch, 1860: 231;

Dalchina Moore, 1881: 143;

Zethes Swinhoe, 1885: 145.

（25）统帅青凤蝶 *Graphium agamemnon* (Linnaeus, 1758)

Linnaeus, 1758: 598.

异名（Synonym）：

Papilio agamemnon Linnaeus, 1758: 598.

别名（Common name）：翠斑青凤蝶，短尾青凤蝶，黄蓝凤蝶，黄蓝樟凤蝶，绿斑凤蝶

分布（Distribution）：浙江（ZJ）、四川（SC）、云南（YN）、福建（FJ）、台湾（TW）、广东（GD）、广西（GX）、海南（HI）；印度、缅甸、泰国、马来西亚、新几内亚岛、印度尼西亚、澳大利亚、太平洋诸岛

其他文献（Reference）：Igarashi, 1979; Wu, 2001a.

（25a）统帅青凤蝶指名亚种 *Graphium agamemnon agamemnon* (Linnaeus, 1758)

Linnaeus, 1758: 462.

分布（Distribution）：浙江（ZJ）、四川（SC）、福建（FJ）、台湾（TW）、广东（GD）、广西（GX）、海南（HI）

（26）碎斑青凤蝶 *Graphium chironides* (Honrath, 1884)

Honrath, 1884: 397.

异名（Synonym）：

Papilio chironides Honrath, 1884: 397.

别名（Common name）：大花青凤蝶，碎斑樟凤蝶

分布（Distribution）：浙江（ZJ）、江西（JX）、湖南（HN）、四川（SC）、贵州（GZ）、云南（YN）、西藏（XZ）、福建（FJ）、广东（GD）、广西（GX）、海南（HI）；印度、缅甸、泰国、越南、印度尼西亚、马来西亚

其他文献（Reference）：Chou, 1994; Wu, 2001a.

（26a）碎斑青凤蝶华东亚种 *Graphium chironides clanis* (Jordan, 1909)

Jordan, 1908-1909: 100.

异名（Synonym）：

Papilio chironides clanis Jordan, 1909: 100.

分布（Distribution）：浙江（ZJ）、江西（JX）、湖南（HN）、四川（SC）、贵州（GZ）、云南（YN）、西藏（XZ）、福建（FJ）、广东（GD）、广西（GX）、海南（HI）

（27）宽带青凤蝶 *Graphium cloanthus* (Westwood, 1841)

Westwood, 1841: 42.

异名（Synonym）：

Papilio cloanthus Westwood, 1841: 42.

别名（Common name）：长尾青凤蝶，宽带凤蝶，宽带樟凤蝶

分布（Distribution）：陕西（SN）、浙江（ZJ）、湖南（HN）、湖北（HB）、四川（SC）、云南（YN）、福建（FJ）、台湾（TW）、广东（GD）、广西（GX）；日本、印度、尼泊尔、不丹、缅甸、泰国、印度尼西亚

其他文献（Reference）：Igarashi, 1979; Chou, 1994; Wu, 2001a.

（27a）宽带青凤蝶短带亚种 *Graphium cloanthus clymenus* (Leech, 1893)

Leech, 1892-1894: 523.

异名（Synonym）：

Papilio cloanthus clymenus Leech, 1893: 523.

分布（Distribution）：陕西（SN）、江西（JX）、湖南（HN）、湖北（HB）、四川（SC）、云南（YN）、福建（FJ）、海南（HI）

（27b）宽带青凤蝶特宽亚种 *Graphium cloanthus kuge* (Fruhstorfer, 1908)

Fruhstorfer, 1908a: 119.

异名（Synonym）：

Papilio cloanthus kuge Fruhstorfer, 1908a: 119.

分布（Distribution）：浙江（ZJ）、四川（SC）、云南（YN）、西藏（XZ）、福建（FJ）、台湾（TW）

（28）木兰青凤蝶 *Graphium doson* (Felder *et* Felder, 1864)

Felder C *et* Felder R, 1864: 305.

异名（Synonym）：

Papilio doson Felder C *et* Felder R, 1864: 305.

别名（Common name）：多斑青凤蝶，木兰凤蝶，木兰樟凤蝶，青斑凤蝶，青蓝青凤蝶，小青凤蝶

分布（Distribution）：陕西（SN）、四川（SC）、云南（YN）、福建（FJ）、台湾（TW）、广东（GD）、广西（GX）、海南（HI）；日本、印度、缅甸、泰国、越南、马来西亚

其他文献（Reference）：Chou, 1994; Wu, 2001a.

（28a）木兰青凤蝶中原亚种 *Graphium doson axion* (Felder *et* Felder, 1864)

Felder C *et* Felder R, 1864: 305.

异名（Synonym）：

Papilio doson axion Felder C *et* Felder R, 1864: 305.

分布（Distribution）：陕西（SN）、四川（SC）、云南（YN）、福建（FJ）、广东（GD）、海南（HI）

（28b）木兰青凤蝶广西亚种 *Graphium doson evemonides* (Honrath, 1884)

Honrath, 1884: 396.

异名（Synonym）：

Papilio doson evemonides Honrath, 1884: 396.

分布（Distribution）：广西（GX）

（28c）木兰青凤蝶台湾亚种 *Graphium doson postianus* (Fruhstorfer, 1902)

Fruhstorfer, 1902a: 73.

异名（Synonym）：

Papilio doson postianus Fruhstorfer, 1902a: 72.

分布（Distribution）：台湾（TW）

（29）银钩青凤蝶 *Graphium eurypylus* (Linnaeus, 1758)

Linnaeus, 1758: 598.

异名（Synonym）：

Papilio eurypylus Linnaeus, 1758: 598.

别名（Common name）：Y 纹青凤蝶，Y 纹樟凤蝶，Y 字青凤蝶，花青凤蝶

分布（Distribution）：四川（SC）、云南（YN）、广东（GD）、广西（GX）、海南（HI）；印度、斯里兰卡、缅甸、泰国、马来西亚、越南、澳大利亚

其他文献（Reference）：Chou, 1994; Wu, 2001a.

（29a）银钩青凤蝶华南亚种 *Graphium eurypylus cheronus* (Fruhstorfer, 1903)

Fruhstorfer, 1903d: 204.

异名（Synonym）：

Papilio eurypylus cheronus Fruhstorfer, 1903d: 204.

分布（Distribution）：四川（SC）、云南（YN）、广东（GD）、广西（GX）、海南（HI）

（30）南亚青凤蝶 *Graphium evemon* (Boisduval, 1836)

Boisduval, 1836: 234.

异名（Synonym）：

Papilio evemon Boisduval, 1836: 234.

分布（Distribution）：四川（SC）、云南（YN）、广东（GD）、广西（GX）；印度、缅甸、老挝、越南、泰国、马来西亚、印度尼西亚、菲律宾

（31）黎氏青凤蝶 *Graphium leechi* (Rothschild, 1895)

Rothschild, 1895: 437.

异名（Synonym）：

Papilio leechi Rothschild, 1895: 437.

分布（Distribution）：浙江（ZJ）、江西（JX）、湖南（HN）、湖北（HB）、四川（SC）、云南（YN）、海南（HI）

其他文献（Reference）：Lee, 1986; Chou, 1994; Wu, 2001a.

（32）青凤蝶 *Graphium sarpedon* (Linnaeus, 1758)

Linnaeus, 1758: 598.

异名（Synonym）：

Papilio sarpedon Linnaeus, 1758: 598.

别名（Common name）：蓝带青凤蝶，青带凤蝶，青带樟凤蝶，樟青凤蝶，竹凤蝶

分布（Distribution）：陕西（SN）、浙江（ZJ）、江西（JX）、湖南（HN）、湖北（HB）、四川（SC）、贵州（GZ）、云南（YN）、西藏（XZ）、福建（FJ）、台湾（TW）、广东（GD）、广西（GX）、海南（HI）、香港（HK）；日本、尼泊尔、不丹、印度、缅甸、泰国、马来西亚、印度尼西亚、斯里兰卡、菲律宾、澳大利亚

其他文献（Reference）：Igarashi, 1979; Wu, 2001a.

（32a）青凤蝶蓝斑亚种 *Graphium sarpedon connectens* (Fruhstorfer, 1906)

Fruhstorfer, 1906: 73.

异名（Synonym）：

Papilio sarpedon connectens Fruhstorfer, 1906: 73.

分布（Distribution）：台湾（TW）

（32b）青凤蝶指名亚种 *Graphium sarpedon sarpedon* (Linnaeus, 1758)

Linnaeus, 1758: 461.

分布（Distribution）：浙江（ZJ）、四川（SC）、贵州（GZ）、云南（YN）、福建（FJ）

（32c）青凤蝶斑带亚种 *Graphium sarpedon semifasciatum* (Honrath, 1888)

Honrath, 1888: 161.

异名（Synonym）：

Papilio sarpedon semifasciatus Honrath, 1888: 161.

分布（Distribution）：浙江（ZJ）、江西（JX）、湖南（HN）、四川（SC）、云南（YN）、福建（FJ）、广东（GD）、海南（HI）

6）旖凤蝶属 *Iphiclides* Hübner, 1819

Hübner, 1819: 82.

（33）西藏旖凤蝶 *Iphiclides podalirinus* (Oberthür, 1890)

Oberthür, 1890: 37.

异名（Synonym）：

Papilio padalirinus Oberthür, 1890: 37.

分布（Distribution）：西藏（XZ）

其他文献（Reference）：Chou, 1994; Wu, 2001a.

（34）旖凤蝶 *Iphiclides podalirius* (Linnaeus, 1758)

Linnaeus, 1758: 598.

异名（Synonym）：

Papilio podalirius Linnaeus, 1758: 598.

别名（Common name）：欧洲杏凤蝶

分布（Distribution）：新疆（XJ）；中亚、欧洲（中部和南部）、北非

其他文献（Reference）：Igarashi, 1979; Wu, 2001a.

7）燕凤蝶属 *Lamproptera* Gray, 1832

Gray, 1832: 15.

异名（Synonym）：

Leptocircus Swainson, 1833: 106.

Lamprosura Boisduval, 1836: 380.

（35）燕凤蝶 *Lamproptera curia* (Fabricius, 1787)

Fabricius, 1787: 9.

异名（**Synonym**）：

Papilio curius Fabricius, 1787: 9.

别名（**Common name**）：白带燕凤蝶，白带燕尾凤蝶，粉白燕凤蝶，蜻蜓蝶，燕尾凤蝶，珍蝶

分布（**Distribution**）：四川（SC）、云南（YN）、广东（GD）、广西（GX）、海南（HI）、香港（HK）；印度、不丹、缅甸、泰国、柬埔寨、越南、印度尼西亚、马来西亚、菲律宾

其他文献（**Reference**）：Distant, 1886; Igarashi, 1979; Chou, 1994; Wu, 2001a.

（**35a**）燕凤蝶指名亚种 *Lamproptera curia curia* (**Fabricius, 1787**)

Fabricius, 1787: 9.

分布（**Distribution**）：四川（SC）、云南（YN）

其他文献（**Reference**）：Wu, 2001a.

（**35b**）燕凤蝶华南亚种 *Lamproptera curia walkeri* **Moore, 1902**

Moore, 1902: 137.

分布（**Distribution**）：广东（GD）、广西（GX）、海南（HI）、香港（HK）

（**36**）白线燕凤蝶 *Lamproptera paracurius* **Hu, Zhang** *et* **Cotton, 2014**

Hu *et al.*, 2014: 472.

分布（**Distribution**）：云南（YN）

（**37**）绿带燕凤蝶 *Lamproptera meges* (**Zinken, 1831**)

Zinken, 1831: 161.

异名（**Synonym**）：

Papilio meges Zinken, 1831: 161.

别名（**Common name**）：粉绿燕凤蝶，绿带燕尾凤蝶

分布（**Distribution**）：四川（SC）、云南（YN）、广东（GD）、广西（GX）、海南（HI）；印度、越南、马来西亚、缅甸、泰国、菲律宾群岛

其他文献（**Reference**）：Chou, 1994; Wu, 2001a.

（**37a**）绿带燕凤蝶翠绿亚种 *Lamproptera meges virescens* (**Butler, 1870**)

Butler, 1870a: 259.

分布（**Distribution**）：四川（SC）、云南（YN）、广东（GD）、广西（GX）、海南（HI）

8）锤尾凤蝶属 *Losaria* Moore, 1902

Moore, 1902: 184.

其他文献（**Reference**）：Wu, 2001a.

（**38**）锤尾凤蝶 *Losaria coon* (**Fabricius, 1793**)

Fabricius, 1793: 10.

异名（**Synonym**）：

Papilio coon Fabricius, 1793: 10.

分布（**Distribution**）：广东（GD）、海南（HI）；印度、缅甸、泰国、马来西亚、印度尼西亚

其他文献（**Reference**）：Miller, 1987b; Bridges, 1988; Chou, 1994; Wu, 2001a.

（**38a**）锤尾凤蝶中国亚种 *Losaria coon insperata* (**Joicey** *et* **Talbot, 1921**)

Joicey *et* Talbot, 1921: 168.

异名（**Synonym**）：

Papilio coon insperatus Joicey *et* Talbot, 1921: 168.

分布（**Distribution**）：广东（GD）、海南（HI）

其他文献（**Reference**）：Wu, 2001a.

9）钩凤蝶属 *Meandrusa* Moore, 1888

Moore, 1888: 284.

（**39**）钩凤蝶 *Meandrusa payeni* (**Boisduval, 1836**)

Boisduval, 1836: 235.

异名（**Synonym**）：

Papilio payeni Boisduval, 1836: 235.

别名（**Common name**）：黄钩凤蝶，尖翅黄凤蝶

分布（**Distribution**）：四川（SC）、云南（YN）、海南（HI）；印度、缅甸、泰国、马来西亚

其他文献（**Reference**）：Talbot, 1949; Igarashi, 1979; Wu, 2001a.

（**39a**）钩凤蝶云南亚种 *Meandrusa payeni evan* (**Doubleday, 1845**)

Doubleday, 1845: 235.

异名（**Synonym**）：

Papilio payeni evan Doubleday, 1845: 235.

分布（**Distribution**）：四川（SC）、云南（YN）

（**39b**）钩凤蝶海南亚种 *Meandrusa payeni hegylus* (**Jordan, 1909**)

Jordan, 1908-1909: 91.

异名（**Synonym**）：

Papilio payeni hegylus Jordan, 1909: 91.

分布（**Distribution**）：海南（HI）

（**40**）褐钩凤蝶 *Meandrusa sciron* (**Leech, 1890**)

Leech, 1890b: 192.

异名（**Synonym**）：

Papilio gyas Westwood, 1841: 41;

Papilio sciron Leech, 1890b: 192.

别名（**Common name**）：黄斑樟凤蝶，栗色纵带凤蝶，英雄基凤蝶

分布（**Distribution**）：四川（SC）、云南（YN）、西藏（XZ）、广西（GX）；越南

其他文献（**Reference**）：Westwood, 1841; Oberthür, 1890; Fruhstorfer, [1901] 1902d; Talbot, 1949; Igarashi, 1979; Chou, 1994; Wu, 2001a.

（40a）褐钩凤蝶风伯亚种 *Meandrusa sciron aribbas* (Fruhstorfer, 1909)

Fruhstorfer, 1909b: 177.

异名（**Synonym**）：

Papilio hercules Blanchard, 1871: 809;

Papilio sciron aribbas Fruhstorfer, 1909b: 177.

分布（**Distribution**）：四川（SC）、云南（YN）、西藏（XZ）

（40b）褐钩凤蝶指名亚种 *Meandrusa sciron sciron* (Leech, 1890)

Leech, 1890b: 192.

异名（**Synonym**）：

Papilio gyas Westwood, 1841: 41.

分布（**Distribution**）：广西（GX）

（41）西藏钩凤蝶 *Meandrusa lachinus* (Fruhstorfer, [1902])

Fruhstorfer, [1902]d: 342.

异名（**Synonym**）：

Papilio lachinus Fruhstorfer, [1902]d: 342.

分布（**Distribution**）：西藏（XZ）、云南（YN）；印度、尼泊尔、不丹、缅甸、老挝、越南

10）珠凤蝶属 *Pachliopta* Reakirt, 1864

Reakirt, 1864: 348.

异名（**Synonym**）：

Polydorus Swainson, 1832-1833: 100;

Tros Kirby, 1896: 305.

其他文献（**Reference**）：Wu, 2001a.

（42）红珠凤蝶 *Pachliopta aristolochiae* (Fabricius, 1775)

Fabricius, 1775: 443.

异名（**Synonym**）：

Papilio aristolochiae Fabricius, 1775: 443;

Papilio diphilus Esper, 1792: 156.

别名（**Common name**）：红腹凤蝶，红纹凤蝶，红纹曙凤蝶，七星凤蝶

分布（**Distribution**）：河南（HEN）、陕西（SN）、浙江（ZJ）、江西（JX）、湖南（HN）、四川（SC）、云南（YN）、福建（FJ）、台湾（TW）、广西（GX）、海南（HI）、香港（HK）；印度、缅甸、泰国、马来西亚、印度尼西亚、菲律宾

其他文献（**Reference**）：Chou, 1994; Evans, 1927; Wu, 2001a.

（42a）红珠凤蝶小斑亚种 *Pachliopta aristolochiae adaeus* (Rothschild, 1908)

Rothschild, 1908a: 167.

异名（**Synonym**）：

Papilio aristolochiae adaeus Rothschild, 1908a: 167.

分布（**Distribution**）：河南（HEN）、陕西（SN）、浙江（ZJ）、江西（JX）、四川（SC）、云南（YN）、广西（GX）

其他文献（**Reference**）：Wu, 2001a.

（42b）红珠凤蝶锡兰亚种 *Pachliopta aristolochiae ceylonica* (Moore, 1881)

Moore, 1881: 151.

异名（**Synonym**）：

Papilio ceylonica Moore, 1881: 151.

分布（**Distribution**）：海南（HI）；斯里兰卡

其他文献（**Reference**）：Wu, 2001a.

（42c）红珠凤蝶大斑亚种 *Pachliopta aristolochiae goniopeltis* (Rothschild, 1908)

Rothschild, 1908a: 167.

异名（**Synonym**）：

Papilio aristolochiae goniopeltis Rothschild, 1908a: 167.

分布（**Distribution**）：福建（FJ）、香港（HK）

其他文献（**Reference**）：Wu, 2001a.

（42d）红珠凤蝶多斑亚种 *Pachliopta aristolochiae interposita* (Fruhstorfer, 1904)

Fruhstorfer, 1904: 197.

异名（**Synonym**）：

Papilio aristolochiae interpositus Fruhstorfer, 1904: 197.

分布（**Distribution**）：河北（HEB）、云南（YN）、台湾（TW）、广西（GX）、海南（HI）

11）凤蝶属 *Papilio* Linnaeus, 1758

Linnaeus, 1758: 448.

其他文献（**Reference**）：Chou, 1994; Wu, 2001a.

11a）翠凤蝶亚属 *Achillides* Hübner, 1819

Hübner, 1819: 85.

异名（**Synonym**）：

Princeps Hübner, 1807: 116.

其他文献（**Reference**）：Chou, 1994; Wu, 2001a.

（43）窄斑翠凤蝶 *Papilio arcturus* Westwood, 1842

Westwood, 1842a: 37.

别名（**Common name**）：华丽翠凤蝶，华丽绿凤蝶，青蓝翠凤蝶

分布（**Distribution**）：陕西（SN）、江西（JX）、四川（SC）、云南（YN）；印度、尼泊尔、缅甸、泰国

其他文献（**Reference**）：Igarashi, 1979; Chou, 1994; Wu, 2001a.

（44）碧翠凤蝶 *Papilio bianor* Cramer, 1777

Cramer, 1777: 10.

别名（**Common name**）：碧凤蝶，翠凤蝶，浓眉凤蝶，乌凤蝶，乌鸦凤蝶，中华翠凤蝶

分布（**Distribution**）：中国各省区；韩国、日本、印度、缅

甸、越南

其他文献（**Reference**）：Igarashi, 1979; Chou, 1994; Wu, 2001a.

（44a）碧翠凤蝶指名亚种 *Papilio bianor bianor* Cramer, 1777

Cramer, 1777: 10.

分布（**Distribution**）：中国东北、华北、华南、华东

（44b）碧翠凤蝶红头屿亚种 *Papilio bianor kotoensis* Sonan, 1927

Sonan, 1927: 308.

分布（**Distribution**）：台湾（TW）

（44c）碧翠凤蝶台湾亚种 *Papilio bianor takasago* Nakahara *et* Esaki, 1930

Nakahara *et* Esaki, 1930: 209.

分布（**Distribution**）：台湾（TW）

（45）达摩翠凤蝶 *Papilio demoleus* Linnaeus, 1758

Linnaeus, 1758: 598.

别名（**Common name**）：达摩凤蝶，花翠凤蝶，花凤蝶，黄斑凤蝶，黄花凤蝶，无尾凤蝶

分布（**Distribution**）：浙江（ZJ）、江西（JX）、湖北（HB）、四川（SC）、贵州（GZ）、云南（YN）、福建（FJ）、台湾（TW）、广东（GD）、广西（GX）、海南（HI）；印度、不丹、尼泊尔、斯里兰卡、缅甸、泰国、马来西亚、澳大利亚、新几内亚岛

其他文献（**Reference**）：Chou, 1994; Wu, 2001a.

（46）穹翠凤蝶 *Papilio dialis* Leech, 1893

Leech, 1893: 104.

别名（**Common name**）：南亚翠凤蝶

分布（**Distribution**）：河南（HEN）、浙江（ZJ）、江西（JX）、四川（SC）、福建（FJ）、台湾（TW）、广东（GD）、广西（GX）、海南（HI）；缅甸、泰国、柬埔寨、越南、老挝

其他文献（**Reference**）：Igarashi, 1979; Chou, 1994; Wu, 2001a.

（46a）穹翠凤蝶台湾亚种 *Papilio dialis andronicus* Fruhstorfer, 1909

Fruhstorfer, 1909c: 167.

分布（**Distribution**）：台湾（TW）

（46b）穹翠凤蝶华南亚种 *Papilio dialis cataleucus* Rothschild, 1908

Rothschild, 1908a: 173.

分布（**Distribution**）：浙江（ZJ）、江西（JX）、福建（FJ）、广东（GD）、海南（HI）

（46c）穹翠凤蝶指名亚种 *Papilio dialis dialis* Leech, 1893

Leech, 1893: 104.

分布（**Distribution**）：河南（HEN）、四川（SC）

（47）短尾翠凤蝶 *Papilio doddsi* Janet, 1896

Janet, 1896: 215.

分布（**Distribution**）：四川（SC）、海南（HI）；越南

其他文献（**Reference**）：Wu, 2001a.

（48）重帏翠凤蝶 *Papilio hoppo* Matsumura, 1907

Matsumura, 1907: 7.

别名（**Common name**）：北埔凤蝶，双环翠凤蝶，双环凤蝶，重月纹翠凤蝶

分布（**Distribution**）：台湾（TW）

其他文献（**Reference**）：Lee *et* Zhu, 1992; Chou, 1994; Wu, 2001a.

（49）克里翠凤蝶 *Papilio krishna* Moore, 1857

Moore, 1857: 108.

别名（**Common name**）：琉璃翠凤蝶，琉璃纹凤蝶

分布（**Distribution**）：四川（SC）、西藏（XZ）、福建（FJ）；印度、不丹

其他文献（**Reference**）：Rothschild, 1895; Chou, 1994; Wu, 2001a.

（50）绿带翠凤蝶 *Papilio maackii* Ménétriés, 1859

Ménétriés, 1859b: 212.

别名（**Common name**）：马氏翠凤蝶，深山碧凤蝶，深山凤蝶，深山乌鸦凤蝶

分布（**Distribution**）：黑龙江（HL）、吉林（JL）、辽宁（LN）、河北（HEB）、北京（BJ）、浙江（ZJ）、江西（JX）、湖北（HB）、四川（SC）、贵州（GZ）、云南（YN）；日本、朝鲜、俄罗斯

其他文献（**Reference**）：Igarashi, 1979; Chou, 1994; Wu, 2001a.

（51）巴黎翠凤蝶 *Papilio paris* Linnaeus, 1758

Linnaeus, 1758: 598.

别名（**Common name**）：巴黎绿凤蝶，巴里翠凤蝶，大宝镜凤蝶，大琉璃凤蝶，琉璃纹凤蝶

分布（**Distribution**）：河南（HEN）、陕西（SN）、浙江（ZJ）、四川（SC）、贵州（GZ）、云南（YN）、福建（FJ）、台湾（TW）、广东（GD）、广西（GX）、海南（HI）、香港（HK）；印度、缅甸、泰国、老挝、越南、马来西亚、印度尼西亚

其他文献（**Reference**）：Igarashi, 1979; Chou, 1994; Wu, 2001a.

（51a）巴黎翠凤蝶中原亚种 *Papilio paris chinensis* Rothschild, 1895

Rothschild, 1895: 385.

分布（**Distribution**）：河南（HEN）、陕西（SN）、浙江（ZJ）、福建（FJ）

（51b）巴黎翠凤蝶台南亚种 *Papilio paris hermosanus* Rebel, 1906

Rebel, 1906: 223.

分布（**Distribution**）：台湾（TW）

（51c）巴黎翠凤蝶台北亚种 *Papilio paris nakaharai* **Shirôzu, 1960**

Shirôzu, 1960: 54.

分布（**Distribution**）：台湾（TW）

（51d）巴黎翠凤蝶指名亚种 *Papilio paris paris* **Linnaeus, 1758**

Linnaeus, 1758: 453.

分布（**Distribution**）：四川（SC）、贵州（GZ）、云南（YN）、广东（GD）、广西（GX）、香港（HK）

（52）波绿翠凤蝶 *Papilio polyctor* **Boisduval, 1836**

Boisduval, 1836: 250.

分布（**Distribution**）：云南（YN）；印度（北部）、不丹、缅甸、泰国、越南

其他文献（**Reference**）：Igarashi, 1979; Wu, 2001a.

（52a）波绿翠凤蝶景东亚种 *Papilio polyctor kingdungensis* **Lee, 1962**

Lee, 1962: 139.

分布（**Distribution**）：云南（YN）

（52b）波绿翠凤蝶谢氏亚种 *Papilio polyctor xiei* **Chou, 1994**

Chou, 1994: 150.

分布（**Distribution**）：云南（YN）

（53）西番翠凤蝶 *Papilio syfanius* **Oberthür, 1886**

Oberthür, 1886: 13.

别名（**Common name**）：白斑翠凤蝶，白斑凤蝶

分布（**Distribution**）：四川（SC）、云南（YN）、西藏（XZ）

其他文献（**Reference**）：Chou, 1994; Wu, 2001a.

11b）美凤蝶亚属 *Menelaides* Hübner, 1819

Hübner, 1819: 84.

其他文献（**Reference**）：Chou, 1994; Wu, 2001a.

（54）红基美凤蝶 *Papilio alcmenor* **Felder, 1864**

Felder C *et* Felder R, 1864: 129.

异名（**Synonym**）：

Papilio rhetenor Westwood, 1842b: 59.

别名（**Common name**）：白斑凤蝶，红基蓝凤蝶

分布（**Distribution**）：河南（HEN）、陕西（SN）、湖南（HN）、四川（SC）、云南（YN）、西藏（XZ）、海南（HI）；印度、不丹、尼泊尔、缅甸

其他文献（**Reference**）：Westwood, 1842b; Chou, 1994; Wu, 2001a.

（54a）红基美凤蝶海南亚种 *Papilio alcmenor irene* **Joicey *et* Talbot, 1921**

Joicey *et* Talbot, 1921: 168.

分布（**Distribution**）：海南（HI）

（54b）红基美凤蝶西藏亚种 *Papilio alcmenor nausithous* **Oberthür, 1918**

Oberthür, 1918: 176.

分布（**Distribution**）：西藏（XZ）

（54c）红基美凤蝶中原亚种 *Papilio alcmenor platenius* **Fruhstorfer, 1908**

Fruhstorfer, 1908c: 38.

分布（**Distribution**）：河南（HEN）、陕西（SN）、四川（SC）、云南（YN）

（55）黑美凤蝶 *Papilio bootes* **Westwood, 1842**

Westwood, 1842a: 36.

别名（**Common name**）：黑凤蝶，红尾蓝凤蝶，牛郎凤蝶

分布（**Distribution**）：河南（HEN）、陕西（SN）、四川（SC）、云南（YN）

其他文献（**Reference**）：Chou, 1994; Igarashi, 1979; Wu, 2001a.

（55a）黑美凤蝶红带亚种 *Papilio bootes dealbatus* **Rothschild, 1895**

Rothschild, 1895: 336.

分布（**Distribution**）：河南（HEN）、陕西（SN）、四川（SC）、云南（YN）

（55b）黑美凤蝶黑色亚种 *Papilio bootes nigricans* **Rothschild, 1895**

Rothschild, 1895: 335.

分布（**Distribution**）：四川（SC）

（56）红肩美凤蝶 *Papilio butlerianus* **Rothschild, 1895**

Rothschild, 1895: 320.

异名（**Synonym**）：

Papilio memnon agenor f. *butlerianus* Rothschild, 1895: 320.

分布（**Distribution**）：云南（YN）；印度（锡金）、缅甸

其他文献（**Reference**）：Wu, 2001a.

（57）玉牙美凤蝶 *Papilio castor* **Westwood, 1842**

Westwood, 1842a: 37.

别名（**Common name**）：无尾白纹凤蝶，玉牙凤蝶

分布（**Distribution**）：四川（SC）、云南（YN）、福建（FJ）、台湾（TW）、广东（GD）、广西（GX）、海南（HI）；印度、缅甸、马来西亚、越南等地

其他文献（**Reference**）：Chou, 1994; Igarashi, 1979; Lee *et* Zhu, 1992; Wu, 2001a.

（57a）玉牙美凤蝶指名亚种 *Papilio castor castor* **Westwood, 1842**

Westwood, 1842a: 37.

分布（**Distribution**）：四川（SC）、云南（YN）、福建（FJ）、广东（GD）、广西（GX）

（57b）玉牙美凤蝶台湾亚种 *Papilio castor formosanus* Rothschild, 1896

Rothschild, 1896b: 67.

分布（**Distribution**）：台湾（TW）

（57c）玉牙美凤蝶海南亚种 *Papilio castor hamelus* Crowley, 1900

Crowley, 1900: 509.

分布（**Distribution**）：海南（HI）

（58）玉斑美凤蝶 *Papilio helenus* Linnaeus, 1758

Linnaeus, 1758: 598.

别名（**Common name**）：白纹美凤蝶，红缘凤蝶，黄纹凤蝶，楞凤蝶，玉斑凤蝶

分布（**Distribution**）：四川（SC）、贵州（GZ）、云南（YN）、福建（FJ）、台湾（TW）、广东（GD）、广西（GX）、海南（HI）；斯里兰卡、泰国、印度尼西亚等地

其他文献（**Reference**）：Igarashi, 1979; Chou, 1994; Wu, 2001a.

（58a）玉斑美凤蝶台湾亚种 *Papilio helenus fortunius* Fruhstorfer, 1908

Fruhstorfer, 1908c: 38.

分布（**Distribution**）：台湾（TW）

（58b）玉斑美凤蝶指名亚种 *Papilio helenus helenus* Linnaeus, 1758

Linnaeus, 1758: 459.

分布（**Distribution**）：四川（SC）、贵州（GZ）、云南（YN）、福建（FJ）、台湾（TW）、广东（GD）、广西（GX）、海南（HI）

（59）妹美凤蝶 *Papilio macilentus* Janson, 1877

Janson, 1877: 158.

别名（**Common name**）：长凤蝶，长尾凤蝶，美姝凤蝶，美姝美凤蝶，窄翅蓝凤蝶

分布（**Distribution**）：辽宁（LN）、河南（HEN）、陕西（SN）、甘肃（GS）、安徽（AH）、浙江（ZJ）、江西（JX）；韩国、日本、俄罗斯（东西伯利亚）

其他文献（**Reference**）：Lee *et* Zhu, 1992; Chou, 1994; Wu, 2001a.

（60）马哈美凤蝶 *Papilio mahadevus* Moore, 1878

Moore, 1878b: 840.

分布（**Distribution**）：云南（YN）、广西（GX）；泰国、印度、缅甸、马来西亚

其他文献（**Reference**）：Chou, 1994; Wu, 2001a.

（60a）马哈美凤蝶周氏亚种 *Papilio mahadevus choui* Li, 1994

Li *In* Chou, 1994: 143.

分布（**Distribution**）：云南（YN）、广西（GX）

（61）美凤蝶 *Papilio memnon* Linnaeus, 1758

Linnaeus, 1758: 598.

别名（**Common name**）：长崎凤蝶，大凤蝶，多型蓝凤蝶，多型美凤蝶，柑凤蝶

分布（**Distribution**）：浙江（ZJ）、江西（JX）、湖南（HN）、湖北（HB）、四川（SC）、云南（YN）、福建（FJ）、台湾（TW）、广东（GD）、广西（GX）、海南（HI）；日本、印度、缅甸、泰国、斯里兰卡

其他文献（**Reference**）：Chou, 1994; Wu, 2001a.

（61a）美凤蝶大陆亚种 *Papilio memnon agenor* Linnaeus, 1758

Linnaeus, 1758: 460.

分布（**Distribution**）：浙江（ZJ）、江西（JX）、湖南（HN）、湖北（HB）、四川（SC）、云南（YN）、福建（FJ）、广东（GD）、广西（GX）、海南（HI）

（61b）美凤蝶台湾亚种 *Papilio memnon heronus* Fruhstorfer, 1902

Fruhstorfer, 1902a: 73.

分布（**Distribution**）：台湾（TW）

（62）宽带美凤蝶 *Papilio nephelus* Boisduval, 1836

Boisduval, 1836: 210.

别名（**Common name**）：白斑美凤蝶，黄缘凤蝶，宽带凤蝶，台湾白纹凤蝶，台湾黄纹凤蝶

分布（**Distribution**）：山西（SX）、江西（JX）、四川（SC）、云南（YN）、福建（FJ）、台湾（TW）、广东（GD）、广西（GX）、海南（HI）；印度、不丹、尼泊尔、泰国、缅甸、柬埔寨、越南、马来西亚、印度尼西亚

其他文献（**Reference**）：Igarashi, 1979; Chou, 1994; Wu, 2001a.

（62a）宽带美凤蝶西部亚种 *Papilio nephelus chaon* Westwood, 1845

Westwood, 1845: 97.

分布（**Distribution**）：山西（SX）

（62b）宽带美凤蝶东部亚种 *Papilio nephelus chaonulus* Fruhstorfer, 1902

Fruhstorfer, 1902a: 73.

分布（**Distribution**）：江西（JX）、四川（SC）、云南（YN）、福建（FJ）、台湾（TW）、广东（GD）、广西（GX）、海南（HI）

（63）衲补美凤蝶 *Papilio noblei* **de Nicéville, 1889**

de Nicéville, 1889: 287.

别名（**Common name**）：齿斑凤蝶，齿斑美凤蝶，衲补凤蝶

分布（**Distribution**）：四川（SC）、云南（YN）；缅甸、泰国、老挝、越南

其他文献（**Reference**）：Chou, 1994; Wu, 2001a.

（64）玉带美凤蝶 *Papilio polytes* **Linnaeus, 1758**

Linnaeus, 1758: 598.

别名（**Common name**）：白带蝶，白带凤蝶，缟凤蝶，黑凤蝶，玉带凤蝶

分布（**Distribution**）：河北（HEB）、山西（SX）、山东（SD）、河南（HEN）、陕西（SN）、甘肃（GS）、青海（QH）、安徽（AH）、江苏（JS）、浙江（ZJ）、江西（JX）、湖南（HN）、湖北（HB）、四川（SC）、贵州（GZ）、云南（YN）、西藏（XZ）、福建（FJ）、台湾（TW）、广东（GD）、广西（GX）、海南（HI）；日本、印度、泰国、马来西亚、印度尼西亚

其他文献（**Reference**）：Igarashi, 1979; Chou, 1994; Wu, 2001a.

（64a）玉带美凤蝶海南亚种 *Papilio polytes mandane* **Rothschild, 1895**

Rothschild, 1895: 348.

分布（**Distribution**）：海南（HI）

（64b）玉带美凤蝶台湾亚种 *Papilio polytes pasikrates* **Fruhstorfer, 1908**

Fruhstorfer, 1908c: 38.

分布（**Distribution**）：台湾（TW）

（64c）玉带美凤蝶指名亚种 *Papilio polytes polytes* **Linnaeus, 1758**

Linnaeus, 1758: 460.

分布（**Distribution**）：河北（HEB）、山西（SX）、山东（SD）、河南（HEN）、陕西（SN）、甘肃（GS）、青海（QH）、安徽（AH）、江苏（JS）、浙江（ZJ）、江西（JX）、湖北（HB）、四川（SC）、贵州（GZ）、云南（YN）、福建（FJ）、广东（GD）、广西（GX）

（64d）玉带美凤蝶西藏亚种 *Papilio polytes thibetanus* **Oberthür, 1886**

Oberthür, 1886: 14.

分布（**Distribution**）：西藏（XZ）

（65）蓝美凤蝶 *Papilio protenor* **Cramer, [1775]**

Cramer, [1775]: 77.

别名（**Common name**）：黑凤蝶，蓝凤蝶，无尾黑凤蝶，无尾美凤蝶

分布（**Distribution**）：山东（SD）、河南（HEN）、陕西（SN）；韩国、日本、印度、不丹、尼泊尔、缅甸、越南

其他文献（**Reference**）：Chou, 1994; Wu, 2001a.

（65a）蓝美凤蝶台湾亚种 *Papilio protenor amaurus* **Jordan, 1909**

Jordan, 1908-1909: 76.

分布（**Distribution**）：台湾（TW）

（65b）蓝美凤蝶西南亚种 *Papilio protenor euprotenor* **(Fruhstorfer, 1908)**

Fruhstorfer, 1908a: 46.

分布（**Distribution**）：陕西（SN）、甘肃（GS）、四川（SC）、云南（YN）、广西（GX）、海南（HI）

（65c）蓝美凤蝶指名亚种 *Papilio protenor protenor* **Cramer, 1775**

Cramer, 1775: 77.

分布（**Distribution**）：山东（SD）、河南（HEN）、浙江（ZJ）、江西（JX）、福建（FJ）、广西（GX）

（66）红斑美凤蝶 *Papilio rumanzovius* **Eschscholtz, 1821**

Eschscholtz, 1821: 204.

分布（**Distribution**）：云南（YN）、台湾（TW）、广西（GX）；菲律宾

其他文献（**Reference**）：Igarashi, 1979; Chou, 1994; Wu, 2001a.

（67）台湾美凤蝶 *Papilio thaiwanus* **Rothschild, 1898**

Rothschild, 1898: 602.

别名（**Common name**）：台湾凤蝶，台湾蓝凤蝶

分布（**Distribution**）：台湾（TW）

其他文献（**Reference**）：Igarashi, 1979; Chou, 1994; Wu, 2001a.

11c）凤蝶亚属 *Papilio* **Linnaeus, 1758**

Linnaeus, 1758: 448.

其他文献（**Reference**）：Chou, 1994; Wu, 2001a.

（68）金凤蝶 *Papilio machaon* **Linnaeus, 1758**

Linnaeus, 1758: 598.

别名（**Common name**）：胡萝卜凤蝶，黄凤蝶，茴香凤蝶

分布（**Distribution**）：黑龙江（HL）、吉林（JL）、辽宁（LN）、河北（HEB）、山西（SX）、山东（SD）、河南（HEN）、陕西（SN）、甘肃（GS）、青海（QH）、新疆（XJ）、浙江（ZJ）、江西（JX）、四川（SC）、云南（YN）、西藏（XZ）、福建（FJ）、台湾（TW）、广东（GD）、广西（GX）；亚洲、欧洲、北美洲等广大地区

其他文献（**Reference**）：Wu, 2001a.

（68a）金凤蝶短尾亚种 *Papilio machaon annae* **Gistel, 1857**

Gistel, 1857: 603.

异名（Synonym）：

Papiliio machaon sikkimensis Moore, 1884b: 47.

分布（Distribution）：青海（QH）

（68b）金凤蝶西藏亚种 *Papilio machaon asiaticus* Ménétriés, 1855

Ménétriés, 1855a: 70.

异名（Synonym）：

Papilio machaon ladakensis Moore, 1886b: 46.

分布（Distribution）：四川（SC）、西藏（XZ）

（68c）金凤蝶北疆亚种 *Papilio machaon baijiangensis* Huang *et* Murayama, 1992

Huang *et* Murayama, 1992: 1.

分布（Distribution）：新疆（XJ）

（68d）金凤蝶新华亚种 *Papilio machaon neochinensis* Sheljuzhko, 1913

Sheljuzhko, 1913: 15.

分布（Distribution）：四川（SC）

（68e）金凤蝶台湾亚种 *Papilio machaon sylvinus* Hemming, 1933

Hemming, 1933: 279.

异名（Synonym）：

Papilio machaon sylvia Esaki *et* Kano, 1930: 201.

分布（Distribution）：台湾（TW）

（68f）金凤蝶中华亚种 *Papilio machaon venchuanus* Moonen, 1984

Moonen, 1984: 47.

异名（Synonym）：

Papilio machaon chinensis Verity, 1906: 16.

分布（Distribution）：黑龙江（HL）、吉林（JL）、辽宁（LN）、河北（HEB）、山西（SX）、山东（SD）、河南（HEN）、陕西（SN）、甘肃（GS）、新疆（XJ）、浙江（ZJ）、江西（JX）、四川（SC）、福建（FJ）、广东（GD）

（68g）金凤蝶长尾亚种 *Papilio machaon verityi* Fruhstorfer, 1907

Fruhstorfer, 1907: 301.

分布（Distribution）：云南（YN）、广西（GX）

11d）华凤蝶亚属 *Sinoprinceps* Hancock, 1983

Hancock, 1983: 18.

其他文献（Reference）：Chou, 1994; Wu, 2001a.

（69）柑橘凤蝶 *Papilio xuthus* Linnaeus, 1767

Linnaeus, 1767: 751.

别名（Common name）：凤蝶，凤子蝶，花椒凤蝶，橘凤蝶，橘黄凤蝶，燕凤蝶

分布（Distribution）：中国各省区；日本、韩国、缅甸

其他文献（Reference）：Wu, 2001a.

（69a）柑橘凤蝶台湾亚种 *Papilio xuthus koxingus* Fruhstorfer, 1908

Fruhstorfer, 1908a: 47.

分布（Distribution）：台湾（TW）

（69b）柑橘凤蝶西藏亚种 *Papilio xuthus neoxanthus* Fruhstorfer, 1908

Fruhstorfer, 1908a: 47.

分布（Distribution）：西藏（XZ）

（69c）柑橘凤蝶指名亚种 *Papilio xuthus xuthus* Linnaeus, 1767

Linnaeus, 1767: 751.

分布（Distribution）：中国除西藏和台湾以外的地区

12）纹凤蝶属 *Paranticopsis* Wood-Mason *et* de Nicéville, 1887

Wood-Mason *et* de Nicéville, 1887: 376.

其他文献（Reference）：Chou, 1994; Wu, 2001a.

（70）纹凤蝶 *Paranticopsis macareus* (Godart, 1819)

Godart, 1819: 76.

异名（Synonym）：

Papilio macareus Godart, 1819: 76.

别名（Common name）：黄点条斑凤蝶，条斑凤蝶，条纹凤蝶

分布（Distribution）：四川（SC）、云南（YN）、广西（GX）、海南（HI）；印度、尼泊尔、不丹、缅甸、泰国、越南、印度尼西亚、马来西亚

其他文献（Reference）：Kirby *In* Allen, 1896; Bridges, 1988; Wu, 2001a.

（70a）纹凤蝶云桂亚种 *Paranticopsis macareus lioneli* (Fruhstorfer, 1902)

Fruhstorfer, 1902a: 73.

异名（Synonym）：

Papilio macareus lioneli Fruhstorfer, 1902a: 73.

分布（Distribution）：四川（SC）、云南（YN）、广西（GX）

（70b）纹凤蝶海南亚种 *Paranticopsis macareus mitis* (Jordan, 1909)

Jordan, 1908-1909: 104.

异名（Synonym）：

Papilio macareus mitis Jordan, 1909: 104.

分布（Distribution）：四川（SC）、云南（YN）、海南（HI）

（71）细纹凤蝶 *Paranticopsis megarus* (Westwood, 1845)

Westwood, 1845: 98.

异名（Synonym）：
Papilio megarus Westwood, 1845: 98.
别名（Common name）：斑马凤蝶，线拟樟凤蝶
分布（Distribution）：广东（GD）、广西（GX）、海南（HI）；印度、缅甸、泰国、越南
其他文献（Reference）：Chou, 1994; Bridges, 1988; Wu, 2001a.

（72）尾纹凤蝶 *Paranticopsis phidias* Oberthür, 1896
Oberthür, 1896: 156.
分布（Distribution）：广西（GX）；越南

（73）客纹凤蝶 *Paranticopsis xenocles* (Doubleday, 1842)
Doubleday, 1842: 74.
异名（Synonym）：
Papilio xenocles Doubleday, 1842: 74.
别名（Common name）：大斑马凤蝶，黄纹凤蝶
分布（Distribution）：四川（SC）、云南（YN）、海南（HI）；印度、不丹、缅甸、泰国、越南
其他文献（Reference）：Swinhoe, 1893; Wu, 2001a; Bridges, 1988.

（73a）客纹凤蝶西南亚种 *Paranticopsis xenocles* ssp.
Wu, 2001: 207.
分布（Distribution）：四川（SC）、云南（YN）

（73b）客纹凤蝶海南亚种 *Paranticopsis xenocles xenoclides* (Fruhstorfer, 1902)
Fruhstorfer, 1902a: 73.
异名（Synonym）：
Papilio xenocles xenoclides Fruhstorfer, 1902a: 73.
分布（Distribution）：海南（HI）

13）绿凤蝶属 *Pathysa* Reakirt, 1865
Reakirt, 1865: 503.
异名（Synonym）：
Deoris Moore, 1903: 31.
其他文献（Reference）：Chou, 1994; Wu, 2001a.

（74）斜纹绿凤蝶 *Pathysa agetes* (Westwood, 1843)
Westwood, 1843b: 23.
异名（Synonym）：
Papilio agetes Westwood, 1843b: 23.
别名（Common name）：褐带绿凤蝶，黑褐带樟凤蝶，四纹绿凤蝶
分布（Distribution）：云南（YN）、西藏（XZ）、福建（FJ）、广东（GD）、海南（HI）；印度、缅甸、泰国、越南、柬埔寨、马来西亚、印度尼西亚
其他文献（Reference）：Evans, 1927; Bridges, 1988; Wu, 2001a.

（74a）斜纹绿凤蝶指名亚种 *Pathysa agetes agetes* Westwood, 1843
Westwood, 1843b: 23.
分布（Distribution）：西藏（XZ）；印度、缅甸、泰国

（74b）斜纹绿凤蝶中国亚种 *Pathysa agetes chinensis* Chou et Li, 1994
Chou, 1994: 173.
分布（Distribution）：云南（YN）、福建（FJ）、广东（GD）、海南（HI）

（75）绿凤蝶 *Pathysa antiphates* (Cramer, 1775)
Cramer, 1775: 113.
异名（Synonym）：
Papilio antiphates Cramer, 1775: 113.
别名（Common name）：虎纹剑尾凤蝶，虎纹剑尾樟凤蝶，虎纹绿凤蝶，五纹绿凤蝶，玉盘凤蝶
分布（Distribution）：江西（JX）、四川（SC）、云南（YN）、福建（FJ）、广东（GD）、广西（GX）、海南（HI）
其他文献（Reference）：Kirby In Allen, 1896; Igarashi, 1979; Bridges, 1988; Wu, 2001a.

（75a）绿凤蝶指名亚种 *Pathysa antiphates antiphates* (Cramer, 1775)
Cramer, 1775: 113.
分布（Distribution）：江西（JX）、四川（SC）、云南（YN）、福建（FJ）、广东（GD）

（75b）绿凤蝶海南亚种 *Pathysa antiphates pompilius* (Fabricius, 1787)
Fabricius, 1787: 8.
异名（Synonym）：
Papilio antiphates pompilius Fabricius, 1787: 8;
Papilio itamputi Butler, 1885b: 276.
分布（Distribution）：云南（YN）、福建（FJ）、广西（GX）、海南（HI）

（76）芒绿凤蝶 *Pathysa aristea* (Stoll, 1780)
Stoll, 1780: 60.
异名（Synonym）：
Papilio aristea Stoll, 1780: 60.
别名（Common name）：白纹剑尾凤蝶，白纹绿凤蝶
分布（Distribution）：四川（SC）、云南（YN）、福建（FJ）、海南（HI）；印度、尼泊尔、缅甸、泰国、马来西亚、菲律宾
其他文献（Reference）：Chou, 1994; Bridges, 1988; Wu, 2001a.

（76a）芒绿凤蝶海南亚种 *Pathysa aristea hermocrates* (Felder et Felder, 1864)
Felder C et Felder R, 1864: 57.

异名（Synonym）：

Papilio hermocrates Felder C *et* Felder R, 1864: 57;

Pathysa aristea hainanensis Chou *et* Gu, 1994: 173.

分布（Distribution）：四川（SC）、云南（YN）、福建（FJ）、海南（HI）

（77）红绶绿凤蝶 *Pathysa nomius* (Esper, 1793)

Esper, 1793: 210.

异名（Synonym）：

Papilio nomius Esper, 1793: 210.

别名（Common name）：杠纹剑纹凤蝶，杠纹剑纹樟凤蝶，杠纹绿凤蝶，珠缘绿凤蝶

分布（Distribution）：四川（SC）、云南（YN）、福建（FJ）、海南（HI）；印度、泰国

其他文献（Reference）：Moore, 1881; Wu, 2001a; Bridges, 1988.

（77a）红绶绿凤蝶海南亚种 *Pathysa nomius hainanensis* Chou, 1994

Chou, 1994: 173.

分布（Distribution）：海南（HI）

（77b）红绶绿凤蝶云南亚种 *Pathysa nomius swinhoei* (Moore, 1878)

Moore, 1878c: 697.

异名（Synonym）：

Papilio swinhoei Moore, 1878c: 697.

分布（Distribution）：四川（SC）、云南（YN）、福建（FJ）

14）剑凤蝶属 *Pazala* Moore, 1888

Moore, 1888: 283.

其他文献（Reference）：Chou, 1994; Wu, 2001a.

（78）金斑剑凤蝶 *Pazala alebion* (Gray, 1852)

Gray, 1852: 30.

异名（Synonym）：

Papilio alebion Gray, 1852: 30;

Cosmodesmus alebion: Bang-Haas, 1927: 1.

别名（Common name）：黄斑黑纹凤蝶，黄斑剑凤蝶，九江剑凤蝶

分布（Distribution）：河南（HEN）、陕西（SN）、江苏（JS）、浙江（ZJ）、江西（JX）、湖北（HB）、四川（SC）、云南（YN）、福建（FJ）、台湾（TW）、广西（GX）；印度

其他文献（Reference）：Bang-Haas, 1927; D'Abrera, 1990; Wu, 2001a.

（78a）金斑剑凤蝶指名亚种 *Pazala alebion alebion* (Gray, 1852)

Gray, 1852: 30.

分布（Distribution）：河南（HEN）、陕西（SN）、江苏（JS）、浙江（ZJ）、江西（JX）、湖北（HB）、四川（SC）、云南（YN）、福建（FJ）、台湾（TW）、广西（GX）

（79）升天剑凤蝶 *Pazala euroa* (Leech, 1893)

Leech, 1893: 521.

异名（Synonym）：

Papilo eurous Leech, 1893: 521.

别名（Common name）：六斑剑凤蝶，升天凤蝶，升天樟凤蝶

分布（Distribution）：浙江（ZJ）、江西（JX）、湖北（HB）、四川（SC）、云南（YN）、西藏（XZ）、福建（FJ）、台湾（TW）、广东（GD）、广西（GX）；印度、尼泊尔、巴基斯坦、不丹、缅甸

其他文献（Reference）：Igarashi, 1979; Koiwaya, 1993; Wu, 2001a.

（79a）升天剑凤蝶台湾亚种 *Pazala euroa asakurae* (Matsumura, 1907)

Matsumura, 1907: 67.

异名（Synonym）：

Papilio eurous asakurae Matsumura, 1907: 67.

分布（Distribution）：台湾（TW）

（79b）升天剑凤蝶指名亚种 *Pazala euroa euroa* (Leech, 1893)

Leech, 1892-1894: 521.

分布（Distribution）：浙江（ZJ）、江西（JX）、湖北（HB）、四川（SC）、云南（YN）、西藏（XZ）、福建（FJ）、广东（GD）、广西（GX）

（80）华夏剑凤蝶 *Pazala glycerion* (Gray, 1831)

Gray, 1831: 32.

异名（Synonym）：

Papilio glycerion Gray, 1831: 32;

Papilio mandarinus Oberthür, 1879b: 115.

别名（Common name）：剑凤蝶，粒彩剑凤蝶，中华剑凤蝶

分布（Distribution）：浙江（ZJ）、湖北（HB）、四川（SC）、云南（YN）；缅甸、尼泊尔

其他文献（Reference）：Oberthür, 1879b; Lee *et* Zhu, 1992; Koiwaya, 1993; Chou, 1994; Wu, 2001a.

（81）圆翅剑凤蝶 *Pazala incerta* (Bang-Haas, 1927)

Bang-Haas, 1927: 1, 5.

异名（Synonym）：

Cosmodesmus tamerlanus taliensis Bang-Haas, 1927: 2, 5;

Cosmodesmus tamerlanus incertus Bang-Haas, 1927: 1, 5.

分布（Distribution）：江西（JX）、湖北（HB）、四川（SC）、云南（YN）

其他文献（Reference）：Bang-Haas, 1927; Koiwaya, 1993; Wu, 2001a.

（82）四川剑凤蝶 *Pazala sichuanica* **Koiwaya, 1993**

Koiwaya, 1993: 79.

分布（**Distribution**）：陕西（SN）、四川（SC）

其他文献（**Reference**）：Wu, 2001a.

（83）乌克兰剑凤蝶 *Pazala tamerlana* **(Oberthür, 1876)**

Oberthür, 1876: 13.

异名（**Synonym**）：

Papilio tamerlanus Oberthür, 1876: 13;

Cosmodesmus tamerlanus kansuensis Bang-Haas, 1933: 90.

别名（**Common name**）：瓦山剑凤蝶，瓦山剑纹凤蝶

分布（**Distribution**）：河南（HEN）、陕西（SN）、江西（JX）、湖北（HB）、四川（SC）

其他文献（**Reference**）：von Rosen, 1932; Bang-Haas, 1933; Smart, 1989; D'Abrera, 1990; Koiwaya, 1993; Wu, 2001a.

（84）铁木剑凤蝶 *Pazala timur* **(Ney, 1911)**

Ney, 1911: 252.

异名（**Synonym**）：

Papilio tamerlanus timur Ney, 1911: 252;

Iphiclides chungianus Murayama, 1961: 7-8.

别名（**Common name**）：叉纹剑凤蝶，高岭凤蝶，孔雀凤蝶，木生凤蝶

分布（**Distribution**）：江苏（JS）、浙江（ZJ）、四川（SC）、云南（YN）、福建（FJ）、台湾（TW）

其他文献（**Reference**）：Koiwaya, 1993; Wu, 2001a.

15）喙凤蝶属 *Teinopalpus* Hope, 1843

Hope, 1843: 131.

异名（**Synonym**）：

Teinoprosopus Felder C *et* Felder R, 1864: 289.

（85）金斑喙凤蝶 *Teinopalpus aureus* **Mell, 1923**

Mell, 1923: 153.

分布（**Distribution**）：浙江（ZJ）、江西（JX）、福建（FJ）、广东（GD）、广西（GX）、海南（HI）；越南、老挝

其他文献（**Reference**）：Wu, 2001a.

（85a）金斑喙凤蝶指名亚种 *Teinopalpus aureus aureus* **Mell, 1923**

Mell, 1923: 153.

分布（**Distribution**）：广东（GD）

（85b）金斑喙凤蝶广西亚种 *Teinopalpus aureus guangxiensis* **Chou et Zhou, 1994**

Chou, 1994: 183.

分布（**Distribution**）：广西（GX）

（85c）金斑喙凤蝶海南亚种 *Teinopalpus aureus hainanensis* **Lee, 1992**

Lee *et* Zhu, 1992: pl. 45.

分布（**Distribution**）：海南（HI）

（85d）金斑喙凤蝶武夷亚种 *Teinopalpus aureus wuyiensis* **Lee, 1992**

Lee *et* Zhu, 1992: pl. 45.

分布（**Distribution**）：江西（JX）、福建（FJ）

（86）喙凤蝶 *Teinopalpus imperialis* **Hope, 1843**

Hope, 1843: 131.

别名（**Common name**）：皇喙凤蝶，金带喙凤蝶

分布（**Distribution**）：四川（SC）、云南（YN）、广西（GX）；印度（锡金）、缅甸、尼泊尔、不丹

其他文献（**Reference**）：Wu, 2001a.

（86a）喙凤蝶宽斑亚种 *Teinopalpus imperialis imperatrix* **de Nicéville, 1899**

de Nicéville, 1899: 335.

分布（**Distribution**）：四川（SC）、云南（YN）

（86b）喙凤蝶指名亚种 *Teinopalpus imperialis imperialis* **Hope, 1843**

Hope, 1843: 131.

分布（**Distribution**）：广西（GX）

16）裳凤蝶属 *Troides* Hübner, 1819

Hübner, 1819: 88.

异名（**Synonym**）：

Amphrisius Swainson, 1833: 98;

Pompeusptera Rippon, 1889: 9.

其他文献（**Reference**）：Wu, 2001a.

（87）金裳凤蝶 *Troides aeacus* **(Felder et Felder, 1860)**

Felder C *et* Felder R, 1860: 225.

异名（**Synonym**）：

Ornithoptera aeacus Felder C *et* Felder R, 1860: 225.

别名（**Common name**）：黄裳凤蝶，金鸟蝶，金裳翼凤蝶，鸟凤蝶

分布（**Distribution**）：陕西（SN）、浙江（ZJ）、江西（JX）、四川（SC）、云南（YN）、西藏（XZ）、福建（FJ）、台湾（TW）、广东（GD）、广西（GX）、海南（HI）；印度、泰国、不丹、缅甸、越南、斯里兰卡、马来西亚等地

其他文献（**Reference**）：Chou, 1994; Wu, 2001a.

（87a）金裳凤蝶指名亚种 *Troides aeacus aeacus* **(Felder et Felder, 1860)**

Felder C *et* Felder R, 1860: 225.

分布（**Distribution**）：陕西（SN）、浙江（ZJ）、江西（JX）、四川（SC）、云南（YN）、西藏（XZ）、福建（FJ）、广东（GD）、广西（GX）、海南（HI）

其他文献（**Reference**）：Wu, 2001a.

（87b）金裳凤蝶台湾亚种 *Troides aeacus formosanus* **Rothschild, 1899**

Rothschild, 1899: 67.

异名（Synonym）：

Papilo aeacus kaguya Nakahara *et* Esaki, 1930: 209-210.

分布（Distribution）：台湾（TW）

其他文献（Reference）：Wu, 2001a.

（88）裳凤蝶 *Troides helena* **(Linnaeus, 1758)**

Linnaeus, 1758: 461.

异名（Synonym）：

Papilio helena Linnaeus, 1758: 461.

别名（Common name）：黄扇凤蝶，黄翼凤蝶，金扇凤蝶，翼凤蝶

分布（Distribution）：云南（YN）、广东（GD）、广西（GX）、海南（HI）、香港（HK）；印度、不丹、缅甸、泰国、斯里兰卡、马来西亚、印度尼西亚、新几内亚岛等地

（88a）裳凤蝶污斑亚种 *Troides helena spilotia* **Roths-child, 1908**

Rothschild, 1908b: 1-4.

分布（Distribution）：云南（YN）、广东（GD）、广西（GX）、海南（HI）、香港（HK）

其他文献（Reference）：Wu, 2001a.

（89）荧光裳凤蝶 *Troides magellanus* **(Felder *et* Felder, 1862)**

Felder C *et* Felder R, 1862: 282.

异名（Synonym）：

Ornithoptera magellanus Felder C *et* Felder R, 1862: 282.

别名（Common name）：阑屿金凤蝶，荧光翼凤蝶，珠光凤蝶，珠光黄裳凤蝶

分布（Distribution）：台湾（TW）；菲律宾

其他文献（Reference）：Chou, 1994; Wu, 2001a.

2. 绢蝶亚科 Parnassiinae Swainson, 1840

Swainson, 1840: 87.

17）云绢蝶属 *Hypermnestra* Ménétriés, 1848

Ménétriés, 1848: 6.

异名（Synonym）：

Ismene Nickerl, 1846: 207.

（90）云绢蝶 *Hypermnestra helios* **(Nickerl, 1846)**

Nickerl, 1846: 208.

异名（Synonym）：

Ismene helios Nickerl, 1846: 208.

分布（Distribution）：新疆（XJ）；伊朗、阿富汗、巴基斯坦、乌兹别克斯坦、吉尔吉斯斯坦

其他文献（Reference）：Bryk, 1935; Igarashi, 1979; Wu, 2001a.

18）绢蝶属 *Parnassius* Latreille, 1804

Latreille, 1804: 185, 199.

异名（Synonym）：

Doritis Fabricius, 1807: 283;

Koramius Moore, 1902: 120;

Kailasius Moore, 1902: 118;

Tadumia Moore, 1902: 116;

Eukoramius Bryk, 1935: 630, 673-674;

Lingamius Bryk, 1935: 538-540.

（91）爱珂绢蝶 *Parnassius acco* **Gray, [1853]**

Gray, [1853] 1852: 76.

别名（Common name）：弧纹绢蝶

分布（Distribution）：新疆（XJ）、云南（YN）、西藏（XZ）；克什米尔地区

其他文献（Reference）：Bryk, 1935; Ackery, 1975; Wu, 2001a.

（91a）爱珂绢蝶南拉萨亚种 *Parnassius acco goergneri* **Weiss *et* Michel, 1989**

Weiss *et* Michel, 1989: 13.

分布（Distribution）：西藏（XZ）

其他文献（Reference）：Wu, 2001a.

（91b）爱珂绢蝶柴达木亚种 *Parnassius acco humboldti* **Pierrat *et* Porion, 1988**

Pierrat *et* Porion, 1988: 1.

异名（Synonym）：

Parnassius przewalskii humboldti Pierrat *et* Porion, 1988: 1.

分布（Distribution）：青海（QH）

其他文献（Reference）：Wu, 2001a.

（91c）爱珂绢蝶北拉萨亚种 *Parnassius acco rosea* **Weiss *et* Michel, 1989**

Weiss *et* Michel, 1989: 13.

分布（Distribution）：西藏（XZ）

其他文献（Reference）：Wu, 2001a.

（91d）爱珂绢蝶青海湖亚种 *Parnassius acco rosei* **Schulte, 1992**

Schulte, 1992: 170.

分布（Distribution）：青海（QH）

其他文献（Reference）：Wu, 2001a.

（91e）爱珂绢蝶祁连亚种 *Parnassius acco tulaishani* **Schulte, 1992**

Schulte, 1992: 166.

异名（**Synonym**）：
Parnassius przewalskii rosei Schulte, 1992: 170.
分布（**Distribution**）：青海（QH）
其他文献（**Reference**）：Wu, 2001a.

（91f）爱珂绢蝶唐古拉亚种 *Parnassius acco vairocanus* Shinkal, 1992

Shinkal, 1992: 7.
分布（**Distribution**）：云南（YN）、西藏（XZ）
其他文献（**Reference**）：Wu, 2001a.

（92）蓝精灵绢蝶 *Parnassius acdestis* Grum-Grshimailo, 1891

Grum-Grshimailo, 1891: 446.
异名（**Synonym**）：
Parnassius delphius var. *acdestis* Grum-Grshimailo, 1891: 446;
Parnassius liudongi Huang, 1999a: 335.
分布（**Distribution**）：青海（QH）、新疆（XJ）、四川（SC）、西藏（XZ）；吉尔吉斯斯坦、哈萨克斯坦、克什米尔地区、不丹
其他文献（**Reference**）：Bryk, 1935; Ackery, 1975; Huang, 1999a; Wu, 2001a.

（92a）蓝精灵绢蝶指名亚种 *Parnassius acdestis acdestis* Grum-Grshimailo, 1891

Grum-Grshimailo, 1891: 446.
分布（**Distribution**）：青海（QH）、四川（SC）
其他文献（**Reference**）：Wu, 2001a.

（92b）蓝精灵绢蝶珠西亚种 *Parnassius acdestis cerevisiae* Weiss *et* Michel, 1989

Weiss *et* Michel, 1989: 15.
分布（**Distribution**）：西藏（XZ）
其他文献（**Reference**）：Wu, 2001a.

（92c）蓝精灵绢蝶康定亚种 *Parnassius acdestis cinerosus* Stichel, 1907

Stichel, 1907: 34.
分布（**Distribution**）：四川（SC）
其他文献（**Reference**）：Wu, 2001a.

（92d）蓝精灵绢蝶山南亚种 *Parnassius acdestis felix* Eisner, 1929

Eisner, 1929: 57.
分布（**Distribution**）：西藏（XZ）
其他文献（**Reference**）：Wu, 2001a.

（92e）蓝精灵绢蝶纳木错亚种 *Parnassius acdestis fujitai* Koiwaya, 1993

Koiwaya, 1993: 87.

异名（**Synonym**）：
Parnassius acdestis manco Weiss, 1992: 97.
分布（**Distribution**）：西藏（XZ）
其他文献（**Reference**）：Weiss, 1992; Wu, 2001a.

（92f）蓝精灵绢蝶珠峰亚种 *Parnassius acdestis hades* (Bryk, 1932)

Bryk, 1932: 5.
异名（**Synonym**）：
Koramius hades Bryk, 1932: 5.
分布（**Distribution**）：西藏（XZ）
其他文献（**Reference**）：Wu, 2001a.

（92g）蓝精灵绢蝶拉萨亚种 *Parnassius acdestis imperatoides* Weiss *et* Michel, 1989

Weiss *et* Michel, 1989: 15.
分布（**Distribution**）：西藏（XZ）
其他文献（**Reference**）：Wu, 2001a.

（92h）蓝精灵绢蝶巴塘亚种 *Parnassius acdestis irenaephilus* (Bryk, 1943)

Bryk, 1943: 30.
异名（**Synonym**）：
Koramius acdestis irenaephilus Bryk, 1943: 30.
分布（**Distribution**）：四川（SC）
其他文献（**Reference**）：Wu, 2001a.

（92i）蓝精灵绢蝶江孜亚种 *Parnassius acdestis lathonius* Bryk, 1913

Bryk, 1913: 123.
分布（**Distribution**）：西藏（XZ）
其他文献（**Reference**）：Wu, 2001a.

（92j）蓝精灵绢蝶聂拉木亚种 *Parnassius acdestis limitis* Weiss *et* Michel, 1989

Weiss *et* Michel, 1989: 14.
分布（**Distribution**）：西藏（XZ）
其他文献（**Reference**）：Wu, 2001a.

（92k）蓝精灵绢蝶亚东亚种 *Parnassius acdestis macdonardi* Rothschild, 1918

Rothschild, 1918: 256.
分布（**Distribution**）：西藏（XZ）
其他文献（**Reference**）：Wu, 2001a.

（92l）蓝精灵绢蝶格尔木亚种 *Parnassius acdestis ohkumai* Koiwaya, 1993

Koiwaya, 1993: 85.
分布（**Distribution**）：青海（QH）
其他文献（**Reference**）：Wu, 2001a.

（92m）蓝精灵绢蝶法利亚种 *Parnassius acdestis peeblesi* (Bryk, 1932)

Bryk, 1932: 19.

异名（Synonym）：

Koramius acdestis peeblesi Bryk, 1932: 19.

分布（Distribution）：西藏（XZ）

其他文献（Reference）：Wu, 2001a.

（92n）蓝精灵绢蝶峨山亚种 *Parnassius acdestis vogti* (Bang-Haas, 1938)

Bang-Haas, 1938b: 58.

异名（Synonym）：

Koramius acdestis vogti Bang-Haas, 1938b: 58.

分布（Distribution）：四川（SC）

其他文献（Reference）：Wu, 2001a.

（93）安度绢蝶 *Parnassius andreji* Eisner, 1930

Eisner, 1930: 5.

分布（Distribution）：甘肃（GS）、青海（QH）、四川（SC）

其他文献（Reference）：Bridges, 1988; Wu, 2001a.

（93a）安度绢蝶指名亚种 *Parnassius andreji andreji* Eisner, 1930

Eisner, 1930: 5.

分布（Distribution）：青海（QH）

其他文献（Reference）：Wu, 2001a.

（93b）安度绢蝶岷山亚种 *Parnassius andreji buddenbrocki* (Bang-Haas, 1938)

Bang-Haas, 1938b: 59.

异名（Synonym）：

Tadumia simo buddenbrocki Bang-Haas, 1938b: 59.

分布（Distribution）：四川（SC）

其他文献（Reference）：Wu, 2001a.

（93c）安度绢蝶兰州亚种 *Parnassius andreji dirschi* (Bang-Haas, 1938)

Bang-Haas, 1938c: 62.

异名（Synonym）：

Tadumia simo dirschi Bang-Haas, 1938c: 62.

分布（Distribution）：甘肃（GS）

其他文献（Reference）：Wu, 2001a.

（93d）安度绢蝶达坂亚种 *Parnassius andreji eos* (Bryk *et* Eisner, 1934)

Bryk *et* Eisner, 1934a: 25.

异名（Synonym）：

Tadumia simo eos Bryk *et* Eisner, 1934a: 25.

分布（Distribution）：青海（QH）

其他文献（Reference）：Wu, 2001a.

（93e）安度绢蝶康定亚种 *Parnassius andreji ogawai* Ohya, 1987

Ohya, 1987: 8.

异名（Synonym）：

Parnassius simo ogawai Ohya, 1987: 8.

分布（Distribution）：四川（SC）

其他文献（Reference）：Wu, 2001a.

（93f）安度绢蝶布尔汗亚种 *Parnassius andreji simillimus* (Bryk *et* Eisner, 1937)

Bryk *et* Eisner, 1937: 58.

异名（Synonym）：

Tadumia simo simillimus Bryk *et* Eisner, 1937: 58.

分布（Distribution）：青海（QH）

其他文献（Reference）：Wu, 2001a.

（94）阿波罗绢蝶 *Parnassius apollo* (Linnaeus, 1758)

Linnaeus, 1758: 465.

异名（Synonym）：

Papilio apollo Linnaeus, 1758: 465.

分布（Distribution）：新疆（XJ）

其他文献（Reference）：Latreille, 1804; Bryk, 1935; Ackery, 1975; Wu, 2001a.

（95）羲和绢蝶 *Parnassius apollonius* (Eversmann, 1847)

Eversmann, 1847: 71.

异名（Synonym）：

Doritis apollonius Eversmann, 1847: 71.

分布（Distribution）：新疆（XJ）、西藏（XZ）；乌兹别克斯坦、哈萨克斯坦、吉尔吉斯斯坦、塔吉克斯坦、阿富汗、巴基斯坦

其他文献（Reference）：Bryk, 1935; Wu, 2001a.

（95a）羲和绢蝶指名亚种 *Parnassius apollonius apollonius* (Eversmann, 1847)

Eversmann, 1847: 71.

分布（Distribution）：新疆（XJ）

其他文献（Reference）：Wu, 2001a.

（95b）羲和绢蝶西藏亚种 *Parnassius apollonius kuldschaensis* Bryk *et* Eisner, 1934

Bryk *et* Eisner, 1934b: 19.

分布（Distribution）：西藏（XZ）

其他文献（Reference）：Wu, 2001a.

（96）爱侣绢蝶 *Parnassius ariadne* Lederer, 1853

Lederer, 1853: 354.

分布（Distribution）：新疆（XJ）、西藏（XZ）；哈萨克斯坦、蒙古国、塔吉克斯坦、俄罗斯

其他文献（Reference）：Eversmann, 1843; Bryk, 1935; Ackery, 1975; Wu, 2001a.

（96a）爱侣绢蝶阿山亚种 *Parnassius ariadne jiadeng-yuensis* **Huang** *et* **Murayama, 1992**

Huang *et* Murayama, 1992: 3.

分布（**Distribution**）：新疆（XJ）

其他文献（**Reference**）：Wu, 2001a.

（97）巴裔绢蝶 *Parnassius baileyi* **South, 1913**

South, 1913: 362.

异名（**Synonym**）：

Parnassius acco baileyi South, 1913: 362.

分布（**Distribution**）：四川（SC）、云南（YN）

其他文献（**Reference**）：Bridges, 1988; Wu, 2001a.

（97a）巴裔绢蝶指名亚种 *Parnassius baileyi baileyi* **South, 1913**

South, 1913: 362.

分布（**Distribution**）：四川（SC）

其他文献（**Reference**）：Wu, 2001a.

（97b）巴裔绢蝶中甸亚种 *Parnassius baileyi bubo* **(Bryk, 1938)**

Bryk, 1938: 2.

异名（**Synonym**）：

Tadumia bubo Bryk, 1938: 2.

分布（**Distribution**）：云南（YN）

其他文献（**Reference**）：Bridges, 1988; Wu, 2001a.

（97c）巴裔绢蝶折多亚种 *Parnassius baileyi roths-childianus* **Bryk, 1931**

Bryk, 1931: 4.

分布（**Distribution**）：四川（SC）

其他文献（**Reference**）：Wu, 2001a.

（98）红珠绢蝶 *Parnassius bremeri* **Bremer, 1864**

Bremer, 1864: 6.

别名（**Common name**）：东北亚绢蝶

分布（**Distribution**）：黑龙江（HL）、吉林（JL）、辽宁（LN）、内蒙古（NM）、河北（HEB）、天津（TJ）、山西（SX）、山东（SD）、河南（HEN）、陕西（SN）、宁夏（NX）、甘肃（GS）、新疆（XJ）；朝鲜、俄罗斯；欧洲（中部）

其他文献（**Reference**）：Felder C *et* Felder R, 1865; Bryk, 1935; Eisner, 1966; Wu, 2001a.

（98a）红珠绢蝶指名亚种 *Parnassius bremeri bremeri* **Bremer, 1864**

Bremer, 1864: 6.

分布（**Distribution**）：黑龙江（HL）、吉林（JL）、辽宁（LN）

其他文献（**Reference**）：Wu, 2001a.

（98b）红珠绢蝶太行亚种 *Parnassius bremeri ellenae* **Bryk, 1936**

Bryk, 1936: 2.

分布（**Distribution**）：河北（HEB）

其他文献（**Reference**）：Wu, 2001a.

（98c）红珠绢蝶东灵亚种 *Parnassius bremeri matsuurai* **Koiwaya, 1996**

Koiwaya, 1996: 238.

分布（**Distribution**）：山西（SX）

其他文献（**Reference**）：Wu, 2001a.

（99）元首绢蝶 *Parnassius cephalus* **Grum-Grshimailo, 1891**

Grum-Grshimailo, 1891: 446.

分布（**Distribution**）：甘肃（GS）、青海（QH）、四川（SC）、云南（YN）、西藏（XZ）；克什米尔地区

其他文献（**Reference**）：Ackery, 1975; Wu, 2001a; Bryk, 1935.

（99a）元首绢蝶指名亚种 *Parnassius cephalus cephalus* **Grum-Grshimailo, 1891**

Grum-Grshimailo, 1891: 446.

分布（**Distribution**）：甘肃（GS）、青海（QH）

其他文献（**Reference**）：Wu, 2001a.

（99b）元首绢蝶藏南亚种 *Parnassius cephalus deng-kiaoping* **Weiss, 1989**

Weiss, 1989: 5.

分布（**Distribution**）：西藏（XZ）

其他文献（**Reference**）：Wu, 2001a.

（99c）元首绢蝶康定亚种 *Parnassius cephalus elwesi* **Leech, 1891**

Leech, 1891: 104.

分布（**Distribution**）：四川（SC）

其他文献（**Reference**）：Wu, 2001a.

（99d）元首绢蝶乌兰亚种 *Parnassius cephalus erlaensis* **Sugiyama, 1992**

Sugiyama, 1992: 1.

异名（**Synonym**）：

Parnassius imperator erlaensis Sugiyama, 1992: 1.

分布（**Distribution**）：青海（QH）

其他文献（**Reference**）：Wu, 2001a.

（99e）元首绢蝶青中亚种 *Parnassius cephalus irene* **Bryk** *et* **Eisner, 1937**

Bryk *et* Eisner, 1937: 58.

分布（**Distribution**）：青海（QH）

其他文献（**Reference**）：Wu, 2001a.

（99f）元首绢蝶青西亚种 *Parnassius cephalus micheli* **Weiss, 1992**

Weiss, 1992: 60.

分布（**Distribution**）：青海（QH）

其他文献（**Reference**）：Wu, 2001a.

（99g）元首绢蝶藏西亚种 *Parnassius cephalus pythia* Roth, 1932

Roth, 1932: 68.

分布（**Distribution**）：西藏（XZ）

其他文献（**Reference**）：Wu, 2001a.

（99h）元首绢蝶岷山亚种 *Parnassius cephalus sengei* (Bang-Haas, 1938)

Bang-Haas, 1938b: 58.

异名（**Synonym**）：

Koramius sengei Bang-Haas, 1938b: 58.

分布（**Distribution**）：四川（SC）

其他文献（**Reference**）：Wu, 2001a.

（99i）元首绢蝶玉龙亚种 *Parnassius cephalus takenakai* Koiwaya, 1993

Koiwaya, 1993: 89.

分布（**Distribution**）：云南（YN）

其他文献（**Reference**）：Wu, 2001a.

（99j）元首绢蝶祁连亚种 *Parnassius cephalus weissi* Schulte, 1992

Schulte, 1992: 167.

分布（**Distribution**）：甘肃（GS）

其他文献（**Reference**）：Wu, 2001a.

（100）姹瞳绢蝶 *Parnassius charltonius* Gray, [1853]

Gray, [1853] 1852: 77.

分布（**Distribution**）：新疆（XJ）、西藏（XZ）；阿富汗、吉尔吉斯斯坦、哈萨克斯坦、巴基斯坦、印度（北部）

其他文献（**Reference**）：Ackery, 1975; Wu, 2001a; Bryk, 1935.

（100a）姹瞳绢蝶聂拉木亚种 *Parnassius charltonius bryki* Haude, 1912

Haude, 1912: 75.

分布（**Distribution**）：西藏（XZ）

其他文献（**Reference**）：Wu, 2001a.

（100b）姹瞳绢蝶指名亚种 *Parnassius charltonius charltonius* Gray, [1853]

Gray, [1853] 1852: 77.

分布（**Distribution**）：西藏（XZ）

其他文献（**Reference**）：Wu, 2001a.

（100c）姹瞳绢蝶昆仑亚种 *Parnassius charltonius corporaali* (Bryk, 1935)

Bryk, 1935: 338.

异名（**Synonym**）：

Kailasius charltonius corporaali Bryk, 1935: 338.

分布（**Distribution**）：新疆（XJ）、西藏（XZ）

其他文献（**Reference**）：Wu, 2001a.

（101）周氏绢蝶 *Parnassius choui* Huang *et* Shi, 1994

Huang *et* Shi *In* Chou, 1994: 202.

分布（**Distribution**）：青海（QH）

其他文献（**Reference**）：Wu, 2001a.

（102）翠雀绢蝶 *Parnassius delphius* (Eversmann, 1843)

Eversmann, 1843: 541.

异名（**Synonym**）：

Doritis delphius Eversmann, 1843: 541.

别名（**Common name**）：西藏绢蝶

分布（**Distribution**）：新疆（XJ）；哈萨克斯坦、乌兹别克斯坦、巴基斯坦、印度（北部）

其他文献（**Reference**）：Elwes, 1886; Bryk, 1935; Ackery, 1975; Wu, 2001a.

（102a）翠雀绢蝶焉耆亚种 *Parnassius delphius karaschahricus* Bang-Haas, 1915

Bang-Haas, 1915a: 159.

分布（**Distribution**）：新疆（XJ）

其他文献（**Reference**）：Wu, 2001a.

（102b）翠雀绢蝶阿克苏亚种 *Parnassius delphius mephisto* Hering, 1931

Hering, 1931: 4.

分布（**Distribution**）：新疆（XJ）

其他文献（**Reference**）：Wu, 2001a.

（103）依帕绢蝶 *Parnassius epaphus* Oberthür, 1879

Oberthür, 1879b: 23.

分布（**Distribution**）：甘肃（GS）、青海（QH）、新疆（XJ）、四川（SC）、西藏（XZ）；印度（北部）、尼泊尔、阿富汗、巴基斯坦

其他文献（**Reference**）：Bryk, 1935; Ackery, 1975; Wu, 2001a.

（103a）依帕绢蝶指名亚种 *Parnassius epaphus epaphus* Oberthür, 1879

Oberthür, 1879b: 23.

分布（**Distribution**）：西藏（XZ）

其他文献（**Reference**）：Wu, 2001a.

（103b）依帕绢蝶青海亚种 *Parnassius epaphus epaphus* ssp.

Chou, 1994: 195.

分布（**Distribution**）：青海（QH）

其他文献（**Reference**）：Wu, 2001a.

（103c）依帕绢蝶锡金亚种 *Parnassius epaphus sikkimensis* Elwes, 1882

Elwes, 1882: 399.

分布（**Distribution**）：西藏（XZ）；印度（锡金）

其他文献（**Reference**）：Wu, 2001a.

（104）艾雯绢蝶 *Parnassius eversmanni* Ménétriés, [1850]

Ménétriés, [1850] 1851: pl. 4, fig. 5.

分布（**Distribution**）：吉林（JL）、内蒙古（NM）、新疆（XJ）；俄罗斯、蒙古国、日本、美国（阿拉斯加州）

其他文献（**Reference**）：Hemming, 1934; Bryk, 1935; Eisner, 1966; Wu, 2001a.

（104a）艾雯绢蝶东北亚种 *Parnassius eversmanni felderi* Bremer, 1861

Bremer, 1861: 464.

分布（**Distribution**）：吉林（JL）、内蒙古（NM）、新疆（XJ）

其他文献（**Reference**）：Wu, 2001a.

（105）冰清绢蝶 *Parnassius glacialis* Butler, 1866

Butler, 1866: 50.

异名（**Synonym**）：

Parnassius stubbendorfii glacialis Butler, 1866: 50.

别名（**Common name**）：白绢蝶，黄毛白绢蝶

分布（**Distribution**）：吉林（JL）、辽宁（LN）、山西（SX）、山东（SD）、河南（HEN）、陕西（SN）、甘肃（GS）、安徽（AH）、浙江（ZJ）、四川（SC）、贵州（GZ）、云南（YN）；日本、韩国

其他文献（**Reference**）：Bryk, 1935; Eisner, 1966; Ackery, 1973, 1975; Wu, 2001a.

（106）联珠绢蝶 *Parnassius hardwickii* Gray, 1831

Gray, 1831: 32.

分布（**Distribution**）：西藏（XZ）；印度（北部）、尼泊尔、不丹

其他文献（**Reference**）：Bryk, 1935; Ackery, 1975; Wu, 2001a.

（107）君主绢蝶 *Parnassius imperator* Oberthür, 1883

Oberthür, 1883: 77.

别名（**Common name**）：康定绢蝶，双珠大绢蝶

分布（**Distribution**）：甘肃（GS）、青海（QH）、四川（SC）、云南（YN）、西藏（XZ）

其他文献（**Reference**）：Bryk, 1935; Eisner, 1966; Ackery, 1975; Wu, 2001a.

（107a）君主绢蝶藏南亚种 *Parnassius imperator augustus* Fruhstorfer, 1903

Fruhstorfer, 1903b: 113.

分布（**Distribution**）：西藏（XZ）

其他文献（**Reference**）：Wu, 2001a.

（107b）君主绢蝶兰州亚种 *Parnassius imperator gigas* Kotzsch, 1932

Kotzsch, 1932: 267.

分布（**Distribution**）：甘肃（GS）

其他文献（**Reference**）：Wu, 2001a.

（107c）君主绢蝶指名亚种 *Parnassius imperator imperator* Oberthür, 1883

Oberthür, 1883: 77.

分布（**Distribution**）：四川（SC）

其他文献（**Reference**）：Wu, 2001a.

（107d）君主绢蝶西拉萨亚种 *Parnassius imperator interjungens* (Bryk, 1932)

Bryk, 1932: 5.

异名（**Synonym**）：

Tadumia imperator interjungens Bryk, 1932: 5.

分布（**Distribution**）：西藏（XZ）

其他文献（**Reference**）：Wu, 2001a.

（107e）君主绢蝶藏东亚种 *Parnassius imperator irmae* (Bryk, 1932)

Bryk, 1932: 4.

异名（**Synonym**）：

Tadumia imperator irmae Bryk, 1932: 4.

分布（**Distribution**）：西藏（XZ）

其他文献（**Reference**）：Wu, 2001a.

（107f）君主绢蝶东拉萨亚种 *Parnassius imperator karmapus* Weiss *et* Michel, 1989

Weiss *et* Michel, 1989: 15.

分布（**Distribution**）：西藏（XZ）

其他文献（**Reference**）：Wu, 2001a.

（107g）君主绢蝶西宁亚种 *Parnassius imperator musagetus* Grum-Grshimailo, 1891

Grum-Grshimailo, 1891: 446.

分布（**Distribution**）：青海（QH）

其他文献（**Reference**）：Wu, 2001a.

（107h）君主绢蝶岷山亚种 *Parnassius imperator regina* (Bryk *et* Eisner, 1932)

Bryk *et* Eisner, 1932a: 7.

异名（**Synonym**）：

Tadumia imperator regina Bryk *et* Eisner, 1932a: 7.

分布（**Distribution**）：四川（SC）

其他文献（**Reference**）：Wu, 2001a.

（107i）君主绢蝶祁连亚种 *Parnassius imperator regulus* (Bryk *et* Eisner, 1932)

Bryk *et* Eisner, 1932a: 6.

异名（Synonym）：

Tadumia imperator regulus Bryk, 1932: 6.

分布（Distribution）：甘肃（GS）、青海（QH）

其他文献（Reference）：Wu, 2001a.

（107j）君主绢蝶大通山亚种 *Parnassius imperator rex* Bang-Haas, 1928

Bang-Haas, 1928: 60.

分布（Distribution）：青海（QH）

其他文献（Reference）：Wu, 2001a.

（107k）君主绢蝶玉龙亚种 *Parnassius imperator takashi* Ohya, 1990

Ohya, 1990: 72.

分布（Distribution）：云南（YN）

其他文献（Reference）：Wu, 2001a.

（108）夏梦绢蝶 *Parnassius jacquemontii* Boisduval, 1836

Boisduval, 1836: 400.

异名（Synonym）：

Parnassius rikihiroi Kawasaki, 1995: 9.

分布（Distribution）：甘肃（GS）、青海（QH）、新疆（XJ）、四川（SC）、西藏（XZ）；乌兹别克斯坦、塔吉克斯坦、阿富汗、巴基斯坦、印度（北部）

其他文献（Reference）：Ackery, 1975; Wu, 2001a.

（108a）夏梦绢蝶甘肃亚种 *Parnassius jacquemontii jupiterius* Bang-Haas, 1933

Bang-Haas, 1933: 262.

分布（Distribution）：四川（SC）

其他文献（Reference）：Wu, 2001a.

（108b）夏梦绢蝶青海亚种 *Parnassius jacquemontii mercurius* Grum-Grshimailo, 1891

Grum-Grshimailo, 1891: 445.

分布（Distribution）：青海（QH）、西藏（XZ）

其他文献（Reference）：Wu, 2001a.

（108c）夏梦绢蝶新疆亚种 *Parnassius jacquemontii tatungi* Bryk *et* Eisner, 1935

Bryk *et* Eisner, 1935: 94.

分布（Distribution）：青海（QH）、新疆（XJ）

其他文献（Reference）：Wu, 2001a.

（108d）夏梦绢蝶西藏亚种 *Parnassius jacquemontii thibetanus* Leech, 1893

Leech, 1893: 296.

分布（Distribution）：青海（QH）、西藏（XZ）

其他文献（Reference）：Wu, 2001a.

（109）蜡贝绢蝶 *Parnassius labeyriei* Weiss *et* Michel, 1989

Weiss *et* Michel, 1989: 7.

分布（Distribution）：青海（QH）、新疆（XJ）、西藏（XZ）

其他文献（Reference）：Wu, 2001a.

（109a）蜡贝绢蝶唐古拉亚种 *Parnassius labeyriei giacomazzoi* Weiss, 1991

Weiss, 1991: 9.

分布（Distribution）：青海（QH）、西藏（XZ）

其他文献（Reference）：Wu, 2001a.

（109b）蜡贝绢蝶鄂拉亚种 *Parnassius labeyriei kiyotakai* Sugiyama, 1992

Sugiyama, 1992: 2.

分布（Distribution）：青海（QH）

其他文献（Reference）：Wu, 2001a.

（109c）蜡贝绢蝶指名亚种 *Parnassius labeyriei labeyriei* Weiss *et* Michel, 1989

Weiss *et* Michel, 1989: 7.

分布（Distribution）：西藏（XZ）

其他文献（Reference）：Wu, 2001a.

（109d）蜡贝绢蝶察隅亚种 *Parnassius labeyriei nosei* Watanabe, 1990

Watanabe, 1990: 2.

分布（Distribution）：西藏（XZ）

其他文献（Reference）：Wu, 2001a.

（110）孔雀绢蝶 *Parnassius loxias* Püngeler, 1901

Püngeler, 1901: 178.

分布（Distribution）：新疆（XJ）；吉尔吉斯斯坦

其他文献（Reference）：Ackery, 1975; Bryk, 1935; Eisner, 1966; Wu, 2001a.

（110a）孔雀绢蝶指名亚种 *Parnassius loxias loxias* Püngeler, 1901

Püngeler, 1901: 178.

分布（Distribution）：新疆（XJ）

其他文献（Reference）：Wu, 2001a.

（110b）孔雀绢蝶昆仑亚种 *Parnassius loxias raskemensis* Avinoff, 1916

Avinoff, 1916: 359.

分布（Distribution）：新疆（XJ）

其他文献（Reference）：Wu, 2001a.

（111）马哈绢蝶 *Parnassius maharajus* Avinoff, 1916

Avinoff, 1916: 353.

分布（Distribution）：青海（QH）、新疆（XJ）、西藏（XZ）；克什米尔地区

其他文献（Reference）：Bryk, 1922; Hering, 1932; Wu, 2001a.

（112）觅梦绢蝶 *Parnassius mnemosyne* (Linnaeus, 1758)

Linnaeus, 1758: 465.

异名（Synonym）：

Papilio mnemosyne Linnaeus, 1758: 465.

分布（Distribution）：新疆（XJ）；土耳其、叙利亚、黎巴嫩、伊朗、乌兹别克斯坦、哈萨克斯坦；欧洲

其他文献（Reference）：Bryk, 1935; Ackery, 1975; Wu, 2001a.

（113）小红珠绢蝶 *Parnassius nomion* Fischer *et* Waldheim, 1823

Fischer *et* Waldheim, 1823: 242.

异名（Synonym）：

Papilio apollo var. *nomion* Geyer, [1838]: pl. 207, fig. 1029.

别名（Common name）：草地绢蝶，红珠绢蝶

分布（Distribution）：黑龙江（HL）、吉林（JL）、北京（BJ）、甘肃（GS）、青海（QH）、新疆（XJ）、四川（SC）；俄罗斯、哈萨克斯坦、朝鲜、美国（阿拉斯加州）

其他文献（Reference）：Geyer, 1838; Bryk, 1935; Eisner, 1966; Wu, 2001a.

（113a）小红珠绢蝶青海亚种 *Parnassius nomion gabrieli* Bryk, 1934

Bryk, 1934: 28.

分布（Distribution）：青海（QH）

其他文献（Reference）：Wu, 2001a.

（113b）小红珠绢蝶东北亚种 *Parnassius nomion mandschuriae* Oberthür, 1891

Oberthür, 1891b: 2.

分布（Distribution）：黑龙江（HL）、吉林（JL）、辽宁（LN）、山西（SX）

其他文献（Reference）：Wu, 2001a.

（113c）小红珠绢蝶岷山亚种 *Parnassius nomion minschani* Bryk *et* Eisner, 1932

Bryk *et* Eisner, 1932b: 26.

分布（Distribution）：四川（SC）

其他文献（Reference）：Wu, 2001a.

（113d）小红珠绢蝶西宁亚种 *Parnassius nomion nomius* Grum-Grshimailo, 1891

Grum-Grshimailo, 1891: 445.

分布（Distribution）：青海（QH）

其他文献（Reference）：Wu, 2001a.

（113e）小红珠绢蝶北京亚种 *Parnassius nomion oberthurianus* Bollow, 1929

Bollow, 1929: 72.

分布（Distribution）：北京（BJ）

其他文献（Reference）：Wu, 2001a.

（113f）小红珠绢蝶甘北亚种 *Parnassius nomion richthofeni* Bang-Haas, 1927

Bang-Haas, 1927: 42.

异名（Synonym）：

Parnassius nomion epaphoides Bryk *et* Eisner, 1938: 23.

分布（Distribution）：甘肃（GS）

其他文献（Reference）：Bryk *et* Eisner, 1938; Wu, 2001a.

（113g）小红珠绢蝶山西亚种 *Parnassius nomion shansiensis* Eisner, 1955

Eisner, 1955: 204.

分布（Distribution）：山西（SX）

其他文献（Reference）：Wu, 2001a.

（113h）小红珠绢蝶甘南亚种 *Parnassius nomion theagenes* Fruhstorfer, 1904

Fruhstorfer, 1904b: 308.

分布（Distribution）：甘肃（GS）

其他文献（Reference）：Wu, 2001a.

（113i）小红珠绢蝶秦岭亚种 *Parnassius nomion tsinlingensis* Bryk *et* Eisner, 1932

Bryk *et* Eisner, 1932b: 26.

分布（Distribution）：陕西（SN）、甘肃（GS）

其他文献（Reference）：Wu, 2001a.

（114）珍珠绢蝶 *Parnassius orleans* Oberthür, 1890

Oberthür, 1890: 1.

别名（Common name）：小红珠绢蝶

分布（Distribution）：内蒙古（NM）、北京（BJ）、陕西（SN）、甘肃（GS）、青海（QH）、新疆（XJ）、四川（SC）、云南（YN）、西藏（XZ）

其他文献（Reference）：Oberthür, 1891b; Bryk, 1935; Ackery, 1975; Wu, 2001a.

（115）福布绢蝶 *Parnassius phoebus* (Fabricius, 1793)

Fabricius, 1793: 181.

异名（Synonym）：

Papilio phoebus Fabricius, 1793: 181.

分布（Distribution）：新疆（XJ）；意大利、匈牙利、瑞士、哈萨克斯坦、俄罗斯、蒙古国；北美洲

其他文献（Reference）：Bryk, 1935; Eisner, 1966; Wu, 2001a.

（115a）福布绢蝶幸福亚种 *Parnassius phoebus fortuna* Bang-Haas, 1912

Bang-Haas, 1912: 103.

分布（Distribution）：新疆（XJ）

其他文献（Reference）：Wu, 2001a.

（116）普氏绢蝶 *Parnassius przewalskii* Alpheraky, 1887

Alpheraky, 1887: 403.

分布（Distribution）：青海（QH）、新疆（XJ）、四川（SC）、西藏（XZ）

其他文献（Reference）：Wu, 2001a.

（116a）普氏绢蝶昆仑亚种 *Parnassius przewalskii liae* Huang *et* Murayama, 1989

Huang *et* Murayama, 1989: 31.

分布（Distribution）：新疆（XJ）

其他文献（Reference）：Wu, 2001a.

（116b）普氏绢蝶指名亚种 *Parnassius przewalskii przewalskii* Alpheraky, 1887

Alpheraky, 1887: 403.

分布（Distribution）：西藏（XZ）

其他文献（Reference）：Wu, 2001a.

（116c）普氏绢蝶鄂陵亚种 *Parnassius przewalskii yvonne* (Eisner, 1959)

Eisner, 1959: 171.

异名（Synonym）：

Tadumia yvonne Eisner, 1959: 171.

分布（Distribution）：青海（QH）

其他文献（Reference）：Wu, 2001a.

（117）师古绢蝶 *Parnassius schulteri* Weiss *et* Michel, 1989

Weiss *et* Michel, 1989: 5.

分布（Distribution）：西藏（XZ）

其他文献（Reference）：Wu, 2001a.

（118）西猴绢蝶 *Parnassius simo* Gray, [1853]

Gray, [1853] 1852: 76.

分布（Distribution）：甘肃（GS）、青海（QH）、新疆（XJ）、四川（SC）、西藏（XZ）；克什米尔地区

其他文献（Reference）：Ackery, 1975; Chou, 1994; Bryk, 1935; Wu, 2001a.

（118a）西猴绢蝶拉萨亚种 *Parnassius simo acconus* Fruhstorfer, 1903

Fruhstorfer, 1903c: 149.

异名（Synonym）：

Parnassius przewalskii acconus Fruhstorfer, 1903c: 149.

分布（Distribution）：西藏（XZ）

其他文献（Reference）：Bridges, 1988; Wu, 2001a.

（118b）西猴绢蝶赛图拉亚种 *Parnassius simo colosseus* Bang-Haas, 1935

Bang-Haas, 1935: 112.

分布（Distribution）：新疆（XJ）

其他文献（Reference）：Wu, 2001a.

（118c）西猴绢蝶喜马亚种 *Parnassius simo hingstoni* (Bryk, 1932)

Bryk, 1932: 31.

异名（Synonym）：

Tadumia simo hingstoni Bryk, 1932: 31.

分布（Distribution）：西藏（XZ）

其他文献（Reference）：Wu, 2001a.

（118d）西猴绢蝶鄂陵亚种 *Parnassius simo kozlowyi* Verity, 1911

Verity, 1911: pl. 17, fig. 34.

异名（Synonym）：

Parnassius simo kunlunensis Weiss, 1991: 16.

分布（Distribution）：青海（QH）

其他文献（Reference）：Wu, 2001a.

（118e）西猴绢蝶巴塘亚种 *Parnassius simo lenzeni* (Bryk, 1943)

Bryk, 1943: 31.

异名（Synonym）：

Tadumia simo lenzeni Bryk, 1943: 31.

分布（Distribution）：四川（SC）

其他文献（Reference）：Wu, 2001a.

（118f）西猴绢蝶巴颜亚种 *Parnassius simo lise* (Eisner, 1959)

Eisner, 1959: 180.

异名（Synonym）：

Tadumia simo lise Eisner, 1959: 180.

分布（Distribution）：青海（QH）

其他文献（Reference）：Wu, 2001a.

（118g）西猴绢蝶鄂拉亚种 *Parnassius simo norikae* Ohya, 1988

Ohya, 1988: 22.

分布（Distribution）：青海（QH）

其他文献（Reference）：Wu, 2001a.

（118h）西猴绢蝶阿尔金山亚种 *Parnassius simo simplicatus* Stichel, 1907

Stichel, 1907: 43.

分布（Distribution）：新疆（XJ）

其他文献（Reference）：Wu, 2001a.

（119）西陲绢蝶 *Parnassius staudingeri* Bang-Haas, 1882

Bang-Haas, 1882: 163.

异名（Synonym）：

Parnassius delphius staudingeri Bang-Haas, 1882: 163.

分布（Distribution）：新疆（XJ）；塔吉克斯坦、乌兹别克

斯坦、吉尔吉斯斯坦、巴基斯坦、阿富汗、印度

其他文献（**Reference**）：Bridges, 1988; Wu, 2001a.

（119a）西陲绢蝶克拉昆仑亚种 *Parnassius staudingeri mustagata* Rose, 1990

Rose, 1990: 152.

分布（**Distribution**）：新疆（XJ）

其他文献（**Reference**）：Wu, 2001a.

（120）白绢蝶 *Parnassius stubbendorfii* Ménétriés, 1849

Ménétriés, 1849: 273.

别名（**Common name**）：灰毛白绢蝶

分布（**Distribution**）：黑龙江（HL）、辽宁（LN）、甘肃（GS）、青海（QH）、四川（SC）、西藏（XZ）；俄罗斯、蒙古国、朝鲜、日本

其他文献（**Reference**）：Bryk, 1935; Ackery, 1975; Wu, 2001a.

（121）四川绢蝶 *Parnassius szechenyii* Frivaldszky, 1886

Frivaldszky, 1886: 39.

分布（**Distribution**）：甘肃（GS）、青海（QH）、四川（SC）、云南（YN）、西藏（XZ）

其他文献（**Reference**）：Ackery, 1975; Bryk, 1935; Wu, 2001a.

（121a）四川绢蝶岷山亚种 *Parnassius szechenyii arnoldianus* (Bang-Haas, 1938)

Bang-Haas, 1938b: 57.

异名（**Synonym**）：

Koramius arnoldianus Bang-Haas, 1938b: 57.

分布（**Distribution**）：四川（SC）

其他文献（**Reference**）：Wu, 2001a.

（121b）四川绢蝶天峻亚种 *Parnassius szechenyii evacaki* Schulte, 1992

Schulte, 1992: 172.

分布（**Distribution**）：青海（QH）

其他文献（**Reference**）：Wu, 2001a.

（121c）四川绢蝶祁连亚种 *Parnassius szechenyii frivaldszkyi* Bang-Haas, 1928

Bang-Haas, 1928: 60.

分布（**Distribution**）：青海（QH）

其他文献（**Reference**）：Wu, 2001a.

（121d）四川绢蝶康定亚种 *Parnassius szechenyii germanae* Austaut, 1906

Austaut, 1906: 66.

异名（**Synonym**）：

Parnassius szechenyii germainae Bang-Haas, 1928: 60.

分布（**Distribution**）：四川（SC）、云南（YN）

其他文献（**Reference**）：Bang-Haas, 1928; Wu, 2001a.

（121e）四川绢蝶都兰亚种 *Parnassius szechenyii lethe* Bryk *et* Eisner, 1931

Bryk *et* Eisner, 1931: 7.

分布（**Distribution**）：青海（QH）

其他文献（**Reference**）：Wu, 2001a.

（121f）四川绢蝶指名亚种 *Parnassius szechenyii szechenyii* Frivaldszky, 1886

Frivaldszky, 1886: 39.

分布（**Distribution**）：甘肃（GS）、青海（QH）

其他文献（**Reference**）：Wu, 2001a.

（122）微点绢蝶 *Parnassius tenedius* Eversmann, 1851

Eversmann, 1851: 621.

分布（**Distribution**）：吉林（JL）、内蒙古（NM）；俄罗斯、蒙古国

其他文献（**Reference**）：Ackery, 1975; Bryk, 1935; Eisner, 1966; Wu, 2001a.

（122a）微点绢蝶东北亚种 *Parnassius tenedius sceptica* (Bryk *et* Eisner, 1932)

Bryk *et* Eisner, 1932b: 22.

异名（**Synonym**）：

Tadumia tenedius sceptica Bryk *et* Eisner, 1932b: 22.

分布（**Distribution**）：吉林（JL）

其他文献（**Reference**）：Wu, 2001a.

（123）天山绢蝶 *Parnassius tianschanicus* Oberthür, 1879

Oberthür, 1879b: 108.

异名（**Synonym**）：

Doritis actius Eversmann, 1843: 540.

分布（**Distribution**）：甘肃（GS）、新疆（XJ）、四川（SC）、西藏（XZ）；哈萨克斯坦、乌兹别克斯坦、吉尔吉斯斯坦、塔吉克斯坦、阿富汗、巴基斯坦

其他文献（**Reference**）：Eversmann, 1843; Bryk, 1935; Ackery, 1975; Wu, 2001a.

（123a）天山绢蝶中亚亚种 *Parnassius tianschanicus actius* (Eversmann, 1843)

Eversmann, 1843: 540.

异名（**Synonym**）：

Doritis actius Eversmann, 1843: 540.

分布（**Distribution**）：甘肃（GS）、四川（SC）、西藏（XZ）

其他文献（**Reference**）：Wu, 2001a.

（123b）天山绢蝶中疆亚种 *Parnassius tianschanicus erebus* Verity, 1907

Verity, 1907: 321.

分布（**Distribution**）：新疆（XJ）

其他文献（Reference）：Wu, 2001a.

（123c）天山绢蝶和田亚种 *Parnassius tianschanicus fujiokai* **Ohya, 1986**

Ohya, 1986: 5.

分布（Distribution）：新疆（XJ）

其他文献（Reference）：Wu, 2001a.

（123d）天山绢蝶西疆亚种 *Parnassius tianschanicus minor* **Staudinger, 1881**

Staudinger, 1881: 275.

分布（Distribution）：新疆（XJ）

其他文献（Reference）：Wu, 2001a.

（123e）天山绢蝶指名亚种 *Parnassius tianschanicus tianschanicus* **Oberthür, 1879**

Oberthür, 1879b: 108.

分布（Distribution）：新疆（XJ）

其他文献（Reference）：Wu, 2001a.

3. 锯凤蝶亚科 Zerynthiinae Grote, 1899

Grote, 1899: 17.

19）尾凤蝶属 *Bhutanitis* Atkinson, 1873

Atkinson, 1873: 571.

异名（Synonym）：

Armandia Blanchard, 1871: 809;

Yunnanopapilio Hiura, 1980: 71.

（124）多尾凤蝶 *Bhutanitis lidderdalii* **Atkinson, 1873**

Atkinson, 1873: 571.

别名（Common name）：褐凤蝶，丽褐绢蝶

分布（Distribution）：四川（SC）、云南（YN）；印度、缅甸、不丹、泰国

其他文献（Reference）：Doherty, 1891; Wu, 2001a.

（125）不丹尾凤蝶 *Bhutanitis ludlowi* **Gabriel, 1942**

Gabriel, 1942: 189.

别名（Common name）：不丹褐凤蝶

分布（Distribution）：云南（YN）；不丹

其他文献（Reference）：Wu, 2001a.

（126）二尾凤蝶 *Bhutanitis mansfieldi* **(Riley, 1939)**

Riley, 1939: 207.

异名（Synonym）：

Armandia mansfieldi Riley, 1939: 207.

别名（Common name）：二尾褐凤蝶，二尾褐绢蝶，双尾褐凤蝶，云南褐凤蝶

分布（Distribution）：四川（SC）、云南（YN）

其他文献（Reference）：Hiura, 1980; Chou, 1992; Lee *et* Zhu, 1992; Wu, 2001a.

（126a）二尾凤蝶指名亚种 *Bhutanitis mansfieldi mansfieldi* **(Riley, 1939)**

Riley, 1939: 207.

异名（Synonym）：

Armandia mansfieldi Riley, 1939: 207.

分布（Distribution）：云南（YN）

（126b）二尾凤蝶丽斑亚种 *Bhutanitis mansfieldi pulchristriata* **Saigusa *et* Lee, 1982**

Saigusa *et* Lee, 1982: 2.

别名（Common name）：丽斑褐凤蝶，丽斑尾凤蝶

分布（Distribution）：四川（SC）

其他文献（Reference）：Chou, 1992; Wu, 2001a.

（127）玄裳尾凤蝶 *Bhutanitis nigrilima* **Chou, 1992**

Chou, 1992: 50.

别名（Common name）：玄裳褐凤蝶

分布（Distribution）：四川（SC）

其他文献（Reference）：Wu, 2001a.

（128）三尾凤蝶 *Bhutanitis thaidina* **(Blanchard, 1871)**

Blanchard, 1871: 809.

异名（Synonym）：

Armandia thaidina Blanchard, 1871: 809.

别名（Common name）：三尾褐凤蝶，三尾褐绢蝶，中华褐凤蝶

分布（Distribution）：陕西（SN）、甘肃（GS）、四川（SC）、云南（YN）、西藏（XZ）

其他文献（Reference）：Bryk, 1934; Lee *et* Zhu, 1992; Wu, 2001a.

（128a）三尾凤蝶东川亚种 *Bhutanitis thaidina dongchuanensis* **Lee, 1985**

Lee, 1985: 191.

分布（Distribution）：云南（YN）

其他文献（Reference）：Wu, 2001a.

（128b）三尾凤蝶指名亚种 *Bhutanitis thaidina thaidina* **Blanchard, 1871**

Blanchard, 1871: 809.

分布（Distribution）：陕西（SN）、四川（SC）、西藏（XZ）

其他文献（Reference）：Wu, 2001a.

（129）玉龙尾凤蝶 *Bhutanitis yulongensis* **Chou, 1992**

Chou, 1992: 50.

别名（Common name）：玉龙褐凤蝶

分布（Distribution）：云南（YN）

其他文献（Reference）：Wu, 2001a.

20）虎凤蝶属 *Luehdorfia* Cruger, 1878

Cruger, 1878: 128.

（130）中华虎凤蝶 *Luehdorfia chinensis* Leech, 1893

Leech, 1893: 490.

别名（**Common name**）：虎凤蝶，中华虎绢蝶

分布（**Distribution**）：山西（SX）、河南（HEN）、陕西（SN）、江苏（JS）、浙江（ZJ）、湖南（HN）、湖北（HB）

其他文献（**Reference**）：Wu, 2001a.

（130a）中华虎凤蝶指名亚种 *Luehdorfia chinensis chinensis* Leech, 1893

Leech, 1893: 490.

分布（**Distribution**）：山西（SX）、江苏（JS）、浙江（ZJ）、湖南（HN）、湖北（HB）

其他文献（**Reference**）：Wu, 2001a.

（130b）中华虎凤蝶华山亚种 *Luehdorfia chinensis huashanensis* Lee, 1982

Lee, 1982: 107.

异名（**Synonym**）：

Luehdorfia chinensis leei Chou, 1994: 189.

分布（**Distribution**）：河南（HEN）、陕西（SN）

其他文献（**Reference**）：Chou, 1994; Wu, 2001a.

（131）长尾虎凤蝶 *Luehdorfia longicaudata* Lee, 1982

Lee, 1982: 107.

异名（**Synonym**）：

Luehdorfia taibai Chou, 1994: 190.

别名（**Common name**）：太白虎凤蝶

分布（**Distribution**）：陕西（SN）、湖北（HB）、四川（SC）

其他文献（**Reference**）：Chou, 1994; Wu, 2001a.

（132）虎凤蝶 *Luehdorfia puziloi* (Erschoff, 1872)

Erschoff, 1872: 315.

异名（**Synonym**）：

Thais puzilo Erschoff, 1872: 315;

Luehdorfia eximia Cruger, 1878: 128.

别名（**Common name**）：乌苏里虎凤蝶

分布（**Distribution**）：黑龙江（HL）、吉林（JL）、辽宁（LN）；俄罗斯、韩国、日本等地

其他文献（**Reference**）：Cruger, 1878; Bryk, 1934; Wu, 2001a.

（132a）虎凤蝶临江亚种 *Luehdorfia puziloi linjiangensis* Lee, 1982

Lee, 1982: 107.

分布（**Distribution**）：黑龙江（HL）、吉林（JL）、辽宁（LN）

其他文献（**Reference**）：Wu, 2001a.

21）丝带凤蝶属 *Sericinus* Westwood, 1851

Westwood, 1851: 173.

（133）丝带凤蝶 *Sericinus montelus* Gray, [1853]

Gray, [1853] 1852: 78.

异名（**Synonym**）：

Papilio telamon Donovan, 1798: pl. 27, fig. 1.

别名（**Common name**）：马兜铃凤蝶，软尾亚凤蝶

分布（**Distribution**）：黑龙江（HL）、吉林（JL）、辽宁（LN）、河北（HEB）、北京（BJ）、山西（SX）、山东（SD）、河南（HEN）、陕西（SN）、宁夏（NX）、甘肃（GS）、安徽（AH）、江苏（JS）、江西（JX）、湖南（HN）、湖北（HB）、四川（SC）、广西（GX）；苏联、韩国等地

其他文献（**Reference**）：Bryk, 1934; Eisner, 1966; Wu, 2001a.

（133a）丝带凤蝶华北型 *Sericinus montelus* f. *amurensis* (Staudinger, 1892)

Staudinger, 1892a: 130.

异名（**Synonym**）：

Papilio amurensis Staudinger, 1892a: 130.

分布（**Distribution**）：吉林（JL）、辽宁（LN）、北京（BJ）、河南（HEN）

其他文献（**Reference**）：Saigusa *et* Lee, 1982; Wu, 2001a.

（133b）丝带凤蝶南方型 *Sericinus montelus* f. *guangxiensis* Pai *et* Wang, 1998

Pai *et* Wang, 1998: 240.

分布（**Distribution**）：广西（GX）

其他文献（**Reference**）：Wu, 2001a.

（133c）丝带凤蝶华东型 *Sericinus montelus* f. *montelus* Gray, 1852

Gray, 1852: 71.

分布（**Distribution**）：山东（SD）、江苏（JS）、浙江（ZJ）

其他文献（**Reference**）：Wu, 2001a.

（133d）丝带凤蝶西方型 *Sericinus montelus* f. *telamon* Donovan, 1798

Donovan, 1798: pl. 27, fig. 1.

分布（**Distribution**）：山西（SX）、陕西（SN）、四川（SC）

其他文献（**Reference**）：Wu, 2001a.

五、粉蝶科 Pieridae Duponchel, [1835]

Duponchel, [1835] 1832-1835: 381.

1. 黄粉蝶亚科 Coliadinae Swainson, 1840

Swainson, 1840: 87.

1）迁粉蝶属 *Catopsilia* Hübner, 1819

Hübner, 1819: 98.
异名（**Synonym**）：
Murtia Hübner, 1819: 98.
其他文献（**Reference**）：Cramer, 1775; Hübner, 1810; Wu, 2010.

（1）碎斑迁粉蝶 *Catopsilia florella* (Fabricius, 1775)

Fabricius, 1775: 479.
异名（**Synonym**）：
Papilio florella Fabricius, 1775: 479.
分布（**Distribution**）：云南（YN）、广东（GD）、广西（GX）、海南（HI）；印度、斯里兰卡、缅甸；非洲
其他文献（**Reference**）：Talbot, 1949; Wu, 2010.

（2）迁粉蝶 *Catopsilia pomona* (Fabricius, 1775)

Fabricius, 1775: 479.
异名（**Synonym**）：
Papilio pomona Fabricius, 1775: 479.
别名（**Common name**）：铁刀木粉蝶
分布（**Distribution**）：吉林（JL）、云南（YN）、福建（FJ）、台湾（TW）、广东（GD）、广西（GX）、海南（HI）；印度、斯里兰卡、不丹、尼泊尔、印度尼西亚、泰国、巴布亚新几内亚、澳大利亚
其他文献（**Reference**）：Chou, 1994; Wu, 2010.

（2a）迁粉蝶指名亚种 *Catopsilia pomona pomona* (Fabricius, 1775)

Fabricius, 1775: 479.
分布（**Distribution**）：吉林（JL）、云南（YN）、福建（FJ）、台湾（TW）、广东（GD）、广西（GX）、海南（HI）
其他文献（**Reference**）：Wu, 2010.

（3）梨花迁粉蝶 *Catopsilia pyranthe* (Linnaeus, 1758)

Linnaeus, 1758: 469.
异名（**Synonym**）：
Papilio pyranthe Linnaeus, 1758: 469;
Mancipium minna Hübner, 1810: pl. 144.
分布（**Distribution**）：江苏（JS）、江西（JX）、四川（SC）、贵州（GZ）、西藏（XZ）、福建（FJ）、台湾（TW）、广东（GD）、广西（GX）、海南（HI）；巴基斯坦、阿富汗、尼泊尔、印度（锡金）、不丹、孟加拉国、缅甸（北部）、泰国、菲律宾、澳大利亚（东北部）
其他文献（**Reference**）：Wu, 2010.

（3a）梨花迁粉蝶海南亚种 *Catopsilia pyranthe chryseis* (Drury, 1773)

Drury, 1773: pl. 12.
异名（**Synonym**）：
Papilio pyranthe chryseis Drury, 1773: pl. 12.
分布（**Distribution**）：海南（HI）
其他文献（**Reference**）：Chou, 1994; Wu, 2010.

（3b）梨花迁粉蝶指名亚种 *Catopsilia pyranthe pyranthe* (Linnaeus, 1758)

Linnaeus, 1758: 469.
异名（**Synonym**）：
Papilio pyranthe pyranthe Linnaeus, 1758: 469.
分布（**Distribution**）：江苏（JS）、江西（JX）、四川（SC）、贵州（GZ）、西藏（XZ）、福建（FJ）、台湾（TW）、广东（GD）、广西（GX）；巴基斯坦、阿富汗、尼泊尔、印度（锡金）、不丹、孟加拉国、缅甸（北部）、泰国、菲律宾、澳大利亚（东北部）
其他文献（**Reference**）：Chou, 1994; Wu, 2010.

（4）镉黄迁粉蝶 *Catopsilia scylla* (Linnaeus, 1763)

Linnaeus, 1763: 20, 404.
异名（**Synonym**）：
Papilio scylla Linnaeus, 1763: 404.
别名（**Common name**）：铁刀木粉蝶
分布（**Distribution**）：云南（YN）、福建（FJ）、台湾（TW）、广东（GD）、海南（HI）、香港（HK）；印度、缅甸、泰国、柬埔寨、马来西亚、印度尼西亚、菲律宾、澳大利亚
其他文献（**Reference**）：Chou, 1994; Wu, 2010.

2）豆粉蝶属 *Colias* Fabricius, 1807

Fabricius, 1807: 284.
异名（**Synonym**）：
Eurymus Horsfield, 1829: 134;

Eriocolias Watson, 1895: 167-168;
Coliastes Hemming, 1931: 273;
Mesocolias Petersen, 1963: 144;
Protocolias Petersen, 1963: 144.
其他文献（Reference）：Wu, 2010.

（5）阿豆粉蝶 *Colias adelaidae* Verhulst, 1991

Verhulst, 1991: 113.
异名（Synonym）：
Colias arida adelaidae Verhulst: Rose *et* Schulte, 1992: 100.
分布（Distribution）：甘肃（GS）、西藏（XZ）
其他文献（Reference）：Wu, 2010.

（5a）阿豆粉蝶指名亚种 *Colias adelaidae adelaidae* Verhulst, 1991

Verhulst, 1991: 113.
分布（Distribution）：甘肃（GS）
其他文献（Reference）：Wu, 2010.

（5b）阿豆粉蝶西藏亚种 *Colias adelaidae karmalana* Grieshuber, 1999

Grieshuber, 1999a: 43-47.
分布（Distribution）：西藏（XZ）
其他文献（Reference）：Wu, 2010.

（6）洱豆粉蝶 *Colias aegidii* Verhulst, 1990

Verhulst, 1990: 42.
分布（Distribution）：甘肃（GS）、青海（QH）
其他文献（Reference）：Wu, 2010.

（7）红黑豆粉蝶 *Colias arida* Alpheraky, 1889

Alpheraky, 1889b: 76.
分布（Distribution）：甘肃（GS）、青海（QH）、新疆（XJ）
其他文献（Reference）：Wu, 2010.

（7a）红黑豆粉蝶指名亚种 *Colias arida arida* Alpheraky, 1889

Alpheraky, 1889b: 76.
分布（Distribution）：新疆（XJ）
其他文献（Reference）：Wu, 2010.

（7b）红黑豆粉蝶青海亚种 *Colias arida cakana* Rose *et* Schulte, 1992

Rose *et* Schulte, 1992: 102-103.
分布（Distribution）：青海（QH）
其他文献（Reference）：Wu, 2010.

（7c）红黑豆粉蝶祁连亚种 *Colias arida muetingi* Rose *et* Schulte, 1992

Rose *et* Schulte, 1992: 98-99.
分布（Distribution）：甘肃（GS）

其他文献（Reference）：Wu, 2010.

（8）玉色豆粉蝶 *Colias berylla* Fawcett, 1904

Fawcett, 1904: 139.
分布（Distribution）：西藏（XZ）；印度（锡金）、尼泊尔、不丹
其他文献（Reference）：Wu, 2010.

（8a）玉色豆粉蝶藏南亚种 *Colias berylla bergeriana* Verhulst, 1992

Verhulst, 1992: 327-330.
分布（Distribution）：西藏（XZ）
其他文献（Reference）：Wu, 2010.

（8b）玉色豆粉蝶指名亚种 *Colias berylla berylla* Fawcett, 1904

Fawcett, 1904: 139.
异名（Synonym）：
Colias berylla pulchra Verity, 1911: 351.
分布（Distribution）：西藏（XZ）；印度（锡金）、尼泊尔、不丹
其他文献（Reference）：Wu, 2010.

（9）镏金豆粉蝶 *Colias chrysotheme* (Esper, 1777)

Esper, 1777: 89-90.
异名（Synonym）：
Papilio chrysotheme Esper, 1777: 89-90.
分布（Distribution）：黑龙江（HL）、吉林（JL）、内蒙古（NM）、新疆（XJ）；哈萨克斯坦、俄罗斯、蒙古国
其他文献（Reference）：Chou, 1994; Wu, 2010.

（9a）镏金豆粉蝶东北亚种 *Colias chrysotheme audre* Hemming, 1933

Hemming, 1933: 277.
异名（Synonym）：
Colias chrysotheme sibirica Grum-Grshimailo, 1893: 380.
分布（Distribution）：黑龙江（HL）、吉林（JL）、内蒙古（NM）、新疆（XJ）；俄罗斯（西伯利亚）、蒙古国
其他文献（Reference）：Wu, 2010.

（10）小豆粉蝶 *Colias cocandica* Erschoff, 1874

Erschoff, 1874: 6.
分布（Distribution）：新疆（XJ）；阿富汗、突厥斯坦、塔吉克斯坦
其他文献（Reference）：Wu, 2010.

（10a）小豆粉蝶天山亚种 *Colias cocandica maja* Grum-Grshimailo, 1891

Grum-Grshimailo, 1891: 447.
分布（Distribution）：新疆（XJ）
其他文献（Reference）：Wu, 2010.

（10b）小豆粉蝶昆仑亚种 *Colias cocandica tatarica* **Bang-Haas, 1915**

Bang-Haas, 1915b: 98-99.

分布（**Distribution**）：新疆（XJ）

其他文献（**Reference**）：Wu, 2010.

（11）女神豆粉蝶 *Colias diva* **Grum-Grshimailo, 1891**

Grum-Grshimailo, 1891: 449.

异名（**Synonym**）：

Colias aurora vespera Bang-Haas, 1927: 44;

Colias aurora thia Bang-Haas, 1934: 109;

Colias eleonorae Maux, 1998: 122.

分布（**Distribution**）：甘肃（GS）、青海（QH）、四川（SC）

其他文献（**Reference**）：Wu, 2010.

（12）杜比豆粉蝶 *Colias dubia* **Elwes, 1906**

Elwes, 1906: 481.

异名（**Synonym**）：

Colias eogene var. *dubia* Elwes: Verity, 1909-1911: 247, 346;

Eurymus dubia (Elwes): Swinhoe, 1909: 167.

分布（**Distribution**）：西藏（XZ）；印度（锡金）

其他文献（**Reference**）：Wu, 2010.

（13）曙红豆粉蝶 *Colias eogene* **Felder *et* Felder, [1865]**

Felder C *et* Felder R, [1865]: 196.

分布（**Distribution**）：新疆（XJ）、西藏（XZ）；克什米尔地区、阿富汗、巴基斯坦、蒙古国、吉尔吉斯斯坦、塔吉克斯坦

其他文献（**Reference**）：Wu, 2010.

（13a）曙红豆粉蝶指名亚种 *Colias eogene eogene* **Felder *et* Felder, 1865**

Felder C *et* Felder R, 1865-1875: 196.

分布（**Distribution**）：西藏（XZ）；克什米尔地区

其他文献（**Reference**）：Wu, 2010.

（13b）曙红豆粉蝶新疆亚种 *Colias eogene erythas* **Grum-Grshimailo, 1890**

Grum-Grshimailo, 1890: 332.

分布（**Distribution**）：新疆（XJ）；塔吉克斯坦、阿富汗、巴基斯坦（西部）

其他文献（**Reference**）：Wu, 2010.

（14）斑缘豆粉蝶 *Colias erate* **(Esper, [1803])**

Esper, [1803]: pl. 119, fig. 3.

异名（**Synonym**）：

Papilio erate Esper, [1803]: pl. 119, fig. 3.

别名（**Common name**）：黄纹粉蝶

分布（**Distribution**）：新疆（XJ）、西藏（XZ）；东欧

其他文献（**Reference**）：Chou, 1994; Wu, 2010.

（14a）斑缘豆粉蝶指名亚种 *Colias erate erate* **(Esper, 1803)**

Esper, 1803: pl. 119, fig. 3.

异名（**Synonym**）：

Papilio erate Esper, 1803: pl. 119, fig. 3.

分布（**Distribution**）：新疆（XJ）、西藏（XZ）

其他文献（**Reference**）：Chou, 1994; Wu, 2010.

（15）黄芪豆粉蝶 *Colias erschoffi* **Alpheraky, 1881**

Alpheraky, 1881: 362-365.

分布（**Distribution**）：新疆（XJ）；哈萨克斯坦

其他文献（**Reference**）：Wu, 2010.

（16）菲儿豆粉蝶 *Colias felderi* **Grum-Grshimailo, 1891**

Grum-Grshimailo, 1891: 448.

分布（**Distribution**）：青海（QH）

其他文献（**Reference**）：Wu, 2010.

（17）橙黄豆粉蝶 *Colias fieldii* **Ménétriés, 1855**

Ménétriés, 1855a: 79.

异名（**Synonym**）：

Colias electo (nec. Linnaeus): Lee, 1982: 134.

别名（**Common name**）：橙色豆粉蝶

分布（**Distribution**）：黑龙江（HL）、北京（BJ）、山西（SX）、山东（SD）、陕西（SN）、甘肃（GS）、青海（QH）、湖南（HN）、湖北（HB）、四川（SC）、贵州（GZ）、云南（YN）、西藏（XZ）、广西（GX）；印度（北部）、尼泊尔、不丹、巴基斯坦、缅甸

其他文献（**Reference**）：Wu, 2010.

（17a）橙黄豆粉蝶中华亚种 *Colias fieldii chinensis* **Verity, 1909**

Verity, 1909: 266.

分布（**Distribution**）：黑龙江（HL）、北京（BJ）、山西（SX）、山东（SD）、陕西（SN）、甘肃（GS）、青海（QH）、湖南（HN）、湖北（HB）、四川（SC）、贵州（GZ）、云南（YN）、西藏（XZ）、广西（GX）

其他文献（**Reference**）：Wu, 2010.

（17b）橙黄豆粉蝶指名亚种 *Colias fieldii fieldii* **Ménétriés, 1855**

Ménétriés, 1855a: 79.

分布（**Distribution**）：西藏（XZ）

其他文献（**Reference**）：Wu, 2010.

（18）格鲁豆粉蝶 *Colias grumi* **Alpheraky, 1897**

Alpheraky, 1897c: 233.

分布（**Distribution**）：青海（QH）、新疆（XJ）

其他文献（**Reference**）：Wu, 2010.

（18a）格鲁豆粉蝶新疆亚种 *Colias grumi aljinshana* **Huang *et* Murayama, 1992**

Huang *et* Murayama, 1992: 5.

异名（**Synonym**）：

Colias alpherakyi aljinshana Huang *et* Murayama, 1992: 5.

分布（**Distribution**）：新疆（XJ）

其他文献（**Reference**）：Verhulst, 1995b; Hoshiai, 1996; Wu, 2010.

（18b）格鲁豆粉蝶昆仑亚种 *Colias grumi burchana* **Mracek *et* Schulte, 1991**

Mracek *et* Schulte, 1991: 163.

分布（**Distribution**）：青海（QH）

其他文献（**Reference**）：Wu, 2010.

（18c）格鲁豆粉蝶乌兰亚种 *Colias grumi dvoraki* **Kocman, 1994**

Kocman, 1994: 397.

分布（**Distribution**）：青海（QH）

其他文献（**Reference**）：Wu, 2010.

（18d）格鲁豆粉蝶指名亚种 *Colias grumi grumi* **Alpheraky, 1897**

Alpheraky, 1897c: 233.

分布（**Distribution**）：青海（QH）

其他文献（**Reference**）：Wu, 2010.

（19）黎明豆粉蝶 *Colias heos* **(Herbst, 1792)**

Herbst, 1792: 213-214.

异名（**Synonym**）：

Colias aurora Esper, 1783: 161;

Papilio heos Herbst, 1792: 213-214.

别名（**Common name**）：曙光豆粉蝶

分布（**Distribution**）：黑龙江（HL）、吉林（JL）、辽宁（LN）、内蒙古（NM）、河北（HEB）、北京（BJ）、陕西（SN）、宁夏（NX）、甘肃（GS）、四川（SC）；朝鲜、蒙古国、俄罗斯（西伯利亚）

其他文献（**Reference**）：Chou, 1994; Wu, 2010.

（20）豆粉蝶 *Colias hyale* **(Linnaeus, 1758)**

Linnaeus, 1758: 469.

异名（**Synonym**）：

Papilio hyale Linnaeus, 1758: 469.

分布（**Distribution**）：甘肃（GS）、青海（QH）、新疆（XJ）；俄罗斯；欧洲（中部和南部）

其他文献（**Reference**）：Chou, 1994; Wu, 2010.

（20a）豆粉蝶指名亚种 *Colias hyale hyale* **(Linnaeus, 1758)**

Linnaeus, 1758: 469.

异名（**Synonym**）：

Papilio hyale Linnaeus, 1758: 469.

分布（**Distribution**）：新疆（XJ）；俄罗斯；欧洲（中部和南部）

其他文献（**Reference**）：Chou, 1994; Wu, 2010.

（20b）豆粉蝶新华亚种 *Colias hyale novasinensis* **Ressinger, 1989**

Ressinger, 1989: 199.

分布（**Distribution**）：甘肃（GS）、青海（QH）

其他文献（**Reference**）：Wu, 2010.

（21）拉豆粉蝶 *Colias lada* **Grum-Grshimailo, 1891**

Grum-Grshimailo, 1891: 447.

分布（**Distribution**）：甘肃（GS）、青海（QH）

其他文献（**Reference**）：Wu, 2010.

（22）金豆粉蝶 *Colias ladakensis* **Felder *et* Felder, 1865**

Felder C *et* Felder R, 1865-1875: 197.

异名（**Synonym**）：

Colias shipkee Moore, 1865: 492;

Colias ladakensis f. *flava* Riley, 1926: 277;

Colias ladakensis seitzi Bollow, 1930: 119.

分布（**Distribution**）：西藏（XZ）；克什米尔地区、尼泊尔

其他文献（**Reference**）：Wu, 2010.

（23）山豆粉蝶 *Colias montium* **Oberthür, 1886**

Oberthür, 1886: 16.

分布（**Distribution**）：甘肃（GS）、青海（QH）、四川（SC）、西藏（XZ）

其他文献（**Reference**）：Wu, 2010.

（23a）山豆粉蝶青海亚种 *Colias montium fasciata* **Kocman, 1999**

Kocman, 1999: 55.

分布（**Distribution**）：青海（QH）

其他文献（**Reference**）：Wu, 2010.

（23b）山豆粉蝶指名亚种 *Colias montium montium* **Oberthür, 1886**

Oberthür, 1886: 16.

分布（**Distribution**）：甘肃（GS）、青海（QH）、四川（SC）、西藏（XZ）

其他文献（**Reference**）：Wu, 2010.

（24）霭豆粉蝶 *Colias nebulosa* **Oberthür, 1894**

Oberthür, 1894: 8.

分布（**Distribution**）：甘肃（GS）、青海（QH）、四川（SC）、西藏（XZ）

其他文献（**Reference**）：Wu, 2010.

（24a）鬻豆粉蝶藏南亚种 *Colias nebulosa karoensis* Hoshiai *et* Rose, 1998

Hoshiai *et* Rose, 1998: 58-59.

分布（Distribution）：西藏（XZ）

其他文献（Reference）：Wu, 2010.

（24b）鬻豆粉蝶指名亚种 *Colias nebulosa nebulosa* Oberthür, 1894

Oberthür, 1894: 8.

分布（Distribution）：甘肃（GS）、四川（SC）

其他文献（Reference）：Verhulst, 1991; Wu, 2010.

（24c）鬻豆粉蝶青海亚种 *Colias nebulosa niveata* Bang-Haas, 1927

Bang-Haas, 1927: 110.

异名（Synonym）：

Colias nebulosa f. *niveata* Verity, 1909: 228.

分布（Distribution）：青海（QH）

其他文献（Reference）：Wu, 2010.

（24d）鬻豆粉蝶藏东亚种 *Colias nebulosa pugo* Evans, 1924

Evans, 1924: 927.

异名（Synonym）：

Colias cocandica irma f. *pugo* Evans, 1924: 927.

分布（Distribution）：西藏（XZ）

其他文献（Reference）：Verhulst, 1991; Wu, 2010.

（24e）鬻豆粉蝶祁连亚种 *Colias nebulosa richthofeni* Bang-Haas, 1927

Bang-Haas, 1927: 42, 110.

异名（Synonym）：

Colias cocandica richthofeni Bang-Haas: D'Abrera, 1990: 87.

分布（Distribution）：甘肃（GS）、青海（QH）

其他文献（Reference）：Verhulst, 1991; Wu, 2010.

（24f）鬻豆粉蝶松潘亚种 *Colias nebulosa sungpani* Bang-Haas, 1927

Bang-Haas, 1927: 109.

异名（Synonym）：

Colias cocandica sungpani Bang-Haas, 1927: 109.

分布（Distribution）：四川（SC）

其他文献（Reference）：Verhulst, 1991; Wu, 2010.

（25）尼娜豆粉蝶 *Colias nina* Fawcett, 1904

Fawcett, 1904: 139.

异名（Synonym）：

Colias ladakensis nina Fawcett: Chou, 1994: 223.

别名（Common name）：金豆粉蝶四川亚种

分布（Distribution）：四川（SC）、西藏（XZ）；印度（锡金）

其他文献（Reference）：Wu, 2010.

（25a）尼娜豆粉蝶藏南亚种 *Colias nina hingstoni* Riley, 1923

Riley, 1923: 480.

分布（Distribution）：西藏（XZ）

其他文献（Reference）：Wu, 2010.

（25b）尼娜豆粉蝶指名亚种 *Colias nina nina* Fawcett, 1904

Fawcett, 1904: 139.

分布（Distribution）：四川（SC）、西藏（XZ）；印度（锡金）

其他文献（Reference）：Wu, 2010.

（25c）尼娜豆粉蝶藏中亚种 *Colias nina tsurpuana* Grieshuber, 1996

Grieshuber, 1996: 557-558.

分布（Distribution）：西藏（XZ）

其他文献（Reference）：Wu, 2010.

（26）黑缘豆粉蝶 *Colias palaeno* (Linnaeus, 1761)

Linnaeus, 1761: 272.

异名（Synonym）：

Papilio palaeno Linnaeus, 1761: 272.

别名（Common name）：黑边青豆粉蝶

分布（Distribution）：黑龙江（HL）、吉林（JL）、内蒙古（NM）；蒙古国、日本、朝鲜；欧洲、北美洲

其他文献（Reference）：Lee *et* Zhu, 1992; Chou, 1994; Wu, 2010.

（26a）黑缘豆粉蝶兴安亚种 *Colias palaeno nekkana* Matsumura, 1939

Matsumura, 1939: 348-349.

分布（Distribution）：黑龙江（HL）、内蒙古（NM）

其他文献（Reference）：Wu, 2010.

（26b）黑缘豆粉蝶东方亚种 *Colias palaeno orientalis* Staudinger, 1892

Staudinger, 1892b: 311.

分布（Distribution）：黑龙江（HL）、吉林（JL）、内蒙古（NM）；俄罗斯

其他文献（Reference）：Wu, 2010.

（27）东亚豆粉蝶 *Colias poliographus* Motschulsky, 1860

Motschulsky, 1860: 29.

别名（Common name）：斑缘豆粉蝶东亚亚种

分布（Distribution）：黑龙江（HL）、吉林（JL）、辽宁（LN）、内蒙古（NM）、北京（BJ）、山西（SX）、河南（HEN）、

陕西（SN）、宁夏（NX）、甘肃（GS）、青海（QH）、新疆（XJ）、江苏（JS）、浙江（ZJ）、江西（JX）、湖南（HN）、湖北（HB）、四川（SC）、贵州（GZ）、云南（YN）、西藏（XZ）、福建（FJ）、台湾（TW）、海南（HI）；日本、俄罗斯

其他文献（Reference）：Wu, 2010.

（27a）东亚豆粉蝶台湾亚种 *Colias poliographus formosana* Shirôzu, 1955

Shirôzu, 1955: 229.

异名（Synonym）：

Colias erate formosana Shirôzu *In*: Chou, 1994: 218.

分布（Distribution）：台湾（TW）

其他文献（Reference）：Wu, 2010.

（27b）东亚豆粉蝶指名亚种 *Colias poliographus poliographus* Motschulsky, 1860

Motschulsky, 1860: 29.

分布（Distribution）：黑龙江（HL）、吉林（JL）、辽宁（LN）、内蒙古（NM）、北京（BJ）、山西（SX）、河南（HEN）、陕西（SN）、宁夏（NX）、甘肃（GS）、青海（QH）、新疆（XJ）、江苏（JS）、浙江（ZJ）、江西（JX）、湖南（HN）、湖北（HB）、四川（SC）、贵州（GZ）、西藏（XZ）、福建（FJ）、海南（HI）；日本、俄罗斯

其他文献（Reference）：Wu, 2010.

（27c）东亚豆粉蝶中华亚种 *Colias poliographus sinensis* Verity, 1911

Verity, 1911: 349.

异名（Synonym）：

Colias erate sinensis Verity: Chou, 1994: 218.

分布（Distribution）：云南（YN）

其他文献（Reference）：Wu, 2010.

（28）西梵豆粉蝶 *Colias sieversi* Grum-Grshimailo, 1887

Grum-Grshimailo, 1887: 397.

分布（Distribution）：新疆（XJ）；塔吉克斯坦

其他文献（Reference）：Wu, 2010.

（29）西番豆粉蝶 *Colias sifanica* Grum-Grshimailo, 1891

Grum-Grshimailo, 1891: 447.

分布（Distribution）：甘肃（GS）、青海（QH）、新疆（XJ）；塔吉克斯坦

其他文献（Reference）：Wu, 2010.

（29a）西番豆粉蝶祁连亚种 *Colias sifanica herculeana* Bollow, 1932

Bollow, 1932: 109.

分布（Distribution）：甘肃（GS）

其他文献（Reference）：Wu, 2010.

（29b）西番豆粉蝶指名亚种 *Colias sifanica sifanica* Grum-Grshimailo, 1891

Grum-Grshimailo, 1891: 447.

异名（Synonym）：

Colias sifanica qinghaiensis Chou *et al.*, 2001: 39.

分布（Distribution）：甘肃（GS）、青海（QH）

其他文献（Reference）：Wu, 2010.

（30）浅橙豆粉蝶 *Colias staudingeri* Alpheraky, 1881

Alpheraky, 1881: 368.

分布（Distribution）：新疆（XJ）；吉尔吉斯斯坦

其他文献（Reference）：Wu, 2010.

（31）斯托豆粉蝶 *Colias stoliczkana* Moore, 1878

Moore, 1878a: 229.

异名（Synonym）：

Colias stoliczkana miranda Fruhstrofer, 1903: 148;

Colias eogene var. *stoliczkana* Moore: Verity, 1909: 247; Röber, 1907: 67;

Eurymus stoliczkana (Moore): Swinhoe, 1909: 166;

Colias stoliczkana cathleenae Epstein, 1979: 90.

分布（Distribution）：西藏（XZ）；印度（锡金）、克什米尔地区、尼泊尔

其他文献（Reference）：Wu, 2010.

（32）新疆豆粉蝶 *Colias tamerlana* Staudinger, 1897

Staudinger, 1897: 152.

异名（Synonym）：

Colias cocandica tamerlana Staudinger: Chou, 1994: 223.

别名（Common name）：小豆粉蝶新疆亚种

分布（Distribution）：新疆（XJ）；蒙古国

其他文献（Reference）：Wu, 2010.

（33）砂豆粉蝶 *Colias thisoa* Ménétriés, 1832

Ménétriés, 1832: 244.

分布（Distribution）：新疆（XJ）；乌兹别克斯坦、哈萨克斯坦、俄罗斯（西伯利亚）、吉尔吉斯斯坦、塔吉克斯坦、土耳其、伊朗

其他文献（Reference）：Wu, 2010.

（33a）砂豆粉蝶阿尔泰亚种 *Colias thisoa aeolides* Grum-Grshimailo, 1890

Grum-Grshimailo, 1890: 436.

异名（Synonym）：

Colias thisoa urumtsiensis Verity, 1911: 252.

分布（Distribution）：新疆（XJ），阿尔泰山脉

其他文献（Reference）：Wu, 2010.

（34）勇豆粉蝶 *Colias thrasibulus* Fruhstorfer, 1910

Fruhstorfer, 1910: 165.

异名（Synonym）：

Colias nastes leechi Elwes, 1898: 466;

Colias cocandica elwesi Röber, 1907: 63;

Colias cocandica thrasibulus Fruhstorfer: Talbot, 1949: 547;
Bang-Haas, 1927: 41;

Colias elwesi Röber: Lee, 1982: 134; Verity, 1909: 164.

分布（**Distribution**）：西藏（XZ）；印度（北部）

其他文献（**Reference**）：Hoshiai, 1996; Wu, 2010.

（34a）勇豆粉蝶指名亚种 *Colias thrasibulus thrasibulus* Fruhstorfer, 1910

Fruhstorfer, 1910: 165.

异名（**Synonym**）：

Colias elwesi Röber: Lee, 1982: 134;

Colias thrasibulus subsp.: Hoshiai, 1996: 212.

分布（**Distribution**）：西藏（XZ）；拉达克山脉（印度段）

其他文献（**Reference**）：Wu, 2010.

（34b）勇豆粉蝶印度亚种 *Colias thrasibulus zanskarensis* Hoshiai, 1996

Hoshiai, 1996: 212-216.

分布（**Distribution**）：西藏（XZ）；拉达克山脉（印度段）

其他文献（**Reference**）：Wu, 2010.

（35）西藏豆粉蝶 *Colias tibetana* Riley, 1922

Riley, 1922: 465.

异名（**Synonym**）：

Colias cocandica tibetana Riley, 1922: 465.

分布（**Distribution**）：西藏（XZ）；尼泊尔

其他文献（**Reference**）：Verhulst, 1996c; Wu, 2010.

（36）兴安豆粉蝶 *Colias tyche* Boeber, 1812

Boeber, 1812: 21.

异名（**Synonym**）：

Colias chloe Eversmann, 1847: 73;

Colias melinos Eversmann, 1847: 72.

分布（**Distribution**）：黑龙江（HL）、内蒙古（NM）；蒙古国、俄罗斯（西伯利亚）；欧洲（北部）

其他文献（**Reference**）：Wu, 2010.

（36a）兴安豆粉蝶指名亚种 *Colias tyche tyche* Boeber, 1812

Boeber, 1812: 21.

异名（**Synonym**）：

Colias tyche magna Rühl, 1893: 153;

Colias tyche vitimensis Austaut, 1899: 284;

Colias tyche herzi Staudinger, 1901, *In*: staudinger *et* Rebel, 1901: 16;

Colias tyche deckerti Verity, 1909: 236;

Colias tyche chryseis Verity, 1911: 354;

Colias tyche montana Verity, 1911: 354;

Colias tyche ludmilla Hemming, 1933: 278;

Colias tyche f. *jeholensis* Matsumura, 1939: 348;

Colias tyche relicta Kurentzov, 1970: 64.

分布（**Distribution**）：黑龙江（HL）、内蒙古（NM）；蒙古国、俄罗斯（西伯利亚东南部）

其他文献（**Reference**）：Grieshuber, 1998a; Wu, 2010.

（37）北黎豆粉蝶 *Colias viluiensis* Ménétriés, 1859

Ménétriés, 1859a: 18.

分布（**Distribution**）：内蒙古（NM）；俄罗斯、蒙古国

其他文献（**Reference**）：Wu, 2010.

（37a）北黎豆粉蝶蒙古亚种 *Colias viluiensis chilkana* Austaut, 1898

Austaut, 1898: 202.

异名（**Synonym**）：

Colias viluiensis dahurica Austaut, 1899: 284.

分布（**Distribution**）：内蒙古（NM）；蒙古国、俄罗斯（东部）

其他文献（**Reference**）：Wu, 2010.

（38）万达豆粉蝶 *Colias wanda* Grum-Grshimailo, 1893

Grum-Grshimailo, 1893: 383.

异名（**Synonym**）：

Colias arida wanda Grum-Grshimailo, 1893: 383.

别名（**Common name**）：红黑豆粉蝶甘肃亚种

分布（**Distribution**）：甘肃（GS）、青海（QH）、新疆（XJ）、西藏（XZ）

其他文献（**Reference**）：Wu, 2010.

（38a）万达豆粉蝶祁连亚种 *Colias wanda baeckeri* Kotzsch, 1930

Kotzsch, 1930: 236-237.

异名（**Synonym**）：

Colias arida baeckeri Kotzsch, 1930: 236-237;

Colias baeckeri Kotzsch: Verhulst, 1994c: 587.

分布（**Distribution**）：甘肃（GS）、青海（QH）

其他文献（**Reference**）：Wu, 2010.

（38b）万达豆粉蝶青海亚种 *Colias wanda paskoi* Kocman, 1999

Kocman, 1999: 56-57.

异名（**Synonym**）：

Colias baeckeri paskoi Kocman, 1999: 56-57.

分布（**Distribution**）：青海（QH）、海南（HI）

其他文献（**Reference**）：Grieshuber *et al*., 2001; Wu, 2010.

（38c）万达豆粉蝶指名亚种 *Colias wanda wanda* Grum-Grshimailo, 1893

Grum-Grshimailo, 1893: 383.

分布（**Distribution**）：青海（QH）、西藏（XZ）

其他文献（**Reference**）：Grieshuber *et al*., 2001; Wu, 2010.

（38d）万达豆粉蝶新疆亚种 *Colias wanda yangguifei*
(Huang et Murayama, 1992)

Huang et Murayama, 1992: 4.

异名（**Synonym**）：

Colias chrysotheme yangguifei Huang et Murayama, 1992: 4.

分布（**Distribution**）：新疆（XJ）

其他文献（**Reference**）：Grieshuber, 2002; Wu, 2010.

（39）韦斯豆粉蝶 *Colias wiskotti* **Staudinger, 1882**

Staudinger, 1882: 166.

分布（**Distribution**）：新疆（XJ）；乌兹别克斯坦、土耳其等地

3）方粉蝶属 *Dercas* Doubleday, 1847

Doubleday, 1847: 70.

其他文献（**Reference**）：Wu, 2010.

（40）黑角方粉蝶 *Dercas lycorias* **(Doubleday, 1842)**

Doubleday, 1842: 77-78.

异名（**Synonym**）：

Rhodocera lycorias Doubleday, 1842: 77-78.

分布（**Distribution**）：陕西（SN）、浙江（ZJ）、湖北（HB）、四川（SC）、贵州（GZ）、云南（YN）、西藏（XZ）、福建（FJ）、广西（GX）；印度、尼泊尔

其他文献（**Reference**）：Chou, 1994; Wu, 2010.

（40a）黑角方粉蝶广西亚种 *Dercas lycorias difformis*
de Nicéville, 1898

de Nicéville, 1898: 483.

异名（**Synonym**）：

Dercas enara Swinhoe, 1899: 107.

分布（**Distribution**）：陕西（SN）、甘肃（GS）、浙江（ZJ）、湖北（HB）、四川（SC）、贵州（GZ）、云南（YN）、西藏（XZ）、福建（FJ）、广西（GX）

其他文献（**Reference**）：Wu, 2010.

（41）橙翅方粉蝶 *Dercas nina* **Mell, 1913**

Mell, 1913: 194.

分布（**Distribution**）：浙江（ZJ）、广东（GD）、广西（GX）

其他文献（**Reference**）：Wu, 2010.

（41a）橙翅方粉蝶原型 *Dercas nina* **f.** *nina* **Mell, 1913**

Mell, 1913: 194.

分布（**Distribution**）：浙江（ZJ）、广西（GX）

其他文献（**Reference**）：Wu, 2010.

（41b）橙翅方粉蝶广边型 *Dercas nina* **f.** *spaneyi* **Mell,
1913**

Mell, 1913: 194.

分布（**Distribution**）：广东（GD）

其他文献（**Reference**）：Wu, 2010.

（42）檀方粉蝶 *Dercas verhuelli* **(van der Hoeven, 1839)**

van der Hoeven, 1839: 341.

异名（**Synonym**）：

Colias verhuelli van der Hoeven, 1839: 341.

分布（**Distribution**）：四川（SC）、云南（YN）、福建（FJ）、广东（GD）、广西（GX）、海南（HI）、香港（HK）；巴基斯坦、印度、尼泊尔、越南、老挝、缅甸、泰国、新加坡、加里曼丹岛

其他文献（**Reference**）：Chou, 1994; Wu, 2010.

（42a）檀方粉蝶西南亚种 *Dercas verhuelli doubledayi*
Moore, 1905

Moore, 1905: 31.

分布（**Distribution**）：四川（SC）、云南（YN）、西藏（XZ）、福建（FJ）、广东（GD）、广西（GX）；印度（北部）、缅甸（南部）、泰国

其他文献（**Reference**）：Wu, 2010.

（42b）檀方粉蝶指名亚种 *Dercas verhuelli verhuelli*
(van der Hoeven, 1839)

van der Hoeven, 1839: 341.

异名（**Synonym**）：

Colias verhuelli verhuelli van der Hoeven, 1839: 341.

分布（**Distribution**）：海南（HI）、香港（HK）；越南、老挝（北部）

其他文献（**Reference**）：Chou, 1994; Wu, 2010.

4）黄粉蝶属 *Eurema* Hübner, 1819

Hübner, 1819: 96.

异名（**Synonym**）：

Abaeis Hübner, [1819]: 96;

Terias Swainson, 1821: pl. 22;

Xanthidia Boisduval et Le Conte, 1829: 48;

Heurema Agassiz, 1846: 181;

Pyrisitia Butler, 1870b: 35, 44;

Sphaenogona Butler, 1870b: 35, 44;

Maiva Grose-Smith et Kirby, 1893: 96;

Kibreeta Moore, 1906: 36;

Nirmula Moore, 1906: 40;

Kibretta Sharp, 1908: 314;

Teriocolias Röber, 1909: 89.

其他文献（**Reference**）：Yata, 1989; Chou, 1994; Wu, 2010.

（43）无标黄粉蝶 *Eurema brigitta* **(Stoll, 1780)**

Stoll, 1780: 182.

异名（**Synonym**）：

Papilio libythea Fabricius, 1798: 427;

Papilio brigitta Stoll, 1780: 182;

Maiva sulphurea Grose-Smith et Kirby, 1893: 96.

别名（**Common name**）：星黄蝶

分布（**Distribution**）：四川（SC）、贵州（GZ）、云南（YN）、台湾（TW）、广东（GD）、广西（GX）、海南（HI）、香港（HK）；日本、泰国、斯里兰卡、尼泊尔、印度、缅甸、越南、马来西亚、印度尼西亚、新几内亚岛、澳大利亚；非洲

其他文献（**Reference**）：Yata, 1989; Chou, 1994; Wu, 2010.

（43a）无标黄粉蝶海南亚种 *Eurema brigitta hainana* (Moore, 1878)

Moore, 1878c: 700.

异名（**Synonym**）：

Terias hainana Moore, 1878c: 700;

Terias libythea fruhstorferi Moore: Fruhstorfer, 1910: 166;

Terias laeta hainan Moore: Fruhstorfer, 1910: 166;

Eurema libythea formosana Matsumura, 1919b: 510;

Eurema brigitta formosana Matsumura, 1919b: 510;

Eurema dorothea Nakahara, 1922: 123;

Terias libythea f. *rubella* Wallace: Joicey *et* Talbot, 1924: 531;

Eurema libythea hainana (Moore): Corbet *et* Pendlebury, 1932: 149;

Eurema libythea fruhstorferi (Moore): Corbet *et* Pendlebury, 1932: 149;

Terias brigitta fruhstorferi Moore: Talbot, 1939: 582;

Terias brigitta hainana Moore: Talbot, 1939: 582;

Eurema brigitta fruhstorferi (Moore): Shirôzu, 1960: 57.

分布（**Distribution**）：台湾（TW）、广东（GD）、海南（HI）；日本（南部）、泰国

其他文献（**Reference**）：Shirôzu, 1953; Wu, 2010.

（43b）无标黄粉蝶西南亚种 *Eurema brigitta rubella* (Wallace, 1867)

Wallace, 1867: 323.

异名（**Synonym**）：

Papilio libythea Fabricius, 1798: 427;

Terias rubella Wallace, 1867: 323;

Terias brigitta rubella Wallace: Talbot, 1939: 582;

Maiva yunnana Mell, 1943: 126.

别名（**Common name**）：无标黄粉蝶香港亚种，无标黄粉蝶云南亚种

分布（**Distribution**）：四川（SC）、贵州（GZ）、云南（YN）、广西（GX）、香港（HK）；斯里兰卡、尼泊尔、印度、缅甸

其他文献（**Reference**）：Shirôzu, 1955; Yata, 1989; Wu, 2010.

（44）尖角黄粉蝶 *Eurema laeta* (Boisduval, 1836)

Boisduval, 1836: 674.

异名（**Synonym**）：

Terias laeta Boisduval, 1836: 674;

Terias venata Moore, 1857: 65;

Nirmula laeta Moore, 1906: 44.

别名（**Common name**）：草黄粉蝶，端黑黄蝶，方角小黄蝶，角翅黄粉蝶

分布（**Distribution**）：黑龙江（HL）、辽宁（LN）、山西（SX）、山东（SD）、河南（HEN）、陕西（SN）、江苏（JS）、浙江（ZJ）、江西（JX）、湖北（HB）、四川（SC）、贵州（GZ）、云南（YN）、福建（FJ）、台湾（TW）、广东（GD）、海南（HI）、香港（HK）；日本、朝鲜、印度、斯里兰卡、尼泊尔、不丹、孟加拉国、泰国、越南、老挝、柬埔寨、缅甸、菲律宾、马来西亚、印度尼西亚、澳大利亚

其他文献（**Reference**）：Yata, 1989; Chou, 1994; Wu, 2010.

（44a）尖角黄粉蝶东亚亚种 *Eurema laeta betheseba* (Janson, 1878)

Janson, 1878: 272.

异名（**Synonym**）：

Terias vagans Wallace: Pryer, 1877: 52;

Terias betheseba Janson, 1878: 272;

Terias subfervens Butler, 1883: 278;

Terias biformis Pryer, 1888: 185;

Terias laeta betheseba Janson: Fruhstorfer, 1910: 166;

Eurema laeta var. *unicolor* Matsumura, 1919b: 726;

Eurema laeta var. *nohirae* Matsumura, 1919b: 726.

分布（**Distribution**）：黑龙江（HL）、辽宁（LN）、山西（SX）、山东（SD）、河南（HEN）、江苏（JS）、浙江（ZJ）、江西（JX）、湖北（HB）、福建（FJ）、广东（GD）、广西（GX）；日本、朝鲜

其他文献（**Reference**）：Yata, 1989; Inomata, 1990; Wu, 2010.

（44b）尖角黄粉蝶台湾亚种 *Eurema laeta punctissima* (Matsumura, 1909)

Matsumura, 1909a: 88.

异名（**Synonym**）：

Terias punctissima Matsumura, 1909a: 88;

Eurema libythea var. *punctissima* (Matsumura): Matsumura, 1919b: 510.

分布（**Distribution**）：台湾（TW）、海南（HI）、香港（HK）

其他文献（**Reference**）：Shirôzu, 1960; Yata, 1989; Chou, 1994; Wu, 2010.

（44c）尖角黄粉蝶锡金亚种 *Eurema laeta sikkima* (Moore, 1906)

Moore, 1906: 43.

异名（**Synonym**）：

Nirmula sikkima Moore, 1906: 43;

Terias venata sikkimica (sic) (Moore): Fruhstorfer, 1910: 166;

Terias laeta sikkima (Moore): Evans, 1932: 77;

Terias herla sikkima (Moore): Talbot, 1935: 590.

分布（**Distribution**）：四川（SC）、贵州（GZ）、云南（YN）；印度、不丹、尼泊尔、缅甸

其他文献（Reference）：Corbet *et* Pendlebury, 1992; Chou, 1994; Wu, 2010.

（45）么妹黄粉蝶 *Eurema ada* (Distant *et* Pryer, 1887)

Distant *et* Pryer, 1887: 271.

异名（Synonym）：

Terias ada Distant *et* Pryer, 1887: 271;

Terias toba de Nicéville, 1895: 496.

分布（Distribution）：云南（YN）、海南（HI）；印度、泰国、缅甸、越南、马来西亚、印度尼西亚、菲律宾

其他文献（Reference）：Yata, 1991; Wu, 2010.

（45a）么妹黄粉蝶东南亚亚种 *Eurema ada indosinica* Yata, 1991

Yata, 1991: 15.

异名（Synonym）：

Eurema ada choui Gu *In*: Chou, 1994: 226.

别名（Common name）：么妹黄粉蝶周氏亚种

分布（Distribution）：云南（YN）、海南（HI）；泰国、缅甸、越南

其他文献（Reference）：Wu, 2010.

（46）安里黄粉蝶 *Eurema alitha* (Felder *et* Felder, 1862)

Felder *et* Felder, 1862: 289.

异名（Synonym）：

Terias alitha Felder *et* Felder, 1862: 289.

分布（Distribution）：台湾（TW）；菲律宾、印度尼西亚、马来西亚、新几内亚岛、澳大利亚（北部）

其他文献（Reference）：Yata, 1995; Wu, 2010.

（46a）安里黄粉蝶台湾亚种 *Eurema alitha esakii* (Shirôzu, 1953)

Shirôzu, 1953: 152.

异名（Synonym）：

Eurema andersoni godana (nec. Fruhstorfer): Esaki, 1932: 140;

Eurema esakii Shirôzu, 1953: 152; Chou, 1994: 226.

别名（Common name）：黑缘黄蝶，江崎黄粉蝶，台湾黄粉蝶

分布（Distribution）：台湾（TW）

其他文献（Reference）：Morishita, 1973; Wu, 2010.

（47）安迪黄粉蝶 *Eurema andersoni* (Moore, 1886)

Moore, 1886b: 47.

异名（Synonym）：

Terias andersoni Moore, 1886b: 47.

分布（Distribution）：北京（BJ）、河南（HEN）、江苏（JS）、浙江（ZJ）、江西（JX）、湖北（HB）、四川（SC）、贵州（GZ）、云南（YN）、福建（FJ）、台湾（TW）、广东（GD）、广西（GX）、海南（HI）；印度、缅甸、泰国、越南、印度尼西亚、马来西亚

其他文献（Reference）：Corbet *et* Pendlebury, 1932; Yata, 1991; Chou, 1994; Wu, 2010.

（47a）安迪黄粉蝶中国亚种 *Eurema andersoni godana* (Fruhstorfer, 1910)

Fruhstorfer, 1910: 169.

异名（Synonym）：

Terias andersoni godana Fruhstorfer, 1910: 169.

别名（Common name）：安迪黄粉蝶台湾亚种

分布（Distribution）：北京（BJ）、河南（HEN）、江苏（JS）、浙江（ZJ）、江西（JX）、湖北（HB）、四川（SC）、贵州（GZ）、云南（YN）、福建（FJ）、台湾（TW）、广东（GD）、广西（GX）、海南（HI）

其他文献（Reference）：Yata, 1991; Chou, 1994; Wu, 2010.

（48）檗黄粉蝶 *Eurema blanda* (Boisduval, 1836)

Boisduval, 1836: 627.

异名（Synonym）：

Terias blanda Boisduval, 1836: 627.

别名（Common name）：格郎央小黄粉蝶

分布（Distribution）：湖南（HN）、云南（YN）、西藏（XZ）、福建（FJ）、台湾（TW）、广东（GD）、广西（GX）、香港（HK）；印度、斯里兰卡、菲律宾、马来西亚、越南、印度尼西亚

其他文献（Reference）：Chou, 1994; Yata, 1994; Wu, 2010.

（48a）檗黄粉蝶台湾亚种 *Eurema blanda arsakia* (Fruhstorfer, 1910)

Fruhstorfer, 1910: 168.

异名（Synonym）：

Terias blanda arsakia Fruhstorfer, 1910: 168;

Terias blanda dry f. *aphaia* Fruhstorfer, 1910: 169;

Terias blanda hobsoni (nec. Butler): Talbot, 1924: 533.

分布（Distribution）：台湾（TW）；日本

其他文献（Reference）：Corbet *et* Pendlebury, 1992; Chou, 1994; Yata, 1994; Wu, 2010.

（48b）檗黄粉蝶指名亚种 *Eurema blanda blanda* (Boisduval, 1836)

Boisduval, 1836: 672.

异名（Synonym）：

Eurema blanda snelleni (Moore): Chou, 1994: 225; Corbet *et* Pendlebury, 1932: 169;

Terias blanda Boisduval, 1836: 672;

Terias blanda snelleni Moore, 1907: 78.

分布（Distribution）：云南（YN）、西藏（XZ）、广西（GX）；马来西亚、印度尼西亚

其他文献（Reference）：Yata, 1994; Wu, 2010.

（48c）檗黄粉蝶海南亚种 *Eurema blanda hylama* Corbet *et* Pendlebury, 1932

Corbet *et* Pendlebury, 1932: 171.

分布（**Distribution**）：海南（HI）

其他文献（**Reference**）：Chou, 1994; Yata, 1994; Wu, 2010.

（48d）檗黄粉蝶华南亚种 *Eurema blanda rileyi* Corbet *et* Pendlebury, 1932

Corbet *et* Pendlebury, 1932: 170.

分布（**Distribution**）：湖南（HN）、广东（GD）

其他文献（**Reference**）：Chou, 1994; Wu, 2010.

（49）宽边黄粉蝶 *Eurema hecabe* (Linnaeus, 1758)

Linnaeus, 1758: 470.

异名（**Synonym**）：

Papilio hecabe Linnaeus, 1758: 470.

别名（**Common name**）：含羞黄蝶，合欢黄粉蝶，黄粉蝶，宽边小黄粉蝶，银欢粉蝶

分布（**Distribution**）：中国各省区；日本、韩国、印度、尼泊尔、阿富汗、斯里兰卡、越南（南部）、缅甸、泰国、柬埔寨、孟加拉国、菲律宾、新加坡、马来西亚、印度尼西亚、澳大利亚；非洲

其他文献（**Reference**）：Chou, 1994; Yata, 1995; Wu, 2010.

（49a）宽边黄粉蝶指名亚种 *Eurema hecabe hecabe* (Linnaeus, 1758)

Linnaeus, 1758: 470.

异名（**Synonym**）：

Eurema hecabe hobsoni (Butler): Chou, 1994: 225;

Eurema hecabe contubernalis (Moore): Chou, 1994: 225;

Terias hecabe simplex Butler: Fruhstorfer, 1910: 167;

Eurema hecabe subdecorata (Moore): Chou, 1994: 225;

Terias hecabe anemone (Felder *et* Felder): Fruhstorfer, 1910: 167;

Terias hecabe grandis f. *apicalis* Moore: Fruhstorfer, 1910: 168;

Terias hecabe nicobariensis Felder *et* Felder: Fruhstorfer, 1910: 167;

Eurema hecabe anemone (Felder *et* Felder): Chou, 1994: 225;

Terias hecabe andamana Moore: Fruhstorfer, 1910: 167;

Terias hecabe blairiana Moore: Fruhstorfer, 1910: 167;

Papilio hecabe Linnaeus, 1758: 470;

Terias hecabe anemone Felder *et* Felder, 1862: 23;

Terias hecabe subdecorata Moore, 1878c: 699;

Terias subdecorata dry f. *attenuata* Moore, 1878c: 700;

Terias hecabe hobsoni Butler, 1880: 668;

Terias hecabe contubernalis Moore, 1886b: 46;

Terias blanda acandra Fruhstorfer, 1910: 169;

Terias hecabe enganica Fruhstorfer, 1910: 167;

Terias hecabe simulata Moore, 1910: 167;

Terias hecabe hobsoni f. *paroeana* Strand, 1922: 19;

Eurema hecabe albina Huang, 1994 *In*: Chou, 1994: 225.

分布（**Distribution**）：河北（HEB）、北京（BJ）、山西（SX）、山东（SD）、河南（HEN）、陕西（SN）、甘肃（GS）、安徽（AH）、江苏（JS）、浙江（ZJ）、江西（JX）、湖南（HN）、湖北（HB）、四川（SC）、贵州（GZ）、云南（YN）、西藏（XZ）、福建（FJ）、台湾（TW）、广东（GD）、广西（GX）、海南（HI）、香港（HK）；日本、韩国、印度、尼泊尔、阿富汗、斯里兰卡、越南（南部）、缅甸、泰国、柬埔寨、孟加拉国、菲律宾、新加坡、马来西亚、印度尼西亚、澳大利亚

其他文献（**Reference**）：Yata, 1995; Wu, 2010.

（50）西藏黄粉蝶 *Eurema* sp.

Wu, 2010: 132.

分布（**Distribution**）：西藏（XZ）

5）圮粉蝶属 *Gandaca* Moore, 1896

Moore, 1896: 33.

别名（**Common name**）：圮黄粉蝶属

其他文献（**Reference**）：Wu, 2010.

（51）圮粉蝶 *Gandaca harina* (Horsfield, 1829)

Horsfield, 1829: 137.

异名（**Synonym**）：

Terias harina Horsfield, 1829: 127.

别名（**Common name**）：圮黄粉蝶，柠檬黄粉蝶

分布（**Distribution**）：四川（SC）、云南（YN）、台湾（TW）、海南（HI）；印度（锡金）、尼泊尔、缅甸、越南、泰国、菲律宾、马来西亚、新加坡

其他文献（**Reference**）：Chou, 1994; Wu, 2010.

（51a）圮粉蝶西南亚种 *Gandaca harina burmana* Moore, 1906

Moore, 1906: 34.

分布（**Distribution**）：四川（SC）、云南（YN）；缅甸、越南、泰国

其他文献（**Reference**）：Wu, 2010.

（51b）圮粉蝶海南亚种 *Gandaca harina hainana* Fruhstorfer, 1910

Fruhstorfer, 1910: 172.

分布（**Distribution**）：台湾（TW）、海南（HI）

其他文献（**Reference**）：Wu, 2010.

6）钩粉蝶属 *Gonepteryx* Leach, 1815

Leach, 1815: 127.

异名（**Synonym**）：

Rhodocera Boisduval *et* Leconte, 1830: 70;

Earina Speyer, 1839: 98;

Goniapteryx Westwood, 1840: 87;

Gonopteryx Schatz, 1886: 76;

Eugonepteryx Nekrutenko, 1968: 46;

Isogonepteryx Nekrutenko, 1968: 57.

其他文献（**Reference**）：Boisduval *et* Leconte, 1830; Nekrutenko, 1968; Wu, 2010.

（52）圆翅钩粉蝶 *Gonepteryx amintha* Blanchard, 1871

Blanchard, 1871: 810.

别名（**Common name**）：橙翅鼠李粉蝶

分布（**Distribution**）：河南（HEN）、陕西（SN）、甘肃（GS）、浙江（ZJ）、湖北（HB）、四川（SC）、贵州（GZ）、云南（YN）、西藏（XZ）、福建（FJ）、台湾（TW）、海南（HI）；朝鲜、俄罗斯（远东地区）

其他文献（**Reference**）：Wu, 2010.

（52a）圆翅钩粉蝶指名亚种 *Gonepteryx amintha amintha* Blanchard, 1871

Blanchard, 1871: 810.

分布（**Distribution**）：河南（HEN）、陕西（SN）、甘肃（GS）、浙江（ZJ）、湖北（HB）、四川（SC）、贵州（GZ）

其他文献（**Reference**）：Chou, 1994; Wu, 2010.

（52b）圆翅钩粉蝶台湾亚种 *Gonepteryx amintha formosana* Fruhstorfer, 1908

Fruhstorfer, 1908a: 102.

异名（**Synonym**）：

Gonepteryx amintha meiyuanus Murayama *et* Shimonoya, 1962: 89.

分布（**Distribution**）：台湾（TW）

其他文献（**Reference**）：Wu, 2010.

（52c）圆翅钩粉蝶华南亚种 *Gonepteryx amintha limonia* Mell, 1943

Mell, 1943: 116.

分布（**Distribution**）：福建（FJ）、广西（GX）、海南（HI）

其他文献（**Reference**）：Wu, 2010.

（52d）圆翅钩粉蝶云南亚种 *Gonepteryx amintha murayamae* Nekrutenko, 1973

Nekrutenko, 1973: 235.

分布（**Distribution**）：云南（YN）

其他文献（**Reference**）：Wu, 2010.

（52e）圆翅钩粉蝶西藏亚种 *Gonepteryx amintha thibetana* Nekrutenko, 1968

Nekrutenko, 1968: 77.

分布（**Distribution**）：西藏（XZ）

其他文献（**Reference**）：Wu, 2010.

（53）淡色钩粉蝶 *Gonepteryx aspasia* Ménétriés, 1859

Ménétriés, 1859b: 213.

异名（**Synonym**）：

Gonepteryx mahaguru aspasia Ménétriés, 1859b: 213; Chou, 1994: 227.

分布（**Distribution**）：黑龙江（HL）、吉林（JL）、辽宁（LN）、内蒙古（NM）、河北（HEB）、北京（BJ）、山西（SX）、河南（HEN）、陕西（SN）、甘肃（GS）、青海（QH）、新疆（XJ）、江苏（JS）、浙江（ZJ）、湖北（HB）、四川（SC）、云南（YN）、西藏（XZ）、福建（FJ）；朝鲜、日本、俄罗斯（远东地区）

其他文献（**Reference**）：Kudrna, 1975; Wu, 2010.

（53a）淡色钩粉蝶东南亚种 *Gonepteryx aspasia acuminata* Felder *et* Felder, 1862

Felder *et* Felder, 1862: 23.

异名（**Synonym**）：

Gonepteryx mahaguru acuminata Felder *et* Felder, 1862: 23.

分布（**Distribution**）：河南（HEN）、江苏（JS）、浙江（ZJ）、湖北（HB）、福建（FJ）

其他文献（**Reference**）：Kudrna, 1975; Lee *et* Zhu, 1992; Wu, 2010.

（53b）淡色钩粉蝶西南亚种 *Gonepteryx aspasia alvinda* (Blanchard, 1871)

Blanchard, 1871: 810.

异名（**Synonym**）：

Rhodocera alvinda Blanchard, 1871: 810.

分布（**Distribution**）：青海（QH）、四川（SC）、云南（YN）

其他文献（**Reference**）：Kudrna, 1975; Wu, 2010.

（53c）淡色钩粉蝶指名亚种 *Gonepteryx aspasia aspasia* Ménétriés, 1859

Ménétriés, 1859b: 213.

异名（**Synonym**）：

Gonepteryx mahaguru aspasia Ménétriés, 1859b: 213.

分布（**Distribution**）：黑龙江（HL）、吉林（JL）、辽宁（LN）、内蒙古（NM）、河北（HEB）、北京（BJ）、山西（SX）；俄罗斯（远东地区）

其他文献（**Reference**）：Kudrna, 1975; Wu, 2010.

（53d）淡色钩粉蝶甘肃亚种 *Gonepteryx aspasia kansuensis* Murayama, 1965

Murayama, 1965: 60.

异名（**Synonym**）：

Gonepteryx mahaguru kansuensis Murayama, 1965: 60.

分布（**Distribution**）：陕西（SN）、宁夏（NX）、甘肃（GS）、新疆（XJ）

其他文献（**Reference**）：Kudrna, 1975; Wu, 2010.

（54）尖钩粉蝶 *Gonepteryx mahaguru* (Gistel, 1857)

Gistel, 1857: 60.

异名（**Synonym**）：

Rhodovera mahaguru Gistel, 1857: 60.

分布（**Distribution**）：西藏（XZ）；印度（北部）、尼泊尔、缅甸（北部）

其他文献（**Reference**）：Kudrna, 1975; Wu, 2010.

（54a）尖钩粉蝶指名亚种 *Gonepteryx mahaguru mahaguru* (Gistel, 1857)

Gistel, 1857: 60.

异名（**Synonym**）：

Rhodovera mahaguru Gistel, 1857: 60;

Gonepteryx zaneka Moore, 1865: 493.

分布（**Distribution**）：西藏（XZ）；印度（北部）、尼泊尔

其他文献（**Reference**）：Kudrna, 1975; Wu, 2010.

（55）大钩粉蝶 *Gonepteryx maxima* Butler, 1885

Butler, 1885c: 407.

分布（**Distribution**）：黑龙江（HL）、辽宁（LN）、北京（BJ）、陕西（SN）、江苏（JS）、湖南（HN）、湖北（HB）、四川（SC）、贵州（GZ）、云南（YN）、广西（GX）；日本、韩国、俄罗斯（远东地区）

其他文献（**Reference**）：Wu, 2010.

（55a）大钩粉蝶东北亚种 *Gonepteryx maxima amurensis* (Graeser, 1888)

Graeser, 1888: 69-70.

异名（**Synonym**）：

Rhodocera rhamni amurensis Graeser, 1888: 69-70.

分布（**Distribution**）：黑龙江（HL）、辽宁（LN）、北京（BJ）；朝鲜、俄罗斯（远东地区）

其他文献（**Reference**）：Kudrna, 1975; Wu, 2010.

（55b）大钩粉蝶巨型亚种 *Gonepteryx maxima major* Verity, 1909

Verity, 1909: 280.

异名（**Synonym**）：

Gonepteryx aspasia acuminata f. *major* Verity, 1909: 280;

Gonepteryx rhamni concolor: Chou, 1994: 229.

分布（**Distribution**）：陕西（SN）、江苏（JS）、湖南（HN）、湖北（HB）、四川（SC）、贵州（GZ）、云南（YN）、广西（GX）

其他文献（**Reference**）：Kudrna, 1975; Lee *et* Zhu, 1992; Wu, 2010.

（56）钩粉蝶 *Gonepteryx rhamni* (Linnaeus, 1758)

Linnaeus, 1758: 470.

异名（**Synonym**）：

Papilio rhamni Linnaeus, 1758: 470.

别名（**Common name**）：钩翅粉蝶，钩翅黄蝶，鼠李粉蝶

分布（**Distribution**）：新疆（XJ）、四川（SC）、西藏（XZ）；日本、朝鲜、印度、尼泊尔；欧洲、非洲（西北部）

其他文献（**Reference**）：Chou, 1994; Wu, 2010.

（56a）钩粉蝶大陆亚种 *Gonepteryx rhamni carnipennis* Butler, 1885

Butler, 1885c: 407.

异名（**Synonym**）：

Gonepteryx rhamni nepalensis f. *chinensis* Verity, 1909: 384.

分布（**Distribution**）：四川（SC）、西藏（XZ）；尼泊尔

其他文献（**Reference**）：Kudrna, 1975; Wu, 2010.

（56b）钩粉蝶天山亚种 *Gonepteryx rhamni tianshanica* Nekrutenko, 1970

Nekrutenko, 1970: 218.

分布（**Distribution**）：新疆（XJ）

其他文献（**Reference**）：Wu, 2010.

（57）台湾钩粉蝶 *Gonepteryx taiwana* Paravicini, 1913

Paravicini, 1913: 76.

异名（**Synonym**）：

Gonepteryx mahaguru taiwanu Paravicini: Chou, 1994: 227.

分布（**Distribution**）：台湾（TW）

其他文献（**Reference**）：Wu, 2010.

2. 袖粉蝶亚科 Dismorphiinae Schatz, 1887

7）小粉蝶属 *Leptidea* Billberg, 1820

Billberg, 1820: 76.

异名（**Synonym**）：

Leptidia Dalman, 1820: 76;

Leucophasia Stephens, 1827: 242;

Leptoria Stephens, 1835: 404;

Azalais Grote, 1900: 13.

（58）突角小粉蝶 *Leptidea amurensis* (Ménétriés, 1859)

Ménétriés, 1859b: 213.

异名（**Synonym**）：

Leucophasia amurensis Ménétriés, 1859b: 213.

分布（**Distribution**）：黑龙江（HL）、吉林（JL）、辽宁（LN）、内蒙古（NM）、河北（HEB）、北京（BJ）、山西（SX）、河南（HEN）、新疆（XJ）、四川（SC）；俄罗斯、朝鲜、蒙古国、日本

其他文献（**Reference**）：Chou, 1994; Wu, 2010.

（59）圆翅小粉蝶 *Leptidea gigantea* (Leech, 1890)

Leech, 1890a: 45.

异名（**Synonym**）：

Leucophasia gigantea Leech, 1890a: 45;

Leptidea yunnanica Koiwaya, 1996: 278.

分布（**Distribution**）：黑龙江（HL）、吉林（JL）、辽宁（LN）、河北（HEB）、河南（HEN）、新疆（XJ）、四川（SC）

其他文献（**Reference**）：Chou, 1994; Wu, 2010.

（60）莫氏小粉蝶 *Leptidea morsei* Fenton, 1881

Fenton, 1881: 855.

分布（**Distribution**）：黑龙江（HL）、吉林（JL）、河北（HEB）、北京（BJ）、河南（HEN）、新疆（XJ）；俄罗斯、蒙古国、朝鲜、日本；欧洲

其他文献（**Reference**）：Wu, 2010.

（61）锯纹小粉蝶 *Leptidea serrata* Lee, 1955

Lee, 1955: 237, 240.

分布（**Distribution**）：河南（HEN）、陕西（SN）、四川（SC）

其他文献（**Reference**）：Wu, 2010.

（62）条纹小粉蝶 *Leptidea sinapis* (Linnaeus, 1758)

Linnaeus, 1758: 468.

异名（**Synonym**）：

Papilio sinapis Linnaeus, 1758: 468.

分布（**Distribution**）：黑龙江（HL）、吉林（JL）、辽宁（LN）、四川（SC）；哈萨克斯坦、中东；中亚、欧洲

其他文献（**Reference**）：Tuzov, 1997; Wu, 2010.

3. 粉蝶亚科 Pierinae Duponchel, [1835]

8）襟粉蝶属 *Anthocharis* Boisduval, 1833

Boisduval, 1833a: pl. 5.

异名（**Synonym**）：

Mancipium Stephens, 1828: 1828;

Tetracharis Grote, 1898: 37.

其他文献（**Reference**）：Linnaeus, 1758; Stephens, 1828; Felder C *et* Felder R, 1865; Wu, 2010.

（63）橙翅襟粉蝶 *Anthocharis bambusarum* Oberthür, 1876

Oberthür, 1876: 20.

分布（**Distribution**）：河南（HEN）、陕西（SN）、青海（QH）、江苏（JS）、浙江（ZJ）、四川（SC）

其他文献（**Reference**）：Wu, 2010.

（64）红襟粉蝶 *Anthocharis cardamines* (Linnaeus, 1758)

Linnaeus, 1758: 468.

异名（**Synonym**）：

Papilio cardamines Linnaeus, 1758: 468.

别名（**Common name**）：橙斑襟粉蝶

分布（**Distribution**）：黑龙江（HL）、吉林（JL）、山西（SX）、河南（HEN）、陕西（SN）、宁夏（NX）、甘肃（GS）、青海（QH）、新疆（XJ）、江苏（JS）、浙江（ZJ）、湖北（HB）、四川（SC）、西藏（XZ）、福建（FJ）；日本、朝鲜、俄罗斯、叙利亚、伊朗；西欧

其他文献（**Reference**）：Chou, 1994; Wu, 2010.

（64a）红襟粉蝶天山亚种 *Anthocharis cardamines alexandra* (Hemming, 1933)

Hemming, 1933: 278.

异名（**Synonym**）：

Euchloë cardamines alexandra Hemming, 1933: 278.

分布（**Distribution**）：新疆（XJ）；乌兹别克斯坦、吉尔吉斯斯坦

其他文献（**Reference**）：Wu, 2010.

（64b）红襟粉蝶乌苏里亚种 *Anthocharis cardamines septentrionalis* Wnukowsky, 1927

Wnukowsky, 1927: 69.

分布（**Distribution**）：黑龙江（HL）、吉林（JL）；俄罗斯

其他文献（**Reference**）：Wu, 2010.

（64c）红襟粉蝶太白亚种 *Anthocharis cardamines taipaichana* Verity, 1911

Verity, 1911: 341.

分布（**Distribution**）：陕西（SN）、甘肃（GS）、湖北（HB）、四川（SC）

其他文献（**Reference**）：Wu, 2010.

（64d）红襟粉蝶西藏亚种 *Anthocharis cardamines thibetana* Oberthür, 1886

Oberthür, 1886: 16.

分布（**Distribution**）：青海（QH）、四川（SC）、西藏（XZ）

其他文献（**Reference**）：Wu, 2010.

（65）皮氏尖襟粉蝶 *Anthocharis bieti* Oberthür, 1884

Oberthür, 1884: 14.

别名（**Common name**）：皮氏襟粉蝶

分布（**Distribution**）：青海（QH）、新疆（XJ）、四川（SC）、贵州（GZ）、云南（YN）、西藏（XZ）

其他文献（**Reference**）：Wu, 2010.

（65a）皮氏尖襟粉蝶指名亚种 *Anthocharis bieti bieti* Oberthür, 1884

Oberthür, 1884: 14.

异名（**Synonym**）：

Euchloë detersa Verity, 1908: 188;

Anthocharis bieti tsangpoana Riley, 1928: 136-137.

分布（**Distribution**）：青海（QH）、新疆（XJ）、四川（SC）、贵州（GZ）、云南（YN）、西藏（XZ）

其他文献（**Reference**）：Chou, 1994; Wu, 2010.

（66）黄尖襟粉蝶 *Anthocharis scolymus* Butler, 1866

Butler, 1866: 52.

别名（**Common name**）：钩角襟粉蝶

分布（**Distribution**）：黑龙江（HL）、吉林（JL）、辽宁（LN）、河北（HEB）、北京（BJ）、山西（SX）、河南（HEN）、陕

西（SN）、青海（QH）、安徽（AH）、上海（SH）、浙江（ZJ）、湖北（HB）、福建（FJ）；俄罗斯、日本、朝鲜

其他文献（Reference）：Wu, 2010.

（66a）黄尖襟粉蝶东北亚种 Anthocharis scolymus mandschurica Bollow, 1930

Bollow, 1930: 105.

分布（Distribution）：黑龙江（HL）、吉林（JL）、辽宁（LN）、河北（HEB）、北京（BJ）、山西（SX）、河南（HEN）、陕西（SN）、青海（QH）、安徽（AH）、浙江（ZJ）、湖北（HB）、福建（FJ）；俄罗斯、朝鲜

其他文献（Reference）：Wu, 2010.

9）荣粉蝶属 Euchloë Hübner, 1919

Hübner, 1919: 94.

其他文献（Reference）：Wu, 2010.

（67）奥森荣粉蝶 Euchloë ausonia (Hübner, [1803])

Hübner, [1803] 1796-1838: 582, 583.

异名（Synonym）：

Papilio ausonia Hübner, [1803] 1796-1838: 582, 583.

分布（Distribution）：新疆（XJ）；俄罗斯；中亚、欧洲（东南部）、非洲（北部）

其他文献（Reference）：Tuzov, 1997.

（68）绿纹荣粉蝶 Euchloë belemia (Esper, 1800)

Esper, 1800: 92.

异名（Synonym）：

Papilio belemia Esper, 1800: 92.

分布（Distribution）：新疆（XJ）；加那利群岛、伊朗；欧洲（西南部）、非洲（北部）

其他文献（Reference）：Tuzov, 1997.

（69）东方荣粉蝶 Euchloë orientalis (Bremer, 1864)

Bremer, 1864: 8.

异名（Synonym）：

Anthocharis orientalis Bremer, 1864: 8.

分布（Distribution）：内蒙古（NM）；俄罗斯（远东地区）

其他文献（Reference）：Tuzov, 1997; Wu, 2010.

10）鹤顶粉蝶属 Hebomoia Hübner, 1819

Hübner, 1819: 96.

其他文献（Reference）：Linnaeus, 1758; Butler, 1870; Wu, 2010.

（70）鹤顶粉蝶 Hebomoia glaucippe (Linnaeus, 1758)

Linnaeus, 1758: 469.

异名（Synonym）：

Papilio glaucippe Linnaeus, 1758: 469;

Papilio callirhoe Fabricius, 1775: 473.

分布（Distribution）：四川（SC）、云南（YN）、福建（FJ）、台湾（TW）、广东（GD）、广西（GX）、海南（HI）、香港（HK）；孟加拉国、斯里兰卡、尼泊尔、不丹、缅甸、泰国、越南、老挝、菲律宾、印度尼西亚

其他文献（Reference）：Talbot, 1949; Chou, 1994; Wu, 2010.

（70a）鹤顶粉蝶台湾亚种 Hebomoia glaucippe formosana Fruhstorfer, 1908

Fruhstorfer, 1908a: 102.

分布（Distribution）：台湾（TW）

其他文献（Reference）：Wu, 2010.

（70b）鹤顶粉蝶指名亚种 Hebomoia glaucippe glaucippe (Linnaeus, 1758)

Linnaeus, 1758: 469.

异名（Synonym）：

Papilio glaucippe Linnaeus, 1758: 469.

分布（Distribution）：四川（SC）、云南（YN）、福建（FJ）、广东（GD）、广西（GX）、海南（HI）、香港（HK）；尼泊尔、不丹、缅甸、泰国、越南、老挝

其他文献（Reference）：Talbot, 1949; Chou, 1994; Wu, 2010.

11）青粉蝶属 Valeria Horsfield, 1829

Horsfield, 1829: 139.

异名（Synonym）：

Pareronia Bingham, 1907: 276.

其他文献（Reference）：Cramer, 1776; Wu, 2010.

（71）青粉蝶 Valeria anais (Lesson, 1837)

Lesson, 1837: 343.

异名（Synonym）：

Danais anais Lesson, 1837: 343;

Pareronia valeria anais (Lesson): D'Abrera, 1982: 174;

Pareronia valeria (Cramer): Chou, 1994: 264.

分布（Distribution）：广东（GD）、海南（HI）；斯里兰卡、印度、缅甸、泰国、菲律宾、印度尼西亚

其他文献（Reference）：Corbet et Pendlebury, 1992; Wu, 2010.

（71a）青粉蝶海南亚种 Valeria anais hainanensis (Fruhstorfer, 1912)

Fruhstorfer, 1912: 6.

异名（Synonym）：

Pareronia valeria hainanensis Fruhstorfer, 1912: 6.

分布（Distribution）：广东（GD）、海南（HI）

其他文献（Reference）：Gu et Chen, 1997; Wu, 2010.

（72）阿青粉蝶 Valeria avatar (Moore, [1858])

Moore, [1858]: 61.

异名（Synonym）：

Eronia avatar Moore, [1858]: 61.

分布（Distribution）：云南（YN）；印度、缅甸、老挝、泰国

12）眉粉蝶属 *Zegris* Boisduval, 1836

Boisduval, 1836: 552.

其他文献（Reference）：Esper, 1805; Rambur, 1837; Wu, 2010.

（73）赤眉粉蝶 *Zegris pyrothoe* (Eversmann, 1832)

Eversmann, 1832: 352.

异名（Synonym）：

Pontia pyrothoe Eversmann, 1832: 352;

Zegris zhungelensis Huang *et* Murayama, 1992: 4;

Microzegris pyrothoe (Eversmann): Tuzov, 1997: 159.

分布（Distribution）：新疆（XJ）；哈萨克斯坦、俄罗斯（西伯利亚西南部）；欧洲（东南部）等地

其他文献（Reference）：Chou, 1994; Wu, 2010.

（74）欧眉粉蝶 *Zegris eupheme* (Esper, [1804])

Esper, [1804] 1775-1830: 105.

异名（Synonym）：

Papilio eupheme Esper, [1804] 1755-1830: 105.

分布（Distribution）：新疆（XJ）；哈萨克斯坦、安纳托利亚；中亚、欧洲、非洲（北部）

其他文献（Reference）：Tuzov, 1997; Huang *et al.*, 2000; Wu, 2010.

13）绢粉蝶属 *Aporia* Hübner, 1819

Hübner, 1819: 90.

异名（Synonym）：

Metaporia Butler, 1870b: 51.

其他文献（Reference）：Linnaeus, 1758; Gray, 1831; Butler, 1870b; Wu, 2010.

（75）黑边绢粉蝶 *Aporia acraea* (Oberthür, 1885)

Oberthür, 1885: 226.

异名（Synonym）：

Pieris acraea Oberthür, 1885: 226.

分布（Distribution）：四川（SC）、云南（YN）

其他文献（Reference）：Della Bruna *et al.*, 2004; Wu, 2010.

（75a）黑边绢粉蝶指名亚种 *Aporia acraea acraea* (Oberthür, 1885)

Oberthür, 1885: 226.

异名（Synonym）：

Pieris acraea Oberthür, 1885: 226;

Pieris acrara lotis Leech, 1890b: 192;

Metaporia acraea funkei Draeseke, 1924: 4.

分布（Distribution）：四川（SC）

其他文献（Reference）：Della Bruna *et al.*, 2004; Wu, 2010.

（75b）黑边绢粉蝶云南亚种 *Aporia acraea koiwayai* Della Bruna, Gallo *et* Sbordoni, 2003

Della Bruna, Gallo *et* Sbordoni, 2003: 135.

分布（Distribution）：云南（YN）

其他文献（Reference）：Wu, 2010.

（75c）黑边绢粉蝶卧龙亚种 *Aporia acraea wolongensis* Yoshino, 1995

Yoshino, 1995: 1.

分布（Distribution）：四川（SC）

其他文献（Reference）：Wu, 2010.

（76）完善绢粉蝶 *Aporia agathon* (Gray, 1831)

Gray, 1831: 32.

异名（Synonym）：

Pieris agathon Gray, 1831: 32.

分布（Distribution）：四川（SC）、云南（YN）、西藏（XZ）、台湾（TW）；尼泊尔、印度、缅甸、越南

其他文献（Reference）：Della Bruna *et al.*, 2004; Wu, 2010.

（76a）完善绢粉蝶滇缅亚种 *Aporia agathon bifurcata* Tytler, 1939

Tytler, 1939: 240.

分布（Distribution）：云南（YN）；缅甸

其他文献（Reference）：Wu, 2010.

（76b）完善绢粉蝶台湾亚种 *Aporia agathon moltrechti* (Oberthür, 1909)

Oberthür, 1909: 48.

异名（Synonym）：

Pieris agathon moltrechti Oberthür, 1909: 48.

分布（Distribution）：台湾（TW）

其他文献（Reference）：Della Bruna *et al.*, 2004; Wu, 2010.

（76c）完善绢粉蝶滇藏亚种 *Aporia agathon omotoi* Yoshino, 2003

Yoshino, 2003: 6.

分布（Distribution）：云南（YN）、西藏（XZ）

其他文献（Reference）：Wu, 2010.

（76d）完善绢粉蝶西藏亚种 *Aporia agathon phryxe* (Boisduval, 1836)

Boisduval, 1836: 446.

异名（Synonym）：

Pieris agathon phryxe Boisduval, 1836: 446.

分布（Distribution）：西藏（XZ）；克什米尔地区

其他文献（Reference）：Chou, 1994; Della Bruna *et al.*, 2004; Wu, 2010.

（76e）完善绢粉蝶四川亚种（未定亚种） *Aporia agathon* **ssp.**

Wu, 2010: 249.

分布（**Distribution**）：四川（SC）

（77）贝娜绢粉蝶 *Aporia bernardi* **Koiwaya, 1989**

Koiwaya, 1989: 200.

异名（**Synonym**）：

Aporia procris ab. *extrema* South, 1913: 601.

分布（**Distribution**）：四川（SC）、云南（YN）

其他文献（**Reference**）：Wu, 2010.

（77a）贝娜绢粉蝶指名亚种 *Aporia bernardi bernardi* **Koiwaya, 1989**

Koiwaya, 1989: 200.

分布（**Distribution**）：四川（SC）、西藏（XZ）

其他文献（**Reference**）：Wu, 2010.

（77b）贝娜绢粉蝶汶川亚种 *Aporia bernardi giacomazzoi* **Della Bruna, Gallo** *et* **Sbordoni, 2003**

Della Bruna, Gallo *et* Sbordoni, 2003: 134.

分布（**Distribution**）：四川（SC）

其他文献（**Reference**）：Wu, 2010.

（77c）贝娜绢粉蝶云南亚种 *Aporia bernardi yunnanica* **Koiwaya, 1989**

Koiwaya, 1989: 202.

分布（**Distribution**）：云南（YN）

其他文献（**Reference**）：Wu, 2010.

（78）暗色绢粉蝶 *Aporia bieti* **Oberthür, 1884**

Oberthür, 1884: 12.

分布（**Distribution**）：甘肃（GS）、四川（SC）、云南（YN）、西藏（XZ）

其他文献（**Reference**）：Wu, 2010.

（78a）暗色绢粉蝶指名亚种 *Aporia bieti bieti* **Oberthür, 1884**

Oberthür, 1884: 12.

分布（**Distribution**）：四川（SC）

其他文献（**Reference**）：Wu, 2010.

（78b）暗色绢粉蝶云南亚种 *Aporia bieti gregoryi* **Watkins, 1927**

Watkins, 1927: 332.

分布（**Distribution**）：云南（YN）

其他文献（**Reference**）：Wu, 2010.

（78c）暗色绢粉蝶西北亚种 *Aporia bieti lihsieni* **Bang-Haas, 1933**

Bang-Haas, 1933: 92.

分布（**Distribution**）：甘肃（GS）、四川（SC）

其他文献（**Reference**）：Wu, 2010.

（78d）暗色绢粉蝶横越亚种 *Aporia bieti transiens* **Alpheraky, 1897**

Alpheraky, 1897d: 89.

分布（**Distribution**）：四川（SC）、云南（YN）、西藏（XZ）

其他文献（**Reference**）：Wu, 2010.

（78e）暗色绢粉蝶西藏亚种 *Aporia bieti xizangensis* **Murayama, 1983**

Murayama, 1983: 281.

分布（**Distribution**）：西藏（XZ）

其他文献（**Reference**）：Wu, 2010.

（79）绢粉蝶 *Aporia crataegi* **(Linnaeus, 1758)**

Linnaeus, 1758: 467.

异名（**Synonym**）：

Papilio crataegi Linnaeus, 1758: 467.

别名（**Common name**）：梅白蝶，苹粉蝶，山楂粉蝶，山楂绢粉蝶，树粉蝶

分布（**Distribution**）：黑龙江（HL）、吉林（JL）、辽宁（LN）、内蒙古（NM）、河北（HEB）、北京（BJ）、山西（SX）、河南（HEN）、陕西（SN）、宁夏（NX）、甘肃（GS）、新疆（XJ）、江苏（JS）、湖北（HB）、四川（SC）、西藏（XZ）；日本、朝鲜；中亚、欧洲

其他文献（**Reference**）：Della Bruna *et al*., 2004; Wu, 2010.

（79a）绢粉蝶川藏亚种 *Aporia crataegi atomosa* **(Verity, 1911)**

Verity, 1911: 120.

异名（**Synonym**）：

Pieris crataegi atomosa Verity, 1911: 120.

分布（**Distribution**）：四川（SC）、西藏（XZ）

其他文献（**Reference**）：Della Bruna *et al*., 2004; Wu, 2010.

（79b）绢粉蝶东北亚种 *Aporia crataegi meinhardi* **Krulikowsky, 1909**

Krulikowsky, 1909: 270.

异名（**Synonym**）：

Aporia crataegi ab. *meinhardi* Krulikowsky, 1909: 270;

Pieris crataegi sibirica Verity, 1911: 324;

Pieris crataegi sajana Verity, 1911: 324;

Aporia crataegi asiatica Meinhard, 1915: 590;

Aporia crataegi ab. *banghaasi* Bryk, 1921: 75;

Aporia crataegi sordida Kardakoff, 1928: 268;

Aporia crataegi ussurica Kardakoff, 1928: 268.

分布（**Distribution**）：黑龙江（HL）、吉林（JL）、辽宁（LN）、内蒙古（NM）；俄罗斯（远东地区）；中亚

其他文献（**Reference**）：Wu, 2010.

（79c）绢粉蝶华北亚种（未定亚种）*Aporia crataegi* ssp.

异名（Synonym）：

Aporia crataegi diluta (nec. Verity): Chou, 1994: 246.

分布（Distribution）：河北（HEB）、北京（BJ）、山西（SX）、河南（HEN）、陕西（SN）、宁夏（NX）、江苏（JS）、湖北（HB）

其他文献（Reference）：Wu, 2010.

（79d）绢粉蝶天山亚种 *Aporia crataegi tianschanica* **Rühl, 1893**

Rühl, 1893: 117.

异名（Synonym）：

Aporia crataegi naryna Sheljuzhko, 1910: 384;

Pieris crataegi centralasiae Verity, 1911: 325.

分布（Distribution）：新疆（XJ）；天山

其他文献（Reference）：Wu, 2010.

（80）丫纹绢粉蝶 *Aporia delavayi* (Oberthür, 1890)

Oberthür, 1890: 37.

异名（Synonym）：

Pieris delavayi Oberthür, 1890: 37.

分布（Distribution）：陕西（SN）、甘肃（GS）、湖北（HB）、四川（SC）、云南（YN）、西藏（XZ）

其他文献（Reference）：Della Bruna *et al.*, 2004; Wu, 2010.

（80a）丫纹绢粉蝶大邑亚种 *Aporia delavayi dayiensis* **Yoshino, 1998**

Yoshino, 1998: 2-3.

分布（Distribution）：四川（SC）

其他文献（Reference）：Wu, 2010.

（80b）丫纹绢粉蝶指名亚种 *Aporia delavayi delavayi* **(Oberthür, 1890)**

Oberthür, 1890: 37.

异名（Synonym）：

Pieris delavayi Oberthür, 1890: 37.

分布（Distribution）：四川（SC）、云南（YN）、西藏（XZ）

其他文献（Reference）：Della Bruna *et al.*, 2004; Wu, 2010.

（80c）丫纹绢粉蝶岷山亚种 *Aporia delavayi minschani* **Bang-Haas, 1927**

Bang-Haas, 1927: 92.

异名（Synonym）：

Aporia candida Lee *In*: Lee *et* Zhu, 1992: 56.

别名（Common name）：全白绢粉蝶

分布（Distribution）：陕西（SN）、甘肃（GS）、湖北（HB）、四川（SC）

其他文献（Reference）：Wu, 2010.

（81）普通绢粉蝶 *Aporia genestieri* (Oberthür, 1902)

Oberthür, 1902: 411.

异名（Synonym）：

Aporia potanini (nec. Alpheraky): Chou, 1994: 249;

Pieris genestieri Oberthür, 1902: 411.

别名（Common name）：酪色绢粉蝶

分布（Distribution）：山西（SX）、河南（HEN）、陕西（SN）、湖北（HB）、四川（SC）、云南（YN）、台湾（TW）

其他文献（Reference）：Della Bruna *et al.*, 2004; Wu, 2010.

（81a）普通绢粉蝶指名亚种 *Aporia genestieri genestieri* (Oberthür, 1902)

Oberthür, 1902: 411.

异名（Synonym）：

Pieris genestieri Oberthür, 1902: 411.

分布（Distribution）：云南（YN）

其他文献（Reference）：Della Bruna *et al.*, 2004; Wu, 2010.

（81b）普通绢粉蝶伪指亚种 *Aporia genestieri genestieroides* **Bernardi, 1963**

Bernardi, 1963: 179.

分布（Distribution）：四川（SC）、云南（YN）

其他文献（Reference）：Wu, 2010.

（81c）普通绢粉蝶台湾亚种 *Aporia genestieri insularis* **Shirôzu, 1959**

Shirôzu, 1959: 92.

异名（Synonym）：

Aporia potanini insularis Shirôzu: Chou, 1994: 249;

Aporia hippia taiwana Matsumura, 1919b: 497;

Aporia hippia insularis Shirôzu, 1959: 92.

分布（Distribution）：台湾（TW）

其他文献（Reference）：Della Bruna *et al.*, 2004; Wu, 2010.

（81d）普通绢粉蝶西北亚种 *Aporia genestieri pseudopotanini* **Bernardi, 1962**

Bernardi, 1962: 178.

分布（Distribution）：山西（SX）、河南（HEN）、甘肃（GS）、湖北（HB）、四川（SC）

其他文献（Reference）：Wu, 2010.

（82）巨翅绢粉蝶 *Aporia gigantea* Koiwaya, 1993

Koiwaya, 1993: 91-95.

分布（Distribution）：四川（SC）、贵州（GZ）、云南（YN）、台湾（TW）

其他文献（Reference）：Wu, 2010.

（82a）巨翅绢粉蝶台湾亚种 *Aporia gigantea cheni* **Hsu *et* Chou, 1999**

Hsu *et* Chou, 1999: 223.

分布（Distribution）：台湾（TW）

其他文献（Reference）：Wu, 2010.

（82b）巨翅绢粉蝶梵净山亚种 *Aporia gigantea fanjinensis* **Yoshino, 1997**

Yoshino, 1997a: 2-3.

异名（Synonym）：

Aporia largeteaui fanjinensis Yoshino, 1997a: 2-3.

分布（Distribution）：贵州（GZ）

其他文献（Reference）：Della Bruna *et al.*, 2004; Wu, 2010.

（82c）巨翅绢粉蝶指名亚种 *Aporia gigantea gigantea* **Koiwaya, 1993**

Koiwaya, 1993: 91-95.

分布（Distribution）：四川（SC）、云南（YN）

其他文献（Reference）：Wu, 2010.

（83）锯纹绢粉蝶 *Aporia goutellei* **(Oberthür, 1886)**

Oberthür, 1886: 15.

异名（Synonym）：

Pieris goutellei Oberthür, 1886: 15.

分布（Distribution）：河南（HEN）、陕西（SN）、甘肃（GS）、四川（SC）、云南（YN）、西藏（XZ）

其他文献（Reference）：Della Bruna *et al.*, 2004; Wu, 2010.

（83a）锯纹绢粉蝶指名亚种 *Aporia goutellei goutellei* **(Oberthür, 1886)**

Oberthür, 1886: 15.

异名（Synonym）：

Pieris goutellei Oberthür, 1886: 15.

分布（Distribution）：河南（HEN）、四川（SC）、云南（YN）、西藏（XZ）

其他文献（Reference）：Della Bruna *et al.*, 2004; Wu, 2010.

（83b）锯纹绢粉蝶藏东亚种 *Aporia goutellei nitida* **Della Bruna, Gallo *et* Sbordoni, 2003**

Della Bruna, Gallo *et* Sbordoni, 2003: 132.

分布（Distribution）：西藏（XZ）

其他文献（Reference）：Wu, 2010.

（83c）锯纹绢粉蝶黄色亚种 *Aporia goutellei xanthina* **Della Bruna, Gallo *et* Sbordoni, 2003**

Della Bruna, Gallo *et* Sbordoni, 2003: 132.

分布（Distribution）：四川（SC）、西藏（XZ）

其他文献（Reference）：Wu, 2010.

（84）利箭绢粉蝶 *Aporia harrietae* **(de Nicéville, 1893)**

de Nicéville, 1893: 341.

异名（Synonym）：

Metaporia harrietae de Nicéville, 1893: 341.

分布（Distribution）：云南（YN）、西藏（XZ）；不丹、？印度、？缅甸

其他文献（Reference）：Della Bruna *et al.*, 2004; Wu, 2010.

（84a）利箭绢粉蝶西藏亚种 *Aporia harrietae baileyi* **South, 1914**

South, 1914: 599.

分布（Distribution）：西藏（XZ）

其他文献（Reference）：Wu, 2010.

（84b）利箭绢粉蝶云南亚种 *Aporia harrietae paracraea* **(de Nicéville, 1900)**

de Nicéville, 1900: 171.

异名（Synonym）：

Metaporia paracraea de Nicéville, 1900: 171;

Pieris albivena Oberthür, 1902: 411;

Pieris joubini Oberthür, 1913: 670.

分布（Distribution）：云南（YN）

其他文献（Reference）：Della Bruna *et al.*, 2004; Wu, 2010.

（85）猬形绢粉蝶 *Aporia hastata* **(Oberthür, 1892)**

Oberthür, 1892: 5.

异名（Synonym）：

Pieris hastata Oberthür, 1892: 5.

分布（Distribution）：云南（YN）

其他文献（Reference）：Della Bruna *et al.*, 2004; Wu, 2010.

（86）小檗绢粉蝶 *Aporia hippia* **(Bremer, 1861)**

Bremer, 1861: 464.

异名（Synonym）：

Pieris hippia Bremer, 1861: 464.

分布（Distribution）：黑龙江（HL）、吉林（JL）、辽宁（LN）、内蒙古（NM）、河北（HEB）、山西（SX）、河南（HEN）、陕西（SN）、宁夏（NX）、甘肃（GS）、青海（QH）、江苏（JS）、四川（SC）、西藏（XZ）；朝鲜、日本、俄罗斯

其他文献（Reference）：Della Bruna *et al.*, 2004; Wu, 2010.

（86a）小檗绢粉蝶北京亚种 *Aporia hippia crataegioides* **(Lucas, 1865)**

Lucas, 1865: 53.

异名（Synonym）：

Leuconea crataegioides Lucas, 1865: 53.

分布（Distribution）：内蒙古（NM）、河北（HEB）、北京（BJ）、山西（SX）、河南（HEN）、上海（SH）

其他文献（Reference）：Della Bruna *et al.*, 2004; Wu, 2010.

（86b）小檗绢粉蝶指名亚种 *Aporia hippia hippia* **(Bremer, 1861)**

Bremer, 1861: 464.

异名（Synonym）：

Pieris hippia Bremer, 1861: 464.

分布（Distribution）：黑龙江（HL）、吉林（JL）、辽宁（LN）；俄罗斯（远东地区）、朝鲜

其他文献（Reference）：Della Bruna *et al.*, 2004; Wu, 2010.

（86c）小檗绢粉蝶青藏亚种 *Aporia hippia thibetana* **Grum-Grshimailo, 1893**

Grum-Grshimailo, 1893: 127.

异名（Synonym）：

Aporia hippia taupingi Bang-Haas, 1933: 127.

分布（Distribution）：陕西（SN）、宁夏（NX）、甘肃（GS）、青海（QH）、四川（SC）、西藏（XZ）

其他文献（Reference）：Wu, 2010.

（87）等距绢粉蝶 *Aporia howarthi* **Bernardi, 1961**

Bernardi, 1961: 90.

分布（Distribution）：西藏（XZ）

其他文献（Reference）：Wu, 2010.

（88）龟井绢粉蝶 *Aporia kamei* **Koiwaya, 1989**

Koiwaya, 1989: 200.

分布（Distribution）：四川（SC）、云南（YN）

其他文献（Reference）：Wu, 2010.

（89）金子绢粉蝶 *Aporia kanekoi* **Koiwaya, 1989**

Koiwaya, 1989: 204.

异名（Synonym）：

Aporia oberthuri: Chou, 1994: 251.

分布（Distribution）：四川（SC）

其他文献（Reference）：Wu, 2010.

（90）大翅绢粉蝶 *Aporia largeteaui* **(Oberthür, 1881)**

Oberthür, 1881: 12.

异名（Synonym）：

Pieris largeteaui Oberthür, 1881: 12.

分布（Distribution）：河南（HEN）、陕西（SN）、甘肃（GS）、浙江（ZJ）、江西（JX）、湖南（HN）、湖北（HB）、四川（SC）、贵州（GZ）、云南（YN）、福建（FJ）、广东（GD）、广西（GX）

其他文献（Reference）：Della Bruna *et al*., 2004; Wu, 2010.

（90a）大翅绢粉蝶广东亚种 *Aporia largeteaui kuangtungensis* **Mell, 1935**

Mell, 1935: 36.

分布（Distribution）：湖南（HN）、广东（GD）、广西（GX）

其他文献（Reference）：Wu, 2010.

（90b）大翅绢粉蝶指名亚种 *Aporia largeteaui largeteaui* **(Oberthür, 1881)**

Oberthür, 1881: 12.

异名（Synonym）：

Pieris largeteaui Oberthür, 1881: 12.

分布（Distribution）：陕西（SN）、湖北（HB）、四川（SC）、贵州（GZ）、云南（YN）

其他文献（Reference）：Della Bruna *et al*., 2004; Wu, 2010.

（90c）大翅绢粉蝶太平洋亚种 *Aporia largeteaui pacifica* **(Mell, 1943)**

Mell, 1943: 88.

异名（Synonym）：

Metaporia largeteaui pacifica Mell, 1943: 88.

分布（Distribution）：浙江（ZJ）、福建（FJ）

其他文献（Reference）：Della Bruna *et al*., 2004; Wu, 2010.

（90d）大翅绢粉蝶江西亚种 *Aporia largeteaui schmackeri* **(Mell, 1943)**

Mell, 1943: 88.

异名（Synonym）：

Metaporia largeteaui schmackeri Mell, 1943: 88.

分布（Distribution）：江西（JX）

其他文献（Reference）：Della Bruna *et al*., 2004; Wu, 2010.

（91）三黄绢粉蝶 *Aporia larraldei* **(Oberthür, 1876)**

Oberthür, 1876: 19.

异名（Synonym）：

Pieris larraldei Oberthür, 1876: 19.

分布（Distribution）：四川（SC）、云南（YN）

其他文献（Reference）：Della Bruna *et al*., 2004; Wu, 2010.

（91a）三黄绢粉蝶高黎贡亚种 *Aporia larraldei kaolinkonensis* **Yoshino, 1997**

Yoshino, 1997a: 1.

分布（Distribution）：云南（YN）

其他文献（Reference）：Wu, 2010.

（91b）三黄绢粉蝶指名亚种 *Aporia larraldei larraldei* **(Oberthür, 1876)**

Oberthür, 1876: 19.

异名（Synonym）：

Pieris larraldei Oberthür, 1876: 19.

分布（Distribution）：四川（SC）

其他文献（Reference）：Della Bruna *et al*., 2004; Wu, 2010.

（91c）三黄绢粉蝶黑化亚种 *Aporia larraldei melania* **(Oberthür, 1892)**

Oberthür, 1892: 5.

异名（Synonym）：

Pieris larraldei f. *melania* Oberthür, 1892: 5.

分布（Distribution）：四川（SC）

其他文献（Reference）：Della Bruna *et al*., 2004; Wu, 2010.

（91d）三黄绢粉蝶云南亚种 *Aporia larraldei nutans* **(Oberthür, 1892)**

Oberthür, 1892: 6.

异名（Synonym）：

Pieris larraldei f. *nutans* Oberthür, 1892: 6.

分布（**Distribution**）：云南（YN）

其他文献（**Reference**）：Della Bruna *et al*., 2004; Wu, 2010.

（91e）三黄绢粉蝶卧龙亚种 *Aporia larraldei shizuyai* Koiwaya, 1996

Koiwaya, 1996: 239.

分布（**Distribution**）：四川（SC）

其他文献（**Reference**）：Wu, 2010.

（92）黄翅绢粉蝶 *Aporia lemoulti* Bernardi, 1944

Bernardi, 1944: 76.

异名（**Synonym**）：

Aporia agathon lemoulti Bernardi, 1944: 76;

Aporia (*Metaporia*) *morishitai* Chou, 1994: 254.

别名（**Common name**）：森下绢粉蝶

分布（**Distribution**）：四川（SC）

其他文献（**Reference**）：Della Bruna *et al*., 2004; Wu, 2010.

（93）中亚绢粉蝶 *Aporia leucodice* (Eversmann, 1843)

Eversmann, 1843: 541.

异名（**Synonym**）：

Pontia leucodice Eversmann, 1843: 541.

分布（**Distribution**）：新疆（XJ）；哈萨克斯坦、塔吉克斯坦、俄罗斯（西伯利亚）、巴基斯坦、阿富汗、印度、尼泊尔

其他文献（**Reference**）：Della Bruna *et al*., 2004; Wu, 2010.

（93a）中亚绢粉蝶暗色亚种 *Aporia leucodice illumina* (Grum-Grshimailo, 1890)

Grum-Grshimailo, 1890: 227.

异名（**Synonym**）：

Pieris leucodice illumina Grum-Grshimailo, 1890: 227;

Pieris leucodice nigroinspersa Verity, 1911: 326.

分布（**Distribution**）：新疆（XJ）；塔吉克斯坦

其他文献（**Reference**）：Della Bruna *et al*., 2004; Wu, 2010.

（93b）中亚绢粉蝶指名亚种 *Aporia leucodice leucodice* (Eversmann, 1843)

Eversmann, 1843: 541.

异名（**Synonym**）：

Pontia leucodice Eversmann, 1843: 541;

Pieris altensis Rühl, 1893: 129.

分布（**Distribution**）：新疆（XJ）；哈萨克斯坦

其他文献（**Reference**）：Della Bruna *et al*., 2004; Wu, 2010.

（94）哈默绢粉蝶 *Aporia lhamo* (Oberthür, 1893)

Oberthür, 1893: 13.

异名（**Synonym**）：

Pieris lhamo Oberthür, 1893: 13.

分布（**Distribution**）：云南（YN）

其他文献（**Reference**）：Della Bruna *et al*., 2004; Wu, 2010.

（95）马丁绢粉蝶 *Aporia martineti* (Oberthür, 1884)

Oberthür, 1884: 22.

异名（**Synonym**）：

Pieris martineti Oberthür, 1884: 22.

分布（**Distribution**）：甘肃（GS）、青海（QH）、四川（SC）、云南（YN）、西藏（XZ）

其他文献（**Reference**）：Della Bruna *et al*., 2004; Wu, 2010.

（95a）马丁绢粉蝶西藏亚种 *Aporia martineti konbogyandaensis* Yoshino, 1998

Yoshino, 1998: 1.

分布（**Distribution**）：西藏（XZ）

其他文献（**Reference**）：Wu, 2010.

（95b）马丁绢粉蝶青海亚种 *Aporia martineti kreitneri* (Frivaldszky, 1886)

Frivaldszky, 1886: 40.

异名（**Synonym**）：

Pieris martineti var. *kreitneri* Frivaldszky, 1886: 40.

分布（**Distribution**）：青海（QH）

其他文献（**Reference**）：Della Bruna *et al*., 2004; Wu, 2010.

（95c）马丁绢粉蝶指名亚种 *Aporia martineti martineti* (Oberthür, 1884)

Oberthür, 1884: 22.

异名（**Synonym**）：

Pieris martineti Oberthür, 1884: 22;

Aporia ab. *stotzneri* Draeseke, 1924: 3.

分布（**Distribution**）：甘肃（GS）、四川（SC）、云南（YN）

其他文献（**Reference**）：Della Bruna *et al*., 2004; Wu, 2010.

（96）蒙蓓绢粉蝶 *Aporia monbeigi* (Oberthür, 1917)

Oberthür, 1917: 126.

异名（**Synonym**）：

Pieris monbeigi Oberthür, 1917: 126.

分布（**Distribution**）：四川（SC）、云南（YN）

其他文献（**Reference**）：Della Bruna *et al*., 2004; Wu, 2010.

（96a）蒙蓓绢粉蝶梅里亚种 *Aporia monbeigi meiliensis* Yoshino, 1995

Yoshino, 1995: 2.

异名（**Synonym**）：

Aporia meiliensis Yoshino, 1995: 2.

分布（**Distribution**）：云南（YN）

其他文献（**Reference**）：Della Bruna *et al*., 2004; Wu, 2010.

（96b）蒙蓓绢粉蝶指名亚种 *Aporia monbeigi monbeigi* (Oberthür, 1917)

Oberthür, 1917: 126.

异名（**Synonym**）：

Pieris monbeigi Oberthür, 1917: 126.

分布（Distribution）：四川（SC）

其他文献（Reference）：Della Bruna et al., 2004; Wu, 2010.

（97）西村绢粉蝶 *Aporia nishimurai* **Koiwaya, 1989**

Koiwaya, 1989: 202.

分布（Distribution）：湖北（HB）、四川（SC）

其他文献（Reference）：Wu, 2010.

（97a）西村绢粉蝶指名亚种 *Aporia nishimurai nishimurai* **Koiwaya, 1989**

Koiwaya, 1989: 202-203.

分布（Distribution）：四川（SC）

其他文献（Reference）：Della Bruna et al., 2004; Wu, 2010.

（97b）西村绢粉蝶神农架亚种 *Aporia nishimurai shinnooka* **Yoshino, 2001**

Yoshino, 2001a: 9-10.

分布（Distribution）：湖北（HB）

其他文献（Reference）：Della Bruna et al., 2004; Wu, 2010.

（97c）西村绢粉蝶云南亚种（未定亚种）*Aporia nishimurai* **ssp.**

Wu, 2010: 255.

分布（Distribution）：云南（YN）

（98）奥倍绢粉蝶 *Aporia oberthuri* **(Leech, 1890)**

Leech, 1890a: 46.

异名（Synonym）：

Pieris oberthuri Leech, 1890a: 46.

分布（Distribution）：陕西（SN）、甘肃（GS）、湖南（HN）、湖北（HB）、四川（SC）

其他文献（Reference）：Della Bruna et al., 2004; Wu, 2010.

（98a）奥倍绢粉蝶暗色亚种 *Aporia oberthuri cinerea* **Della Bruna, Gallo et Sbordoni, 2003**

Della Bruna, Gallo et Sbordoni, 2003: 135.

分布（Distribution）：四川（SC）、重庆（CQ）

其他文献（Reference）：Wu, 2010.

（98b）奥倍绢粉蝶指名亚种 *Aporia oberthuri oberthuri* **(Leech, 1890)**

Leech, 1890a: 46.

异名（Synonym）：

Pieris oberthuri Leech, 1890a: 46.

分布（Distribution）：甘肃（GS）、湖北（HB）、四川（SC）

其他文献（Reference）：Della Bruna et al., 2004; Wu, 2010.

（98c）奥倍绢粉蝶湖南亚种（未定亚种）*Aporia oberthuri* **ssp.**

Wu, 2010: 252.

分布（Distribution）：湖南（HN）

（99）灰翅绢粉蝶 *Aporia potanini* **Alpheraky, 1889**

Alpheraky, 1889a: 93.

别名（Common name）：灰姑娘绢粉蝶

分布（Distribution）：辽宁（LN）、河北（HEB）、天津（TJ）、北京（BJ）、山西（SX）、河南（HEN）、陕西（SN）、宁夏（NX）、甘肃（GS）、青海（QH）、四川（SC）

其他文献（Reference）：Wu, 2010.

（99a）灰翅绢粉蝶白色亚种 *Aporia potanini huanghaoi* **Yuan et Wu, 2005**

Yuan et Wu, 2005: 606.

分布（Distribution）：内蒙古（NM）、河北（HEB）、北京（BJ）

其他文献（Reference）：Wu, 2010.

（99b）灰翅绢粉蝶灰色亚种 *Aporia potanini intercostata* **Bang-Haas, 1927**

Bang-Haas, 1927: 39.

异名（Synonym）：

Aporia alpherakyi Verity, 1907: 325;

Aporia intercostata Bang-Haas, 1927: 39.

分布（Distribution）：山西（SX）、河南（HEN）、陕西（SN）、青海（QH）

其他文献（Reference）：Bollow, 1931; Bernardi, 1963; Della Bruna et al., 2004; Wu, 2010.

（99c）灰翅绢粉蝶指名亚种 *Aporia potanini potanini* **Alpheraky, 1892**

Alpheraky, 1892: 1.

异名（Synonym）：

Aporia hippia var. *potanini* Alpheraky: Röber, 1907: 40;

Aporia hippia var. *alpherakyi* Verity, 1907: 122;

Aporia potanini infernalis Bang-Haas, 1927: 107;

Aporia intercostata infernalis Bang-Haas: D'Abrera, 1990: 76.

分布（Distribution）：甘肃（GS）、四川（SC）

其他文献（Reference）：Della Bruna et al., 2004; Wu, 2010.

（100）箭纹绢粉蝶 *Aporia procris* **Leech, 1890**

Leech, 1890b: 191.

分布（Distribution）：河南（HEN）、陕西（SN）、甘肃（GS）、新疆（XJ）、四川（SC）、云南（YN）、西藏（XZ）

其他文献（Reference）：Wu, 2010.

（100a）箭纹绢粉蝶川北亚种 *Aporia procris draesekei* **(Bang-Haas, 1927)**

Bang-Haas, 1927: 108.

异名（Synonym）：

Metaporia procris draesekei Bang-Haas, 1927: 108.

分布（Distribution）：四川（SC）

其他文献（Reference）：Della Bruna *et al.*, 2004; Wu, 2010.

（100b）箭纹绢粉蝶云南亚种 *Aporia procris lancangica* **Della Bruna, Gallo** *et* **Sbordoni, 2003**

Della Bruna, Gallo *et* Sbordoni, 2003: 130.

分布（Distribution）：云南（YN）

其他文献（Reference）：Wu, 2010.

（100c）箭纹绢粉蝶西藏亚种 *Aporia procris nyanchuensis* **Yoshino, 1998**

Yoshino, 1998: 2.

分布（Distribution）：西藏（XZ）

其他文献（Reference）：Kocman, 1999; Wu, 2010.

（100d）箭纹绢粉蝶指名亚种 *Aporia procris procris* **Leech, 1890**

Leech, 1890b: 191.

异名（Synonym）：

Pieris halisca Oberthür, 1891a: 191.

分布（Distribution）：四川（SC）、西藏（XZ）

其他文献（Reference）：Della Bruna *et al.*, 2004; Wu, 2010.

（100e）箭纹绢粉蝶甘肃亚种 *Aporia procris sinensis* **(Bang-Haas, 1927)**

Bang-Haas, 1927: 108.

异名（Synonym）：

Metaporia procris sinensis Bang-Haas, 1927: 108.

分布（Distribution）：陕西（SN）、甘肃（GS）、青海（QH）

其他文献（Reference）：Della Bruna *et al.*, 2004; Wu, 2010.

（101）大邑绢粉蝶 *Aporia tayiensis* **Yoshino, 1995**

Yoshino, 1995: 1.

异名（Synonym）：

Aporia acraea tayiensis Yoshino, 1995: 1.

分布（Distribution）：甘肃（GS）、四川（SC）

其他文献（Reference）：Della Bruna *et al.*, 2004; Wu, 2010.

（102）秦岭绢粉蝶 *Aporia tsinglingica* **(Verity, 1911)**

Verity, 1911: 326.

异名（Synonym）：

Pieris tsinglingica Verity, 1911: 326;

Aporia soracta taibaishana Murayama, 1983: 281.

分布（Distribution）：河南（HEN）、陕西（SN）、甘肃（GS）、青海（QH）、四川（SC）

其他文献（Reference）：Della Bruna *et al.*, 2004; Wu, 2010.

（102a）秦岭绢粉蝶四川亚种 *Aporia tsinglingica signiana* **Sugiyama, 1994**

Sugiyama, 1994: 1-2.

分布（Distribution）：四川（SC）

其他文献（Reference）：Wu, 2010.

（102b）秦岭绢粉蝶指名亚种 *Aporia tsinglingica tsinglingica* **(Verity, 1911)**

Verity, 1911: 326.

异名（Synonym）：

Pieris tsinglingica Verity, 1911: 326;

Aporia soracta taibaishana Murayama, 1983: 281.

分布（Distribution）：河南（HEN）、陕西（SN）、甘肃（GS）、青海（QH）

其他文献（Reference）：Della Bruna *et al.*, 2004; Wu, 2010.

（103）上田绢粉蝶 *Aporia uedai* **Koiwaya, 1989**

Koiwaya, 1989: 204-205.

分布（Distribution）：云南（YN）

其他文献（Reference）：Della Bruna *et al.*, 2004; Wu, 2010.

14）尖粉蝶属 *Appias* Hübner, 1819

Hübner, 1819: 91.

其他文献（Reference）：Stoll, 1780; Butler, 1870b; Wu, 2010.

（104）利比尖粉蝶 *Appias libythea* **(Fabricius, 1775)**

Fabricius, 1775: 47.

异名（Synonym）：

Papilio libythea Fabricius, 1775: 47;

Papilio zelmira Scoll, 1780: 64.

别名（Common name）：尖粉蝶

分布（Distribution）：云南（YN）、海南（HI）；斯里兰卡、印度、缅甸、马来西亚、泰国、老挝、越南、印度尼西亚

其他文献（Reference）：Chou, 1994; Wu, 2010.

（104a）利比尖粉蝶中泰亚种 *Appias libythea olferna* **Swinhoe, 1890**

Swinhoe, 1890: 358.

分布（Distribution）：云南（YN）、海南（HI）；印度、缅甸、泰国、老挝、越南、马来西亚、新加坡、印度尼西亚

其他文献（Reference）：Wu, 2010.

（105）白翅尖粉蝶 *Appias albina* **(Boisduval, 1836)**

Boisduval, 1836: 480.

异名（Synonym）：

Pieris albina Boisduval, 1836: 480.

别名（Common name）：尖翅粉蝶

分布（Distribution）：云南（YN）、台湾（TW）、广东（GD）、广西（GX）、海南（HI）；日本、印度、斯里兰卡、泰国、缅甸、越南、菲律宾、马来西亚

其他文献（Reference）：Chou, 1994; Wu, 2010.

（105a）白翅尖粉蝶大陆亚种 *Appias albina darada* **(Felder** *et* **Felder, 1865)**

Felder C *et* Felder R, 1865-1875: 166.

异名（Synonym）：

Pieris albina darada Felder *et* Felder, 1865-1875: 166;

Appias albina confusa Fruhstorfer, 1910: 154.

分布（**Distribution**）：云南（YN）、广东（GD）、广西（GX）、海南（HI）；日本、印度、斯里兰卡、泰国、缅甸、越南、菲律宾、马来西亚

其他文献（**Reference**）：Chou, 1994; Gu *et* Chen, 1997; Wu, 2010.

（105b）白翅尖粉蝶台湾亚种 *Appias albina semperi* **Moore, 1905**

Moore, 1905: 14.

分布（**Distribution**）：台湾（TW）；菲律宾

其他文献（**Reference**）：Wu, 2010.

（106）雷震尖粉蝶 *Appias indra* (Moore, 1858)

Moore, 1858: 74.

异名（**Synonym**）：

Pieris indra Moore, 1858: 74.

别名（**Common name**）：黑角尖粉蝶

分布（**Distribution**）：台湾（TW）、海南（HI）；斯里兰卡、印度、泰国、缅甸、老挝、马来西亚、印度尼西亚、菲律宾

其他文献（**Reference**）：Chou, 1994; Wu, 2010.

（106a）雷震尖粉蝶台湾亚种 *Appias indra aristoxenmus* **Fruhstorfer, 1908**

Fruhstorfer, 1908c: 37.

分布（**Distribution**）：台湾（TW）

其他文献（**Reference**）：Wu, 2010.

（106b）雷震尖粉蝶海南亚种 *Appias indra menandrus* **Fruhstorfer, 1910**

Fruhstorfer, 1910: 153.

分布（**Distribution**）：海南（HI）

其他文献（**Reference**）：Wu, 2010.

（107）兰姬尖粉蝶 *Appias lalage* (Doubleday, 1842)

Doubleday, 1842: 76.

异名（**Synonym**）：

Pieris lalage Doubleday, 1842: 76.

分布（**Distribution**）：云南（YN）、西藏（XZ）、广西（GX）、海南（HI）；印度、缅甸、泰国、老挝、越南

其他文献（**Reference**）：Chou, 1994; Wu, 2010.

（107a）兰姬尖粉蝶指名亚种 *Appias lalage lalage* (Doubleday, 1842)

Doubleday, 1842: 76.

异名（**Synonym**）：

Pieris lalage Doubleday, 1842: 76;

Hiposcritia lalage lageloides Crowley, 1900: 509.

分布（**Distribution**）：云南（YN）、西藏（XZ）、广西（GX）、海南（HI）；印度、缅甸、泰国、老挝、越南

其他文献（**Reference**）：Chou, 1994; Wu, 2010.

（108）兰西尖粉蝶 *Appias lalassis* Grose-Smith, 1887

Grose-Smith, 1887: 265.

分布（**Distribution**）：云南（YN）；缅甸、老挝、泰国、马来西亚

其他文献（**Reference**）：Wu, 2010.

（108a）兰西尖粉蝶指名亚种 *Appias lalassis lalassis* **Grose-Smith, 1887**

Grose-Smith, 1887: 265.

分布（**Distribution**）：云南（YN）；缅甸、老挝、泰国

其他文献（**Reference**）：Osada *et al.*, 1999; Wu, 2010.

（109）红翅尖粉蝶 *Appias nero* (Fabricius, 1793)

Fabricius, 1793: 153.

异名（**Synonym**）：

Papilio nero Fabricius, 1793: 153.

别名（**Common name**）：红粉蝶，红绢粉蝶

分布（**Distribution**）：云南（YN）、台湾（TW）、广西（GX）、海南（HI）；印度、缅甸、泰国、老挝、越南、菲律宾、新加坡、印度尼西亚、马来西亚

其他文献（**Reference**）：Chou, 1994; Wu, 2010.

（109a）红翅尖粉蝶台湾亚种 *Appias nero domitia* (Felder *et* Felder, 1862)

Felder *et* Felder, 1862: 285.

异名（**Synonym**）：

Pieris nero domitia Felder *et* Felder, 1862: 285.

分布（**Distribution**）：台湾（TW）；菲律宾

其他文献（**Reference**）：Chou, 1994; Wu, 2010.

（109b）红翅尖粉蝶广西亚种 *Appias nero galba* (Wallace, 1867)

Wallace, 1867: 378.

异名（**Synonym**）：

Tachyris nero galba Wallace, 1867: 378.

分布（**Distribution**）：云南（YN）、广西（GX）；印度、缅甸、泰国、老挝、越南

其他文献（**Reference**）：Chou, 1994; Wu, 2010.

（109c）红翅尖粉蝶海南亚种 *Appias nero hainanensis* (Fruhstorfer, 1902)

Fruhstorfer, 1902b: 178.

异名（**Synonym**）：

Tachyris nero hainanensis Fruhstorfer, 1902b: 178.

分布（**Distribution**）：海南（HI）

其他文献（**Reference**）：Chou, 1994; Wu, 2010.

（110）帕帝尖粉蝶 *Appias pandione* (Geyer, 1832)

Geyer, 1832: 16.

异名（**Synonym**）：

Appias remedies: Chou, 1994: 242;

Hiposcritia pandione Geyer, 1832: 16.

别名（**Common name**）：联眉尖粉蝶

分布（**Distribution**）：云南（YN）、海南（HI）；缅甸、老挝、泰国、马来西亚、印度尼西亚（爪哇岛）、菲律宾

其他文献（**Reference**）：Wu, 2010.

（110a）帕帝尖粉蝶南方亚种 *Appias pandione lagela* (Moore, [1879])

Moore, [1879] 1878b: 838.

异名（**Synonym**）：

Catophanga lagela Moore, [1879] 1878b: 838.

分布（**Distribution**）：云南（YN）、海南（HI）；马来西亚、缅甸、老挝、泰国

其他文献（**Reference**）：Osada *et al.*, 1999; Wu, 2010.

（111）宝玲尖粉蝶 *Appias paulina* (Cramer, 1777)

Cramer, 1777: 21.

异名（**Synonym**）：

Papilio paulina Cramer, 1777: 21.

分布（**Distribution**）：台湾（TW）；日本、斯里兰卡、印度、越南、印度尼西亚、马来西亚

其他文献（**Reference**）：Chou, 1994; Wu, 2010.

（111a）宝玲尖粉蝶台湾亚种 *Appias paulina minato* (Fruhstorfer, 1898)

Fruhstorfer, 1898: 409.

异名（**Synonym**）：

Catophaga paulina minato Fruhstorfer, 1898: 409.

分布（**Distribution**）：台湾（TW）；日本

其他文献（**Reference**）：Chou, 1994; Wu, 2010.

（112）灵奇尖粉蝶 *Appias lyncida* (Cramer, 1779)

Cramer, 1779: pl. 131, fig. B.

异名（**Synonym**）：

Papilio lyncida Cramer, 1779: pl. 131, fig. B.

别名（**Common name**）：雌黑粉蝶，灰角尖粉蝶，台湾粉蝶，异色尖粉蝶

分布（**Distribution**）：云南（YN）、台湾（TW）、广东（GD）、广西（GX）、海南（HI）、香港（HK）；斯里兰卡、印度、缅甸、老挝、越南、马来西亚、印度尼西亚、菲律宾

其他文献（**Reference**）：Chou, 1994; Wu, 2010.

（112a）灵奇尖粉蝶海南亚种 *Appias lyncida eleonora* (Boisduval, 1836)

Boisduval, 1836: 481.

异名（**Synonym**）：

Pieris lyncida eleonora Boisduval, 1836: 481;

Appias lyncida inornata Moore, 1878c: 700.

分布（**Distribution**）：海南（HI）；印度、缅甸

其他文献（**Reference**）：Chou, 1994; Wu, 2010.

（112b）灵奇尖粉蝶台湾亚种 *Appias lyncida formosana* (Wallace, 1866)

Wallace, 1866: 356.

异名（**Synonym**）：

Pieris lyncida formosana Wallace, 1866: 356.

分布（**Distribution**）：台湾（TW）；菲律宾

其他文献（**Reference**）：Chou, 1994; Wu, 2010.

（112c）灵奇尖粉蝶云桂亚种 *Appias lyncida vasava* Fruhstorfer, 1910

Fruhstorfer, 1910: 149.

分布（**Distribution**）：云南（YN）、广东（GD）、广西（GX）、香港（HK）；印度、泰国、缅甸、老挝、越南、马来半岛、新加坡

其他文献（**Reference**）：Wu, 2010.

15）侏粉蝶属 *Baltia* Moore, 1878

Moore, 1878a: 228.

其他文献（**Reference**）：Bates, 1873; Wu, 2010.

（113）芭侏粉蝶 *Baltia butleri* (Moore, 1882)

Moore, 1882: 256.

异名（**Synonym**）：

Synchloe butleri Moore, 1882: 256.

别名（**Common name**）：侏粉蝶

分布（**Distribution**）：青海（QH）、新疆（XJ）、西藏（XZ）；印度

其他文献（**Reference**）：Chou, 1994; Della Bruna *et al.*, 2004; Wu, 2010.

（113a）芭侏粉蝶指名亚种 *Baltia butleri butleri* (Moore, 1882)

Moore, 1882: 256.

异名（**Synonym**）：

Synchloe butleri Moore, 1882: 256.

分布（**Distribution**）：西藏（XZ）；克什米尔地区

其他文献（**Reference**）：Della Bruna *et al.*, 2004; Wu, 2010.

（113b）芭侏粉蝶藏北亚种 *Baltia butleri karmapa* Huang, 1998

Huang, 1998c: 249.

分布（**Distribution**）：西藏（XZ）

其他文献（**Reference**）：Wu, 2010.

（113c）芭侏粉蝶新疆亚种 *Baltia butleri nekrutenkoi* Kreuzberg, 1989

Kreuzberg, 1989: 32.

分布（Distribution）：新疆（XJ）；天山（中部）
其他文献（Reference）：Wu, 2010.

（113d）芭侏粉蝶青海亚种 *Baltia butleri potanini* (Alpheraky, 1888)

Alpheraky, 1888: 86.
异名（Synonym）：
Pieris butleri potanini Alpheraky, 1888: 86.
分布（Distribution）：甘肃（GS）、青海（QH）
其他文献（Reference）：Della Bruna *et al.*, 2004; Wu, 2010.

（113e）芭侏粉蝶西藏亚种 *Baltia butleri tatochilina* Niepelt, 1927

Niepelt, 1927: 52.
分布（Distribution）：西藏（XZ）
其他文献（Reference）：Wu, 2010.

（114）莎侏粉蝶 *Baltia shawii* (Bates, 1873)

Bates, 1873: 305.
异名（Synonym）：
Mesapia shawii Bates, 1873: 305.
分布（Distribution）：新疆（XJ）、西藏（XZ），喜马拉雅山脉（西部）；突厥斯坦、塔吉克斯坦
其他文献（Reference）：Della Bruna *et al.*, 2004; Wu, 2010.

（114a）莎侏粉蝶新疆亚种 *Baltia shawii baitalensis* Moore, 1904

Moore, 1904: 146.
异名（Synonym）：
Baltia baitalensis Moore, 1904: 146;
Baltia shawii karakuli Bang-Haas, 1937: 302.
分布（Distribution）：新疆（XJ）；突厥斯坦、塔吉克斯坦
其他文献（Reference）：Della Bruna *et al.*, 2004; Wu, 2010.

（114b）莎侏粉蝶指名亚种 *Baltia shawii shawii* (Bates, 1873)

Bates, 1873: 305.
异名（Synonym）：
Mesapia shawii Bates, 1873: 305.
分布（Distribution）：西藏（XZ），喜马拉雅山脉（西部）
其他文献（Reference）：Della Bruna *et al.*, 2004; Wu, 2010.

16）园粉蝶属 *Cepora* Billberg, 1820

Billberg, 1820: 76.
异名（Synonym）：
Huphina Moore, 1881: 136.
其他文献（Reference）：Cramer, 1775; Moore, 1881; Wu, 2010.

（115）黄裙园粉蝶 *Cepora judith* (Fabricius, 1787)

Fabricius, 1787: 22.

异名（Synonym）：
Papilio judith Fabricius, 1787: 22;
Papilio aspasia Stoll, 1790: 148.
分布（Distribution）：台湾（TW）；菲律宾、印度尼西亚、马来西亚
其他文献（Reference）：Cramer, 1782; Chou, 1994; Wu, 2010.

（115a）黄裙园粉蝶台湾亚种 *Cepora judith olga* (Eschscholtz, 1821)

Eschscholtz, 1821: 214.
异名（Synonym）：
Pontia judith olga Eschscholtz, 1821: 214.
分布（Distribution）：台湾（TW）；菲律宾
其他文献（Reference）：Chou, 1994; Wu, 2010.

（116）青园粉蝶 *Cepora nadina* (Lucas, 1852)

Lucas, 1852: 333.
异名（Synonym）：
Pieris nadina Lucas, 1852: 333.
别名（Common name）：异色粉蝶
分布（Distribution）：四川（SC）、云南（YN）、西藏（XZ）、台湾（TW）、广东（GD）、广西（GX）、海南（HI）；尼泊尔、越南、老挝、柬埔寨、泰国、印度
其他文献（Reference）：Chou, 1994; Wu, 2010.

（116a）青园粉蝶台湾亚种 *Cepora nadina eunama* (Fruhstorfer, 1903)

Fruhstorfer, 1903e: 110.
异名（Synonym）：
Huphina nadina eunama Fruhstorfer, 1903e: 110.
分布（Distribution）：台湾（TW）
其他文献（Reference）：Chou, 1994; Wu, 2010.

（116b）青园粉蝶指名亚种 *Cepora nadina nadina* (Lucas, 1852)

Lucas, 1852: 333.
异名（Synonym）：
Pieris nadina Lucas, 1852: 333;
Huphina nadina hainanensis Fruhstorfer, 1913: 92;
Cepora nadina hainanensis (Fruhstorfer): Chou, 1994: 256.
分布（Distribution）：四川（SC）、云南（YN）、西藏（XZ）、广东（GD）、广西（GX）、海南（HI）；尼泊尔、越南、老挝、柬埔寨、泰国、印度
其他文献（Reference）：Wu, 2010.

（117）黑脉园粉蝶 *Cepora nerissa* (Fabricius, 1775)

Fabricius, 1775: 471.
异名（Synonym）：
Papilio nerissa Fabricius, 1775: 471;
Papilio coronis Cramer, 1775: 69.
别名（Common name）：淡紫异色粉蝶，黑脉粉蝶

分布（**Distribution**）：云南（YN）、福建（FJ）、台湾（TW）、广东（GD）、广西（GX）、海南（HI）；缅甸、越南、老挝、泰国、马来西亚

其他文献（**Reference**）：Chou, 1994; Wu, 2010.

（117a）黑脉园粉蝶台湾亚种 *Cepora nerissa cibyra* (Fruhstorfer, 1910)

Fruhstorfer, 1910: 141.

异名（**Synonym**）：

Huphina cibyra Fruhstorfer, 1910: 141.

别名（**Common name**）：黑脉园粉蝶东南亚种

分布（**Distribution**）：台湾（TW）

其他文献（**Reference**）：Chou, 1994; Wu, 2010.

（117b）黑脉园粉蝶海南亚种 *Cepora nerissa coronis* (Cramer, 1775)

Cramer, 1775: 69.

异名（**Synonym**）：

Papilio coronis Cramer, 1775: 69.

分布（**Distribution**）：海南（HI）

其他文献（**Reference**）：Chou, 1994; Wu, 2010.

（117c）黑脉园粉蝶西南亚种 *Cepora nerissa dapha* (Moore, [1879])

Moore, [1879] 1878b: 838.

异名（**Synonym**）：

Appias dapha Moore, [1879] 1878b: 838;

Huphina nerissa dapha (Moore): Fruhstorfer, 1910: 141;

Cepora nerissa yunnanensis Mell, 1943: 98.

分布（**Distribution**）：云南（YN）、广西（GX）；缅甸、越南、老挝、泰国、马来西亚

其他文献（**Reference**）：Corbet *et* Pendlebury, 1992; Wu, 2010.

（117d）黑脉园粉蝶指名亚种 *Cepora nerissa nerissa* (Fabricius, 1775)

Fabricius, 1775: 471.

异名（**Synonym**）：

Papilio nerissa Fabricius, 1775: 471.

分布（**Distribution**）：福建（FJ）、广东（GD）

其他文献（**Reference**）：Chou, 1994; Wu, 2010.

17）斑粉蝶属 *Delias* Hübner, 1819

Hübner, 1819: 91, 92.

异名（**Synonym**）：

Cathaemia Hübner, 1819: 92;

Symmachlas Hübner, 1821: 122;

Thyca Wallengren, 1858: 76;

Piccarda Grote, 1900: 32.

其他文献（**Reference**）：Drury, 1773; Fabricius, 1775; Cramer, 1777; Donovan, 1805; Hübner, 1819; Butler, 1870b; Wu, 2010.

（118）红腋斑粉蝶 *Delias acalis* (Godart, 1819)

Godart, 1819: 148.

异名（**Synonym**）：

Papilio thybe Cramer, 1782: pl. 233, fig. c;

Pieris acalis Godart, 1819: 148.

别名（**Common name**）：红基斑粉蝶，红基粉蝶，红基黑粉蝶

分布（**Distribution**）：云南（YN）、西藏（XZ）、广东（GD）、广西（GX）、海南（HI）；印度、不丹、泰国、越南、缅甸、尼泊尔、马来西亚

其他文献（**Reference**）：Chou, 1994; Wu, 2010.

（118a）红腋斑粉蝶指名亚种 *Delias acalis acalis* (Godart, 1819)

Godart, 1819: 148.

异名（**Synonym**）：

Pieris acalis Godart, 1819: 148;

Delias acalis flavivestis Chou et al., 2001: 40.

分布（**Distribution**）：云南（YN）、西藏（XZ）、广西（GX）；印度、尼泊尔、不丹、泰国、缅甸

其他文献（**Reference**）：Chou, 1994; Wu, 2010.

（118b）红腋斑粉蝶华南亚种 *Delias acalis inomatai* Nakano, 1993

Nakano, 1993: 14.

分布（**Distribution**）：广东（GD）、海南（HI）、香港（HK）

其他文献（**Reference**）：Wu, 2010.

（119）奥古斑粉蝶 *Delias agostina* (Hewitson, 1852)

Hewitson, 1852: pl. 1, figs. 1-2.

异名（**Synonym**）：

Pieris agostina Hewitson, 1852: pl. 1, figs. 1-2.

别名（**Common name**）：后黄斑粉蝶

分布（**Distribution**）：四川（SC）、云南（YN）、海南（HI）；越南、缅甸、泰国、马来西亚、尼泊尔、不丹、印度

其他文献（**Reference**）：Chou, 1994; Wu, 2010.

（119a）奥古斑粉蝶指名亚种 *Delias agostina agostina* (Hewitson, 1852)

Hewitson, 1852: pl. 1, figs. 1-2.

异名（**Synonym**）：

Pieris agostina Hewitson, 1852: pl. 1, figs. 1-2.

分布（**Distribution**）：四川（SC）、云南（YN）；尼泊尔、缅甸、越南、印度、泰国、老挝

其他文献（**Reference**）：Chou, 1994; Wu, 2010.

（119b）奥古斑粉蝶越南亚种 *Delias agostina anna-mitica* Fruhstorfer, 1901

Fruhstorfer, 1901a: 98.

分布（**Distribution**）：海南（HI）；越南

其他文献（**Reference**）：Wu, 2010.

（120）艳妇斑粉蝶 *Delias belladonna* (Fabricius, 1793)

Fabricius, 1793: 180.

异名（**Synonym**）：

Papilio belladonna Fabricius, 1793: 180.

别名（**Common name**）：橙肩斑粉蝶，黄黑粉蝶，卵斑粉蝶

分布（**Distribution**）：陕西（SN）、浙江（ZJ）、江西（JX）、湖南（HN）、湖北（HB）、四川（SC）、云南（YN）、西藏（XZ）、福建（FJ）、广东（GD）、广西（GX）；不丹、缅甸、越南、印度、印度尼西亚、马来西亚、尼泊尔、斯里兰卡、泰国、老挝

其他文献（**Reference**）：Chou, 1994; Wu, 2010.

（120a）艳妇斑粉蝶指名亚种 *Delias belladonna belladonna* (Fabricius, 1793)

Fabricius, 1793: 180.

异名（**Synonym**）：

Papilio belladonna Fabricius, 1793: 180.

分布（**Distribution**）：云南（YN）；缅甸、越南

其他文献（**Reference**）：Chou, 1994; Wu, 2010.

（120b）艳妇斑粉蝶广东亚种 *Delias belladonna kwangtungensis* Talbot, 1928

Talbot, 1928: 224-228.

分布（**Distribution**）：江西（JX）、湖南（HN）、福建（FJ）

其他文献（**Reference**）：Wu, 2010.

（120c）艳妇斑粉蝶西藏亚种 *Delias belladonna lugens* Jordan, 1925

Jordan, 1925: 286.

分布（**Distribution**）：西藏（XZ）；印度、缅甸

其他文献（**Reference**）：Wu, 2010.

（120d）艳妇斑粉蝶四川亚种 *Delias belladonna zelima* Mitis, 1893

Mitis, 1893: 13.

分布（**Distribution**）：四川（SC）、广西（GX）

其他文献（**Reference**）：Wu, 2010.

（121）倍林斑粉蝶 *Delias berinda* (Moore, 1872)

Moore, 1872: 566.

异名（**Synonym**）：

Thyca berinda Moore, 1872: 566.

别名（**Common name**）：韦氏胡麻斑粉蝶

分布（**Distribution**）：陕西（SN）、江西（JX）、湖北（HB）、四川（SC）、贵州（GZ）、云南（YN）、西藏（XZ）、福建（FJ）、台湾（TW）、广西（GX）；印度、越南、老挝、泰

国、不丹

其他文献（**Reference**）：Moore, 1904; Wu, 2010.

（121a）倍林斑粉蝶南方亚种 *Delias berinda adelma* Mitis, 1893

Mitis, 1893: 130.

异名（**Synonym**）：

Delias patrua guiyangensis Chou *et al.*, 2001: 38-46.

分布（**Distribution**）：江西（JX）、湖北（HB）、贵州（GZ）、云南（YN）、福建（FJ）

其他文献（**Reference**）：Wu, 2010.

（121b）倍林斑粉蝶指名亚种 *Delias berinda berinda* (Moore, 1872)

Moore, 1872: 566.

异名（**Synonym**）：

Thyca berinda berinda Moore, 1872: 566.

分布（**Distribution**）：西藏（XZ）；印度、缅甸

其他文献（**Reference**）：Wei *et* Wu, 2005a; Wu, 2010.

（121c）倍林斑粉蝶台湾亚种 *Delias berinda wilemani* Jordan, 1925

Jordan, 1925: 282.

异名（**Synonym**）：

Delias wilemani Jordan, 1925: 282.

分布（**Distribution**）：台湾（TW）

其他文献（**Reference**）：Inayoshi *et* Nishimura, 1997; Wu, 2010.

（121d）倍林斑粉蝶峨眉亚种 *Delias berinda yedanula* Fruhstorfer, 1910

Fruhstorfer, 1910: 131.

分布（**Distribution**）：四川（SC）、云南（YN）；泰国、缅甸、老挝

其他文献（**Reference**）：Wu, 2010.

（122）红肩斑粉蝶 *Delias descombesi* (Boisduval, 1836)

Boisduval, 1836: 465.

异名（**Synonym**）：

Pieris descombesi Boisduval, 1836: 465.

分布（**Distribution**）：云南（YN）；尼泊尔、泰国、缅甸、印度、老挝、越南、马来西亚

其他文献（**Reference**）：Wei *et* Wu, 2005a; Wu, 2010.

（122a）红肩斑粉蝶指名亚种 *Delias descombesi descombesi* (Boisduval, 1836)

Boisduval, 1836: 839.

异名（**Synonym**）：

Pieris descombesi Boisduval, 1836: 839.

分布（**Distribution**）：云南（YN）；尼泊尔、泰国、缅甸、

印度、老挝、越南

其他文献（Reference）：Wei *et* Wu, 2005a; Wu, 2010.

（123）优越斑粉蝶 *Delias hyparete* (Linnaeus, 1758)

Linnaeus, 1758: 496.

异名（Synonym）：

Papilio hyparete Linnaeus, 1758: 496.

别名（Common name）：黑脉粉蝶，红纹粉蝶，红缘斑粉蝶，红缘粉蝶

分布（Distribution）：云南（YN）、台湾（TW）、广东（GD）、广西（GX）、海南（HI）；印度、不丹、泰国、越南、老挝、柬埔寨、缅甸、菲律宾、印度尼西亚、孟加拉国

其他文献（Reference）：Fabricius, 1775; Chou, 1994; Wu, 2010.

（123a）优越斑粉蝶华南亚种 *Delias hyparete hierte* (Hübner, 1818)

Hübner, 1818: 17.

异名（Synonym）：

Pontia hyparete hierte Hübner, 1818: 17;

Delias hyparete stolli Butler, 1872b: 32.

分布（Distribution）：广东（GD）、海南（HI）、香港（HK）；印度尼西亚

其他文献（Reference）：Chou, 1994; Wu, 2010.

（123b）优越斑粉蝶印度亚种 *Delias hyparete indica* (Wallace, 1867)

Wallace, 1867: 351.

异名（Synonym）：

Thyra hyparete indica Wallace, 1867: 351;

Delias hyparete ciris Fruhstorfer, 1910: 125.

分布（Distribution）：云南（YN）、广西（GX）；越南、印度、泰国、老挝

其他文献（Reference）：Chou, 1994; Wu, 2010.

（123c）优越斑粉蝶台湾亚种 *Delias hyparete luzonensis* (Felder *et* Felder, 1862)

Felder *et* Felder, 1862: 285.

异名（Synonym）：

Pieris hyparete luzonensis Felder *et* Felder, 1862: 285.

分布（Distribution）：台湾（TW）；菲律宾

其他文献（Reference）：Chou, 1994; Wu, 2010.

（124）侧条斑粉蝶 *Delias lativitta* Leech, 1893

Leech, 1893: 422.

别名（Common name）：白室斑粉蝶，胡麻斑粉蝶

分布（Distribution）：陕西（SN）、浙江（ZJ）、江西（JX）、云南（YN）、西藏（XZ）、台湾（TW）；缅甸、不丹、巴基斯坦

其他文献（Reference）：Wu, 2010.

（124a）侧条斑粉蝶台湾亚种 *Delias lativitta formosana* Matsumura, 1909

Matsumura, 1909b: 92.

分布（Distribution）：台湾（TW）

其他文献（Reference）：Wu, 2010.

（124b）侧条斑粉蝶指名亚种 *Delias lativitta lativitta* Leech, 1893

Leech, 1893: 422.

异名（Synonym）：

Delias lativitta shaanxiensis Chou *et al.*, 2001: 38-46.

分布（Distribution）：陕西（SN）、四川（SC）

其他文献（Reference）：Wu, 2010.

（124c）侧条斑粉蝶不丹亚种 *Delias lativitta parva* Talbot, 1937

Talbot, 1937: 268.

分布（Distribution）：云南（YN）；不丹、缅甸

其他文献（Reference）：Wei *et* Wu, 2005a; Wu, 2010.

（124d）侧条斑粉蝶福建亚种 *Delias lativitta tongi* Mell, 1939

Mell, 1939: 138.

分布（Distribution）：浙江（ZJ）、福建（FJ）

其他文献（Reference）：Wu, 2010.

（124e）侧条斑粉蝶西藏亚种 *Delias lativitta yuani* Huang, 1999

Huang, 1999b: 642-676.

分布（Distribution）：西藏（XZ）

其他文献（Reference）：Wu, 2010.

（124f）侧条斑粉蝶云南亚种 *Delias lativitta yunnana* Talbot, 1937

Talbot, 1937: 268.

异名（Synonym）：

Delias lativitta tai Yoshino, 1999: 1-10.

分布（Distribution）：云南（YN）；泰国、老挝

其他文献（Reference）：Wu, 2010.

（125）栗斑粉蝶 *Delias levicki* Rothschild, 1927

Rothschild, 1927: 563.

异名（Synonym）：

Cepora wui Chou *et* Zhang: Chou *et al.*, 2001: 40.

分布（Distribution）：云南（YN）；菲律宾

其他文献（Reference）：Ding *et al.*, 2011.

（126）内黄斑粉蝶 *Delias partrua* Leech, 1890

Leech, 1890a: 46.

分布（Distribution）：甘肃（GS）、湖北（HB）、四川（SC）、

云南（YN）；缅甸、泰国

其他文献（**Reference**）：Wu, 2010.

（126a）内黄斑粉蝶指名亚种 *Delias partrua partrua* Leech, 1890

Leech, 1890a: 46.

分布（**Distribution**）：甘肃（GS）、湖北（HB）、四川（SC）、云南（YN）

其他文献（**Reference**）：Wu, 2010.

（127）报喜斑粉蝶 *Delias pasithoe* (Linnaeus, 1767)

Linnaeus, 1767: 755.

异名（**Synonym**）：

Delias aglaia (Linnaeus): Talbot, 1949: 342;

Papilio aglaia Linnaeus, 1758: 465;

Papilio pasithoe Linnaeus, 1767: 755.

别名（**Common name**）：斑马粉蝶，褐基斑粉蝶，红肩粉蝶，花点粉蝶，檀香粉蝶，藤粉蝶，艳粉蝶

分布（**Distribution**）：云南（YN）、福建（FJ）、台湾（TW）、广东（GD）、广西（GX）、海南（HI）；印度、不丹、泰国、越南、缅甸、菲律宾、马来西亚、印度尼西亚

其他文献（**Reference**）：Hemming, 1967; Chou, 1994; Wu, 2010.

（127a）报喜斑粉蝶台湾亚种 *Delias pasithoe curasena* Fruhstorfer, 1900

Fruhstorfer, 1900: 38.

分布（**Distribution**）：台湾（TW）

其他文献（**Reference**）：Wu, 2010.

（127b）报喜斑粉蝶海南亚种 *Delias pasithoe cyrania* Fruhstorfer, 1913

Fruhstorfer, 1913: 92.

分布（**Distribution**）：海南（HI）

其他文献（**Reference**）：Wu, 2010.

（127c）报喜斑粉蝶指名亚种 *Delias pasithoe pasithoe* (Linnaeus, 1767)

Linnaeus, 1767: 755.

异名（**Synonym**）：

Papilio pasithoe Linnaeus, 1767: 755;

Delias pasithoe basialba Chou, Zhang *et* Wang, 2001: 39.

分布（**Distribution**）：云南（YN）、西藏（XZ）；印度、尼泊尔、不丹、缅甸、越南、泰国、老挝

其他文献（**Reference**）：Chou, 1994; Wu, 2010.

（127d）报喜斑粉蝶华南亚种 *Delias pasithoe porsenna* (Cramer, 1776)

Cramer, 1776: 68.

异名（**Synonym**）：

Papilio pasithoe porsenna Cramer, 1776: 68.

分布（**Distribution**）：福建（FJ）、广东（GD）、香港（HK）

其他文献（**Reference**）：Chou, 1994; Wu, 2010.

（127e）报喜斑粉蝶贵州亚种 *Delias pasithoe silviae* Jakusch, 2003

Jakusch, 2003: 43.

分布（**Distribution**）：贵州（GZ）、广西（GX）

其他文献（**Reference**）：Wu, 2010.

（128）洒青斑粉蝶 *Delias sanaca* (Moore, 1858)

Moore, 1858: 79.

异名（**Synonym**）：

Pieris sanaca Moore, 1858: 79.

分布（**Distribution**）：陕西（SN）、云南（YN）、西藏（XZ）；不丹、尼泊尔、泰国、马来西亚

其他文献（**Reference**）：Chou, 1994; Wu, 2010.

（128a）洒青斑粉蝶不丹亚种 *Delias sanaca bhutya* Talbot, 1937

Talbot, 1937: 278.

分布（**Distribution**）：西藏（XZ）；不丹

其他文献（**Reference**）：Wu, 2010.

（128b）洒青斑粉蝶云南亚种 *Delias sanaca perspicua* Fruhstorfer, 1910

Fruhstorfer, 1910: 130.

异名（**Synonym**）：

Delias belladonna perspicua Fruhstorfer, 1910: 130.

分布（**Distribution**）：云南（YN）；越南、缅甸

其他文献（**Reference**）：Talbot, 1949; Wu, 2010.

（129）隐条斑粉蝶 *Delias subnubila* Leech, 1893

Leech, 1893: 421.

别名（**Common name**）：黄肩斑粉蝶

分布（**Distribution**）：四川（SC）、云南（YN）、西藏（XZ）

其他文献（**Reference**）：Wu, 2010.

（129a）隐条斑粉蝶指名亚种 *Delias subnubila sub-nubila* Leech, 1893

Leech, 1893: 421.

异名（**Synonym**）：

Delias subnubila conspicua Mell, 1943: 93.

分布（**Distribution**）：四川（SC）、云南（YN）、西藏（XZ）

其他文献（**Reference**）：Chou, 1994; Wu, 2010.

18）橙粉蝶属 *Ixias* Hübner, 1819

Hübner, 1819: 95.

异名（**Synonym**）：

Ixiades Hübner, 1825: 6;

Thestias Boisduval, 1836: 590.

其他文献（**Reference**）：Linnaeus, 1764; Butler, 1870b; Wu,

2010.

（130）橙粉蝶 *Ixias pyrene* (Linnaeus, 1764)

Linnaeus, 1764: 241.

异名（**Synonym**）：

Papilio pyrene Linnaeus, 1764: 241;

Papilio aenippe Cramer, 1779: pl. 157, figs. C-D.

别名（**Common name**）：槌粉蝶，雌白黄蝶，黑缘橙粉蝶，异粉蝶

分布（**Distribution**）：江西（JX）、湖南（HN）、云南（YN）、福建（FJ）、台湾（TW）、广东（GD）、广西（GX）、海南（HI）；日本、不丹、尼泊尔、巴基斯坦、阿富汗、印度、斯里兰卡、缅甸、菲律宾、马来西亚、泰国、印度尼西亚、孟加拉国

其他文献（**Reference**）：Chou, 1994; Wu, 2010.

（130a）橙粉蝶海南亚种 *Ixias pyrene hainana* Fruhstorfer, 1910

Fruhstorfer, 1910: 172.

分布（**Distribution**）：海南（HI）

其他文献（**Reference**）：Wu, 2010.

（130b）橙粉蝶台湾亚种 *Ixias pyrene insignis* Butler, 1879

Butler, 1879a: 431.

分布（**Distribution**）：台湾（TW）；？日本（可能为迷蝶）

其他文献（**Reference**）：Wu, 2010.

（130c）橙粉蝶指名亚种 *Ixias pyrene pyrene* (Linnaeus, 1764)

Linnaeus, 1764: 241.

异名（**Synonym**）：

Papilio pyrene Linnaeus, 1764: 241.

分布（**Distribution**）：江西（JX）、湖南（HN）、福建（FJ）、广东（GD）、广西（GX）

其他文献（**Reference**）：Chou, 1994; Wu, 2010.

（130d）橙粉蝶云南亚种 *Ixias pyrene yunnanensis* Fruhstorfer, 1902

Fruhstorfer, 1902c: 82.

分布（**Distribution**）：云南（YN）

其他文献（**Reference**）：Wu, 2010.

19）纤粉蝶属 *Leptosia* Hübner, 1818

Hübner, 1818: 13.

异名（**Synonym**）：

Nina Horsfield, 1829: 140;

Nychitona Butler, 1870b: 34.

其他文献（**Reference**）：Fabricius, 1793; Hübner, 1818; Horsfield, 1829; Wu, 2010.

（131）纤粉蝶 *Leptosia nina* (Fabricius, 1793)

Fabricius, 1793: 194.

异名（**Synonym**）：

Papilio nina Fabricius, 1793: 194.

分布（**Distribution**）：云南（YN）、台湾（TW）、广东（GD）、海南（HI）；印度、斯里兰卡、越南、泰国、缅甸、菲律宾、印度尼西亚

其他文献（**Reference**）：Chou, 1994; Wu, 2010.

（131a）纤粉蝶指名亚种 *Leptosia nina nina* (Fabricius, 1793)

Fabricius, 1793: 194.

异名（**Synonym**）：

Papilio nina Fabricius, 1793: 194.

分布（**Distribution**）：云南（YN）；印度、斯里兰卡、越南、泰国、缅甸

其他文献（**Reference**）：Lee *et* Cao, 1987; Wu, 2010.

（131b）纤粉蝶台湾亚种 *Leptosia nina niobe* (Wallace, 1866)

Wallace, 1866: 357.

异名（**Synonym**）：

Pontia nina niobe Wallace, 1866: 357.

分布（**Distribution**）：台湾（TW）、广东（GD）、海南（HI）

其他文献（**Reference**）：Chou, 1994; Wu, 2010.

20）妹粉蝶属 *Mesapia* Gray, 1856

Gray, 1856: 92.

其他文献（**Reference**）：Hewitson, 1853; Della Bruna *et al.*, 2004; Wu, 2010.

（132）妹粉蝶 *Mesapia peloria* (Hewitson, 1853)

Hewitson, 1853: pl. 2, figs. 15-16.

异名（**Synonym**）：

Pieris peloria Hewitson, 1853: pl. 2, figs. 15-16.

分布（**Distribution**）：甘肃（GS）、青海（QH）、新疆（XJ）、四川（SC）、西藏（XZ）

其他文献（**Reference**）：Della Bruna *et al.*, 2004; Wu, 2010.

（132a）妹粉蝶甘肃亚种 *Mesapia peloria grayi* Bang-Haas, 1934

Bang-Haas, 1934: 16.

分布（**Distribution**）：甘肃（GS）

其他文献（**Reference**）：Wu, 2010.

（132b）妹粉蝶四川亚种 *Mesapia peloria leechi* Bang-Haas, 1934

Bang-Haas, 1934: 16.

分布（**Distribution**）：四川（SC）

其他文献（**Reference**）：Wu, 2010.

（**132c**）妹粉蝶西藏亚种 *Mesapia peloria minima* **Huang, 1998**

Huang, 1998b: 276.

分布（**Distribution**）：西藏（XZ）

其他文献（**Reference**）：Wu, 2010.

（**132d**）妹粉蝶指名亚种 *Mesapia peloria peloria* **(Hewitson, 1853)**

Hewitson, 1853: pl. 2, figs. 15-16.

异名（**Synonym**）：

Pieris peloria Hewitson, 1853: pl. 2, figs. 15-16;

Aporia lama Alpheraky, 1887: 404;

Mesapia peloria tibetensis D'Abrera, 1990: 82.

分布（**Distribution**）：青海（QH）、新疆（XJ）

其他文献（**Reference**）：Della Bruna *et al.*, 2004; Wu, 2010.

21）粉蝶属 *Pieris* Schrank, 1801

Schrank, 1801: 152, 161.

其他文献（**Reference**）：Linnaeus, 1758; Wu, 2010.

（**133**）阿尔金粉蝶 *Pieris aljinensis* **Huang *et* Murayama, 1992**

Huang *et* Murayama, 1992: 3.

异名（**Synonym**）：

Pieris kozlovi aljinensis Huang *et* Murayama, 1992: 3.

分布（**Distribution**）：新疆（XJ）

其他文献（**Reference**）：Wu, 2010.

（**134**）春丕粉蝶 *Pieris chumbiensis* **(de Nicéville, 1897)**

de Nicéville, 1897b: 563.

异名（**Synonym**）：

Parapieris chumbiensis de Nicéville, 1897b: 563;

Pieris gyantsensis Verity, 1911: 329;

Synchloe chumbiensis (de Nicéville): Lee, 1982: 132;

Pieris dubernardi chumbiensis (de Nicéville): Bridges, 1988: 64.

分布（**Distribution**）：西藏（XZ）；印度（锡金）

其他文献（**Reference**）：Bingham, 1907; Wu, 2010.

（**135**）大卫粉蝶 *Pieris davidis* **Oberthür, 1876**

Oberthür, 1876: 18.

异名（**Synonym**）：

Aporia davidis (Oberthür): Bollow, 1932: 94.

分布（**Distribution**）：陕西（SN）、甘肃（GS）、四川（SC）、云南（YN）、西藏（XZ）

其他文献（**Reference**）：Wu, 2010.

（**135a**）大卫粉蝶指名亚种 *Pieris davidis davidis* **Oberthür, 1876**

Oberthür, 1876: 18.

分布（**Distribution**）：四川（SC）、云南（YN）、西藏（XZ）

其他文献（**Reference**）：Wu, 2010.

（**135b**）大卫粉蝶秦岭亚种 *Pieris davidis diluta* **(Verity, 1911)**

Verity, 1911: 329.

异名（**Synonym**）：

Synchloe davidis diluta Verity, 1911: 329;

Aporia davidis diluta (Verity): Bollow, 1932: 94.

分布（**Distribution**）：陕西（SN）、甘肃（GS）

其他文献（**Reference**）：Chou, 1994; Wu, 2010.

（**136**）杜贝粉蝶 *Pieris dubernardi* **Oberthür, 1884**

Oberthür, 1884: 13.

异名（**Synonym**）：

Synchloe dubernardi (Oberthür): Lee, 1982: 132.

分布（**Distribution**）：甘肃（GS）、四川（SC）、云南（YN）、西藏（XZ）

其他文献（**Reference**）：Wu, 2010.

（**136a**）杜贝粉蝶甘肃亚种 *Pieris dubernardi bromkampi* **(Bang-Haas, 1938)**

Bang-Haas, 1938a: 178.

异名（**Synonym**）：

Synchloe dubernardi bromkampi Bang-Haas, 1938a: 178.

分布（**Distribution**）：甘肃（GS）

其他文献（**Reference**）：Bridges, 1988; Wu, 2010.

（**136b**）杜贝粉蝶指名亚种 *Pieris dubernardi dubernardi* **Oberthür, 1884**

Oberthür, 1884: 13.

异名（**Synonym**）：

Pieris dubernardi pomiensis Yoshino, 1998: 1.

分布（**Distribution**）：四川（SC）、云南（YN）、西藏（XZ）

其他文献（**Reference**）：Wu, 2010.

（**137**）库茨粉蝶 *Pieris kozlovi* **Alpheraky, 1897**

Alpheraky, 1897c: 232.

异名（**Synonym**）：

Pieris dubernardi kozlovi Alpheraky, 1897c: 232.

分布（**Distribution**）：青海（QH）、西藏（XZ）

其他文献（**Reference**）：Huang, 1998a; Wu, 2010.

（**137a**）库茨粉蝶藏东亚种 *Pieris kozlovi ihamo* **Kocman, 1999**

Kocman, 1999: 57.

分布（**Distribution**）：西藏（XZ）

其他文献（**Reference**）：Wu, 2010.

（**137b**）库茨粉蝶指名亚种 *Pieris kozlovi kozlovi* **Alpheraky, 1897**

Alpheraky, 1897c: 232.

异名（Synonym）：

Pieris dubernardi kozlovi Alpheraky, 1897c: 232.

分布（Distribution）：青海（QH）、西藏（XZ）

其他文献（Reference）：Kocman, 1999; Wu, 2010.

（138）偌思粉蝶 *Pieris rothschildi* Verity, 1911

Verity, 1911: 329.

异名（Synonym）：

Pieris dubernardi rothschildi Verity, 1911: 329;

Pieris lama Sugiyama, 1996: 7.

分布（Distribution）：陕西（SN）、四川（SC）

其他文献（Reference）：Wu, 2010.

（139）斯托粉蝶 *Pieris stotzneri* (Draeseke, 1924)

Draeseke, 1924: 6.

异名（Synonym）：

Pieris davidina Oberthür, 1891b: 8;

Pieris davidis ab. *nigricans* Verity, 1911: 137;

Synchloe stotzneri Draeseke, 1924: 6;

Sinopieris stotzneri (Draeseke): Huang, 2003: 77.

分布（Distribution）：四川（SC）、云南（YN）

其他文献（Reference）：Bridges, 1988; Wu, 2010.

（140）维纳粉蝶 *Pieris venata* Leech, 1891

Leech, 1891: 58.

异名（Synonym）：

Pieris venata f. *thibetana* Verity, 1911: 137;

Sinopieris gonggaensis Huang, 1995: 56.

分布（Distribution）：四川（SC）、西藏（XZ）

其他文献（Reference）：Wu, 2010.

（141）王氏粉蝶 *Pieris wangi* Huang, 1998

Huang, 1998a: 239.

异名（Synonym）：

Pieris dubernardi wangi Huang, 1998a: 239.

分布（Distribution）：西藏（XZ）

其他文献（Reference）：Wu, 2010.

（142）大展粉蝶 *Pieris extensa* Poujade, 1888

Poujade, 1888: 19.

别名（Common name）：西藏大粉蝶

分布（Distribution）：甘肃（GS）、湖北（HB）、四川（SC）、云南（YN）、西藏（XZ）

其他文献（Reference）：Wu, 2010.

（143）黑边粉蝶 *Pieris melaina* Röber, 1907

Röber, 1907: 48.

异名（Synonym）：

Pieris melete melaina Röber: Verity, 1908-1911: 140, 331;

Pieris napi melaina Röber: Talbot, 1949: 421.

分布（Distribution）：四川（SC）、西藏（XZ）；尼泊尔、印度

其他文献（Reference）：Eitschberger, 1983; Wu, 2010.

（144）黑纹粉蝶 *Pieris melete* Ménétriés, 1857

Ménétriés, 1857: 113.

异名（Synonym）：

Pieris erutae Poujade, 1888: 29; Eitschberger, 1983: 370.

别名（Common name）：黑脉粉蝶

分布（Distribution）：河北（HEB）、河南（HEN）、陕西（SN）、甘肃（GS）、安徽（AH）、上海（SH）、浙江（ZJ）、江西（JX）、湖南（HN）、湖北（HB）、四川（SC）、贵州（GZ）、云南（YN）、西藏（XZ）、福建（FJ）、广西（GX）；韩国、日本、俄罗斯（西伯利亚）

其他文献（Reference）：Wu, 2010.

（144a）黑纹粉蝶秦岭亚种 *Pieris melete kueitzi* Eitschberger, 1983

Eitschberger, 1983: 378.

异名（Synonym）：

Pieris erutae kueitzi Eitschberger, 1983: 378.

分布（Distribution）：陕西（SN）、甘肃（GS）

其他文献（Reference）：Wu, 2010.

（144b）黑纹粉蝶东南亚种 *Pieris melete latouchei* Mell, 1939

Mell, 1939: 138.

异名（Synonym）：

Pieris extensa latouchei Mell, 1939: 138;

Pieris erutae latouchei Mell: Eitschberger, 1983: 376.

分布（Distribution）：安徽（AH）、上海（SH）、浙江（ZJ）、江西（JX）、福建（FJ）

其他文献（Reference）：Wu, 2010.

（144c）黑纹粉蝶指名亚种 *Pieris melete melete* Ménétriés, 1857

Ménétriés, 1857: 113.

异名（Synonym）：

Pieris erutae Poujade, 1888: 29;

Pieris melete mandarina Leech, 1893: 451;

Pieris melete f. *australis* Verity, 1908: 331;

Pieris melete f. *alpestris* Verity, 1908: 166.

分布（Distribution）：四川（SC）、贵州（GZ）、云南（YN）、西藏（XZ）、广西（GX）；印度

其他文献（Reference）：Wu, 2010.

（144d）黑纹粉蝶中部亚种 *Pieris melete reissingeri* Eitschberger, 1983

Eitschberger, 1983: 374.

异名（Synonym）：

Pieris erutae reissnigeri Eitschberger, 1983: 374.

分布（Distribution）：河北（HEB）、河南（HEN）、湖南（HN）、湖北（HB）

其他文献（Reference）：Wu, 2010.

（145）暗脉粉蝶 *Pieris napi* (Linnaeus, 1758)

Linnaeus, 1758: 468.

异名（Synonym）：

Papilio napi Linnaeus, 1758: 468.

分布（Distribution）：黑龙江（HL）、吉林（JL）、辽宁（LN）、河北（HEB）、河南（HEN）、青海（QH）、新疆（XJ）、湖北（HB）、西藏（XZ）；日本、朝鲜、俄罗斯（高加索地区）、巴基斯坦、印度（北部）、安纳托利亚；欧洲、非洲、北美洲

其他文献（Reference）：Eitschberger *et* Steiniger, 1983; Wu, 2010.

（145a）暗脉粉蝶西藏亚种 *Pieris napi ajaka* Moore, 1865

Moore, 1865: 490.

异名（Synonym）：

Pieris ajaka Moore, 1865: 490.

分布（Distribution）：西藏（XZ）；巴基斯坦、印度（北部）

其他文献（Reference）：Talbot, 1949; Wu, 2010.

（145b）暗脉粉蝶新疆亚种 *Pieris napi bryoniae* (Hübner, 1805)

Hübner, 1805: 62.

异名（Synonym）：

Papilio napi bryoniae Hübner, 1805: 62;

Pieris napi sifanica Grum-Grshimailo, 1895: 290;

Pieris bryoniae sifanica Grum-Grshimailo: Eitschberger, 1983: 125;

Pieris bryoniae (Hübner): Eitschberger, 1983: 122.

分布（Distribution）：新疆（XJ）、西藏（XZ）；俄罗斯（高加索地区）、安纳托利亚；欧洲

其他文献（Reference）：Grum-Grshimailo, 1895; Chou, 1994; Wu, 2010.

（145c）暗脉粉蝶东北亚种 *Pieris napi dulcinea* (Butler, 1882)

Butler, 1882: 18.

异名（Synonym）：

Ganoris dulcinea Butler, 1882: 18;

Artogeia napi dulcinea (Butler): Lee, 1982: 13.

分布（Distribution）：黑龙江（HL）、辽宁（LN）、河北（HEB）、河南（HEN）、湖北（HB）；俄罗斯、韩国

其他文献（Reference）：Eitschberger *et* Steiniger, 1983; Wu, 2010.

（146）东北粉蝶 *Pieris orientis* Oberthür, 1880

Oberthür, 1880: 13.

异名（Synonym）：

Pieris napi orientis Oberthür, 1880: 13.

分布（Distribution）：黑龙江（HL）、吉林（JL）、辽宁（LN）；俄罗斯、韩国

其他文献（Reference）：Eitschberger *et* Steiniger, 1983; Wu, 2010.

（147）斯坦粉蝶 *Pieris steinigeri* Eitschberger, 1983

Eitschberger, 1983: 324.

分布（Distribution）：四川（SC）、云南（YN）

其他文献（Reference）：Wu, 2010.

（148）东方菜粉蝶 *Pieris canidia* (Sparrman, 1768)

Sparrman, 1768: 504.

异名（Synonym）：

Papilio canidia Sparrman, 1768: 504.

别名（**Common name**）：东方粉蝶，多点菜粉蝶，黑缘粉蝶

分布（Distribution）：中国各省区；韩国、越南、老挝、缅甸、柬埔寨、泰国、土耳其

其他文献（Reference）：Chou, 1994; Wu, 2010.

（148a）东方菜粉蝶指名亚种 *Pieris canidia canidia* (Sparrman, 1768)

Sparrman, 1768: 504.

异名（Synonym）：

Papilio canidia Sparrman, 1768: 504.

分布（Distribution）：湖南（HN）、四川（SC）、贵州（GZ）、云南（YN）、广西（GX）；韩国、越南、老挝、缅甸、柬埔寨、泰国、土耳其

其他文献（Reference）：Chou, 1994; Wu, 2010.

（148b）东方菜粉蝶印度亚种 *Pieris canidia indica* Evans, 1926

Evans, 1926: 712.

分布（Distribution）：西藏（XZ）；印度

其他文献（Reference）：Wu, 2010.

（148c）东方菜粉蝶西北亚种 *Pieris canidia mars* Bang-Haas, 1927

Bang-Haas, 1927: 258.

分布（Distribution）：陕西（SN）

其他文献（Reference）：Wu, 2010.

（148d）东方菜粉蝶微点亚种 *Pieris canidia minima* Verity, 1908

Verity, 1908: 161.

分布（Distribution）：西藏（XZ）

其他文献（Reference）：Wu, 2010.

（148e）东方菜粉蝶海南亚种 *Pieris canidia sordida* **Butler, 1877**

Butler, 1877: 96.

异名（Synonym）：

Pieris canidia ab. *sordida* Butler, 1877: 96.

分布（Distribution）：福建（FJ）、台湾（TW）、海南（HI）、香港（HK）

其他文献（Reference）：Chou, 1994; Wu, 2010.

（149）克莱粉蝶 *Pieris krueperi* **Staudinger, 1860**

Staudinger, 1860: 19.

分布（Distribution）：新疆（XJ）；俄罗斯、保加利亚、南斯拉夫、希腊、伊朗、阿富汗、巴基斯坦、印度（西北部）、叙利亚

其他文献（Reference）：Chou *et al.*, 2001; Wu, 2010.

（150）菜粉蝶 *Pieris rapae* **(Linnaeus, 1758)**

Linnaeus, 1758: 468.

异名（Synonym）：

Papilio rapae Linnaeus, 1758: 468.

别名（Common name）：白粉蝶，菜白蝶，菜青虫，小菜粉蝶

分布（Distribution）：黑龙江（HL）、吉林（JL）、辽宁（LN）、内蒙古（NM）、河北（HEB）、北京（BJ）、山西（SX）、山东（SD）、河南（HEN）、陕西（SN）、宁夏（NX）、甘肃（GS）、青海（QH）、新疆（XJ）、安徽（AH）、江苏（JS）、上海（SH）、浙江（ZJ）、江西（JX）、湖南（HN）、湖北（HB）、四川（SC）、贵州（GZ）、云南（YN）、西藏（XZ）、福建（FJ）、台湾（TW）、广东（GD）、广西（GX）、海南（HI）、香港（HK）；从美洲（北部）到印度（北部）

其他文献（Reference）：Chou, 1994; Wu, 2010.

（150a）菜粉蝶东方亚种 *Pieris rapae crucivora* **Boisduval, 1836**

Boisduval, 1836: 521.

异名（Synonym）：

Pieris rapae orientalis Oberthür, 1880: 13;
Pieris mandschurica Speyer, 1882: 379;
Pieris rapae debilis Alpheraky, 1889b: 70;
Pieris rapae eumorpha Fruhstorfer, 1911: 23;
Pieris rapae pulverea Verity, 1911: 335;
Pieris rapae accrescens Stauder, 1924: 61;
Pieris wladiwostokensis Kardakoff, 1928: 268;
Pieris rapae yunnana Mell, 1943: 104.

别名（Common name）：菜粉蝶台湾亚种

分布（Distribution）：中国各省区；日本、朝鲜、俄罗斯

其他文献（Reference）：Wu, 2010.

（151）欧洲粉蝶 *Pieris brassicae* **(Linnaeus, 1758)**

Linnaeus, 1758: 476.

异名（Synonym）：

Papilio brassicae Linnaeus, 1758: 476.

别名（Common name）：大菜粉蝶

分布（Distribution）：吉林（JL）、甘肃（GS）、新疆（XJ）、四川（SC）、云南（YN）、西藏（XZ）；印度、尼泊尔、哈萨克斯坦、俄罗斯；中亚、欧洲

其他文献（Reference）：Chou, 1994; Wu, 2010.

（151a）欧洲粉蝶指名亚种 *Pieris brassicae brassicae* **(Linnaeus, 1758)**

Linnaeus, 1758: 476.

异名（Synonym）：

Papilio brassicae Linnaeus, 1758: 476.

分布（Distribution）：吉林（JL）、新疆（XJ）；哈萨克斯坦、俄罗斯；中亚、欧洲

其他文献（Reference）：Bridges, 1988; Wu, 2010.

（151b）欧洲粉蝶尼泊尔亚种 *Pieris brassicae nepalensis* **Gray, 1864**

Gray, 1864: 32.

分布（Distribution）：甘肃（GS）、四川（SC）、云南（YN）、西藏（XZ），喜马拉雅山脉；尼泊尔

其他文献（Reference）：Wu, 2010.

（152）斑缘粉蝶 *Pieris deota* **(de Nicéville, 1884)**

de Nicéville, 1884: 82.

异名（Synonym）：

Mancipium deota de Nicéville, 1884: 82.

别名（Common name）：斑缘菜粉蝶

分布（Distribution）：新疆（XJ）、西藏（XZ），喜马拉雅山脉（西北部地区）

其他文献（Reference）：Chou, 1994; Wu, 2010.

22）云粉蝶属 *Pontia* **Fabricius, 1807**

Fabricius, 1807: 283.

其他文献（Reference）：Linnaeus, 1758; Wu, 2010.

（153）绿云粉蝶 *Pontia chloridice* **(Hübner, [1813])**

Hübner, [1813]: Papiliones, figs. 712-715.

异名（Synonym）：

Papilio chloridice Hübner, [1813]: Vol.1: Papiliones, figs. 712-715.

别名（Common name）：淡脉绿粉蝶

分布（Distribution）：黑龙江（HL）、吉林（JL）、内蒙古（NM）、北京（BJ）、甘肃（GS）、青海（QH）、新疆（XJ）、西藏（XZ）；阿富汗、巴基斯坦、印度（北部）、伊朗、土耳其、蒙古国、俄罗斯、朝鲜、韩国

其他文献（Reference）：Della Bruna *et al.*, 2004; Wu, 2010.

（153a）绿云粉蝶青藏亚种 *Pontia chloridice alpina* (Verity, 1911)

Verity, 1911: 328.

异名（Synonym）：

Pieris chloridice alpina Verity, 1911: 328.

分布（Distribution）：青海（QH）、西藏（XZ）；阿富汗、巴基斯坦、印度（北部）

其他文献（Reference）：Della Bruna *et al.*, 2004; Wu, 2010.

（153b）绿云粉蝶指名亚种 *Pontia chloridice chloridice* (Hübner, [1813])

Hübner, [1813]: Papiliones, figs. 712-715.

异名（Synonym）：

Papilio chloridice Hübner, [1813]: Papiliones, figs. 712-715;

Pieris chloridice v. *albidice* Staudinger, 1901: 12;

Pontia chloridice schahrudensis Kocak, 1980: 139.

分布（Distribution）：黑龙江（HL）、吉林（JL）、内蒙古（NM）、北京（BJ）、甘肃（GS）、新疆（XJ）；俄罗斯、伊朗、土耳其、蒙古国、朝鲜、韩国

其他文献（Reference）：Della Bruna *et al.*, 2004; Wu, 2010.

（154）云粉蝶 *Pontia edusa* (Fabricius, 1777)

Fabricius, 1777: 225.

异名（Synonym）：

Papilio edusa Fabricius, 1777: 225.

别名（Common name）：花粉蝶

分布（Distribution）：黑龙江（HL）、吉林（JL）、辽宁（LN）、内蒙古（NM）、河北（HEB）、北京（BJ）、山西（SX）、山东（SD）、10 河南(HEN)、陕西（SN）、宁夏（NX）、甘肃（GS）、新疆（XJ）、江苏（JS）、上海（SH）、四川（SC）、云南（YN）、西藏（XZ）、广西（GX）；俄罗斯、印度；亚洲、欧洲、非洲

其他文献（Reference）：Della Bruna *et al.*, 2004; Wu, 2010.

（154a）云粉蝶四川亚种 *Pontia edusa amphimara* (Fruhstorfer, 1908)

Fruhstorfer, 1908a: 50-51.

异名（Synonym）：

Leucochloë daplidice amphimara Fruhstorfer, 1908a: 50-51.

分布（Distribution）：河南（HEN）、陕西（SN）、宁夏（NX）、甘肃（GS）、四川（SC）

其他文献（Reference）：Della Bruna *et al.*, 2004; Wu, 2010.

（154b）云粉蝶青岛亚种 *Pontia edusa avidia* (Fruhstorfer, 1908)

Fruhstorfer, 1908a: 50-51.

异名（Synonym）：

Leucochloë daplidice avidia Fruhstorfer, 1908a: 50-51.

分布（Distribution）：内蒙古（NM）、河北（HEB）、北京（BJ）、山西（SX）、山东（SD）、河南（HEN）、江苏（JS）、上海（SH）

其他文献（Reference）：Della Bruna *et al.*, 2004; Wu, 2010.

（154c）云粉蝶乌苏里亚种 *Pontia edusa davendra* Hemming, 1934

Hemming, 1934: 194.

异名（Synonym）：

Leucochloe daplidice orientalis Kardakoff, 1928: 268;

Pontia daplidice davendra Hemming, 1934: 194.

分布（Distribution）：吉林（JL）、辽宁（LN）

其他文献（Reference）：Della Bruna *et al.*, 2004; Wu, 2010.

（154d）云粉蝶黑龙江亚种 *Pontia edusa heilongjiangensis* Wei *et* Wu, 2005

Wei *et* Wu, 2005b: 817.

分布（Distribution）：黑龙江（HL）

其他文献（Reference）：Wu, 2010.

（154e）云粉蝶青藏亚种 *Pontia edusa moorei* (Röber, 1907)

Röber, 1907: 49.

异名（Synonym）：

Leucochloë daplidice moorei Röber, 1907: 49.

分布（Distribution）：西藏（XZ）

其他文献（Reference）：Della Bruna *et al.*, 2004; Wu, 2010.

（154f）云粉蝶新疆亚种 *Pontia edusa nubicola* (Fruhstorfer, 1908)

Fruhstorfer, 1908a: 50-51.

异名（Synonym）：

Leucochloë daplidice nubicola Fruhstorfer, 1908a: 50-51.

分布（Distribution）：新疆（XJ）

其他文献（Reference）：Della Bruna *et al.*, 2004; Wu, 2010.

（154g）云粉蝶西南亚种 *Pontia edusa praeclara* Fruhstorfer, 1910

Fruhstorfer, 1910: 194.

异名（Synonym）：

Pontia daplidice praeclara Fruhstorfer, 1910: 194.

分布（Distribution）：云南（YN）、广西（GX）

其他文献（Reference）：Della Bruna *et al.*, 2004; Wu, 2010.

（154h）云粉蝶且末亚种 *Pontia edusa qiemoensis* Wei *et* Wu, 2005

Wei *et* Wu, 2005b: 818.

分布（Distribution）：新疆（XJ）

其他文献（Reference）：Wu, 2010.

（155）箭纹云粉蝶 *Pontia callidice* (Hübner, 1800)

Hübner, 1800: 63.

异名（**Synonym**）：

Papilio callidice Hübner, 1800: 63;

Synchloe callidice (Hübner): Butler, 1870b: 51.

别名（**Common name**）：锯纹绿粉蝶

分布（**Distribution**）：青海（QH）、新疆（XJ）、西藏（XZ）；欧洲的高山到突厥斯坦、印度（西北部）

其他文献（**Reference**）：Chou, 1994; Wu, 2010.

（155a）箭纹云粉蝶兴都亚种 *Pontia callidice hinducucica* (Verity, [1911])

Verity, [1911]: 326, 327.

异名（**Synonym**）：

Pieris callidice v. *orientalis* Alpheraky, 1881: 359;

Pieris callidice race *amdensis* Verity, [1911]: 327;

Pieris callidice race *hinducucica* Verity, [1911]: 326;

Pontia callidice amaryllis Hemming, 1933: 278;

Pontia callidice halasia Huang *et* Murayama, 1992: 3.

分布（**Distribution**）：青海（QH）、新疆（XJ）；阿富汗、叙利亚

其他文献（**Reference**）：Wei *et* Wu, 2005b; Wu, 2010.

（155b）箭纹云粉蝶喜马亚种 *Pontia callidice kalora* (Moore, 1865)

Moore, 1865: 489.

异名（**Synonym**）：

Pieris kalora Moore, 1865: 489;

Synchloe callidice duplati Bernardi, 1965: 230.

分布（**Distribution**）：新疆（XJ）、西藏（XZ）；印度（北部）

其他文献（**Reference**）：Della Bruna *et al.*, 2004; Wei *et* Wu, 2005b; Wu, 2010.

23）锯粉蝶属 *Prioneris* Wallace, 1867

Wallace, 1867: 383.

其他文献（**Reference**）：Doubleday, 1842; Wu, 2010.

（156）红肩锯粉蝶 *Prioneris clemanthe* (Doubleday, 1846)

Doubleday, 1846: 23.

异名（**Synonym**）：

Pieris clemanthe Doubleday, 1846: 23.

分布（**Distribution**）：云南（YN）、广东（GD）、海南（HI）、香港（HK）；印度、缅甸、泰国、越南、老挝

其他文献（**Reference**）：Chou, 1994; Wu, 2010.

（156a）红肩锯粉蝶指名亚种 *Prioneris clemanthe clemanthe* (Doubleday, 1846)

Doubleday, 1846: 23.

异名（**Synonym**）：

Pieris clemanthe Doubleday, 1846: 23;

Pieris berenice Lucas, 1852: 324;

Pieris helferi Felder *et* Felder, 1865: 161;

Prioneris clemanthe f. *saenia* Fruhstorfer, 1910: 137;

Prioneris philonome clemanthe (Doubleday): Pinratana, 1983: 11.

分布（**Distribution**）：云南（YN）；印度、缅甸、泰国、越南、老挝

其他文献（**Reference**）：Wu, 2010.

（156b）红肩锯粉蝶海南亚种 *Prioneris clemanthe euclemanthe* Fruhstorfer, 1903

Fruhstorfer, 1903f: 35.

分布（**Distribution**）：广东（GD）、海南（HI）、香港（HK）

其他文献（**Reference**）：Wu, 2010.

（157）锯粉蝶 *Prioneris thestylis* (Doubleday, 1842)

Doubleday, 1842: 76.

异名（**Synonym**）：

Pieris thestylis Doubleday, 1842: 76.

分布（**Distribution**）：云南（YN）、福建（FJ）、台湾（TW）、广西（GX）、海南（HI）、香港（HK）；印度、缅甸、泰国、越南、老挝、马来西亚、印度尼西亚

其他文献（**Reference**）：Chou, 1994; Wu, 2010.

（157a）锯粉蝶台湾亚种 *Prioneris thestylis formosana* Fruhstorfer, 1903

Fruhstorfer, 1903e: 109.

分布（**Distribution**）：台湾（TW）

其他文献（**Reference**）：Wu, 2010.

（157b）锯粉蝶海南亚种 *Prioneris thestylis hainanensis* Fruhstorfer, 1910

Fruhstorfer, 1910: 136.

异名（**Synonym**）：

Prioneris thestylis hainanensis f. *mamilia* Fruhstorfer, 1910: 136;

Prioneris thestylis fujianensis Chou *et al.*, 2001: 39.

分布（**Distribution**）：福建（FJ）、海南（HI）、香港（HK）

其他文献（**Reference**）：Wu, 2010.

（157c）锯粉蝶指名亚种 *Prioneris thestylis thestylis* (Doubleday, 1842)

Doubleday, 1842: 76.

异名（**Synonym**）：

Pieris thestylis Doubleday, 1842: 76;

Pieris seta Moore, 1858: 78;

Prioneris watsonii Hewitson, 1868: 100;

Prioneris thestylis jugurtha Fruhstorfer, 1910: 136.

分布（**Distribution**）：云南（YN）；印度、缅甸、泰国、越南、老挝

其他文献（**Reference**）：Chou, 1994; Wu, 2010.

（157d）锯粉蝶云南亚种 *Prioneris thestylis yunnana* **Mell, 1943**

Mell, 1943: 97.

分布（**Distribution**）：山东（SD）、云南（YN）、广西（GX）

其他文献（**Reference**）：Wu, 2010.

24）飞龙粉蝶属 *Talbotia* Bernardi, 1958

Bernardi, 1958: 125.

其他文献（**Reference**）：Moore, 1884b; Wu, 2010.

（158）飞龙粉蝶 *Talbotia naganum* (Moore, 1884)

Moore, 1884b: 45.

异名（**Synonym**）：

Pieris naganum (Moore): Talbot, 1949: 423;

Mancipium naganum Moore, 1884b: 45.

别名（**Common name**）：大白蝶，大粉蝶，大纹白粉蝶，钩纹大粉蝶，卡白粉蝶，那迦粉蝶

分布（**Distribution**）：浙江（ZJ）、江西（JX）、湖南（HN）、湖北（HB）、四川（SC）、贵州（GZ）、云南（YN）、福建（FJ）、台湾（TW）、广东（GD）、广西（GX）；印度、越南、缅甸、泰国、老挝

其他文献（**Reference**）：Bernardi, 1958; Chou, 1994; Wang, 1998; Wu, 2010.

（158a）飞龙粉蝶台湾亚种 *Talbotia naganum karumii* (Ikeda, 1937)

Ikeda, 1937: 37.

异名（**Synonym**）：

Pieris naganum karumii Ikeda, 1937: 37.

分布（**Distribution**）：台湾（TW）

其他文献（**Reference**）：Chou, 1994; Wu, 2010.

（158b）飞龙粉蝶指名亚种 *Talbotia naganum naganum* (Moore, 1884)

Moore, 1884b: 45.

异名（**Synonym**）：

Mancipium naganum Moore, 1884b: 45;

Pieris cisseis Leech, 1890b: 192.

分布（**Distribution**）：浙江（ZJ）、江西（JX）、湖南（HN）、湖北（HB）、四川（SC）、贵州（GZ）、福建（FJ）、广东（GD）；印度、越南、缅甸

其他文献（**Reference**）：Chou, 1994; Wu, 2010.

（158c）飞龙粉蝶云桂亚种（未定亚种）*Talbotia naganum* ssp.

Wu, 2010: 330.

分布（**Distribution**）：云南（YN）、广西（GX）

参 考 文 献

Abadjiev S, Ganev J. 1990. *Anthocharis gruneri macedonica* (Buresch, 1921) syn. nov. of *Anthocharis gruneri gruneri* (Herrich- Schäffer, 1851) (Lepidoptera: Pieridae). Phegea, **18** (2): 65-66.

Ackery P R. 1973. A list of the type-specimens of *Parnassius* (Lepidoptera: Papilionidae) in the British Museum (N. H.). Bull. Br. Mus. Nat. Hist. (Ent.), **29**: 1-35, pl. 1.

Ackery P R. 1975. A guide to the genera and species of Parnassiinae (Lepidoptera: Papilionidae). Bull. Br. Mus. Nat. Hist. (Ent.), **31** (4): 71-105.

Ae S A. 1996. A study of hybridization between *Colias erate* and *C. eurytheme* (Pieridae). Journal of the Lepidopterists' Society, **50** (4): 345-347.

Agassiz L. 1846 [1847]. Nomina systematic generum Lepidopterum. Nomencl. Zool.: 90, Index univ.: 181.

Alpheraky S. 1881. Lepidopteres du distric de kouldja et des montagnes environmantes. Partie 1. Rhopaloceres. Horae Soc. Ent. Ross., **16** (3-4): 334-435.

Alpheraky S. 1882. Lepidopteres du distric de kouldja et des montagnes environmantes. Partie 2. Horae Soc. Ent. Ross., **17**: 15-103.

Alpheraky S. 1887. Title unknown. *In*: Romanoff N M. Mem. Lep., **3**: 403-404.

Alpheraky S. 1888. Neue Lepidopteren. Stett. Ent. Ztg.: 86.

Alpheraky S. 1889a. Lepidopteres rapportes de la Chine et de la Mongolie par Y. N. Potanine. *In*: Romanoff N M. Mem. Lep., **5**: 90-123.

Alpheraky S. 1889b. Lepidopteres rapportes du Thibet par le General N. M. Przewalsky de son voyage de 1884-1885. *In*: Romanoff N M. Mem. Lep., **5**: 1-89.

Alpheraky S. 1892. Lepidopteres de la Chine et de la Mogolie par G. N. Potanine. *In*: Romanoff N M. Mem. Lep., **6**: 1-81.

Alpheraky S. 1895a. Notes Lepidopterologiques. Dt. Ent. Zt. Iris, **8**: 171-180.

Alpheraky S. 1895b. Lepidopteres nouveaux. Dt. Ent. Zt. Iris, **8**: 181-201.

Alpheraky S. 1897a. Lepidoptera de'l Amour et de la Coree. *In*: Romanoff N M. Mem. Lepid., **9**: 151-184.

Alpheraky S. 1897b. Memoire sur differents Lepidopteres, tant nouveanx que peu connus, de la faune palaearctique. *In*: Romanoff N M. Mem. Lep., **9**: 185-227.

Alpheraky S. 1897c. Sur quelques Lepidopteres rapportes de l'Asie, en 1893-1895, par l'expedition de Mrs. Roborowsky et Kozlov. *In*: Romanoff N M. Mem. Lep., **9**: 229-237.

Alpheraky S. 1897d. Lepidopteres des provinces chinoises Se-Tchouen et Kham recueillis en 1893 par Mr. G. N. Potanine. *In*: Romanoff N M. Mem. Lep., **9**: 83-148.

Amsel H G. 1935. Weitere Mitteilungen uber palästinensische Lepidopteren. Veröff. Dt. Kolon. 1: 1-268. Bremen: u. übersee-Mus.

Amsel H G. 1953. Wissenschaftliche Ergebnisse der zoologischen Expedition des National-Museums in Prag nach der Turkei. 13. Microlepidoptera. Acta Entomologica Musei Nationalis Pragae, **28**: 411-429.

Amsel H G. 1955. Uber mediterrane Microlepidopteren und einige transkaspische Arten. Bull Inst Sci Nat Belg Brussels, **31**: 1-64.

Atkinson W S. 1873. Description of a new genus and species of Papilionidae from the southeastern Himalaya. Proc. Zool. Soc. London, **1873**: 570-572.

Aurivillius C. 1881. Om en samling fjarilar fran Gaboon. Ent. Tidskr., **2**: 38-47.

Aurivillius C. 1888-1891. Nordens Fjärilar. Handbok i Sveriges, Norges, Danmarks och Finlands Macrolepidoptera. Stockholm: lii +1-278, pl. 50.

Aurivillius C. 1894. Die palaearktischen Gattungen der Lasiocampiden, Striphnopterygiden und Megalopygiden. Deutsche ent Zeitschr Lepidopt. Hefte, Iris, **7**: 121-192.

Aurivillius C. 1898. Rhopalocera Aethiopica. K. Svenska Vetensk. Akad. Handl., **31** (5): 1-561.

Aurivillius C. 1902. Title unknown. Ent. Tidskr., **22** (4): 251.

Aurivillius C. 1927. Lasiocampidae. *In*: Seitz A. Macrolepidoptera of the World. 14: 205-281.

Austaut J L. 1898. Notice sur les *Parnassius jacquemontii*…et sur une espece inedite du Thibet septentrional, Parnassius tsaidamensis. Le Naturaliste, **20**: 104-202.

Austaut J L. 1899. Sur deux *Parnassius* asiatiques nouveaux. Le Naturaliste, **21**: 154-284.

Austaut J L. 1906. Notice sur quelques especes nouvelles ou peu connues du genre *Parnassius*. Ent. Zeit., **20**: 66-86.

Avinoff A. 1913. Quelques formes nouvelles du genre *Parnassius* Latr. Trudy Russk. Ent. Obshch., **40** (5): 1-21, pl. 1.

Avinoff A. 1916. Some new forms of *Parnassius*. Trans. Soc. Lond., **1915**: 351-360.

Bang-Haas O. 1882. Title unknown. In. Berl. Ent. Z., **26**: 163.

Bang-Haas O. 1912. Neue oder wenig bekannte palaearktische Makrolepidopteren. iv. Deut. Ent. Zeit., **26**: 103-110.

Bang-Haas O. 1915a. Zur Kenntnis von *Parnassius delphius* Eversm. und ver-wandter Arten. Deut. Ent. Z. Iris, **29**: 148-170.

Bang-Haas O. 1915b. Rhopalocera der Chotan-Ausbeute 1914. Deut. Ent. Z. Iris, **29**: 92-100.

Bang-Haas O. 1927. Rhopalocera. Horae Macrolep., **1**: 1-128.

Bang-Haas O. 1928. Neubeschreibungen und Berichtigungen der palaearktischen Macrolepidopteren fauna I. Ent. Zeit., **42** (6): 59-61.

Bang-Haas O. 1933. Neubeschreibungen und Berichtigungen der palaearktischen Macrolepidopterenfauna, iv, v, vi. Ent. Zeit., **46**: 261-263.

Bang-Haas O. 1933-1934. Neubeschreibungen und Berichtigungen der palaearktischen Macrolepidopteren fauna. vii-xv. Ent. Zeit., **47-48**: 7-179.

Bang-Haas O. 1935. Neubeschreibungen und Berichtigungen der palaearktischen Macrolepidopteren fauna. xx. Ent. Zeit, **49** (14): 111-112.

Bang-Haas O. 1937. Neubeschreibungen und Berichtigungen der palaearktischen Macrolepidopteren fauna. xxxi. Ent. Zeit., **51**: 302-304.

Bang-Haas O. 1938a. Neubeschreibungen und Berichtigungen der Exotischen Macrolepidopteren fauna. I. Ent. Zeit., **52** (22): 178-180.

Bang-Haas O. 1938b. Neubeschreibungen und Berichtigungen der palaearktischen Macrolepidopteren fauna. XXXIV, XXXVII. Parnassiana Neubrandenburg, **5**: 56-69.

Bang-Haas O. 1938c. Die Unterarten von *Parnassius* des Westlichen China. Parnassiana Neubrandenburg, 5: 61-65.

Bang-Haas O. 1939. Neubeschreibungen und Berichtigungen der palaearktischen Macrolepidopteren fauna. xxxviii. Dtsch. Ent. Z., Iris, **53**: 49-60.

Bänziger H. 1988. The heaviest tear drinkers: Ecology and systematics of new and unusual Notodontid moths. Nat. Hist. Bulletin Siam Society, **36**: 17-53.

Bänziger H. 1989. A persistent Tear Drinker: Notodontid moth *Poncetia lacrimisaddicta* sp. n., with notes on its significance to conservation. Nat. Hist. Bull Siam Soc., **37**: 31-46.

Barlow H S. 1982. An introduction to the moths of south east Asia. The Malayan Nature Society, Kuala Lumpur & E.W. Classey, Faringdon, Oxon U. K.: 1-305.

Bartel M. 1899. Eine neue Lasiocampide aus Japan. Ent. Nachr., Berlin, **25**: 353.

Bascombe M J, Johnston G, Bascombe F S. 1999. The butterflies of Hong Kong. London & San Diego: Academic Press: i-xiii, 1-422.

Bates H W. 1873. Lepidoptera. *In*: Henderson G, Hume A O. Lahore to Yarkand: 305-307.

Becker V O. 2001. The identify of some unrecognized Neotropical Bombycoidea (Lepidoptera) described by Francis Walker. Revista Brasileira Zoologia, **18** (1): 153-157.

Becker V O, Carcasson R H, Heppner J B, Lemaire C. 1996. Atalas of Neotropical Lepidoptera. Vol. 5B. Chicklist: part 4B: Dreparoidea, Bombycoidea, Sphingoidea. Scientific Publishers: 1-87.

Bender R. 1985. Notodontidae von Sumatra. Heterocera Sumatrana, **5**: 1-101.

Bender R, Dierl W. 1982. Zur Kenntnis der Lepidoptera Sumatras. Eine neue Art der Gattung Streblote Hubner, [1820] 1816 (Lepidoptera, Lasiocampidae). Entomofauna, **3**: 367-370.

Bender R, Steiniger H. 1984. Eine neue Gattung und eine neue Art (Lep., Notodontidae). Heterocera Sumatrana, **2**: 26-27.

Berg C. 1901. Comunicaciones ictiologicas. IV. Comun Mus Buenos Aires, **1**: 293-311.

Bernardi G. 1944. Revision des Aporia (s.-g. Metaporia du groupe d'agathon (Lep., Pieridae) avec la description d'une nouvelle sousespece. Misc. Ent., **41**: 69-77.

Bernardi G. 1958. Taxinomie et zoogeographie de *Talbotia naganum* Moore (Lepidoptera Pieridae). Rev. Franc. Ent., **25**: 125-128.

Bernardi G. 1961. Une nouvelle espece d'Aporia Hubner [Lep. Pieridae]. A new species of *Aporia*. Rev. Franc. Ent., **28**: 90-92.

Bernardi G. 1962-1963. Un nouveau cas d'especes jumelles chez les *Aporia* Hubner. A new case of sibling species in *Aporia* Hubner. Bull. Soc. Ent. Fr., **67** (7/8): 173-181.

Bernardi G. 1965. Deux nouvelles sous-especes de *Synchloe callidice* Esper (Lep. Pieridae). Bull. Soc. Ent. Fr., **70**: 230-232.

Berthold. 1827. Title unknown. Nat. Familien Thierreichs: 479.

Bethune-Baker G T. 1904. New Lepidoptera from British New Guinea. Novitates Zoologicae, **11**: 367-381.

Bethune-Baker G T. 1916. Descriptions of new species of Lepidoptera. Ann. Mag. Nat. Hist., **17** (8): 378-385.

Billberg G J. 1820. Enumeratio Insectorum, in museo. G. J. Billerg. Typis Gadelianis: 1-138.

Bingham C T. 1907. Papilionidae and Pieridae. Fauna Br. Ind., Butterflies, **2**: 1-480.

Blanchard F. 1871. Remarques sur la faune de la principaute thibetaine de Moupin. C. R. Acad. Sci. Paris, **72**: 807-813.

Boeber J. 1812. Continuation de la description de quelques nouvelles especes de papillons decouverts en Siberie etc. Mem. Soc. Imp. Natural. Moscou, **3**: 20-21.

Boisduval J A. 1828. Europaeorum Lepidopterorum Index methodicus. Paris: Mequignon Marvis., **1**: 1-103.

Boisduval J A. 1832. Voyage de I'Astrolabe. Faune Entomologique de I'ocean Pacifique. Paris: Premiere partie. Lepidopteres.

Boisduval J A. 1833a. Rhopalocera. Coll. Icon. Hist. Chenilles Europ., (21): 25-40. pl. 5.

Boisduval J A. 1833b. Title unknown. Annls Soc. Ent. Fr., **1** (4): 340.

Boisduval J A. 1834. Rhopalocera. Icones historiques deas Lepidopteres nouveaux ou peu connus. **2**: 1-208.

Boisduval J A. 1836. Histoire naturelle des Insectes. Spec. gen. Lepid., **1**: 1-690.

Boisduval J A, Le Conte. [1829]. Rhopalocera. Hist. Gen. Icon. Lepid. Chenilles Amer. Sept., (1/7): 48.

Boisduval J A, Le Leconte. 1830. Rhopalocera. Hist. Nat. icon. Lep. Chenilles Amer. Sept., (8): 70.

Bollow C. 1929-1932. Rhopalocera. *In*: Seitz A. Macrolep. World, Suppl. **I**: 1-119.

Borkhausen M B. 1790. Naturgeschichte der Europaischen Schmetterlinge nach systematischer Ordnung. 3. Theil der Phalaenen zweite Horde: Spinner. Frankfurt: Varrentrap und Wenner: 1-476.

Braby M F. 2005. Provisional checklist of genera of the Pieridae (Lepidoptera: Papilionidae). Zootaxa, **832**: 1-16.

Braby M F, Vila R, Pierce N E. 2006. Molecular phylogeny and systematics of the Pieridae (Lepidoptera: Papilionoidea): higher classification and biogeography. Zool. J. Linn. Soc., **147**: 239-275.

Brahm N J. 1787. Title unknown. *In*: Fuessly J C. Magazin fur die Liebhaber der Entomologie. 3. Steiner: Zurich und Winterthur.

Brahm N J. 1790. Insecten-Kalender für Sammler und Oekonomen-Teil 1. Mainz, Universitatsbuchhandlung: 1-248.

Bremer O. 1861. Neus Lepidopteren aus Ost-Sibirien und Amur-Land, gesammelt Von Radde und Maack. Bull. Acad. Imper Sci. St. Petersb., **3**: 462-496.

Bremer O. 1864. Lepidopteren Ost-Sibriens, insbesondere des Amur-Landes, gesammeitvonden Herren G. Radde, R. Maack und P. Wulffius. Mem. Acad. Sci. St. Petersbourg, **8**: 1-103.

Bremer O, Grey W. 1852. Beitragezur Schmetterlings. Fauna des nordlichen China's. St. Petersburg: 1-23.

Bremer O, Grey W. 1853. Diagnoses de Lepidopteres nouveaux, trouves par M. M. Tatarinoff et Gaschkewitsch aux environs de Pekin. Etudes Ent. Motschulsky, **1**: 31-67.

Bridges C A. 1988. Catalogue of Papilionidae & Pieridae (Lepidoptera: Rhopalocera). Published by the author: 1-700.

Bryk F. 1913. Eine neuer *Parnassius*. Arch. Naturgesch. (A), **79** (6): 123.

Bryk F. 1921. Title unknown. Ent. Zeit., **35** (19): 75.

Bryk F. 1922. Title unknown. Ent. Tidskr., **42**: 50.

Bryk F. 1931. Title unknown. Parnassiana Neubrandenburg, **1** (6): 4.

Bryk F. 1932. Parnassiologische Studien aus England. Parnassiana Neubrandenburg, **2**: 1-6, 19-21, 31-33, 46-60, 67-68.

Bryk F. 1934. Baroniidae, Teinopalpidae, Parnassiidae pars I. *In*: Schulze E E, *et al.* Das Tierreich. 64. Berlin: W de Gruyter & Co: xiii+131.

Bryk F. 1935. Lepidoptera: Parnassiidae II. *In*: Sehulze E E, *et al.* Das Tierreich, **65**: I-IL, 1-790.

Bryk F. 1936. Hones *Parnassius*-ausbeute vom Jahre 1936. Parnassiana Neubrandenburg, **4** (1/2): 1-4.

Bryk F. 1938. Title unknown. Parnassiana Neubrandenburg, **6** (1/2): 2.

Bryk F. 1941 Neus Schmetterlinge aus dem Reichsmuseum im Stockholm, Ⅴ. Ent. Tidskr., **62**: 141-157.

Bryk F. 1943. Neue tibetanische Parnassier aus dem Reichsmuseum Konig (Lep.). Mitt. Munchn. Ent. Ges., **33**: 26-33.

Bryk F. 1946-1948. Zur Kenntnis des Grossschmetterlinge von Korea. Pars II. Macrofrenatae II (finis). Ark. Zool., **41** A, n1: 1-225.

Bryk F. 1949. Entomological Results from the Swedish Expedition 1934 to Burma and British India. Lepidoptera: Notodontidae Stephens, Cossidae Newman und Hepialidae Stephens. Ark. for. zool., **42** A (19): 1-51, pls. 1-4.

Bryk F, Eisner C. 1931. Krit-ische Revision der Gattung *Parnassius* unter Benutzung des Materials der Kollektion Eisner, Dahlem. Parnassiana Neubrandenburg, **1** (7/8): 1-15.

Bryk F, Eisner C. 1932a. Neue Parnassier. Parnassiana Neubrandenburg, **2**: 6-9.

Bryk F, Eisner C. 1932b. Beschreibung der von Herrn O. Bang-Haas i. l. aufgestellten Rassen von P. nomion F.d.W. Parnassiana Neubrandenburg, **2**: 3-22, 26-27.

Bryk F, Eisner C. 1934a. Eine neue geographische Konvergenzerscheinung aus dem Kansu-Gebiet. Parnassiana Neubrandenburg, **3**: 24-27.

Bryk F, Eisner C. 1934b. Kritische Revision der Gattung *Parnassius* unter Benutzung des Materials der Kollection Eisner. Parnassiana Neubrandenburg, **3**: 3-22, 33-37.

Bryk F, Eisner C. 1935. Kritische Revision der Gattung *Parnssius* unter Benutzung des Materials der Kollektion Eisner [Contd.]. Parnassiana Neubrandenburg, **3**: 47-62, 69-75, 77-95.

Bryk F, Eisner C. 1937. Eine *Parnassius*-Ausbeute aus der Burchan-Buddhakette. Parnassiana, **4**: 57-58.

Bryk F, Eisner C. 1938. Kritische Revision der Gattung *Parnassius* unter Benutzung des Materials der Kollektion Eisner [Contd.]. Parnassiana Neubrandenburg, **5**: 21-28.

Butler A G. 1866. A list of the diurnal Lepidoptera recently collected by Mr. Whitely in Hakodadi (North Japan). J. Linn. Soc., **9**: 50-58.

Butler A G. 1870a. Leptocircus meges virescens. Cat. dium. Lep. Fabricius Br. Mus.: 259.

Butler A G. 1870b. A revision of the genera of the subfamily Pierinae. Cist. Ent., **1**: 33-58.

Butler A G. 1872a. Descriptions of new butterflies from Costa Rica. Cist. Ent., **1**: 72-86.

Butler A G. 1872b. A synonymic list of the species formerly included in the genus *Pieris*. Proc. Zool. Soc. Lond.: 26-77.

Butler A G. 1872c. Description of a new genus and species of *Heterocerous* Lepidoptera. Ann. Mag. Nat. Hist., **10**: 125-126.

Butler A G. 1877. Descriptions of new species of Heterocera from Japan. Part 1 Sphinges and Bombyces. Ann. Mag. Nat. Hist., (4) **19**: 96; **20**: 393-404, 473-483.

Butler A G. 1879a. Title unknown. Cistula Entomologica, **2**: 431.

Butler A G. 1879b. Title unknown. Ann. Mag. Nat. Hist., (5) **4**: 353.

Butler A G. 1880a. On a Second Collection of Lepidoptera, made in Formosa, by H. E. Hobson. Proc. Zool. Soc. Lond., **1880**: 666-691.

Butler A G. 1880b. Title unknown. Ann. Mag. Nat. Hist., **6**: 65-66.

Butler A G. 1881a. Descriptions of new genera and species of *Heterocerous* Lepidoptera from Japan. Trans. Ent. Soc. London, **1881**: 1-23, 171-200, 401-426, 570-600.

Butler A G. 1881b. An account of the Sphinges and Bombyces collected by Lord Walsingham in North America during the years 1871-1872. Annals and Magazine of Natural History, (5) **8** (46): 306-318.

Butler A G. 1881c. Rhopalocera. Ill. Het. V: 73, pl. 100.

Butler A G. 1882. On Lepidoptera collected in Japan and the Corea by Mr. W. Wykeham Perry. Ann. Mag. Nat. Hist., **9**: 13-20.

Butler A G. 1883. Title unknown. Ann. Mag. Nat. Hist., (5) **11**: 278.

Butler A G. 1885a. Descriptions of Moths new to Japan, collected by Messrs. Lewis and Prywe. Cistula Ent., **3**: 113-152.

Butler A G. 1885b. *Papilio itamputi*. *In*: Forbes. Natur. Wander, **1885**: 276.

Butler A G. 1885c. On three new species of *Gonepteryx*. Ann. Mag. Nat. Hist., (5) **15**: 406-408.

Butler A G. 1886. Illustrations of typical specimens of Lepidoptera Heterocera in the collection of the BritishMuseum. **6**: xiii, 1-89, pls. 101-120. London.

Bytinski-Salz H. 1939. New species and forms of palaearctic Bombycine moths. Ent. Rec. 51: 165-167.

Cai R Q. 1979a. Economic Insects Fauna of China, fasc. 16: Lepidoptera: Notodontidae. Beijing: Science Press: 1-166. [蔡荣权. 1979a. 中国经济昆虫志第十六册: 鳞翅目舟蛾科. 北京: 科学出版社: 1-166.]

Cai R Q. 1979b. New genus and new species of Chinese Notodontidae (Lepidoptera). Acta Entomologica Sinica, **22**: 462-467. [蔡荣权. 1979b. 中国舟蛾科的新属新种. 昆虫学报, **22**: 462-467.]

Cai R Q. 1981. A new species of *Suzukia* Matsumura (Lepidoptera: Notodontidae). Acta Zootaxonomica Sinica, **6**: 96-97. [蔡荣权. 1981. 夙舟蛾属一新种 (鳞翅目: 舟蛾科). 动物分类学报, **6**: 96-97.]

Cai R Q. 1982a. Notodontidae. Iconographla Heterocerorum Sinicorum (2). Beijing: Science Press: 135-163. [蔡荣权. 1982a. 舟蛾科. 中国蛾类图鉴 (Ⅱ). 北京: 科学出版社: 135-163.]

Cai R Q. 1982b. Lepidoptera: Notodontidae, Limacodidae. *In*: The series of the Scientific Expedition to the Qinghai-Xizang Plateau, Chinese Academy of Sciences. Insects of Xizang, Vol. Ⅱ. Beijing: Science Press: 23-33. [蔡荣权. 1982b. 鳞翅目: 舟蛾科、刺蛾科//中国科学院青藏高原综合科学考察队. 西藏昆虫 (第二册). 北京: 科学出版社: 23-33.]

Cai R Q. 1985. A new species of *Megashachia* Matsurnura (Lepidoptera: Notodontidae). Acta Entomologca Sinica, **28** (3): 314-316. [蔡荣权. 1985. 魁舟蛾属一新种. 昆虫学报, **28** (3): 314-316.]

Cai R Q. 1992. Lepidoptera: Limacodidae, Notodontidae, Thaumatopeidae. *In*: Chen S X (The series of the Scientific Expedition to the Qinghai-Xizang Plateau, Chinese Academy of Sciences). Insects of the Hengduan Mountains Region. Vol. 2. Beijing: Science Press: 916-925. [蔡荣权 (中国科学院青藏高原综合科学考察队). 1992. 鳞翅目: 刺蛾科、舟蛾科和异舟蛾科//陈世镶. 横断山昆虫. 第二册. 北京: 科学出版社: 916-925.]

Cai R Q, Wang Y X. 1987. Notodontidae. *In*: Huang F S. Forest Insects of Yunnan. Kunming: Yunnan Science and Technology Press: 1007-1023. [蔡荣权, 王用贤. 1987. 舟蛾科//黄复生. 云南森林昆虫. 昆明: 云南科技出版社: 1007-1023.]

Candeze L. 1927. Lepidopteres Heteroceres de l'Indochine francaise. Encycl. Ent. Serie B, Ⅲ, Lepidoptera, **2**: 73-133.

Caradja A. 1927. *Odites approximans*. Mem. Sect. St. Acad. Rom.s. Ⅲ., **8**: 393.

Chen L S, Wang M. 2006. Notes on the genus *Leucolopha* (Insecta, Lepidoptera, Notodontidae) with description of a new species from China. Zootaxa, **1327**: 63-68.

Chen S C, He Y H. 1989. Note on the male of *Malacosoma autumnaria* Yang (Lepidoptera: Lasiocampidae). Entomotaxonomia, **11** (3): 226. [陈树椿, 何允恒. 1989. 秋幕毛虫雄性的记述 (鳞翅目: 枯叶蛾科). 昆虫分类学报, **11** (3): 226.]

Chen S L, Kishida Y, Wang M. 2008. A new species of *Platychasma* (Lepidoptera: Notodontidae) from China. Zootaxa, **1842**: 63-65.

Cheong S W, Lee C E. 1989. An analysis of male genitalia of Korean Pieridae (Lepidoptera). Nature and Life, **19** (2): 73-79.

Cheong S W, Park H C, Lee C E. 1986. An analysis of the antennal structure of the family Pieridae from Korea (Lepidoptera: Pieridae). Nature and Life, **16** (1): 27-35.

Chiang S M. 1935. A new species of *Ochrostigma* (Lep. Notodontidae). Entomol. & Phytopathology, **3**: 352.

Chistyakov Y A, Zolotukhin V V. 1995. Species of Lasiocampidae (Lepidoptera) of Russia and adjacent countries. Entomological Review (English Translation of Entomologicheskoye Obozreniye), **74** (3): 69-79.

Chou I. 1992. A study on the rare butterflies of the genus *Bhutanitis* (Lepidoptera: Papilionidae) with descriptions of two new species. Entomotaxonomia, **14** (1): 48-54. [周尧. 1992. 世界珍奇蝴蝶 *Bhutanitis* 属的分类研究 (鳞翅目: 凤蝶科). 昆虫分类学报, **14** (1): 48-54.]

Chou I. 1994. Monographia Rhopalocerorum Sinensium I. Zhengzhou: Henan Science and Technology Press: 1-266. [周尧. 1994. 中国蝶类志 (上). 郑州: 河南科学技术出版社: 1-266.]

Chou I, Zhang Y L, Wang Y L. 2001. New species, new subspecies and new records of butterflies (Lepidoptera) from China (III). Entomotaxonomia, **23** (1): 38-46. [周尧, 张雅林, 王应伦. 2001. 中国蝴蝶新种、新亚种及新记录种 (III) (鳞翅目). 昆虫分类学报, **23** (1): 38-46.]

Christoph H. 1873. Neue Lepidopteren des Europaeischen Faunengebietes. Horae Soc. Ent. Ross., **9**: 1-37.

Clarke J F G. 1955-1969. Catalogue of the Type Specimens of Microlepidoptera in British Museum (N. H.) described by Edward Meyrick. Vol. **1**: 20-21; **2**: 473; **5**: 1-255; **6**: 321, 445, 510; **7**: 7, 52, 56, 184, 207, 363, 380.

Clerck C A. 1759. Incones Insectorum rariorum cum nominibus eorum trivialibus locisquee Caroli Linnaei Systema Naturae allegatis. Sectio prima, Holmiae: 1-4, pl. 16.

Coenen F. 1990. Revision du statut taxonomique de quelques populations de *Pieris napi* (Linnaeus, 1758) du sud-est de l'Europe *et* du Proche-Orient (Lepidoptera: Pieridae). Phegea, **18** (2): 82-124.

Collier W A. 1936. Lasiocampidae. *In*: Strand E. Lepidopterorum Catalogus. **73**: 1-484.

Corbet A S, Pendlebury H M. 1932. A revision of the Indo-Australian species of the genus *Eurema* with special reference to the Malaysian forms. Bull. Rafles

Mus., (7): 143-192.

Corbet A S, Pendlebury H M. 1992. The butterflies of the *Malay peninsula* (4th edition revised by J. N. Eliot): 1-595, pl. 69.

Cramer P. [1775] 1775-1790. Papilions Exotiques. Uitl. Kapellen, **1**: 1-132.

Cramer P. 1777. Papilions Exotiques des trois parties du monde: l'Asie, l'Afrique et l'Amerique. Amsterdam: Baalde and Utrecht, Wild., **2**: 10-21.

Cramer P. 1782. Papilions Exotiques des trois parties du monde: l'Asie, l'Afrique et l'Amerique. Amsterdam: Baalde and Utrecht, Wild., **3**: 97.

Crowley P. 1900. On the butterflies collected by the late Mr John Whitehead in the interior of the island of Hainan. Proc. Zool. Soc. Lond., (3): 505-511.

Cruger C. 1878. Title unknown. Verh. Ver. Naturw. Unterh. Hamb., **3**: 128.

Curtis J. 1828. Title unknown. Br. Ent., **5**: 229.

D'Abrera B. 1982. Butterflies of the world. Butterflies of the Oriental region. Part 1. Papilionidae, Pieridae & Danaidae. Victoria: Hill House, in association with E.W. Classey, Australia: i-xxi, 1-244.

D'Abrera B. 1990. Butterflies of the Holarctic region. Part 1. Papilionidae, Pieridae, Danaidae & Satyridae (partim). Black Rock, Victoria: Hill House: 1-185.

Dalman J W. 1820. Title unknown. *In*: Billberg. Enum. Ins. Mus. Billb.: 76.

Daniel F. 1939. Title unknown. Leirs, Wiener Ent. Gesellsch.: 29-32.

Daniel F. 1949. Title unknown. Entomon, **1**: 163.

Daniel F. 1953. Neue Heterocera-Arteon und-Formen. Mitt. Munchner Ent. Gesellsch, **43**: 252-261.

Daniel F. 1964. *Odontosia sieversi* Men. und patricla Stich. (Lep. -Notodontidae). Z. Wien. Entomol. Ges., **49**: 37-47.

Daniel F. 1965. Des Genus *Harpyla* (Cerura auct.) im palaearktischen Raum unter Einschluss de nahe verwandten nor damerikanischen Formen. Z. Wien. Entomol. Ges., **50**: 1-55.

Daniel F. 1972. Notodontidae aus Nepal (Lepidoptera). Khumbu Himal., **4**: 245-268.

Denis M, Schiffermüller I. 1775. Ankündung eines Systematischen Werkes von den Schmetterlinge der Wienergegend. Wien: Beck: 1-323.

De Freina J J. 1999. 10th contribution to the systematic review of Bombyces and Shinges fauna of Asia Minor: New knowledge on the species spectrum, systematics, and distribution of Lasiocampidae, Lemoniidae, Notodontidae, Thaumetopoeidae, Lymantriidae, Arctiidae and Cymatophoridae (Insecta, Lepidoptera). Atalanta (Marktleuthen), **30** (1-4): 187-257.

de Joannis J. 1900. Title unknown. Bull. Soc. Ent. France, **98**: 449.

de Joannis J. 1907. Title unknown. Bull. Soc. Ent. France: 367.

de Joannis J. 1928-1930. Lepidopteres-Heteroceres du Tonkin. Ann. Soc. Ent. France, **97**: 241-386; **98**: 361-552, 559-834.

de Jong R, Vane-Wright R I, Ackery P R. 1996. The higher classification of butterflies (Lepidoptera): problems and prospects. Entomologica Scandinavica, **27**: 65-101.

de Lajonquiere Y. 1963. Revision du genre *Phyllodesma* Hubner (=*Epicnaptera auctorum*) especes palearctiques (Lep. Lasiocampidae). Ann. Soc. Ent. France, **132**: 31-84.

de Lajonquiere Y. 1967. Un nouvean Gastropacha palearctique. Entomops: 11.

de Lajonquiere Y. 1968. Description d'un genre nouveau de Lasiocampidae [Lepidoptera]. Bull. Soc. Ent. Fr., **73**: 68-73.

de Lajonquiere Y. 1972a. Insects Lepidopteres Lasiocampidae. Fauna de Madagascar **34**: 1-214, pls. 1-28.

de Lajonquiere Y. 1972b. Especes *et* formes asiatiques de Genre *Malacosoma* Hübner (Lep.). Bull. Soc. Ent. Fr., **77**: 297-307.

de Lajonquiere Y. 1973a. Genres *Dendrolimus* Germar, *Hoenimnema* n. gen., *Cyclophragma* Turner. Ann. Soc. Ent. Fr. (N. S.), **9** (3): 509-592.

de Lajonquiere Y. 1973b. Deux especes nouvelles des genres *Syrastrena* Moore *et Somadysas* Gaede, ainsi quune sous-espece nouvelle du Genre *Takanea* Nagano. Bull. Soc. Ent. Fr., **78**: 259-267.

de Lajonquiere Y. 1974. Formes asiatiques du Genre *Cosmotriche* Hübner (= *Selenephera* Rambur = *Selenepherides* Daniel = *Wilemaniella* Matsumnra). Bull. Soc. Ent. Fr., **79**: 132-146.

de Lajonquiere Y. 1975. Le Genre *Bhima* Moore, 1888 (Lep. Lasiocanlpidae). Bull. Soc. Ent. Fr., **80**: 141-153.

de Lajonquiere Y. 1976. Le Genre *Gastropacha* Ochsenheimer en Asic *et* le Genre *Paradoxopla* nov. gen. Ann. Soc. Ent. Fr. (N. S.), **12** (1): 151-177.

de Lajonquiere Y. 1977. Les Genres *Arguda* Moore *et Radhica* Moore. Bull. Soc. Ent. Fr., **82**: 174-191.

de Lajonquiere Y. 1978. Le Genre *Philudoria* Kirby, 1892. Ann. Soc. Ent. Fr. (N. S.), **14** (3): 381-413.

de Lajonquiere Y. 1979a. Lasiocampides orientaux nouveaux ou mal connus *et* Description du Genre *Chonopla* nov. Bull. Soc. Ent. Fr., **84**: 184-201.

de Lajonquiere Y. 1979b. Les Genres *Metanastria* Hübner *et Lebeda* Walker. Ann. Soc. Ent. Fr. (N. S.), **15** (4): 681-703.

de Lajonquiere Y. 1979c. Title unknown. Bull. Soc. Ent. Fr., **84**: 11-18.

de Lajonquiere Y. 1980. Title unknown. Z. Arbeitsg. Osterr. Entomol., **32** (1/2): 25.

de Lamarck J B P A. 1816. Histoire Naturelle des Animaux Sans Vertrebres. Paris: Verdiere, **3**: 235-586.

de Nicéville L. 1884. Third List of Butterflies taken in Sikkim in October, 1883, with notes on habits, & c. Journal of the Asiatic Society of Bengal, **52**: 67-100.

de Nicéville L. 1887. Descriptions of papihnid genera. *In*: Elwes H, de Nicéville L. List of the lepidopterous insects collected in Tavoy and in Siam during 1884 and 1885 by the Indian Museum collector, under C. E. Pitman. Esq. J. Asiat. Soc. Bengal, **55**: 413-442.

de Nicéville L. 1889. On new or little-known butterflies from the Indian Region. J. Asiat. Soc. Bengal., **57** (4): 273-293.

de Nicéville L. 1893 [1892]. On new and little known Butterflies from the Indo-Malayan region. J. Bombay Nat. Hist. Soc., **7** (3): 322-356.

de Nicéville L. 1895. On new and little-known butterflies from the Indo-Malayan region. Journal Bombay Society, **9**: 259-321, 366-496.

de Nicéville L. 1897a [1896]. Descriptions of two new species of butterflies from Upper Burma. J. Bombay Hist. Soc., **10** (4): 633.

de Nicéville L. 1897b. On new or little-known butterflies from the Indo- and Austro-Malayan regions. Journal of the Asiatic Society of Bengal, **66** (3): 543-577.

de Nicéville L. 1898. A revision of the Pierine butterflies of the genus *Dercas*. Ann. Mag. Nat. Hist., (7) **2**: 479-484.

de Nicéville L. 1899. Title unknown. J. Bombay Nat. Hist. Soc., **12**: 335.

de Nicéville L. 1900. On new and little-known Lepidoptera from the Oriental region. J. Bombay Nat. Hist. Soc., **13** (1): 157-176.

Della Bruna C, Gallo E, Sbordoni V. 2003. New taxa of *Aporia* from Tibet and West China (Lepidoptera, Pieridae). Fragmenta Entomologica, **35**: 129-138.

Della Bruna C, Gallo E, Sbordoni V. 2004. Tribe Pierini (Partim). *Delias, Aporia, Mesapia, Baltia, Pontia, Belenois, Talbotia*. Guide to the Butterflies of the Palearctic Region. Pieridac part I. Omnes Artes: 1-86.

Diakonoff A. 1952. Entomological results from the Swedish expedition 1934 to Burma and British India Lepidoptera collected by Rene Malaise. Microlepidoptera I. Ark. Zool., **3**: 73-79.

Diakonoff A. 1952-1955. Microlepidoptera of New Guinea. Results of the Third Archbold Expedition (American-Netherlands Indian Expedition 1938-1939). Verh. K. Ned. Akad. Wet. (2), **50** (1): 41-43.

Diakonoff A. 1967. Microlepidoptera of the Philippine Islands. Bull. U. S. Natn. Mus., **257**: 125-147.

Dierl W. 1976a. Notizen zur Kenntnis der Gattungsgruppe *Allata* Walker (Lepidoptera, Notodontidae). Ent. Z. Frankfurt/M, **86**: 209-214.

Dierl W. 1976b. Neue Notodontidae (Lep.) aus Asien. Ent. Z. Frankfurt/M, **86**: 83-85.

Ding C P, Shang S Q, Zhang Y L. 2011. Taxonomy of the Butterfly Genus *Cepora* Billberg (Lepidoptera: Pieridae) from China. Entomotaxonomia, **33** (1): 32-40.

Distant W L, Pryer W B. 1887. On the Rhopalocera of Nirthern Borneo. Ann. Mag. Nat. Hist., (5) **19**: 264-275.

Dixey F A. 1894. On the phylogeny of the Pierinae, as illustrated by their wing-markings and geographical distribution. Transactions of the Entomological Society of London, Part **2**: 249-334.

Djakonov A. 1927 [1926]. Einige neue und wenig bekannte Arten und Gattungen der palaaektischen Heteroceren (Lepidoptera). Annuaire du Musee Zoologique Acad Leningrad, **27**: 219-232.

Donovan E. 1798. Epitome Ins. China: pl. 27, fig. I.

Donovan E. 1807. The natural history of British Insects. London: Rivington., **12**: 1-102.

Donovan E. 1826. Naturalist's Repository, **2**: f. 140.

Doubleday E. 1842. Characters of undescribed Lepidoptera. Zool. Miscell. (Gray), (5): 73-78.

Doubleday E. 1845. Descriptions of new or imperfectly described diurnal Lepidoptera. Ann. Mag. Nat. Hist., (1) **16**: 176-182, 232-236, 304-308.

Doubleday E. 1846. Descriptions of new or imperfectly described diurnal Lepidoptera. Ann. Mag. Nat. Hist., (1) **17**: 23-40, 371-376.

Doubleday E. 1847. Title unknown. *In*: Doubleday E. et al. Genera of Diurnal Lepidoptera, (1): 19-130.

Draeseke J. 1924. Die Schmetterlinge der Stotznerschen Ausbeute. II. Pieridae. Deut. Ent. Zeit., **38**: 1-8.

Draeseke J. 1926. Die Schmetterlinge der Stotznerschen Ausbeute 6. Deut. Ent. Zeit. Iris, **40**: 98-108.

Druce H H. 1901. Descriptions of some new species of Heterocera. Ann. Mag. Nat. Hist., **7**: 74-79.

Drury D. [1773] 1771-1782. Illustrations of natural History. London: 1-130.

Dubatolov V V, Zolotuhin V V. 1992. A list of the Lasiocampidae from the territory of the former USSR (Insecta, Lepidoptera). Atalanta (Marktleuthen), **23** (3-4): 531-548.

Dudgeon G C. 1898. *Ichtyura transecta*. J. Bombay Nat. Hist. Soc., **12**: 36.

Duponchel P A J. [1835] 1832-1835. Pieridae. *In*: Godart. Hist. Nat. Lepid., **22**: 381.

Duponchel P A J. [1846] 1844. Catalogue methodique des Lepidopteres d'Europe etc. Paris: 1-523.

Dyar H. 1897. A generic revision of the Ptilodontidae and Melalophidae. Trans. Amer. Entomol. Soc., **24**: 1-20.

Ebert G. 1968. Afghanische Bombyces und Sphinges. 2. Notodontidae. Reichenbachia, **10**: 199-205.

Ehrlich P R. 1958. The comparative morphology, phylogeny and higher classification of the butterflies (Lepidoptera: Papilionoidea). University of Kansas Science Bulletin, **39**: 305-364.

Eisner C. 1929. Title unknown. Int. Ent. Z., **23** (4): 57.

Eisner C. 1930. Title unknown. Parnassiana, **1** (3): 5.

Eisner C. 1955. Parnassiana nova. IV-VII. Zool. Meded., **33**: 127-204.

Eisner C. 1959. Parnassiana nova XXIII. Kritische Revision der Gattungen Lingamius und Koramius (Forts. 2). XXIV, XXV. Kritische Revision der Gattung Tadumia. XXVI. Kritische Revision der Gattung Kailasius. XXVII. Nachtragliche Betrachtungen der Subfamilia Parnassiinae. Zool. Meded., **36**: 143-163, 165-192, 233-247, 249-266.

Eisner C. 1966. Parnassiidae-Typen in der Sammlung J. C. Eisner. Zool. Verh., Leiden, **81**: 1-190, pl. 84.

Eitschberger U. 1983. Systematische untersuchungen am *Pieris napi*-bryoniae-komplex (s.l.) (Lepidoptera, Pieridae). Herbipoliana, Band, 1: Teil 1: 1-504; 2: 1-599.

Elwes H J. 1882. On a collection of butterflies from Sikkim. Proc. Zool. Soc. Lond., **1882** (3): 398-407.

Elwes H J. 1886. On butterflies of the genus *Parnassius*. Proc. Zool. Soc. London, **1886**: 6-53, pl. 84.

Elwes H J. 1890. On some new Moths from India. Proc. Zool. Soc. London, **1890**: 378-401.

Elwes H J. 1898. Notes on some species of Colas found in Ladak. Journ. Bomb. Nat. Hist. Soc., **11**: 465-466.

Elwes H J. 1906. On the lepidoptera collected by the officers on the recent Tibet Frontier commission. Proc. Zool. Soc. Lond.: 479-498.

Epstein H J. 1979. Interesting, rare and new pierids (Lepidoptera: Pieridae) from the central Nepal Himalayas. International Nepal Himalaya Expedition for Lepidoptera Palaearctica - INHELP - 1977, Report No. 2. Ent. Gaz., **30** (2): 77-104.

Erschoff N. 1870. *In*: Erschoff N., Filda A. Katalog Tsheshuekrilikh Rossiiskoi imperii. Trudi russkago entomologitshestvo obshestva v S. Peterburg, **4**: 130-204.

Erschoff N. 1872. Diagnoses de quelques especes nouvelles de Lepidopteres appurtenant a la faune de la Russic asiatique. Horae Soc. Ent. Ross., **8**: 315-318.

Erschoff N. 1874. Lepidoptera. *In*: Fedtschenk V. Mem. Soc. Amis. Sci. Nat. Moscou, **11** (2): 1-127.

Esaki T. 1932. On three Formosan butterflies. Zephyrus Fukuoka, **4**: 140.

Eschscholtz J F.1821. Beschreibung neue auslandischer Schmetterling. *In*: Kotzebue O V. Endeck. Reise Sud-See, **3**: 201-219.

Eschscholtz N. 1870. Title unknown. *In*: Eschscholtz N, Filda A. Katalog Tsheshuekrilikh Rossiiskoi imperii. Trudi russkago entomologitshestvo obshestvo v S. Peterburg, **4**: 130-204.

Esper E J C. [1777] 1776-1830. Die Schmetterlinge in Abbildungen nach der Natur mit Beschreibungen, **1** (2): 89-90, pl. 65, figs. 3-4.

Esper E J C. 1784-1801. Die auslandischen oder die ausserhalb Europa zur Zeit in den ubrigen Welttheilen vorgefundenen Schmetterlinge in Abbildungen nach der Nature mit Beschreibungen. Erlangen: W. Walther. 1-254.

Esper E J C. 1783-1786. Die Schmetterlinge in Abbildungen nach der Natur mit Beschreibungen. Theil 3, Spinnerphalanen. Erlangen: W. Walther: 1-396.

Esper E J C. 1792. Title unknown. Ausl. Schmett., **73**: 156.

Esper E J C. 1793. *Papilio nomius*. Ausl. Schmett., **74**: 210.

Esper E J C. 1800. Die auslandischen oder die ausserhalb Europa zur Zeit in den ubrigen Welttheilen vorgefundene Schmetterlinge in Abbildungen nach der Natur mit Beschreibungen. Erlangen: 87-92.

Esper E J C. [1804] 1775-1830. Die Schmetterlinge in Abbildungen nach der Natur mit Beschreibungen, Suppl. **1** (1): 105.

Esper E J C. [1803] 1776-1830. Die Schmetterlinge in Abbildungen nach der Natur mit Beschreibungen., Suppl. **2**: 13.

Evans W H. 1912. A list of Indian butterflies. J. Bombay Nat. Hist. Soc., **21**: 553-584, 969-1008.

Evans W H. 1923. The identification of Indian butterflies (Papilionidae, Pieridae). J. Bomb. Nat. Hist. Soc., **29**: 230-260.

Evans W H. 1924. The identification of Indian butterflies. J. Bomb. Nat. Hist. Soc., **29**: 780-927.

Evans W H. 1926. Notes on Indian butterflies. J. Bomb. Nat. Hist. Soc., **31** (3): 712-719.

Evans W H. 1927. Identification of Indian butterflies. Ed. **1**: 1-270.

Evans W H. 1932. Identification of Indian butterflies. Ed. **2**: 1-454.

Eversmann E. 1832. Lepidopterum species nonnullae novae gubernium Orenburgense incolentes. Mem. Soc. Imp. Nat. Moscou, **8**: 347-354.

Eversmann E. 1843. Quaedam Lepidopterum species novae, in montibus Uralensibus et Altaicis habitants, nunc descriptae et depictae. Bull. Soc. Imp. Nat. Moscou, **16**: 535-555.

Eversmann E. 1847. Lepidoptera quaedam nova Rossiae et Sibiriae indigena descripsit et delineavit. Bull. Soc. Nat. Moscou, **20** (2): 66-83.

Eversmann E. 1851. Description de quelques nouvelles especes de Lepidopteres de la Russie. Bull. Soc. Nat. Moscou, **24**: 610-644.

Fabricius J C. 1775. Systema entomologiae, etc. Korte: Flensburg and Leipzia: 1-832.

Fabricius J C. 1787. Mantissa Insectorum sistens species nuper detectas adiectis synonymis, observationibus, descriptionibus emendationibus. Cologne: Proft.: 1-382.

Fabricius J C. 1793-1798. Entomologica Systematica Emendata et aucta tom III. Hafniae: C. G. Proft. Par, **1**: 1-487.

Fabricius J C. 1807. Generic descriptions. *In*: Illiger K. Die neueste Gattungs-Eintheilung der Schmetterlinge am den Lin-neischen Gattungen *Papilio* und Sphinx. Mag. F. lnsektenk, **6**: 277-295.

Fan X, Li H H. 2008. The genus *Issikiopteryx* (Lepidoptera: Lecithoceridae): Checklist and descriptions of new species. Zootaxa, **1725**: 53-60.

Fang C L. 1992. Lepidoptera: Notodontidae. *In*: Huang F S. Insects of Wuling Mountains Area, Southwestern China. Beijing: Science Press: 501-509. [方承莱. 1992. 鳞翅目: 舟蛾科//黄复生. 西南武陵山地区昆虫. 北京: 科学出版社: 501-509.]

Fang C L. 1993. Lepidoptera: Notodontidae. *In*: Huang C M. Animals of Longqi Mountain. Beijing: China Forestry Publishing House: 474-484 [方承莱. 1993. 鳞翅目: 舟蛾科//黄春梅. 龙栖山动物. 北京: 中国林业出版社: 474-484.]

Fang C L. 1997. Lepidoptera: Notodontidae. *In*: Yang X K. Insects of the Three Gorge Reservoir Area of Yangtze River. Part 2. Chongqing: Chongqing Publishing House: 1285-1304. [方承莱, 1997. 鳞翅目: 舟蛾科//杨星科. 长江三峡库区昆虫. 重庆: 重庆出版社: 1285-1304.]

Fang C L, Xiao Y X, Yin S C. 1992. Notodontidae. *In*: Peng J W, Liu Y C. Iconography of Forest Insects in Hunan China. Changsha: Hunan Science and Technology Press: 905-922. [方承莱, 肖友星, 尹世才. 1992. 舟蛾科//彭建文, 刘友樵. 湖南森林昆虫图鉴. 长沙: 湖南科学技术出版社: 905-922.]

Fawcett J M. 1904. On some new and little-known butterflies mainly from high elevations in the N. E. Himalayas. Proc. Zool. Soc. Lond., **1904** (II) (1): 134-141.

Felder C. 1861. Title unknown. Sber. Akad. Wiss. Wien, **43**: 39.

Felder C. 1868. Title unknown. Reise der Novara Zool, Lep., **2**: 7.

Felder C. 1874. Title unknown. Reise ost. Fregatte Novara (Zool.), **2**: pl. 94, fig. 10.

Felder C, Felder R. 1860. Title unknown. Wien. Ent. Monats., **4** (8): 225.

Felder C, Felder R. 1862. Observationes de Lepidopteris nonnullis Chinae centralis *et* Japoniae. Wien. Ent. Monatsschrift, VI.

Felder C, Felder R. 1864. Species lepidopterorum hujusque descriptae vel iconibus expressae in seriem systematicum digestae. Verb. Zool.-Bot. Ges. Wien, **14**: 2-378.

Felder C, Felder R. [1865] 1865-1875. Rhopalocera. Reise Novara, **2**: 1-196.

Fenton M. 1881 [1882]. Description of Japanese butterglies. Proc. Zool. Soc. Lond., **1881** (4): 846-855.

Fischer, de Waldheim G. 1823. Parnassius nomion. Ent. Russ., **2**: 242.

Franclemont J G. 1973. Mimallonoidea, Bombycoidea (in part). *In*: Dominick R B, *et al*. Moths of America North of Mexico, **20** (1): 1-86.

Frivaldszky E. 1886. Title unknown. Termezetr. Fuz., **10**: 39-40.

Fruhstorfer H. 1898 [1899]. Beitrag zur Kenntniss der Fauna der Liu-Kiu-Inseln. Stett. Ent. Ztg., **59**: 405-420.

Fruhstorfer H. 1900. Title unknown. Ins. Börse, **17**: 38.

Fruhstorfer H. 1901a. Title unknown. Soc. Ent., **16** (13): 98.

Fruhstorfer H. 1901b. Neue Schmetterlinge aus Tonkin. Soc. Ent., **16** (15): 113.

Fruhstorfer H. 1902a. Neue Papilioformen aus Ostasien. Soc. Ent., **17** (10): 72-74.

Fruhstorfer H. 1902b. Neue Lepidopteren aus dem Indo-Malayischen Gebiet. Deut. Ent. Zeit., **15** (1): 169-178.

Fruhstorfer H. 1902c. Neue ostasiatische Rhopaloceren. Soc. Ent., **17** (10): 81-82.

Fruhstorfer H. 1902d [1901]. Neue Indo-Australische Lepidopteren. Deut. Ent. Zeit., **14** (2): 334-350.

Fruhstorfer H. 1903a. Title unknown. Entomologische Zeitschrift, **20**: 148.

Fruhstorfer H. 1903b. *Parnassius imperator augustus*, n. subsp. Soc. Ent., **18** (15): 113, 124-125.

Fruhstorfer H. 1903c. Zwei neue Sikkim Falter. Ins. Borse, **20**: 148-149.

Fruhstorfer H. 1903d. Verzeichnis der in Tonkin, Annam und Siam gesammelten Papilioniden und Besprechung verwandter Formen. Berliner Entomologische Zeitschrift, **47** (3/4): 167-234.

Fruhstorfer H. 1903e. Neue Pieriden und Uebersicht verwandter Formen. Berliner Entomologische Zeitschrift, **48** (1/2): 97-111.

Frubstorfer H. 1903f. Neue Pieriden aus Ost-Asien. Soc. Ent., **18** (15): 35-36.

Fruhstorfer H. 1904a. Beitrag zur Kenntnis der Rhopaloceren-fauna der Insel Engano. Berliner Entomologische Zeitschrift, **49**: 170-206.

Fruhstorfer H. 1904b. Neue *Argynnis* und *Parnassius* Formen. Deutsche Entomologische Zeitschrift Iris, **16**(2): 307-309

Fruhstorfer H. 1906. Zwei neue *Papilio*-Formen aus Ost-Asien. Soc. Ent., **21** (10): 73-74.

Fruhstorfer H. 1907. *Papilio machaon verity*. Ent. Zeit., **20**: 301.

Fruhstorfer H. 1908a. Lepidopterologisches Pele-Mele. [i-vi.]. Ent. Zeit., **22** (11): 46-47, 48-49, 50-51, 59, 63-64, 72-73, 102-103, 118-119.

Fruhstorfer H. 1908b. *Papilio polyeuctes termessa*. Ent. News, **11**: 535.

Fruhstorfer H. 1908c. Neue ostasiatische Rhopaloceren. Entomologisches Wochenblatt Leipzig, **25**: 37-38, 41.

Fruhstorfer H. 1909a. Ein mimetischer *Papilio aus* Formosa. Int. Ent. Z., **2** (45): 282.

Fruhstorfer H. 1909b. Neue asiatische *Papilio*-Rassen. Ent. Zeit., **22** (43): 175-179.

Fruhstorfer H. 1909c. Neue Zaretes-Formen und Uebersicht der bekannten Formen. Ent. Zeit., **23**: 166-168.

Fruhstorfer H. 1910. Die Indo-Australische Tagfalter. *In*: Seitz A. 1909-1923. The Macrolepidoptera of the World, **9**: 109-901.

Fruhstorfer H. 1911. Neue palaarktische Rhopaloceren. Soc. Ent., **26**: 23.

Fruhstorfer H. 1913. Neue Rhopaloceren. Ent. Rundsch., **30**: 92-134.

Fruhstorfer H. 1923. Neue Parnassins apoll-Rassen. Entomologischer Anzeiger Wien, **3**: 41-42.

Fruhstorfer H. 1924. Neue und seltene *Parnassius*-Rassen. Entomologischer Anzeiger Wien, **4**: 6-7, 17-21, 77-78, 142-143.

Gabriel A G. 1942. A new species of *Bhutanitis* (Lep. Papilionidae). Entomologist, **75**: 189.

Gaede M. 1930. Notodontidae. *In*: Seitz A. Macrolepidoptera of the world. Stuttgart: Kernen Verlag, **10**: 607-655.

Gaede M. 1932-1933. Lasiocampidae. *In*: Seitz A. Macrolepidoptera of the world. Paris: Cab. Ent. E. Le Moult, Suppl. 2: 107-125, 279-289, pls. 9-10.

Gaede M. 1933. Notodontidae. *In*: Seitz A. Macrolepidoptera of the world. Suppl. Stuttgart: Kernen Verlag, 2: 173-186.

Gaede M. 1934. Notodontidae. *In*: Strand E. Lepidopterorum Catalogus, **59**: 1-351.

Gaede M. 1937. Gelechiidae. *In*: Bryk F. Lepidopterorum Catalogus, **79**: 1-630.

Galsworthy A. C. 1997. New and revised species of Macrolepidoptera from Hong Kong. Mem. Hong Kong Hist. Soc., **21**: 127-150.

Germar E F. 1812. Systematis Glossatorum Prodromus, Sistens Bombycum Species secundum oris partium diversitates in nova genera distributes. Reclam: Lipsiae: 1-51.

Geyer C. 1832. Rhopalocera. *In*: Hübner J. Zutr. Sammel. Exot. Schmett., **4**: 16.

Geyer C. [1838]. Papiliones. *In*: Hubner J. Sammlung Europaischer Schmetterlonge (Papiliones): pl. 207, fig. 1029.

Gistel J. 1857. Achthundert und zwanzig neue und ubbeschriebene Insecken. Vacuna, **2** (2): 1-603.

Godart J B. 1819. Papilionidae and Pieridae. *In*: Latreille V, Godart J B. Ency. Meth., **9** (Ins.): 1-156.

Gozmány L. 1957. Notes on the Generic Group *Symmoca* Hbn. Lep. Gelechiidae). Annls Hist. Nat. Mus. Natn. Hung (S. N.), **8**: 325-327, 344-346.

Gozmány L. 1970. Hoenea belenae n. gen., n. sp., eine neue Lecithoceridae (Lepidoptera). Ent. Z., **80**: 213-216.

Gozmány L. 1971. Notes on Lecithocerid Taxa (Lepidoptera) Ⅰ. Acta Zool. Hung., **17**: 251-254.

Gozmány L. 1972. Notes on Lecithocerid Taxa (Lepidoptera) Ⅱ. Acta Zool. Hung., **18**: 291-296.

Gozmány L. 1973. Symmocid and Lecithocerid Moths (Lepidoptera) from Nepal. Khumbu Himal, **4** (3): 413-444.

Gozmány L. 1978. Lecithoceridae. *In*: Amsel H G, Gregor F, Reisser H. Microlepidoptera Palaeartica. Wien: GeorgFromme Co., **5**: 1-306.

Graeser L. 1888. Beitrage zur Kennntniss der lepidopteren-Fauna des Amurlandes. Berl. Ent. Z., **32**: 33-153, 188.

Graeser L. 1892. Neue Lepidopteren aus Central-Asien. Berl. Ent. Z., **37**: 299-318.

Gray G R. 1831. Descriptions of eight new species of Indian butterflies from the collection of Gen. Hardwicke. Zool. Miscell, (J. E. Gra), **1831**: 1-32.

Gray G R. 1832. New species of insects of all the orders. In Griffth, Animal Kingdom, **15**: pl. 102.

Gray G R. 1852 [1853]. Catalogue of the lepidopterous insects in the collection of the British Museum. Vienna: Frommem, **1**: 1-84.

Gray G R. 1856. List Spec. Lep. Ins. Brit. Mus., **1**: 92.

Gray G R. 1864. Desc. Figs. Lep. Ins. Nepal.: 32.

Grieshuber J. 1996. The subspecific division of *Colias nina* Fawcett and description of a new subspecies (Lepidoptera: Pieridae). Lambillionea, **96** (3) (Tome 2): 552-560.

Grieshuber J. 1997a. The distribution and subspecific division of *Colias heos* Herbst, 1792 (Lepidoptera: Pieridae). Lambillionea, **97** (3) (Tome 1): 365-378.

Grieshuber J. 1997b. *Colias* species and their habitat. Part 1: *Colias staudingeri* Alpheraky, 1881 (Lepidoptera: Pieridae). Lambillionea, **97** (3) (Tome 2): 437-438.

Grieshuber J. 1997c. The distribution and subspecific divisions of *Colias staudingeri* Alpheraky, 1881 (Lepidoptera: Pieridae). Lambillionea, **97** (4) (Tome 2): 609-623.

Grieshuber J. 1998a. The distribution and subspecific classification of *Colias tyche* Boeber, 1812 (Lepidoptera: Pieridae) (Part 1). Lambillionea, **98** (1) (Tome 2): 126-134.

Grieshuber J. 1998b. *Colias* species and their habitats. Part 2: *Colias montium* Oberthur, 1886 (Lepidoptera: Pieridae). Lambillionea, **98** (3) (Tome 2): 451-452.

Grieshuber J. 1998c. The distribution and subspecies of *Colias tyche* Boeber, 1812 (Lepidoptera: Pieridae). Part 2. Lambillionea, **98** (3) (Tome 2): 453-468.

Grieshuber J. 1998d. The distribution and subspecific divisions of *Colias tyche* Boeber, 1812 (Lepidoptera: Pieridae). Part 2 (end). Lambillionea, **98** (4) (Tome 1): 509-522.

Grieshuber J. 1999a. The species group *Colias arida* Alpheraky, 1889, *adelaidae* Verhulst, 1991, *baeckeri* Kotzsch, 1930 and *stoliczkana* Moore, 1878. Description of a new subspecies of *Colias adelaidae*. (Lepidoptera: Pieridae). Lambillionea, **99** (1) (Tome 1): 41-48.

Grieshuber J. 1999b. The distribution and the subspecific classification of *Colias montium* Oberthur, 1886 (Lepidoptera: Pieridae). Lambillionea, **99** (3) (Tome 1): 377-388.

Grieshuber J. 2000. Information on the types of *Colias nebulosa pugo* Evans, 1924 (Lepidoptera: Pieridae) collected in East Tibet. Lambillionea, **100** (2) (Tome 2): 263-265.

Grieshuber J. 2002. On the distribution and subspecific differentiation of *Colias chrysotheme* (Esper, [1781]) (Lepidoptera: Pieridae). Entomologische Zeitschrift, **112** (3): 81-88.

Grieshuber J, Vladimir L A, Lvovsky A L. 2001. Lectotype designations for *Colias hyperborea* Grum-Grshimailo, 1900, *Colias aquilonaris* Grum-Grshimailo, 1900, and *Colias hecla* var. *orientalis* Grum-Grshimailo, 1900 (Lepidoptera: Pieridae). Entomologische Zeitschrift, **111** (6): 168-172.

Grose-Smith H. G. 1887. Descriptions of eight new species of Asiatic butterflies. Ann. Mag. Nat. Hist., **20** (5): 265-268.

Grose-Smith H G, Kirby W. 1893. Title unknown. Rhop. Exot., (24): Lycaenidae, 96.

Grote A R. 1876. Title unknown. Can. Ent,. **8**: 125.

Grote A R. 1895. Systema Lepidopterorum Hildesiae Mitteilungen aus dem Roemermuseum, Hildesheim. Mt Mus Hildesheim, **1** (15): [1-4].

Grote A R. 1898. Title unknown. Proc. Amer. Phil. Soc., **37**: 37.

Grote A R. 1899. Specializations of the Lepidopterous wing. Proc. Am. phil. Sco., **38**: 7-49.

Grote A R. 1900. The descent of the Pierids. Proc. Amer. Phil. Soc., **39**: 4-67.

Grum-Grshimailo A G. 1887. Bericht uber meine Reise in das ostliche Buchara, etc. *In*: Romanoff. Mem. Lep., **3**: 357-402.

Grum-Grshimailo A G. 1888. Novae species et varietates Rhopalocera. Hor. Ent. Ross., **22**: 45, 303-307, 465.

Grum-Grshimailo A G. 1890. Le Pamir et sa faune Lepidopterologique. *In*: Romanoff. Mén. Lép., **4**: 1-577.

Grum-Grshimailo A G. 1891. Lepidoptera nova in Asia Centrali novissima lecta. Horae Soc. Ent. Ross., **25**: 445-465.

Grum-Grshimailo A G. 1893. Lepidoptera palaearctica nova. Horae Soc. Ent. Ross., **27**: 127-129, 379-386.

Grum-Grshimailo A G. 1895. Lepidoptera palaearctica nova. III. Horae Soc. Ent. Ross., **29**: 290-293.

Grum-Grshimailo A G. 1899. Lepidoptera nova vel parum cognita regionis palaearcticae. Ann. Mus. Zool. St. Petersbourg, **4**: 455-472.

Grum-Grshimailo S G. 1902. Lepidoptera nova vel parum cognita regionis palaearcticae. Ann. Mus. Mongolei Zool. Petersb., **7**: 191-204.

Grünberg K. 1911-1913. Lasiocampidae. *In*: Seitz A. Macrolepidoptera of the world. Stuttgart: Fr. Lehmann Edit, **2**: 147-180.

Grünberg K. 1912. Notodonttidae. *In*: Seitz A. Macrolepidoptera of the world. Stuttgart: Kemen Verlag, **2**: 284-319.

Grünberg K. 1914. Eine neue indo-australische Lasiocampiden-Gattung. *Syrastrenopsis moltrechti* nov. gen. nov. Ent. Rdsch., **31**: 38-40.

Grünberg K. 1921-1923. Lasiocampidae. *In*: Seitz A. Macrolep. World, **10**: 408.

Grünberg K. 1933. Lasiocampidae. *In*: Seitz A. Macrolepidoptera of the world. Stuttgart: Fr. Lehmann Edit, **10**: 391-415, pls. 32-35.

Gu M B, Chen P Z. 1997. Butterflies in Hainan Island. Beijing: China Forestry Publishing House: 1-95. [顾茂彬, 陈佩珍. 1997. 海南岛蝴蝶. 北京: 中国林业出版社: 1-95.]

Hampson G F. 1892a. The Macrolepidoptera Heterocera of Ceylon-Illustrations of typical Specimens of Lepidoptera Heterocera in the Collection of the British Museum part 9: 1-182.

Hampson G F. 1892b. The fauna of British India. I: 124-177, 410-439.

Hampson G F. 1893a. Illustrations of typical specimens of Lepidoptera Heterocera in the Collection of the British Museum Part IX. The Macrolepidoptera Heterocera of Ceylon. London: Printed by order of the Trustees: 1-182.

Hampson G F. 1893b. The Fauna of British India, including Ceylon and Burma, Moths. London: Taylor and Francis, Red Lion Court, Fleet Street, Vol. 1: 1-527, fig. 333.

Hampson G F. 1895. Descriptions of new Heterocera from India. Trans. Ent. Soc. London, **1895**: 277-315.

Hampson G F. 1896. The Fauna of British India, including Ceylon and Burma, Moths. Vol. 4. 28-594, fig. 287. Taylor and Francis, Red Lion Court, Fleet Street, London Appendix: 450-566.

Hampson G F. 1897-1898. The Moths of India Part 1. J. Bombay Nat. Hist. Soc., **11**: 277-297.

Hampson G F. 1900. Moths of India. Supplementary paper to the volumes in "The fauna of British India" Part 1. J. Bombay Nat. Hist. Soc., **13**: 37-51, 233.

Hampson G F. 1904. Moths of India. Supplementary paper to the volumes in "The fauna of British India" Series iii. Part 2. J. Bombay Nat. Hist. Soc., **16**: 132-152.

Hampson G F. 1910. Moths of India. Supplementary paper to the volumes in "The fauna of British India" Series iv. Part 1. J. Bombay Nat. Hist. Soc., **20**: 83-125.

Hancock D L. 1983. Classification of the Papilionidae (Lepidoptera), a phylogenetic approach. Smithersia, **2**: 1-48.

Harris. 1841. Title unknown. Rep. Insects Mass. Injurious Ven.: 265.

Haude G. 1912. Neue Charltonius-formen Gray von Nilang Passe. Soc. Ent., **27**: 75-76.

Haworth A H. 1803. Lepidoptera Britannica sistens digestimen novam lepidopterorum quae in Magna Britannica reperiunter … adjungunter dissertationis variae ad historian anturalam spectantes. London, **1**: 1-136.

Heikkilä M, Mutanen M, Kekonen M, Kaila L. 2014. Morphology reinforces proposed molecular phylogenetic affinities: a revised classification for Gelechioidea (Lepidoptera). Cladistics, **30**: 563-589.

Hemming A F. 1931. On the types of certain genera of the family Pieridae (Lepidoptera). Entomologist, **64**: 272-273.

Hemming A F. 1933. Holarctic butterflies: Miscellaneous notes on nomenclature. Entomologist, **66**: 275-279.

Hemming A F. 1934. Revisional notes on certain species of Rhopalocera (Lepidoptera). Stylops, **3**: 193-200.

Hemming A F. 1967. The generic names of the butterflies and their type-species (Lepidoptera: Rhopalocera). Bull. Br. Mus. Nat. Hist. (Ent.), Suppl. **9**: 1-509.

Hensle J. 2001. Ecological variation of *Pieris napi* (Linnaeus, 1758) (Lepidoptera, Pieridae). Atalanta (Marktleuthen), **32** (3-4): 389-394, 474-475.

Herbst 1792. Title unknown. *In*: Jablonsky, Natursyst. Ins., Schmett., **5**: 213-214.

Hering M. 1931. Title unknown. Parnassiana, **1** (7/8): 4.

Hering M. 1932. Title unknown. Mitt. Zool. Mus. Berl., **18**: 295.

Hering M. 1936. Schwedischchinesische wissenschaftliche Expedition nach den nordwestliohen Provinzen Chinas. 40. Lepidoptera. 4. Bombyces. Arkiv for Zool., **27A** (32): 1-109.

Herrich-Schäffer G A W. 1853-1856. Systematische Bearbeitung der Schmetterlinge von Europa. [1853-1855] **5**: 11, 45, 202, 207; [1856] **6**: Umrisen Microlepid. VI; Syst. Lepidopt. 58; Index Vol. V: 27. Regensburg.

Hewitson W C. 1852. Descriptions of five new species of butterflies of the family Papilionidae. Trans. Ent. Soc. Lond., (2) **2**: 22-24.

Hewitson W C. 1856-1861. Papilionidae. Ill. Exot. Butts. Vol. **2**.

Hewitson W C. 1864. Pieridae. Ill. Exot. Butts. Vol. **3**.

Hewitson W C. 1868. Remarks on Mr. A R. Wallace's Pieridae of the Indian and Australian Regions. Trans. Ent. Soc. Lond., **16** (1): 97-100.

Hewitson W C. 1875-1878. Rhopalocera. Ill. Exot. Butts., Vol. **5**.

Hiura I. 1979. An outline of genus *Pieris*. Acta Rhopalocerologica, **3**: 1-71.

Hiura I. 1980. A phylogeny of the genera of Parnassiinae based on analysis of wing pattern, with description of a new genus (Lepidoptera: Papilionidae). Bull. Osaka Mus. Nat. Hist., **33**: 71-95.

Hofmann P J, Eckweiler W. 2001. A new subspecies of *Aporia crataegi* (Linnaeus, 1758) from Central Iran (Lepidoptera: Pieridae). Nachr. Entomol. Ver. Apollo, **22** (3): 137-140.

Holland W J. 1889. Descriptions of new Japanese Heterocera. Trans. Amer. Ent. Soc.: 71-76, 311.

Holloway J D. 1976. Moths of Borneo with special reference to Mount Kinabalu. Kuala Lumpur: The Malayan Nature Society: 1-264.

Holloway J D. 1982. Title unknown. *In*: Barlow H S. An introduction to the moths of south east Asia. The Malayan Nature Society, Kuala Lumpur & E.W. Classey, Faringdon, Oxon U. K.: 1-305.

Holloway J D. 1983. The Moths of Borneo 4. Notodontidae. Malay Nat. J., **37**: 1-107, pls. 1-9.

Holloway J D. 1987. The Moths of Borneo. Superfamily Bombycoidea: families Lasiocampidae, Eupterotidae, Bombycoidae, Brahmaeidae, Saturniidae, Sphingidae Vol. 3, Malayan Nature Journal., **41**: 1-199.

Holloway J D, Bender R. 1985. Further notes on the Notodontidae of Sumatra, with description of seven new species. Heterocera Sumatrana, Gottingen, **5**: 102-112.

Holloway J D, Bender R. 1990. The Lasiocampidae of Sumatra. Heteroc. Sumatrana, **6**: 137-204.

Honrath E G. 1884. Title unknown. Berl. Ent. Z., **28**: 204-398.

Honrath E. 1888. Title unknown. Ent. Nachr., **14**: 161.

Hope F W. 1843. On some rare and beautiful insects from Silhet, chiefly in the collection of Frederic John Parry. Trans. Linn. Soc. London, **19**: 131-136.

Horsfield T. [1829]. Title unknown. Descr. Cat. Lep. Ins. Mus. East India Coy, (2): 81-144.

Hoshiai A. 1996. Notes of *Colias* from China and surrounding area (1). Notes of two *Colias* spp. recently described from China. Studies of Chinese Butterflies, **3**: 211-218.

Hoshiai A, Rose K. 1998. A description of a new subspecies of *Colias nebulosa* Oberthur, 1894 (Lepidoptera, Pieridae). Butterflies, **20**: 58-61.

Hou T Q. 1980. The *Malacosoma* of China (Lepidoptera: Lasiocampidae). Acta Entomologica Sinica, **23** (3): 308-313. [侯陶谦. 1980. 中国的天幕毛虫 (鳞翅目: 枯叶蛾科). 昆虫学报. **23** (3): 308-313.]

Hou T Q. 1982. Lepidoptera: Lasiocampidae, Eupterotidae. *In*: The series of the Scientific Expedition to the Qinghai-Xizang Plateau, Chinese Academy of Sciences. Insects of Xizang. Vol. Ⅱ. Beijing: Science Press: 111-117 [侯陶谦. 1982. 鳞翅目: 枯叶蛾科, 带蛾科//中国科学院青藏高原综合科学考察队. 西藏昆虫 (第二册). 北京: 科学出版社: 111-117.]

Hou T Q. 1983. Lasiocampidae. Iconographla Heterocerorum Sinicorum (4). Beijing: Science Press: 417-431. [侯陶谦. 1983. 枯叶蛾科. 中国蛾类图鉴 (IV). 北京: 科学出版社: 417-431.]

Hou T Q. 1984. Two new species of Lasiocampidae from Yunnan, China. Entomotaxonomia, **6** (2-3): 179-181. [侯陶谦. 1984. 云南枯叶蛾科二新种. 昆虫分类学报, **6** (2-3): 179-181.]

Hou T Q. 1985. Two new species of Lasiocampidae from Fujian (Lasiocampidae). Wuyi Science Journal, **5**: 59-61. [侯陶谦. 1985. 福建枯叶蛾二新种 (鳞翅目: 枯叶蛾科). 武夷科学, **5**: 59-61.]

Hou T Q. 1986. New speeies of *Dendrolimus* and its allies from China. Entomotaxonomia, **8** (1, 2): 75-83. [侯陶谦. 1986. 中国松毛虫属及其近缘属的新种 (鳞翅目: 枯叶蛾科). 昆虫分类学报, **8** (1, 2): 75-83.]

Hou T Q. 1987a. The pine caterpillars in China. Beijing: Science Press: 1-311. [侯陶谦. 1987a. 中国松毛虫. 北京: 科学出版社: 1-311.]

Hou T Q. 1987b. Lasiocampidae. *In*: Huang F S. Forest Insects from Yunnan. Kunming: Yunnan Science and Technology Press: 937-979. [侯陶谦. 1987b. 枯叶蛾科//黄复生. 云南森林昆虫. 昆明: 云南科技出版社: 937-979.]

Hou T Q. 1988 Lepidoptera: Lasiocampidae, Eupterotidae. *In*: The Mountaineering and Scientific Expedition, Chinese Academy of Sciences. Insects of Mt. Namjaharwa Region of Xizang. Beijing: Science Press: 451-454. [侯陶谦. 1988. 鳞翅目: 枯叶蛾科、带蛾科//中国科学院登山科学考察队. 西藏南迦巴瓦峰地区昆虫. 北京: 科学出版社: 451-454.]

Hou T Q. 1992. Lepidoptera: Lasiocmnpidae, Eupterotidae. *In*: The series of the Scientific Expedition to the Qinghai-Xizang Plateau, Chinese Academy of Sciences. Insects of the Hengduan Mountains Region (2). Beijing: Science Press: 1045-1051. [侯陶谦. 1992. 鳞翅目: 枯叶蛾科, 带蛾科//中国科学院青藏高原综合科学考察队. 横断山区昆虫 (第二册). 北京: 科学出版社: 1045-1051.]

Hou T Q. 1997. Lepidoptera: Lasiocarnpidae, Eupterotidae. *In*: Yang X K. Insects of the Three Gorge Reservoir Area of Yangtze River. Chongqing: Chongqing Publishing House: **2**: 1396-1407. [侯陶谦. 1997. 鳞翅目: 枯叶蛾科、带蛾科//杨星科. 长江三峡库区昆虫. 重庆: 重庆出版社: 1396-1407.]

Hou T Q. 2002. Lepidoptera: Lasiocampidae. *In*: Huang F S. Forest Insects of Hainan. Beijing: Science Press: 562-564 [侯陶谦. 2002. 鳞翅目: 枯叶蛾科//黄复生. 海南森林昆虫. 北京: 科学出版社: 562-564.]

Hou T Q, Wang Y X. 1992. Three new species of Lasiocampidae (Lepidoptera) from Yunnan, China. Entomotaxonomia, **14** (4): 272-276. [侯陶谦, 王用贤. 1992. 云南枯叶蛾科三新种 (鳞翅目). 昆虫分类学报, **14** (4): 272-276.]

Hsu C K. 1980. A new species of the genus *Hoenimnema* from Chinghai (Lep.: Lasiocampidae). Acta Entomologica Sinica, **23** (4): 432-433. [徐振国. 1980. 云毛虫属一新种 (鳞翅目: 枯叶蛾科). 昆虫学报, **23** (4): 432-433.]

Hsu Y F. 1999. Butterflies of Taiwan Vol. 1. Nantou: Fenghuanggu Bird Garden of Taiwan: 1-344. [徐堉峰. 1999. 台湾蝶图鉴 (第一卷). 南投: 台湾省立凤凰谷鸟园: 1-344.]

Hsu Y F, Chou W I. 1999. Discovery of a new pierid butterfly, *Aporia gigantea cheni* Hsu and Chou (Lepidoptera: Pieridae), from Taiwan. Zoological Studies, **38** (2): 222-227.

Hu S J, Zhang X, Cotton A M, Ye H. 2014. Discovery of a third species of *Lamproptera* Gray, 1832 (Lepidoptera: Papilionidae). Zootaxa, **3786** (4): 469-482.

Huang H. 1995. Title unknown. Aes Bull., **54**: 56.

Huang H. 1996. Notes on the genus *Sinopieris* in China. Bulletin of the Amateur Entomologists' Society, **55** (405): 67-70.

Huang H. 1998a. Research on the butterflies of the Namjagbarwa Region, S.E. Tibet (Lepidoptera: Rhopalocera). Neue Ent. Nachr., **41**: 207-263.

Huang H. 1998b. Five new butterflies from N.W. Tibet (Lepidoptera: Rhopalocera). Neue Ent. Nachr., **41**: 271-281.

Huang H. 1998c. Two new butterflies from northwestern Tibet (Lepidoptera: Pieridae, Nymphalidae). Entomologische Zeitschrift, **108** (6): 249-255.

Huang H. 1999a. *Parnassius liudongi* sp. nov. from Chinese Tianshan (Lepidoptera: Papilionidae). Lambillionea, **99** (3): 335-337.

Huang H. 1999b. Some new butterflies from China-1 (Rhopalocera). Lamillionea, **99** (4) (Tome 3): 642-676.

Huang H. 2000. A list of butterflies collected from Tibet during 1993-1996, with new descriptions, revisional notes and discussion on zoogeography-1. Lambillionea, **100** (1): 141-158.

Huang H. 2003. A list of butterflies collected from Nujiang (Lou Tse Kiang) and Dulongjiang, China with descriptions of new species, new subspecies, and revisional notes (Lepidoptera, Rhopalocera). Neue Ent. Nachr., **55**: 3-114, 160-177.

Huang R X, Murayama S I. 1989. Discovery of the new subspecies of *Tadumia przewalskii*. Nat. Ins., **24** (4): 31-32.

Huang R X, Murayama S I. 1992. Butterflies of Xinjiang Province, China. Tyo To Ga, **43** (1), **1992**: 1-22.

Huang R X, Zhou H, Li X P. 2000. Butterflies in Xinjiang. Urumqi: Xinjiang Science, Technology and Health Publishing House: 22-30 [黄人鑫, 周红, 李新平. 2000. 新疆蝴蝶. 乌鲁木齐: 新疆科技卫生出版社: 22-30.]

Hübner J. 1789. Title unknown. Beitr. Schmett., Ser. 2, Ⅱ: 48.

Hübner J. 1796-1838. Sammlung europaischer Schmetterlinge. Augsburg: 1-194, pl. 207.

Hübner J. 1807. Sammlung exotischer Schmetterlinge, vol. 1: pl. 116. Augsburg.

Hübner J. [1813]. Sammlung exotischer Schmetterlinge, vol. 1: Papiliones, figs. 712-715. Augsburg.

Hübner J. 1819. Verzeichniss bekannter Schmettlinge [signature 6]. Augsburg.

Hübner J. 1821. Index exoticorum Lepidopterum. Augsburg.

Hübner J. 1822. Systematisches-alphabetisches Verzeichniss aller bisher bey den Furbildungen zur Sammlung europaischer Schmetterlinge angegebenen Gattungsbennungen. Augsburg.

Hübner J. 1825. Sammlung exotischer Schmetterlinge. vol. 2: pl. 111. Augsburg.

Hübner J. 1919. Title unknown. Verz. Bekannt. Schmett., (66): 94.

Hufnagel. 1766. Dritte Tabelle von den Nachtvogeln. Berl. Magazin, **2** (4): 391-437.

Igarashi S. 1979. Papilionidae and their early stages [in Japanese]. 2 vols. Tokyo: Kodansha.

Ikeda K. 1937. Title unknown. Zephyrus, **7**: 37.

Ikeda K, Nishimura M, Inagaki H. 1998. Butterflies of Cuc Phuyong National Park in northern Viet Nam (1). Butterflies, **21**: 12-26.

Inayoshi Y, Nishimura M. 1997. A review of the belladonna group of the genus *Delias* (Lepidoptera, Pieridae). Butterflies, **16**: 18-33.

Inomata T. 1990. Keys to the Japanese butterflies in natural color. Tokyo: Hokuryukan: 1-223.

Inoue H. 1979. On the Japanese species of the genus *Gastropacha* (Lasiocampidae). Japan Heterocerists' J., **104**: 57-65.

Jakusch J. 2003. Eine neue unterart von *Delias pasithoe* Linnaeus 1758 aus Guizhou/China (Lepidoptera: Pieridae). Benchte des Kreises Nürnberger Entolomogen, **19**: 43.

Janet A. 1896. Description de nouvelles especes de Lepidopteres du Tonkin. Bull. Soc. Ent. Fr., **9**: 215-216.

Janse A J T. 1954. The Moths of South Africa. Gelechiidae, **5**: 332-349, 362-363, 366-370, 377-384.

Janson O E. 1877. Notes on Japanese Rhopalocera, with descriptions of new species. Cistula Entomologica, **2** (16): 153-160.

Janson O E. 1878. Title unknown. Cistula Entomol., **2** (19): 272.

Joicey J J, Talbot G. 1921. Descriptions of new forms of Lepidoptera from the island of Hainan. Bull. Hill Mus., **1**: 167-177.

Joicey J J, Talbot G. 1924. A catalogue of the Lepidoptera of Hainan. Bulletin of the Hill Museum Witley, **1**: 514-538.

Jordan K. 1908-1909. Papilionidae. *In*: Seitz A. Macrolepidoptera of the world. Stuttgart: Fr. Lehmann Edit, **9**: 11-109.

Jordan K. 1925. On Delia belladonna and allied species. Novit. Zool., **32**: 227-287.

Jordan K. 1928. On the latreillei group of eastern *Papilios*. Novit. Zool., **34**: 159-172.

Kardakoff N. 1920. Title unknown. Ent. Mitt. Dahlem, **17**: 418.

Kardakoff N. 1928. Zur kenntnis der Lepidopteren des Ussuri-Gebietes. Ent. Mitt., Dahlem, **27**: 261-273, 415-422.

Kawasaki Y. 1995. Description of one new species and four new subspecies of the genus *Parnassius* Latreille (Lepidoptera, Papilionidae) from collecting expeditions in Thibet, China 1994. Wallace, **1**: 9-29.

Kazuo K. 1934. Studies on the Morphology, Bionomics and Hymenopterous parasite of the Pine-caterpillar (*Dendrogimus spectabilis* Butler). Bull. Forest Exp. Star. Chosen, No. 18.

Kazuyoshi Y. 1997. New butterflies from China 2. Neo Lepidoptera, **2**: 1-8.

Kemal M, Kocak A O. 2005. Nomenclatural notes on various taxa of the moths (Lepidoptera). Miscellaneous Papers, Centre for Entomological Studies Ankara, 91/**92**: 11-14.

Kirby W F. 1882. Rhopalocera. Cat. Lep. Het.: 821.

Kirby W F. 1892. A synonymic Catalogue of Lepidoptera Heteroeera (moths), Vol. I. London: Sphinges and Bombyces, 1-951. Gumey & Jackson; Berlin: R. Friedlander.

Kirby W F. 1896. Title unknown. *In*: Allen. A handbook to the order Lepidoptera, Part I. Butterflies, **2**: 1-305.

Kirby W F. 1913. Butterflies and Moths in romance and reality. Londo: Society for Promoting Christian Knowledge: 1-178, pl. 28.

Kiriakoff S G. 1959. Family Notodontidae. In Entomological results of the Swedish expedition 1934 to Burma and British India. Arkiv for Zoologi, Ser. 2, **12** (20): 313-333.

Kiriakoff S G. 1962a. Notes sur les Notodontidae (Lepidoptera) Pydna Walker *et* genres voisins. Bull. Annls. Soc. r. Ent. Belg., **98**: 149-214, pls. 1-6.

Kiriakoff S G. 1962b. Die Notodontiden de Ausbeuten H. Höne aus Ostasien (Lep Notodontidae). Bonn. Zool. Beitr., **13**: 219-236.

Kiriakoff S G. 1963a. Die Notodontiden de Ausbeuten H. Höne aus Ostasien (Lep. Notodontidae). Bonn. Zool. Beitr., **14**: 248-293.

Kiriakoff S G. 1963b. On the systematic position of the so-called subfamily Platychasmatinae Nakamura, 1956 (Notodontidae). J. Lepidopterists' Soc., **17**: 33-34.

Kiriakoff S G. 1967a. Notodontidae *In*: Wytsman P. Genera Insectorum fasc. 217 B. Kraainem: Nabu Press: 1-238.

Kiriakoff S G. 1967b. New genera and species of Oriental Notodontidae (Lepidoptera). Tijdschr. Ent., **110**: 37-64.

Kiriakoff S G. 1968. Notodontidae. *In*: Wytsman P. Genera Insect., **217** (C): 1-269.

Kiriakoff S G. 1970a. New or less known Indo-Australien Notodontidae (Lep.). Tijdschr Ent., **113** (4): 105-123.

Kiriakoff S G. 1970b. Danielita nom. Nov. (Lepidoptera Notodontidae). Nachr. Bl. Bayer. Ent., **19**: 124.

Kiriakoff S G. 1973. Homonomy. Bull. Annls Soc. R. Ent. Belg., **109**: 42.

Kiriakoff S G. 1974. Neue und wenig bekannte asiatische Notodontidae (Lepidoptera). Veöff. Zool. Staatssamml. München, **17**: 371-421, pls. 1-5.

Kiriakoff S G. 1977. Neue asiatische Notodontidae (Lepidoptera) nebst Beschreibung zweier Neallotypen. Mitt. Munch. Ent. Ges., **66**: 29-35.

Kishida Y. 1981. The Illustrations of Moths from Taiwan. Gekkan Mushi, **121**: 25-26; **122**: 23-24; **124**: 25-26; **127**: 25-26.

Kishida Y. 1982. Notes on some moths from Taiwan Ⅰ. Japan Heterocerists' J., **115**: 231-233.

Kishida Y. 1983. Notes on some moths from Taiwan Ⅱ. Japan Heterocerists' J., **120**: 320-322.

Kishida Y. 1984. Notes on some moths from Taiwan Ⅳ. Japan Heterocerists' J., **127**: 23-27.

Kishida Y. 1985. Notes on some moths from Taiwan Ⅴ. Japan Heterocerists' J., **132**: 99-102.

Kishida Y. 1986a. Notes on some moths from Taiwan Ⅵ. Japan Heterocerists' J., **137**: 180-182.

Kishida Y. 1986b. Description of a new species of *Bharetta* Moore, [1866] (Lasiocampidae) from Taiwan. Japan Heterocerists' J., **138**: 202-203.

Kishida Y. 1990. A new *Pheosiopsis* Bryk, 1950, from Taiwan (Lep. Notodontidae). Gekkan Moshi., **227**: 16-17.

Kishida Y. 1991. A new species of Lasiocarnpid moth from Taiwan. Gekkan-Mushi., **243**: 14-15.

Kishida Y. 1992. Lasiocampidae. *In*: Haruta T. Moths of Nepal, Part 1. Tinea, **13** (Suppl. 2): 76-79.

Kishida Y. 1993. Lasiocampidae. *In*: Haruta T. Moths of Nepal, Part 2. Tinea, **13** (Suppl. 3): 142.

Kishida Y. 1994a. Lasiocampidae. *In*: Haruta T. Moths of Nepal, Part 3. Tinea, **14** (Suppl. 1): 63.

Kishida Y. 1994b. A new species of the genus *Neodrymonia* Matsumura (Notodontidae) from Taiwan. Japan Heterocerists' J., **179**: 61-62.

Kishida Y. 1998. Lasiocarnpidae. *In*: Haruta T. Moths of Nepal, Part 5. Tinea, **15** (Suppl. 1): 38-39.

Kishida Y, Kobayashi H. 2002. Two new species of the genus *Ptilophora* (Lepidoptera, Notodontidae) from China. Tinea, **17**: 86-91.

Kishida Y, Wang M. 2007. A new species of the genus *Alompra* Moore, 1872 (Lepidoptera, Lasiocampidae) from Guangdong, S. China. Tinea, **19** (4): 261-262.

Kishida Y, Wang M, Owada M, Suzuki K. 2003. Two new species of Notodontidae (Lep.) from Guangdong, China. Tinea, **17**: 180-182.

Kishida Y, Yazaki K. 1987. Notes on some moths from Taiwan Ⅶ. Japan Heterocerists' J., **142**: 261-263.

Klots A B. 1931-32. A generic revision of the Pieridae (Lepidoptera). Entomologica Americana, **12** (3-4): 139-242.

Klug J C F. 1836-1856. Neue (oder weniger bekannte) Schmetterlinge der Insecten-Sammlung des Koniglichen Zoologischen Museums der Universitat zu Berlin. Berlin: Hefte. Vols. **1-2**.

Kobayashi H. 1994. A new species of genus *Ptilophora* (Notodontidae) from Taiwan. Japan Heterocerists' Journal, **177**: 17-19.

Kobayashi H. 2005. A new species of the genus *Neodrymonia* (Notodontidae) from Taiwan. Trans. Lep. Soc. Jap., **56**: 330-332.

Kobayashi H. 2012. Two new species of the genus *Megaceramis* (Notodontidae, Lepidoptera). Tinea, **22** (1): 67-74.

Kobayashi H, Kishida Y. 2004. A new genus and species of Notodontidae (Lepidoptera). Trans. Lep. Soc. Jap., **55**: 261-265.

Kobayashi H, Kishida Y. 2008. On the genus *Hiradonta*, with three new species (Notodontidae, Lepidoptera). Tinea, **20** (2): 77-83.

Kobayashi H, Kishida Y, Wang M. 2003. New species and subspecies of the genera *Pseudofentonia* and *Neodrymonia* (Notodontidae) from Guangdong, China. Tinea, **17**: 232-237.

Kobayashi H, Kishida Y, Wang M. 2004a. Two new species of *Neodrymonia* (Lepidoptera, Notodontidae) from Guangdong, China. Tinea, **18**: 161-168.

Kobayashi H, Kishida Y, Wang M. 2004b. Two new species of *Pantherinus* (Lepidoptera, Notodontidae) from Guangdong, China. Tinea, **18**: 174-183.

Kobayashi H, Kishida Y, Wang M. 2004c. Three new species of *Syntypistis* (Notodontidae, Lep.) form Guangdong, China and on *S. synechochlora* (Kiriakoff, 1963), stat. rev. Tinea, **18**: 199-208.

Kobayashi H, Kishida Y, Wang M. 2005. Seven new species of Notodontidae (Lepidoptera) from South China. Tinea, **18**: 320-334.

Kobayashi H, Kishida Y, Wang M. 2006. Four new species of the genus *Phalera* (Notodontidae) from Nanling, Guangdong. Tinea, **19**: 143-153.

Kobayashi H, Kishida Y, Wang M. 2007a. Several new species of the genus *Phalera* (Notodontidae, Lep.). Tinea, **19**: 274-292.

Kobayashi H, Kishida Y, Wang M. 2007b. *Stauropus teikichiana* Matsumura (Lep., Notodontidae) and its allied new species in Guangdong, China. Tinea, **19**: 263-271.

Kobayashi H, Kishida Y, Wang M. 2007c. On some species and new taxa of the genus *Mimopydna* (Notodontidae, Lepidoptera). Tinea, **20**: 59-66.

Kobayashi H, Kishida Y, Wang M. 2008. Seven new species of Notodontidae from Guangdong and Guangxi, China and some nomenclatural changes (Lepidoptera, Notodontidae). Tinea, **20** (2): 117-132.

Kobayashi H, Kishida Y, Wang M. 2009. A new species of the genus *Epodonta* from Guangdong, China. Tinea, **20** (5): 289-293.

Kocak A O. 1980. On the nomenclature of some genus- and species-group names of Lepidoptera. Nota Lepid., **2**: 139-146.

Kocak A O, Kemal M. 2006. Check list of the family Notodontidae in Thailand (Lepidoptera). Miscellaneous Papers, Centre for Entomological Studies Ankara, **104**: 1-8.

Kocman S. 1994. New subspecies of Rhopalocera from China: *Colias grumi* and *Oeneis buddha*. Lambillionea, **94** (3) (Tome Ⅱ): 397-398.

Kocman S. 1996. Some new subspecies of the genus *Parnassius* and *Coenonympha* from China. Lambillionea, **96**: 37-42.

Kocman S. 1999. Description of some new subspecies of Lepidoptera from China. Wallace, **5**: 47-64.

Koiwaya S. 1989. Descriptions of a new genus, nine new species and a subspecies of Lepidoptera from China. Studies of Chinese Butterflies, **1**: 40-49, 199-230.

Koiwaya S. 1993. Descriptions of three new genera, eleven new species and seven new subspecies of butterflies from China. Studies of Chinese Butterflies, **2**: 9-27, 43-111.

Koiwaya S. 1996. Ten new species and twenty-four new subspecies of butterflies from China, with notes on the systematic positions of five taxa. Studies of Chinese Butterflies, **3**: 168-202, 237-280.

Kollar V. 1844. Title unknown. Hugel Kaschmir, **4**: 470.

Kollar V. 1848. Title unknown. *In*: von Hugel, Aufzahl. Beschr. F. C. Von Hugel. Reise Kaschmir Himalayageb. Gesamm Ins.: 471.

Korb S K. 1998a. A new species of the genus *Metaporia* Butler, 1870 from Central Asia (Lepidoptera: Pieridae). Lambillionea, **98** (3) (Tome 2): 469-470.

Korb S K. 1998b. Some corrections on the diurnal butterflies (Lepidoptera: Rhopalocera) from Xinjiang Province, China. Entomotaxonomia, **20** (1): 61-62.

Korb S K, Yakovlev R V. 1998. Two new subspecies of butterflies of the Palaearctic region (Lepidoptera: Pieridae, Lycaenidae). Lambillionea, **98** (1) (Tome 2): 140-141.

Korb S K, Yakovlev R V. 2000. *Colias mongola ukokana* nov. ssp. (Lepidoptera Pieridae). Alexanor, **21** (1-2): 3-5.

Kostjuk I Y. 1992. A new lappet moth species of the genus *Phyllodesnla* (Lepidoptera, Lasiocampidae) from south-eastern Transbaikalia. Vestnik Zoologii, **10** (4): 85-87.

Kostjuk I Y, Zolotuhin V V. 1994. A contribution to the fauna of Mongolian *Phyllodesma* Hübner, 1820 species (Lepidoptera, Lasiocampidae). Atalanta (Marktleuthen), **25** (1-2): 297-305.

Kotzsch H. 1930. Berichtigung der Berichtigungen von Otto Bang-Haas. Ent. Zeitschr., **43**: 236-274.

Kotzsch H. 1932. Title unknown. Ent. Zeit., **45**: 267.

Kreuzberg A V A. 1989. New subspecies of the papilionids and whites (Lepidoptera, Papilionidae, Pieridae). Vestn. Zool., **6**: 31-41.

Krulikowsky L K. 1909. Title unknown. Revue Russe Ent., **8**: 270.

Kudrna O. 1975. A revision of the genus *Gonepteryx* Leech (Lepidoptera: Pieridae). Entomologist's Gazette, **26**: 3-37.

Kudrna O. 1992. On the hidden wing pattern in European species of the genus *Colias* Fabricius, 1807 (Lepidoptera: Pieridae) and its possible taxonomic significance. Entomologist's Gazette, **43** (3): 167-176.

Kurentzov A I. 1970. Butterflies of the far east USSR. Leningard: A guide: 1-164.

Latreille P A. [1802] 1807. Papilioninae. Genera Crustaceroum et Insectorum: 187.

Latreille P A. 1804. Rhopalocera. Nouveau Dictionaire d'Histoire naturelle, **24**: 1-238.

Lattin G, Becker M, Bender R. 1974. Zwei neue Taxa in der Gattung *Cerura* (Lep.: Notodontidae). Ent. Z., Frankf. a. M., **84**: 205-211.

Le Cerf F. 1923. Descriptions de formes nouvelles de Lepidopteres Rhopaloceres. Bull. Mus. Natn. Hist. Nat. Paris, **29**: 360-367.

Le Marchand S. 1947. Les Tineina Gelechiidae. Revue fr. Lepidopt., **11**: 145-163.

Leach W E. 1815. Gonepteryx. Brewster's Edinburgh Ency., **9** (1): 127.

Lederer J. 1852-1853. Versuch, die europaischen Lepidopteren, etc. Verh. Zool.-Bot. Ges. Wien, **2**: 14-54, 65-126.

Lederer J. 1853. Lepidopterologisches aus Sibirien. Verh. Zool.-Bot. Ver. Wien., **3**: 351-386.

Lee C L. 1955. Some new species of Rhopalocera from China, I. Acta Ent. Sinica, **5**: 237-240.

Lee C L. 1962. Some new species of Rhopalocera from China, II. Acta Ent. Sinica, **11** (2): 139-148.

Lee C L. 1985. Some new species of Rhopalocera from China 6. Entomotaxonomia, **7** (3): 191-197.

Lee C L, Cao W C. 1987. Lepidoptera Rhopalocera. *In*: Huang F S. Forest Insects of Yunnan. Kunming: Yunnan Science and Technology Press: 1111-1175.

Lee C L, Zhu B Y. 1992. Atlas of Chinese Butterflies. Shanghai: Shanghai Far East Publishers: 1-152. [李传隆, 朱宝云. 1992. 中国蝶类图谱. 上海: 上海远东出版社: 1-152.]

Lee S M. 1982. Butterflies of Korea. Editorial Committee of Insecta Koreana.

Leech J H. 1888-1889. On the Lepidoptera of Japan and Corea. Part Ⅱ-Ⅲ: Heterocera. Proc. Zool. Soc. London, **1888**: 580-655; **1889**: 474-571.

Leech J H. 1889a. On a collection on Lepidoptera from Kiukiang. Trans. Ent. Soc. London, **1889**: 99-143.

Leech J H. 1889b. Title unknown. Trans Ent. Soc. Lond.: 216.

Leech J H. 1890a. New species of Lepidoptera from China. Entomologist, **23**: 26-50, 81-83, 109-114.

Leech J H. 1890b. New species of Rhopalocera from China. Entomologist, **23**: 187-192.

Leech J H. 1891. New species of Rhopalocera from Western China. Entomologist, **24** (sup.): 57-61, 101-109.

Leech J H. 1892-1894. Butterflies China, Japan and Corea. Pert Ⅰ-Ⅴ. London.

Leech J H. 1898-1901. On Lepidoptera from northen China, Japan, Corea. Trans. Ent. Soc. London, **1898**: 261-379; **1899**: 99-219; **1900**: 9-161, 511-663; **1901**: 385-514.

Leech J H. 1899. Lepidoptera Heterocera from Northern China, Japan and Corea, Part Ⅱ. Trans. Ent. Soc. London: 99-219.

Lefebvre A L. 1827. Title unknown. Zool. Journey, Ⅲ: 207-209.

Lemee A, Tams W H T. 1950. Contribution a letude des Lepidopteres du Haut-Tonkin et de Saigon. London: Wheldon & Wesley: 1-82.

Lesson. 1837. Title unknown. Voy. Thet.: 343.

Linnaeus C. 1758. Systema naturæ. Per regna tria naturæ, secundum classes, ordines, genera, species, cum characteribus, differentiis, synonymis, locis. Tomus I. Editio decima, reformata. Holmiæ. (Salvius), Edn. **10**: 1-824.

Linnaeus C. 1761. Fauna Svecica, Sistens Animalia Svecia Regni, etc. (ed. 2): 1-579.

Linnaeus C. 1763. Centuria Insectorum, Proposuit Boas Johansson. Amoenitates Acad., **6**: 20, 384-415.

Linnaeus C. 1764. Museum Sae Rae Mtis Ludovicae Ulricae Reginae Svecorum, Gothorum, Vandalorumque etc. Holmiae: 1-720.

Linnaeus C. 1767. Systema naturæ. Per regna tria naturæ, secundum classes, ordines, genera, species, cum characteribus & differentiis. Holmiæ. (Salvius). Edn. 12, Tomus Ⅱ: 1-1327.

Liu Y C. 1963. A general survey of the geographical distribution of *Dendrolimus* Germar in the eastern portion of China. Acta Entomologica Sinica, **12** (3): 345-353. [刘友樵. 1963. 松毛虫属 (*Dendrolimus* Germar) 在中国东部的地理分布概述. 昆虫学报, **12** (3): 345-353.]

Liu Y C. 2004. Lepidoptera: Lasiocampidae. In: Yang X K. Insects from Mt. Shiwandashan area of Guangxi. Beijing: China Forestry Publishing House: 507-510. [刘友樵. 2004. 鳞翅目: 枯叶蛾科//杨星科. 广西十万大山地区昆虫. 北京: 中国林业出版社: 507-510.]

Liu Y C, Bai J W. 1982. Lepidoptera: Microlepidoptera. In: The series of the Scientific Expedition to the Qinghai-Xizang Plateau, Chinese Academy of Sciences. Insects of Xizang. Vol. Ⅱ. Beijing: Science Press: 11-18. [刘友樵, 白九维. 1982. 鳞翅目: 小蛾类//中科院青藏高原综合科学考察队. 西藏昆虫 (第二册). 北京: 科学出版社: 11-18.]

Liu Y C, Shi C H. 1957. Preliminary study on the life history of the larch caterpillar *Dendrolimus sibiricus* Tschetw. (Lepidoptera, Lasiocampidae). Acta Entomologica Sinica, **7** (3): 251-260. [刘友樵, 施振华. 1957. 落叶松毛虫 (*Dendrolimus sibiricus* Tschetw.) 生活史的初步观察. 昆虫学报, **7** (3): 251-260.]

Liu Y C, Wu C S. 2006. Fauna Sinica Insecta vol. **47**: Lepidoptera Lasiocampidae. Beijing: Science Press: 1-385, pl. 8. [刘友樵, 武春生. 2006. 中国动物志 昆虫纲 第四十七卷: 鳞翅目枯叶蛾科. 北京: 科学出版社: 1-385, 图版 8.]

Liu Y C, Yin H F, Chen X Z. 1957. Preliminary experiments on the biological characteristics of *Dendrolimus punctatus* Walker in Hunan Province. Acta Entomologica Sinica, **7** (1): 21-51. [刘友樵, 殷蕙芬, 陈孝泽. 1957. 湖南省马尾松毛虫 (*Dendrolimus punctatus* Walker)生物学特性的初步观察. 昆虫学报, **7** (1): 21-51.]

Liu Y J, Liu Y C. 1992. Lasiocampidae. In: Peng J W, Liu Y C. Iconography of Forest Insects in Hunan China. Changsha: Hunan Science and Technology Press: 773-780. [刘跃进, 刘友樵. 1992. 枯叶蛾科//彭建文, 刘友樵. 湖南森林昆虫图鉴. 长沙: 湖南科学技术出版社: 773-780.]

Lucas H. 1852. Description de nouvelles especes de Lepidopteres. Revue Mag. Zool., (2) **4**: 324-343.

Lucas H. 1865. Title unknown. Ann. Soc. Ent. Fr., **5**: 53.

Luh G J. 1947. Studies on the bionomies and prothetely of *Pyaera rufa*, a new notodontid from Kunming (Lep.). Acta Agric., **1** (1): 61-94.

Lukhtanov V A. 1991. Evolution of the karyotype and system of higher taxa of the Pieridae (Lepidoptera) of the world fauna. Ent. Obozr., **70** (3): 619-641.

Lukhtanov V A. 1996. A new species of the genus *Pieris* Schrank, 1801 from Kirghizia (Lepidoptera, Pieridae). Atalanta (Marktleuthen), **27** (1-2): 211-221, 458-459.

Lukhtanov V A. 1999. New taxa and synonyms of Central Asian butterflies (Lepidoptera, Papilionoidea). Atalanta (Marktleuthen), **30** (1-4): 135-150.

Lvovsky A L. 1996. Composition of the genus *Odites* and its position in the classification of the Gelechoidea (Lepidoptera). Ent. Obozr., **75**: 650-659.

Marumo N. 1920. A revision of the Notodontidae of Japan, Corea and Formosa with descriptions of 5 new Genera and 5 new species. J. Coll. Agric. Imp. Univ. Tokyo, **6**: 273-359.

Matsumura S. 1907. Title unknown. Trans. Sapporo Nat. Hist. Soc., **2**: 7-68.

Matsumura S. 1908. Die Papilioniden Japans. Trans. Sapporo Nat. Hist. Soc., **2**: 67-78.

Matsumura S. 1909a. Die Pieriden Japans. Ent. Zeit., **23** (18): 87-88.

Matsumura S. 1909b. Rhopalocera. Thousand insects of Japan. Tokyo, **1**: 1-141.

Matsumura S. 1910. Die Papilioniden Japans. Ent. Zeit., **23**: 209.

Matsumura S. 1917. Title unknown. Applied Ent. Japan: 687.

Matsumura S. 1919a. New species of the Notodontidae from Japan. Zool. Mag. Tokyo, **31**: 74-80.

Matsumura S. 1919b. Rhopalocera. Thousand Insects of Japan. Tokyo, **3**: 474-726.

Matsumura S. 1920a. New genera and new species of the Notodontidae from Japan. Zool. Mag. Tokyo, **32**: 139-151.

Matsumura S. 1920b. Title unknown. Zool. Mag. Toyo, **37**: 392.

Matsumura S. 1921. Rhopalocera. Thousand Insects of Japan. Addit. 4.

Matsumura S. 1922. A critical review to Marumo's paper on the Notodontidae with descriptions of new species. Zool. Mag. Tokyo, **34**: 517-523.

Matsumura S. 1924. Some new Notodontidae from Japan, Corea and Formosa, with a list of known species. Tran. Sapporo. Nat. Hist. Soc., **9**: 29-50.

Matsumura S. 1925a. On the three species of *Dendrolimus* (Lepidoptera), which attack spruce and fir trees in Japan, with their parasites and predaceous insects. Annuaire du Musee Zoologique de l'Acad. des Science de I'URSS.

Matsumura S. 1925b. The Formosian Notodontidae. Zool. Mag. Tokyo, **37**: 391-409.

Matsumura S. 1927a. New species and subspecies of moths from the Japanese Empire. J. Coll. Agr., Hokkaido Imp. Univ. Sapporo. Japan., **19** (1): 1-91, pl. 5.

Matsumura S. 1927b. A list of moths collected on Mt. Daisetsu, with the descriptions of new species. Insecta Matsum., **1**: 109-119.

Matsumura S. 1929a. New species and genera of Notodontidae. Ins. Matsum., **4**: 36-48.

Matsumura S. 1929b. Generic revision on the Palaearctic Notodontidae. Ins. Matsum., **4**: 78-93.

Mastumura S. 1929c. Title unknown. Journ. Coll. Agric. Hokkaido, **19** (1): 20.

Matsumura S. 1931. 6000 illustrated insects of Empire Japan. Tokyo: 1-1497.

Matsumura S. 1932. Lasiocampidae-moths in the Japan-Empire. Insecta Matsumura Sapporo, **7**: 33-54.

Matsumura S. 1934a. Two new genera, four new species and one new form of Notodontidae from Japan and Formosa. Ins. Matsum., **8**: 152-155.

Matsumura S. 1934b. Review of the Notodontidae-moths in the "6000 Illustrated Insects ot the Japan-Empire". Ins. Matsum., **8**: 158-195.

Matsumura S. 1936. A new genus of Papilionidae. Ins. Matsumur., **10** (3): 86.

Matsumura S. 1939. The butter-flies from Jehol (Nekka), Manchoukuo, collected by Marquis Y. Yamashina. Bull. Biogeogr. Soc. Japan, **9** (2): 343-359.

Maux P. 1998. Description of a new species of *Colias* from China, probable twin species of *Colias diva* Grum-Grshimailo 1891 (Lepidoptera: Pieridae). Lambillionea, **98** (1) (Tome 2): 122-125.

Meigen J W. 1830. Systematische Beschreibung der europaischen Schmetterlinge Bd. **3**: 1-276. Aachen.

Meinhard A. 1916 [1915]. Contribution a la faune des Lepidopteres du gouvernement de Tomsk. Revue Russe Ent., **15**: 578-595.

Mell R. 1913. Die Gattung Dercas Dbl. Int. Ent. Z., **7** (29): 193-194.

Mell R. 1922. Neue sudchinesische Lepidoptera. Deutdche Ent. Zeit.: 113-129.

Mell R. 1923. Noch unbeschriebene Lepidopteren aus Sudchina. II. Deut. Ent. Zeit., **36**: 153-160.

Mell R. 1931. Undescribed Lepidoptera from China III (Notodontidae). Lingnan Science J., **9**: 377-380.

Mell R. 1933. Die ehemalige Waldverbreitung in China auf Grand der Verbreitung von Waldtieren. Z. Ges. Erdked. Berlin, **1933**: 101-108.

Mell R. 1934. Chekiang als NO-Pfeiler der Osthimalayana (auf Grud von Lepidopterenokologie und Verbreitung). Arch. Naturgesch., **3**: 491-533.

Mell R. 1935. Noch unbeschriebene chinesischo Lepidopteren. IV. Mitt. Dtsch. Ent. Ges., **6**: 36-38.

Mell R. 1938-1939. Beitrage zur Fauna sinica. xviii. Noch unbeschriebene chinesische Lepidopteren (V). Deut. Ent. Zeit. [Iris], **52**: 135-152.

Mell R. 1943. Inventur und okologisches Material zu einer Biologie der sudchinesischen Pieriden. Beitraege zur Fauna sinica XXI. Zoologica, Stuttgart, **36**: 88-126.

Mell R. 1959. Phalera sargerechti Mell. *In*: Kiriakoff S G. Arkv Zool., (2) **12**: 314.

Ménétriés E. 1832. Tite unknown. Cat. Rais. Zool. Cauc: 244.

Ménétriés E. 1848. Tite unknown. Mem. Acad. Sci. St.-Petersbourg, **6**: pl. 6, fig. I.

Ménétriés E. 1849. Tite unknown. Mem. Acad. Imp. Sci. St. Petersb., (6) **8**: 273.

Ménétriés E. [1850] 1851. *Parnassius eversmanni*. *In*: Simaschko. Russian Fauna (17) (Lepidoptera): pl. 4, fig. 5.

Ménétriés E. 1855a. Enum. Corp. Anim. Mus. Acad. imp. Sci. Petropol., (1): 70-79.

Ménétriés E. 1855b. Tite unknown. Bull. Acad. Imp. Sci. St. Peterburg, Bd. 17, Nr. **24**: 218.

Ménétriés E. 1856. Description de deux especes nouvelles de Lepidopteres trouvees pres de St. Petersbourg. *In*: Motschulsky V. Etudes d'Entom., **5**: 42-50.

Ménétriés E. 1857. Tite unknown. Enum. Corp. anim., (2): 113.

Ménétriés E. 1858. Tite unknown. Bull. Acad. Petersb., Bd. 17, **25**: 218.

Ménétriés E. 1859a. Lepidopteres de la Siberie et en particulier des rives de l'Amour. *In*: Schrenck L. Reisen und Forschungen im Amur-Lande, **2**: 1-75.

Ménétriés E. 1859b. Tite unknown. Bull. Acad. Pet., **17**: 213.

Meyrick E. 1894a. On a collection of Lepidoptera from Upper Burma. Trans. Ent. Soc. London, **1894**: 1-29.

Meyrick E. 1894b. Tite unknown. Ent. Mag., **30**: 230.

Meyrick E. 1904. Descriptions of Australian Microlepidoptera, XVIII. Gelechiidae. Proc. Linn. Soc. NSW, **29**: 256, 403-409.

Meyrick E. 1905. Descriptions of Indian Microlepidoptera. J. Bombay Nat. Hist. Soc., **16**: 580-620.

Meyrick E. 1906. Descriptions of Indian Microlepidoptera. J. Bombay Nat. Hist. Soc., **17**: 149-150, 152.

Meyrick E. 1910. Descriptions of Indian Microlepidoptera. J. Bombay Nat. Hist. Soc., **20**: 435-462.

Meyrick E. 1911. Descriptions of Indian Microlepidoptera. J. Bombay Nat. Hist. Soc., **20**: 706-736.

Meyrick E. 1912-1936. Exotic Microlepidoptera. Marlborough: Wilts. [1914] **1**: 279; [1916] **1**: 574-575, 594; [1918] **2**: 42, 98, 102-109, 111-112, 154; [1919] **2**: 236; [1920] **2**: 306-307; [1921] **2**: 435-436, 505; [1923] **3**: 36, 38-45; [1926] **3**: 290; [1929] **3**: 517-518, 521-526; [1931] **4**: 78-82; [1932] **4**: 203-205; [1933] **4**: 357; [1934] **4**: 453, 513-514; [1935] **4**: 563-591; [1936] **5**: 48-49.

Meyrick E. 1914. Pterophoridae, Tortricidae, Eucosmidae, Gelechiadae, Oecophoridae, Cosmopterygidae, Hyponomeutidae, Heliodinidae, Sesiadae, Glyphipterygidae, Plutellidae, Tineidae, Adelidae (Lepidoptera). Suppl. Ent. (Berlin), **3**: 45-62.

Meyrick E. 1925a. Lepidoptera Heterocera, fam. Gelechiadae. *In*: Wytsman P. Genera Insectorum, **184**: 1-290. Bruxelles.

Meyrick E. 1925b. New Malayan Micro-Lepidoptera. Treubia Buitenzorg, **6**: 428-433.

Meyrick E. 1925c. Title unknown. *In*: Caradja A, Meyrick E. Mem. Sect. sti. Acad. Romana, **3**: 382.

Meyrick E. 1926. IX Microlepidoptera from northern Sarawak. Sarawak Mus. Jour., **3**: 152-159.

Meyrick E. 1930. *Odites malivora*. Exot. Microlep., **3**: 555.

Meyrick E. 1931. *Merocrates* and *Odites*. Exot. Microlepidopt., **4**: 1-74.

Meyrick E. 1931-1932. Title unknown. *In*: Caradja A, Meyrick E. Dritter Beitrag zur Kleinfalterfauna Chinas nebst kurzer Zusammenfassung der bisherigen biogeographischen Ergebnisse. Bull. Sect. Sci. Acad. Roum., **14**: 68-69; **15**: 24.

Meyrick E. 1932. *Homaloxestis* and *Lecithocera*. Exot. Microlepidopt., **4**: 200-209.

Meyrick E. 1935a. *Odites continua*. *In*: Caradja A, Meyrick E. Materialien zu einer Microlepidopteren-fauna der Chinesischen Provinzen Kiangsu, Checkiang und Hunan: 1-96.

Meyrick E. 1935b. *Frisilia* and *Lecithocera*. Exot. Microlepidopt., **4**: 560-572.

Meyrick E. 1936a. List of Microlepidoptera of Taishan. *In*: Caradja A, Meyrick E. Materialien zu einer Lepidopterenfauna des Taishanmassivs, Provinz Shantung. Dt. Ent. Z. Iris, **50**: 158.

Meyrick E. 1936b. *Odites perissopis*. Exot. Microlepidopt., **4**: 27.

Meyrick E. 1938. *In*: Caradja A, Meyrick E. Materialien zu einer Microlepidopteren-fauna des Yulingshanmassive (Provinz Yunnan). Dt. Ent. Z. Iris, **52**: 1-29.

Miller J S. 1987a. Host-plant relationships in the Papilionidae (Lepidoptera): Parallel cladogenesis or colonization? Cladistics, **3** (2): 105-120.

Miller J S. 1987b. Phylogenefic studies in the Papilioninae (Lepidoptera: Papilionidae). Bull. Amer. Mus. Nat. Hist., **186** (4): 365-512.

Miller J S. 1991. Cladistics and classification of the Notodontidae (Lepidoptera: Noctuoidea) based on larval and adult morphology. Bull. Amer. Mus. Nat. Hist., **204**: 1-230.

Mitis H R. 1893. Revision des Pieriden-Genus Delias. Deut. Ent. Zeit. [Iris], **6**: 1-153.

Moltrecht A. 1914. Drei neue Heterocera von Russisch-Ostasien. Ent. Rundschau, **31**: 33-34.

Moonen J J M. 1984. Notes on eastern Papilionidae. Papilio International, **1** (3): 47-50.

Moore F. [1860] 1857-1859. Title unknown. *In*: Horsfield Th., Moore Fr. A Catalogue of the Lepidopterous Insects in the Museum of Natural History at the East-India House, Vol. 1: 1-278; Vol. 2: 279-438. Wm H. Allen and Co. London.

Moore F. 1865. List of diurnal Lepidoptera collected by Capt. A. Lang in the N. W. Himalayas. Proc. Zool. Soc. London, **1865**: 486-830.

Moore F. 1866. On the lepidopterous insects of Bengal. Proc. Zool. Soc. London: 755-822.

Moore F. 1872. Descriptions of New Indian Lepidoptera. Proc. Zool. Soc. Lond., (2): 555-583.

Moore F. 1877. New species of *Heterocerous* Lepidoptera of the tribe Bombyces, collected by Mr. W. B. Pryer, chielfly in the district of Shanghai. Ann. Mag. Nat. Hist., (4) **20**: 83-94.

Moore F. 1878a. Descriptions of new species of Lepidoptera collected by the late Dr. F. Stoliczka during the Indian Government mission to Yarkand in 1873. Ann. Mag. Nat. Hist., (5) **1**: 227-237.

Moore F. 1878b [1879]. A list of the Lepidopterous insects collected by Mr. Ossian Limborg in Upper Tenasserian. Proc. Zool. Soc. Lond., **1878** (4): 821-859.

Moore F. 1878c. List of Lepidopterous insects collected by the late R. Swinhoe in the Island of Hainan. Proc. Zool. Soc. Lond., **1878**: 695-705.

Moore F. 1879a. Descriptions of new Genera and Species of Asiatic Lepidoptera Heterocera. Proc. Zool. Soc. London: 387-417.

Moore F. 1879b. Title unknown. *In*: Hewitson W C, Moore F. Descr. new Indian lepid. Insects Colln late Mr. Atkinson. **1**: 1-96.

Moore F. 1880-1881. The Lepidoptera of Ceylon, vol. 1. London.

Moore F. 1882-1883. The Lepidoptera of Ceylon, vol. Ⅱ. L. Reeve & Co., 5, Hebrietta Street, Covent Garden, London.

Moore F. 1883a. Descriptions of new genera and species of Asiatic Lepidoptera Heterocera. Proc. Zool. Soc. London, **1883**: 15-17.

Moore F. 1883b. The Lepidoptera of Ceylon. London: Reeve., **2**: 150.

Moore F. 1884a. Descriptions of new species of Indian Lepidoptera. Trans. Ent. Soc. London, **3**: 355-376.

Moore F. 1884b. Descriptions of some new Asiatic Diurnal Lepidoptera. J. As. Soc. Beng., **53** (1): 16-52.

Moore F. 1886a. List of the Lepidoptera of Mergui and its Archipelago, collected for the Kangra District, N. W. Himalaya; with descriptions of new genera and species. Part Ⅰ. Proc. Zool. Soc. London, **1882**: 234-263.

Moore F. 1886b. List of the Lepidoptera of Mergui and its Archipelago. J. Linn. Soc. Lond., Zool., **21** (126): 29-60.

Moore F. 1888. Deseriptions of new Indian Lepidopterous insects from the collection of the late. Calcutta: Mr. W. S. Atkinson, M. A. etc. Part 3.

Moore F. 1895. Title unknown. *In*: Horsfield T, Moore F. Cat. Lepid. Ins. Mus. E. India Comp., **2**: 434.

Moore F. 1890-1913. Lepidoptera Indica. London, **1**: 1-310; **2**: 1-274; **3**: 1-254; **4**: 1-260; **5**: 1-225; **6**: 1-240; **7**: 1-184.

Morita S. 1996. Note on the genus *Delias* Hübner from Irian Jaya, Indonesia. Wallace, **2**: 7.

Morita S. 1998. A new subspecies of *Delias acalis* Godart, 1819 from Vietnam (Lepidoptora Pieridae). Wallace, **4** (2): 27-28, illustr.

Moriuti S. 1973. A New Genus and two New Species of the Japanese Microlepidoptera (Timyridae and Oecophoridae). Tyo To Ga, **23**: 31-35.

Moriuti S. 1982. Lecithoceridae. *In*: Inoue H. Moths of Japan, Part Ⅰ: 272-275; Part Ⅱ: 211-212.

Motschulsky V. 1860. Insectes du Japon. Lepidopteres. Etud. Ent., **9**: 28-39.

Motschulsky V. 1866. Catalogue des Insectes re Yus du Japon. Bull. Mosc., **39**: 162-200.

Mracek Z, Schulte A. 1991. *Colias grumi burchana* nov. ssp., eine neue Unterart von *Colias grumi* Alpherakyi aus der Provinz Qinghai (China) (Lepidoptera, Pieridae). Nachr. Entomol. Ver. Apollo, **12** (3): 163-165.

Munroe E. 1961. The classification of the Papilionidae (Lepidoptera). Can. Ent., Suppl. 17: 1-51.

Murayama S I. 1961. Title unknown. Kontyu Kagaku, **12**: 7-8.

Murayama S I. 1965. Title unknown. New Entomologist, **14**: 60.

Murayama S I. 1983. Some new Rhopalocera from southwest and northwest China. Entomotaxonomia, **5** (4): 281-288.

Murayama S I. 1994. Some amendments and memories of the Chinese butterflies (Lepidoptera: Rhopalocera). Entomotaxonomia, **16** (4): 306-312.

Murayama S I, Shimonoya T. 1962. Title unknown. Tyo To Ga, **13**: 89.

Nagano K. 1916. Life history of some Japanese Lepidoptera containing new genera and species. Bull. Nawa Ent. Lab., **1**: 1-96.

Nagano K. 1917. A study of the Japanse Lasiocampidae and Drepanidae. Bull. Nawa ent. Lab., **2**: 1-45.

Nakahara W, Esaki T. 1930. New names for two Formosan *Papilio* species. Zephyrus Fukuoka, **2** (4): 209-210.

Nakahara W. 1922. Two new species of Far Eastern Rhopalocera. Entomologist, **55**: 123-124.

Nakamura M. 1956. Contribution to the knowledge of some Japanese Notodontid-moths. Tinea, Tokyo 3: 142-143.

Nakamura M. 1957. Noteson the *Tarsolepis*-speciesin Japan and its adjacent regions (Lep.: Notodontidae). Kontyu, **25**: 106-109.

Nakamura M. 1960. Third notes on nomenclature of some notodontid-species (Lep.). Trans. Entomol. Soc. Jap., **11**: 34-38.

Nakamura M. 1965. Fourth notes on nomenclature of some notodontid-species (Lep.). Tinea, **7**: 94-98.

Nakamura M. 1973a. Fifth notes on nomenclature of some notodontid-species (Lep.), with descriptions of three new species from Formosa. Trans. Lepid. Soc. Japan, **24**: 61-77.

Nakamura M. 1973b. Newly recorded Notodontidae from Formosa. Entomol. Rev. Japan, **25**: 53-59.

Nakamura M. 1974. Notodontidae of eastern Nepal based on the collection of the Lepidopterological research expedition to Nepal Himalaya by the Lepidopterological society of Japan in 1963 (Lepidoptera). Tyo To Ga, **25** (4): 115-129.

Nakamura M. 1976a. Supplementary notes on my contnbution of Formosan Notodontidae (Lepidoptera). Entomol. Rev. Japan, **29**: 48-50.

Nakamura M. 1976b. Some Notodontidae from Malaysia and Burnei (Lepidoptera). Trans. Entomol. Soc. Jap., **27**: 35-42.

Nakamura M. 1976c. Philippine Notodontidae (Lepidoptera) taken by the entomological survey of the Japan Entomological Academy in cooperation with Nanzan University and San Carlos University in 1970. Trans. Entomol. Soc. Jap., **27**: 138-142.

Nakamura M. 1976d. A new species of the genus *Honveda* Kiriakoff from Nepal (Lepidoptera: Notodontidae). Trans. Shikoku Entomol. Soc., **13**: 39-40.

Nakamura M. 1978. Some new species and subspecies of Notodontiddae from Japan and adjacent regions (Lepidoptera). Tinea, **10**: 213-224.

Nakamura M. 1984. A new generic name in the Notodontidae (Lepidoptera). Tyo To Ga, **35**: 45.

Nakatomi K. 1977. A new subspecies of *Dudusa sphingiformis* from Korea and Tsushima Island with description of the last instar larva (Leidoptera Notodntidae). Ent. Review Japan, **30**: 41-42.

Nakatomi K, Kishida Y. 1984. A new species of Hiradonta Matsumura from Taiwan. Tinea, 11: 203-205.

Nakano S. 1993. Title unknown. *In*: Yagishita, *et al.* An illustrated List of the Genus *Delias* Hübner of the World: 14.

Nakano S. 1994. Title unknown. *In*: Yagishita, *et al.* An illustrated list of the genus *Delias* Hübner of the world. Continued (3). 1. Explanation: *Delias sanaca sanaca*. 2. A new subspecies of *Delias mira* from Pass Valley, Irian Jaya, Indonesia. Futao, **17**: 5-7.

Nakano S. 1995. Title unknown. *In*: Yagishita, *et al.* An illustrated list of the genus *Delias* Hübner of the world, Continued (4). Futao, **18**: 8-13.

Nakatomi K, Kishida Y. 1984. A new species of *Hiradonta* Matsumura from Taiwan. Tinea, **11**: 203-205.

Nekrutenko Y. 1968. Phylogeny and Geographical Distribution of the Genus *Gonepteryx*. Kiev, Naukova Dumka: 1-128.

Nekrutenko Y. 1970. A new subspecies of *Gonepteryx rhamni* from Tian-Shan mountains, USSR. J. Lep. Soc., **24** (3): 218-220.

Nekrutenko Y. 1973. A new subspecies of *Gonepteryx amintha* (Pieridae) from Yunnan, Mainland China, with comparative notes. J. Res. Lep., **11** (4): 235-240.

Neumoegen B, Dyar H G. 1894. A preliminary revision of the lepidopterous family Notodontidae. Transactions of the American Entomological Society, **21**: 179-208.

Ney F. 1911. Title unknown. Deut. Ent. Zeit., **24**: 252; **25**: 5.

Nickerl F A. 1846. Beschreibung einer neuer Gattung und art als Beitrag zur europaischen Lepidopteren-Fauna. Stettin. Ent. Zeit., **7**: 207-209.

Niepelt W. 1927. Neue exotische Rhopaloceren. Int. Ent. Zeit., **21**: 49-53.

Nishimura M. 1996. Notes on some Papilionidae from Indo-China (2). Trans. Lepid. Soc. Japan, **47** (1): 40-48.

Oberthür C. 1876. Title unknown. Etudes d'Entomologie 2 Rennes: 1-34.

Oberthür C. 1879a. Title unknown. Diagn. Espec. Nouv. Lep. Askold: 1-16.

Oberthür C. 1879b. Etudes d'Entomologie. Faunes Entomologiques: descriptions d'insectes nouveaux. IV. Catalogue raisonne des Papilionidae de la Collection de C. Oberthur. Etud. Ent., **4**: 1-117.

Oberthür C. 1880. Faune des Lepidopteres de I'Ile Askold. Premiere partie. Et. d'Ent., **5**: 1-88.

Oberthür C. 1881. Etudes d'Entomologie, &c. 6me Livr. Juillet: 1-115.

Oberthür C. 1883. Title unknown. Bull. Soc. Ent. Fr., (6) **3**: 77.

Oberthür C. 1884. Etudes d'Entomologie 10 Rennes: 1-53.

Oberthür C. 1885. Title unknown. Bull. Soc. Ent. Fr., **1885** (6) **5**: 226.

Oberthür C. 1886. Etudes d'Entomologie. Livraison xi. Nouveaux Lipidopteres du Thibet: 1-38.

Oberthür C. 1890. Etudes d'Entomologie 13 Rennes: 1-37.

Oberthür C. 1891a. Etudes de Lepidopterologie Comparee 11 Rennes.

Oberthür C. 1891b. Etudes entomologiques XIV. Lepidopteres du genre *Parnassius*: 1-18.

Oberthür C. 1892. Etudes d'entomologie. Faunes entomologiques. Descriptions d'insectes nouveaux ou peu connus. 16me Livraison.

Oberthür C. 1893. Title unknown. Étud. Ent., **18**: 1-36.

Oberthür C. 1894. Etudes d'Entomologie 19 Rennes: 1-49.

Oberthür C. 1896. Du Mimetisme chez les insectes. Feuille des Naturalistes Paris, **26**: 61-63, 155-157.

Oberthür C. 1902. Launay. Hist. Miss. Thibet. App.: 411, fig. 2.

Oberthür C. 1907. Notes sur les *Papilio asiatiques* du groupe d'Alcinous. Bull. Soc. Ent. Fr., (8): 136-138.

Oberthür C. 1909. Description de deux Lepidopteres nouveaux de l'ile Formosc. Bull. Soc. Ent. Fr., **1909** (2): 48-49.

Oberthür C. 1911. Explication des planches publiees dans le volume V des Etudes de Lepidopterologie compare. Etudes de Lepidopterologie compare, **5**: 1-345.

Oberthür C. 1913. Title unknown. Etudes de Lepidopterologie compare, **7**: 1-677.

Oberthür C. 1914. Lepidopteres de la region sino-thibetaine. Etudes de Lepidopterologie compare, **9** (2): 1-148.

Oberthür C. 1917. Le genre Actinole. Etudes de Lepidopterologie comparee., **14**: 77-126.

Oberthür C. 1918. Title unknown. Bull. Soc. Ent. Franc.: 176.

Oberthür C. 1920. Title unknown. Bull. Soc. Ent. Fr., **12**: 202.

Ochsenheimer F. 1810. Die Schmetterlinge von Europa, **3**: 1-360. Leipzig: Gerhard Fleischer dem Jungeren.

Ohya A. 1986. Descriptions of two new subspecies of the genus *Parnassius* Latreille from Kunlun Mts. Gekkam-Mushi, No. **179**: 3-6.

Ohya A. 1987. Description of a new subspecies of the genus *Parnassius* Latreille from Mt. Siguniang, China. Gekkan-Mushi, No. **193**: 8-9.

Ohya A. 1988. Description of a new subspecies of the genus *Parnassius* Latreille from Qinghai. Gekkan-Mushi, No. **207**: 22-23.

Ohya A. 1990. *Parnassius imperator takashi*. Illus. Sel. Insects World Ser. A. Lepid. No. **5**: 72.

Okagaki H. 1958. Lasiocampidae. *In*: Esaki T, *et al*. Icones Heterocerorum japoni-Corum in coloribus naturalibus. Osaka: Hoikusha, Osaka, Japan: **2**: 14-20, pls. 68-71.

Okano M. 1955a. A revision of the genus *Phalera* Hubner from Japan (Lepidoptera, Notodontidae). Report of the Gakugei Faculty of the Iwate University, **8**: 49-55.

Okano M. 1955b. Notes on some Japanese Notodontdae [sic] (Lepidoptera). Report of the Gakugei Faculty of the Iwate University, **9**: 32-55.

Okano M. 1958. New or little Known moths from Formosa (1). Ann. Rep. Gakugei Facul. Iwate Univ., **13** (2): 51-56.

Okano M. 1959. New or little Known moths from Formosa (2). Ann. Rep. Gakugei Facul. Iwate Univ., **14** (2): 37-42.

Okano M. 1960a. New or little Known moths from Formosa (3). Ann. Rep. Gakugei Facul. Iwate Univ., **15** (2): 35-40.

Okano M. 1960b. New or little Known moths from Formosa (4). Ann. Rep. Gakugei Facul. Iwate Univ., **16** (2): 9-20.

Okano M. 1970. A new subspecies of *Phalerodonta manleyi* (Leech) from Formosa (Lep., Notodontidae). Tohoku Konchu Kenkyu, **4** (3-4): 53-54.

Okano M. 1974. Neue und wenig bekannte asiatische Notodontidae (Lepidoptera). Veroff. Zool. Staatssamml. Munchen, **17**: 371-421.

Omoto K, Kawasaki Y. 1998. Some new parnassiine butterflies (Lepidoptera, Papilionidae) from Nepal in the Haruta collection. Trans. Soc. Japan, **49** (3): 147-155.

Osada S, Uemura Y, Uehara J. 1999. An illustrated checklist of the butterflies of Laos P.D.R. Tokyo: Mokuyo-sha: 1-30.

Owada M, Kishida Y. 1986. The lasioeampid moths of the genus *Trabala* (Lepidoptera) from the Philippines. Bull. Natn. Sci. Mus. Tokyo (A), **12**: 129-141.

Owada M, Kishida Y. 1987. Further notes on the genus *Trabala* (Lepidoptera: Lasioeampidae) from the Philippines. Tinea, **12** (Suppl.): 290-295.

Packard A S. 1864. Synopsis of the Bombycidae of the United States. Proceedings of the Entomological Society of Philadelphia, **3**: 331-396.

Packard A S. 1895. Monograph of the Bombycine moths of America north of Mexico, including their transformations and origin of the larval markings and armature. Part 1. Family 1.-Notodontidae. Memoirs of the National Academy of Sciences, 7: 1-293, pl. 49, map. 10.

Pagenstecher A. 1893. Beitrage zur Lepidopteren-Fanna des malayischen Aarchipels, Ⅶ. Jahrb. Nassau. Ver. Naturk., **46**: 29-39.

Pai J W, Wang H Y. 1998. Swallowtail Butterflies in China. Taipei: Susheng Publish House: 1-256.

Pan Z H, Li C D, Han H-L. 2010. Description a new species of the genus *Gonoclostera* Butler, 1877 (Lepidoptera, Notodontidae) from Yunnan, China. Journal of Forestry Research (Harbin), **21** (3): 387-388.

Paravicini L. 1913. H. Sauter's Formosa-Ausbeute: Pieridae (Lepidoptera). Supplta Ent., **2**: 72-77.

Park K T. 1999. Lecithoceridae (Lepidoptera) of Taiwan (Ⅰ): Subfamily Lecithocerinae: Genera *Homaloxestis* Meyrick and *Lecithocera* Herrich-Schäffer. Zoological Studies, **38** (2): 238-256.

Park K T. 2000. Lecithoceridae (Lepidoptera) of Taiwan (Ⅱ): subfamily Lecithocerinae: genus *Lecithocera* Herrich-Schäffer and its allies. Zoological Studies, **39** (4): 360-374.

Park K T. 2003a. *Thubana* species (Lepidoptera, Lecithoceridae) in Thailand, with descriptions of twelve new species. J. Asia-Pacific Entomol., **6** (2): 137-150.

Park K T. 2003b. Three New Species of Lecithoceridae (Lepidoptera) from Taiwan. J. Asia-Pacific Entomol., **6** (1): 15-19.

Park K T. 2010. Two new genera, *Caveana* gen. nov. and *Triviola* gen. nov., and two new *Torodora* species from Thailand. Entomological Science, **13**: 250-257.

Park K T, Heppner J B, Bae Y S. 2013b. Two new species of Lecithoceridae (Lepidoptera, Gelechioidea), with a revised check list of the family in Taiwan. ZooKeys, **263**: 47-57.

Park K T, Heppner J B, Lee S M. 2013a. New genus, *Lepidozonates* Park, gen. nov. (Lepidoptera: Lecithoceridae), with description of three new species. Ent. Sciences, **16**: 222-226.

Park K T, Heppner J B. 2001. Lecithoceridae (Lepidoptera) of Taiwan (Ⅳ): subfamily Torodorinae: genus *Deltoplastis* Meyrick. Zoological Studies, **40** (1): 41-48.

Park K T, Kwon Y D. 2001. Superfamily Bombycoidea and family Notodontidae Economic Insects of Korea 7. Ins. Koreana, Suppl. **14**: 1-167.

Park K T, Wu C S. 1997. Genus *Scythropoides* Matsumura in Korea and China (Lepidoptera: Lecithoceridae), with description of seven new species. Ins.

Koreana, **14**: 29-50.

Park K T, Wu C S. 2009. Notes on five little known genera of Lecithoceridae (Lepidoptera), with three new species from Thailand. J. Asia-Pacific Entomol., **12** (4): 261-267.

Park K T, Wu C S. 2010. Genus *Lecithocera* of Thailand Part V. with reports of nine species including six new species (Lepidoptera: Lecithoceridae). Trop. Lepid. Res., **20** (2): 62-72.

Park K T, Wu C S, Kun A. 2009. A World Review of the genus *Homaloxestis* Meyrick (Lepidoptera: Lecithoceridae). Lepidoptera Novae, **1** (1-2): 37-53.

Petersen W C. 1963. Title unknown. J. Res. Lep., **1** (2): 144.

Pinratana A. 1983. Butterflies in Thailand, Volume five. Papilionidae. Bangkok: Viratham Press: 1-81.

Piskunov V I. 1981. A guide to the insects of the European part of the USSR Lepidoptera, Lecithoceridae). Opredeliteli Faunne USSR, **130**: 657-659.

Poepke W. 1943. On the genera *Dudusa* Walker and *Tarsolepis* Butler in the Dutch East Indies (Lepidopt. Het. Fam. Notodontidae). Tijdschr. Ent., **86**: 77-83.

Poujade G A. 1888. Descriptions de nouvelles especes de Pieride. Annls Soc. Ent. Fr., (6): 8-57.

Püngeler R. 1899. Neue Macrolepidopteren aus Central-Asien. Dtsch. Ent. Z. Iris, **12**: 95-106, 288-299.

Püngeler R. 1900. Neue Macrolepidopteren aus Centralasien. Dtsch. Ent. Z. Iris, **13**: 116-118.

Püngeler R. 1901. Neue Macrolepidopteren aus Centralasien. Dt. Ent. Z. Iris, **14**: 178-181.

Püngeler R. 1912. Title unknown. *In*: Seitz A. Großschmett. Erde, **2**: 1-305.

Rambur J P. 1832. Title unknown. Annls Soc. Ent. Fr., **1** (3): 278.

Rambur J P. 1837. Title unknown. Ann. Soc. Ent. Fr., **5**: 581.

Rambur J P. 1858-1866. Catalogue Systematique des Lepidopteres de L'Andalousie. Paris: J. B. Bailliere: 1-412.

Reakirt T. 1864 [1865]. Notes upon exotic Lepidoptera, chiefly from the Philippine Islands, with descriptions of some new species. Proc. Ent. Soc. Philadelphia, **3**: 348-504.

Reichenbach L. 1817. Naturgeschichte. Die Schmetterlinge von Europa. Von Ferdinand Ochsenheimer. Jena. Allg. Lit.-Ztg, **1** (35-37): 273-293.

Ressinger E. 1989. Die geographisch-subspezifische Gliederung von Colias alfacariensis Ribbe, 1905 unter Berucksichtigung der Migrationsverhaltnisse (Lepidoptera, Pieridae). Neue Entomologishe Nachrichten, **26**: 1-351.

Riley N D. 1922. Title unknown. Trans. Ent. Soc.: 465.

Riley N D. 1923. The Rhopalocera of the Mt. Everest 1921 Expedition. Trans. Ent. Soc.: 461-483.

Riley N D. 1926. Title unknown. Ent. Month. Mag., **62**: 277.

Riley N D. 1928. Title unknown. Entomologist, **61**: 136-137.

Riley N D. 1939. A new species of *Armandia* (Lep. Papilionidae). Entomologist, **72**: 207-208.

Rippon R H F. 1889. Title unknown. Icones Ornithopterorum: 9.

Röber H. 1907. Neue Brassoliden. Soc Entomol Zurich, **21**: 17-67.

Röber H. 1909. Title unknown. *In*: Seitz, Grossschmett. Erde, **5**: 89.

Roepke W. 1943. Remarks on new or little known Indomalayan Moths (Lepidoptera Heterocera). Naturhist. Maandbl. Maastricht, **32**: 78-80, 93-94, 102-103.

Roepke W. 1944. Remarks on new or little known Indomalayan Moths (Lepidoptera Heterocera). Natuurh. Maandbl. Maastricht, **33**: 1-5, 19-22, 39-40.

Roepke W. 1951. Meded. Landb Hogesch. Wageningen, **50**: 113.

Roepke W. 1953. Four Lasiocampids from Java (Lepidoptera Heterocera). Tijdskr. Ent., **96**: 95-97.

Rose K. 2001. A new subspecies of *Colias wiskotti* Staudinger, 1882 from Chitral (Northern Pakistan) and problems of subspecific classification in the south-southeastern distribution range of the species (Lepidoptera: Pieridae). Nachr. Entomol. Ver. Apollo, **22** (1): 5-11.

Rose K, Schulte A. 1992. Ein Beitrag zur systematischen Stellung und subspezifischen Gliederung von *Colias arida* Alpheraky 1889 (Lepidoptera: Pieridae). Nachr. Entomol. Ver. Apollo, **13** (2): 93-104.

Roth H. 1932. Title unknown. Ent. Zeit., **46**: 68.

Rothschild W. 1895. A revision of the *Papilios* of the Eastern Hemisphere, exclusive of Africa. Novit. Zool., **2**: 167-463.

Rothschild W. 1896a. On some new subspecies of *Papilio*. Novit. Zool., **3**: 421-425.

Rothschild W. 1896b. Further notes on my revision of the *Papilios* of the Eastern hemisphere, exclusive of Africa. Novit. Zool., **3**: 63-68.

Rothschild W. 1898. Some new Lepidoptera from the East. Novit. Zool., **5**: 602-605.

Rothschild W. 1899. Some new Eastern Lepidoptera. Novit. Zool., **6**: 67-71.

Rothschild W. 1905. Some undescribed Lepidoptera. Novit. Zool., **12**: 78-79.

Rothschild W. 1908a. New forms of Oriental *Papilios*. Novit Zool., **15**: 165-174.

Rothschild W. 1908b. New oriental Papilionidae. Entomologist, **41**: 1-4.

Rothschild W. 1917. On some apparently new Notodontidae. Novit. Zool., **24**: 231-264.

Rothschild W. 1918. Catalogue of the Parnassinae in the Tring Museum. Novit. Zool., **25**: 218-262.

Rothschild W. 1927. Descriptions of new Forms of *Delias*, with some Notes on others. Ann. Mag. Nat. Hist., (9) **15**: 563.

Rothschild W, Jordan K. 1906. A revision of the American *Papilios*. Novit. Zool., **13**: 412-752.

Rühl F. 1893 [1892-1895]. Die palaearktischen Gross-schmetterliuge und ihre Naturgeschichte. Leipzig: Tagfalter: 1-384.

Saigusa T, Lee C L. 1982. A rare papilionid butterfly *Bhutanitis mansfieldi* (Riley), its rediscovery, new subspecies and phylogenetic position. Tyo To Ga, **33**: 1-16.

Saldaitis A, Ivinskis P, Rimsaite J. 2011. *Bireta morozovi*, a new species (Lepidoptera, Notodontidae) from China. Zootaxa, **2831**: 57-62.

Samouelle G. 1819. The entomologists useful compendium, or an introduction to the knowledge of british insects. London: Boys: 1-496.

Sattler K. 1973. A Catalogue of the Family-group and Genus-group Names of Gelechiidae, Holcopogonidae, Leeithoceridae and Symmocidae (Lepidoptera). Bull. Br. Mus. Nat. Hist. B. Ent., **28** (4): 153-282.

Schatz E. 1886. Title unknown. Enum. Ins. Mus. Billb.: 76.

Schaus W. 1929. New moths of the family Ceruridae in the US Nat. Mus. Proc. US Nat. Mus., **73** (19): 72-90.

Schintlmeister A. 1982. Verzeichnis der Notodontidae Europas und angrenzender Gebirte. Nota Lepid., **5**: 194-206.

Schintlmeister A. 1984. Zum Status einiger fernostlicher Taxa. Notodontiden-Studien I. Z. Arbeitsgem. Ost. Entomol., **35**: 106-112.

Schintlmeister A. 1985a. Eine neue Zahnspirmer-Art aus China, *Phalerodonta* Kiriakoff sp. n. (Lepidoptera: Notodontidae). Notodontiden-Studien 5. Bonn. Zool. Beitr., **36**: 221-224.

Schintlmeister A. 1985b. Beitrag zur Systematik und Klassifikation der europaischen Notodontidae (Lepidoptera, Notodontidae). Dtsch. Entomol. Z. N. F., **32**: 43-54.

Schintlmeister A. 1987a. Ein Beitrag zur Nachtfaherfauna von Vietnam (Lepidoptera: Notodontidae, Lymantriidae). Entomofauna, **8**: 53-67.

Schintlmeister A. 1987b. Beitrage zur Insektenfauna der DDR: Lepidoptera. Notodontidae. Beitr. Entomol. Berlin., **37**: 35-82.

Schintlmeister A. 1989a. A contribution to knowledge of the moths fauna of Thailand (Lepidoptera: Notodontidae, Lymantriidae). Tinea, **12**: 215-230.

Schintlmeister A. 1989b. Zoogeographie der palearktischen Notodontidae (Lepidoptera). Neue Ent. Nachr., **25**: 1-117.

Schintlmeister A. 1989c. Ein Beitrag zur Zahnspirnnerfauna der koreanischen Halbinsel (Lepidoptera, Notodontidae). Nora lepid., **12**: 206-226.

Schintlmeister A. 1992. Die Zahnspirmer Chinas (Lepidoptera, Notodontidae). Nachr. Entomol. Ver. Apollo, Frankfun/Main, Suppl. II : 1-343.

Schintlmeister A. 1993. Die Zahnspinner der Philippinen-Ergebnisse zweier Sammelreisen 1988 (Lepidoptera: Notodontidae). Nachr. Entomol. Ver. Apollo, Frankfurt/Main, Suppl. **12**: 99-174.

Schintlmeister A. 1994. Check-list of the Notodontidae of Sundaland (excluding Java) with description of new species (Lepidoptera, Notodontidae). Heterocera Sumatrana, **7** (2): 207-252.

Schintlmeister A. 1997. Moths of Vietnam with special reference to Mt. Fan-si-pan. Family: Notodontidae. Entomofauna, Suppl. **9**: 33-248.

Schintlmeister A. 1998. Notes on some asiatic *Furcula* Lamarck, 1816 (Lepidoptera: Notodontidae). Entomofauna, **19**: 77-108.

Schintlmeister A. 1999a. Die Notodontiden-Typen der Sammlung Otto Staudinger (Lepidoptera Notodontidae). Entomofauna, **20**: 173-184.

Schintlmeister A. 1999b. Title unknown. *In*: Reinhardt R, Pimpl F, Eitschberger U. Fragmentarisches Verzeichnis der Schmetterlinge Europas und angrenzender Regionen mit einem vorläufigen Vorschlag zur Festlegung yon Identifikationsnummern. Neue Ent. Nachr., **43**: (CD).

Schintlmeister A. 2002. Further new Notodontidae from mainland China. Atalanta, **33** (1/2): 185-200.

Schintlmeister A. 2005a. *Peridea clasnaumanni* spec. nov. (Lepidoptera: Notodontidae) aus China. Bon. Zool. Beitrage., **53**: 165-167.

Schintlmeister A. 2005b. Six new taxa of Notodontidae from Taiwan (Lepidoptera: Notodontidae). Nachr. Entomol. Ver. Apollo, **26** (3): 103-109.

Schintlmeister A. 2006. Die Gattung *Netria* Walker, 1855 (Lepidoptera, Notodontidae). Nachr. Entomol. Ver. Apollo, **27** (1/2): 65-94.

Schintlmeister A. 2008. Palaearctic Macrolepidoptera 1: Notodontidae. Stenstrup: Apollo Books: 1-482.

Schintlmeister A, Dubatolov V V, Sviridov A V, Tshisthakov A Y, Viidalepp J. 1987. Verzeichnis und Verbreitung der Notodontidae der UdSSR (Lepidopter). Nota Lepid., **10**: 94-111.

Schintlmeister A, Fang G L. 2001. New and less known Notodontidae from mainland China (Lepidoptera, Notodontidae). Neue Ent. Nachr., **50**: 1-141.

Schintlmeister A, Pinratana A. 2007. Moths of Thailand, vol. 5: Notodontidae. Bangkok: Brothers of Saint Gabriel in Thailand: 1-320.

Schintlmeister A, Sviridov A V. 1985. A new species of notodontid moth from the Far East, a vicariant of *Dicranura ulmi* (Lepidoptera, Notodontidae). (In Russisch). Vestnik Zoologii, **1985**: 58-61.

Schintlmeister A, Tshistjakov Y A. 1984. Zur Kenntnis yon *Micromelalopha* Nagano, 1916, im Fernen Osten (Lepidoptera, Notodontidae). Entomofauna, **5**: 89-100.

Schrank F. 1801-1802. Fauna Boica. Durchgedachte Geschichte der in Baiern cinhemischen und zahmen Thiere, Ingolstadt: Abt. 1. **2**: 1-412.

Schulte A. 1992. Beschreibung einiger neuer *Parnassius*-Unterarten aus mehreren China-Ausbeuten 1991 (Lepidoptera, Papilionidae). Nachr Entomol. Ver. Apollo, **13** (2a): 165-177.

Scopoli J A. 1777. Introduction ad historiam naturalem. Prague.

Scriba F. 1919. Einige neue Lepidopteren aus Hondo (Central-Japan). Ent. Rdsch., **36** (9): 41-45.

Sharp D. 1908. Title unknown. Insecta. Zool. Rec., **43**: 314.

Sheljuzhko L. 1910. Title unknown. Revue Russe Ent., **9**: 384.

Sheljuzhko L. 1913. Lepidopterologische Notizen. Deut. Ent. Zeit., **27**: 13-22.

Sheljuzhko L. 1943. Title unknown. Zeitschr. Wien. Ent. Ges., **28**: 13, 246.

Shinkal. 1992. Parnassius acco vairocanus. Gekkan-Mushi, No. **257**: 7.

Shiraki T, Sonan J. 1934. Title unknown. Zephyrus, **5** (4): 177.

Shirôzu T. 1953. New or little known butterflies from north-eastern Asia, with some synonymic notes, II. Sieboldia Fukuoka, **I** (2): 149-159.

Shirôzu T. 1955. New or little known butterflies from the north-eastern Asia, with some synonymic notes. III. Sieboldia Fukuoka, **1** (3): 229-236.

Shirôzu T. 1960. The Butterflies of Formosa in Colour. Osaka: Hoikusha: 1-481.

Shirôzu T, Yata O. 1982. New names for six subspecies belonging to four *Eurema* subspecies (Lepidoptera, Pieridae). Tyo To Ga, **33** (1-2): 25.

Skalski A W. 1996. Genus *Leptidea* Billberg, 1820 in Poland (Lepidoptera: Pieridae). Acta Entomologica Silesiana, **3** (1-2): 8-12.

Smart P. 1989. The Illustrated Encyclopedia of the Butterfly World. London: Salamnder Books Limited: 1-275.

Snellen P C T. 1895. Verzeichnis der Lepidoptera Heterocera von Dr. B. Hagen gesammelt in Deli (Ost-Sumatra). Deutsche Entomologische Zeitschrift Iris, **8**: 121-151.

Snellen P C T. 1903. Beschrijvingen van nieuwe exotische Tortricinen, Tineinen en Pterophorinen, benevens aan-teekaningen over reeds bekand gemaakte soorten (Plaat 4 en 5). Tijdschr. Ent., **46**: 32-48.

Sonan J. 1927. *Papilio bianor kotoensis*. Trans. Nat. Hist. Soc., **17**: 308.

Sonan J. 1934. On the new species of the moths in Japan and Formosa. Kontyu, **8** (4-6): 214.

South R. 1913 [1914]. A list of butterflies collected by Capt. F. M. Bailey in Western China, South-Eastern Tibet, and the Mishmi Hills, 1911. J. Bombay Nat. Hist. Soc., **22** (4): 345-365, 598-615.

Sparrman A. 1769 [1768]. Iter in Chinam. Amoen. Acad., **7**: 497-506.

Speyer A. 1839. Title unknown. Isis (Oken), **1839**: 98.

Speyer A. 1882. Title unknown. Stett. Ent. Ztg., **43**: 379.

Spuler A. 1903. Title unknown. *In*: Hofmann, Schmett. Eur., **1**: 123.

Standfuss M. 1888. Lepidopterologisches. Berl. Ent. Ztschr., **32**: 233-246.

Stauder H. 1924. Neue Palaearktenformen. II. Mitt. Munchn. Ent. Ges., **14**: 59-66.

Staudinger O. 1860. *Pieris krueperi*. Ein neue europaischer Tagfalter. Wien. Ent. Monats., **4** (1): 19.

Staudinger O. 1879. Title unknown. Stettin. Ent. Ztg., **40**: 318.

Staudinger O. 1881. Beitrag zur Lepidopteren-Fauna Central-Asiens. Stett. Ent. Z., **42**: 253-300.

Staudinger O. 1882. Ueber einige neue *Parnassius* und andere Tagfalter-Arten Central Asies. Berl. Ent. Z., **26**: 161-177.

Staudinger O. 1887a. Centralasiatische Lepidopteren. Stettin. Ent. Ztg., **48**: 49-102.

Staudinger O. 1887b. Neue Arten und Varietäten von Lepidopteren aus dem. Amur-Gebiete. *In*: Romanoff N M. Mém. Lépid. **3**: 126-232.

Staudinger O. 1889. Centralasiatische Lepidopteren. Stettin. Ent. Ztg., **50**: 16-60.

Staudinger O. 1892a. Die Macrolepidopteren des Amurgebietes, 1. Theil. Rhopalocera, Sphinges, Bombyces, Noctuae. *In*: Romanoff. Mém. Lépid., **6**: 83-658.

Staudinger O. 1892b. Neue Arten und Varietäten von Lepidopteren des paläarktischen Faunengebietes. Dt. Ent. Z. Iris, **4**: 224-339.

Staudinger O. 1896. Ueber Lepidopteren aus dem Uliassutai. Dt. Ent. Z. Iris, **8**: 240-286, pl. 1-10.

Staudinger O. 1897. Drei neue palaarktische Lepidopteren. Deut. Ent. Zeit. Iris, **10**: 152-156.

Staudinger O. 1899. Neue Lepidopteren des palaearktischen Faunengebietes. Dt. Ent. Z. Iris, **11**: 352-403.

Staudinger O, Rebel H. 1901. Catalog der Lepidopteren des palaearktischen Faunengebietes. 3. Auflage: 1-368.

Stephens J F. 1827. Title unknown. *In*: Anonymous. Retrospective Review, (2) **1**: 242.

Stephens J F. 1827-1829. Illustions of British Entomology; or a synopsis of indigenous insects, containing their generic and specific distinctions; with an account of their metamorphoses, times of appearance, localities, food, and economy as far as practicable. Haustellata, 1: 1-152; 2: 1-203.

Stephens J F. 1829. The nomenclature of British Insects: Being a compendious list of such species as are contained in the systematic catalogue of British Insects, and forming a guide to their classication. London: 1-68.

Stephens J F. 1835. Illustions of British Entomology,, Haustellata, 4: 404.

Stoll C. 1780. Title unknown. *In*: Cramer P. 1780-1790. De Uitlandsche Kapellen, 4: 1-182.

Stoll C. 1780-1790. Title unknown. *In*: Cramer P. Papilions Exotiques. De Uitlandsche Kapellen, Vols. 1-5: 1-252.

Strand E. 1912. Papilionidae. Fauna Exot., **2**: 40.

Strand E. 1915. Limacodidae, Lasiocampidae and Psychidae (Lep.) Supplementa Entomologica, **4**: 4-13.

Strand E. 1915-1916. H. Sauter's Formosa-Ausbeute: Hepialidae, Notodontidae und Drepanidae. Archiv f. Naturgesch., **81** A (12): 150-165.

Strand E. 1920. H. Sauter's Formosa-Ausbeute: Noctuidae II nebst Nachtragen zu den Familien Arctiidae, Lymantriidae, Notodontidae etc. Archiv f. Naturgesch., **84** A (12): 102-197.

Strand E. 1922. Sauter's Formosa-Ausbeute. Entomologische Zeitschrift Frankfurt a M, **36**: 1-19.

Strand E. 1934. Notodontidae. Lepidopterorum Catalogus, **59**: 111.

Streltzov R, Yakovlev A. 2007. *Zaranga tukuringra*, sp. n.-the new species from new genus for Russian fauna (Lepidoptera: Notodontidae). Eversmannia, **10**: 24-26.

Stshetkin Y L. 1960. Title unknown. Trudy Instituta Zoologiji parasitologiji Stalinabad, **19**: 204-207.

Sugi S. 1976. A new genetic name in the Notodontidae (Lepidoptera). Kontyu, **44** (3): 287.

Sugi S. 1977. A new species of the genus *Hybocampa* Lederer (Lepidoptera, Notodontidae) from Tshushima Island. Kontyu, **45** (1): 9-11.

Sugi S. 1979a. An illustrated catalogue of the type-material of the Notodontidae described by Matsumura, with descriptions of lectotypes and notes on synonymies (Lepidoptera). Trans. Lepid. Soc. Japan, **30**: 1-48.

Sugi S. 1979b. *Hagapteryx kishidai* Nakamura (Notodontidae) in the mainland of Japan. Japan Heterocerists' J., **103**: 40-42.

Sugi S. 1980. New genera and new species of Notodontidae with synonymic notes (Lepidoptera). Trans. Lepid. Soc. Japan, **30**: 179-187.

Sugi S. 1982. Notodontidae. *In*: Inoue H, Sugi S, Kuroko H, Moriuti S, Kawabe A. Moths of Japan. Tokyo: Kodansha, **2**: 602-628.

Sugi S. 1987a. Notodontidae. *In*: Sugi S, Yamamoto M, Nakatomi K, Sato R, Nakajima H, Owada M. Larvae of larger moths in Japan. Tokyo: Kodansha: 1-453.

Sugi S. 1987b. The Thailand Notodontidae I. Tinea, Suppl. **12**: 303-307.

Sugi S. 1989. Title unknown. *In*: Schintlmeister A. A contribution to knowledge of the moths fauna of Thailand (Lepidoptera: Notodontidae, Lymantriidae). Tinea, **12**: 215-230.

Sugi S. 1990. *Neodrymonia nakamurai* Sugi. *In*: Heppner J B, Inoue H. 1992. Lepidoptera of Taiwan, **1** (2): 162.

Sugi S. 1992. Notodontidae. *In*: Haruta T. Moths of Nepal, Part 1. Tinea, **13** (Suppl. 2): 95-122, pls. 27-32.

Sugi S. 1993. Notodontidae. *In*: Haruta T . Moths of Nepal, Part 2. Tinea, **13** (Suppl. 3): 148-159, pl. 64.

Sugi S. 1994a. Notodontidae. *In*: Haruta T . Moths of Nepal, Part 3. Tinea, **14** (Suppl. 1): 163-171, pls. 95-96.

Sugi S. 1994b. A new species of *Euhampsonia* Dyar from Thailand (Lepidoptera, Notodontidae). Tyo To Ga, **45**: 115-118.

Sugi S. 1995. Notodontidae. *In*: Haruta T . Moths of Nepal, Part 4. Tinea, **14** (Suppl. 2): 110-116, pl. 118.

Sugi S. 1998. Notodontidae. *In*: Haruta T . Moths of Nepal, Part 5. Tinea, **15** (Suppl. 1): 69-78, pl. 137.

Sugiyama H. 1992. New butterflies from west-China, including Hainan. Pallarge, **1**: 1-19.

Sugiyama H. 1994. New butterflies from western China (3). Pallarge, **4**: 1-8.

Sugiyama H. 1996. New butterflies from western China (4). Pallarge, **5**: 1-11.

Swainson W. 1821. Title unknown. Zool. Illustr., (I) **1**: pl. 22.

Swainson W.1833. *Polylorus*. Zool. Illustr., (II) **2**: 101.

Swainson W. 1840. Rhopalocera. Cabinet Cycl.: 87.

Swainson W. 1883. *Papilios*. Zool. Illustr. (2) **3**. London.

Swinhoe C. 1885. On the Lepidoptera of Bombay and the Deccan. Proc. Zool. Soc. London, **1885**: 124-148, 287-307.

Swinhoe C. 1890. New species of Indian butterflies. Ann. Mag. Nat. Hist., (6) **5**: 353-365.

Swinhoe C. 1892. Cat. east and Aust. Lepi. Heterocera Colln Oxf. Univ. Mus. Oxford: Claredon Press, I: 1-324.

Swinhoe C. 1893. A list of the Lepidoptera of the Khasia Hills. Trans. Ent. Soc. Lond.: 267-330.

Swinhoe C. 1894a. New species of Eastern Lepidoptera. Ann. Mag. Nat. Hist., **14** (6): 429-443.

Swinhoe C. 1894b. Title unknown. Trans Ent. Soc. London: 159.

Swinhoe C. 1896. New species of Lepidoptera from the Khasia Hills. Ann. Mag. Nat. Hist., **17**: 357-363.

Swinhoe C. 1897. New Eastern Lepidoptera. Ann. Mag. Nat. Hist., Vol. 19, Sixth series: 407-410.

Swinhoe C. 1899. New species of Oriental Lepidoptera. Ann. Mag. Nat. Hist., **3** (7): 102-116.

Swinhoe C. 1903. Descriptions of new eastern moths. The Annals and Magazine of Natural History, **12** (7): 193-201.

Swinhoe C. 1904. New species of Eastern and Australian and African Heterocera in the National Collection. Trans. Ent. Soc. Lond., **1904**: 139-158.

Swinhoe C. 1907. New species of Easternand African Heterocera. Ann. Mag. Nat. Hist., **19**: 201-208.

Swinhoe C. 1909-1913. Rhopalocera. *In*: Moore. Lepidoptera Indica. Vol. **7-10**. London: LovellReeve & Co. London.

Swinhoe C. 1915. New species of Indo-Malayan Lepidoptera. Ann. Mus. Nat. Hist. London, **16** (8): 171-185.

Swinhoe C. 1916. New Indo-Malayan Lepidoptera. Ann. Mag. Nat. Hist., **18**: 209-221.

Takahashi. 1930. *Depressaria issikii*. Kaju gaityu kakuron, **1**: 285.

Takeuchi K. 1916. A new species of Notodontidae from Japan. Ent. Mag., **2**: 94-95.

Talbot G. 1924. A catalogue of the Lepidoptera of Hainan. *In*: Joicey J J, Talbot G. Bulletin of the Hill Museum Witley, **1**: 514-538.

Talbot G. 1928. Seven new forma of *Delias* (Lep. Pieridae). Bull. Hill Mus., **2** (3): 224-228.

Talbot G. 1935. Pieridae III. *In*: Aurivillius C, Wagner H, Strand E. Lepidopterorum catalogus. Berlin: Dr W. Junk: 385-697.

Talbot G. 1937. A monograph of the Pierine genus *Delias*. Part VI (conclusion). London: Brit. Mus. (Nat. Hist.): 260-656.

Talbot G. 1939. The Fauna of British India including Ceylon and Burma. London: Taylor and Franeis: 1-600.

Talbot G. 1949. Fauna of British India Butterflies. Vol. 1. London: Taylor and Franeis.

Tams W H T. 1924. List of the moths collected in Siam by E. Godfrey, B. Se, with descriptions of new species. J. Nat. Hist. Soc. Siam, **6**: 229-280.

Tams W H T. 1935. Résultats scientifiques du voyage aux Indes Orientales neerlandaises de LL. AA. RR. le Prince *et* la Princesse Léopold de Belgique. Mem. Mus. r. Hist. Nat. Belg. (Hors serie), **4** (12): 33-64.

Tams W H T. 1939. Changes in the generic names of some British moths. Entomologist, **72**: 66-74.

Tams W H. T. 1953. The genus *Alompra* Moore (Lepidoptera, Lasiocampidae). Tijdschr. Plant., **59**: 165-168.

Tsai P H, Hou T Q. 1976. A revision of *Dendrolimus* Germar and its allies in China (Lasiocampidae). Acta Entomologica Sinica, **19** (4): 443-452. [蔡邦华, 侯陶谦. 1976. 中国松毛虫属及其近缘属的修订 (枯叶蛾科). 昆虫学报, **19** (4): 443-452.]

Tsai P H, Hou T Q. 1980. New species of Lasiocampidae from China. Entomotaxonomia, **2** (4): 257-266. [蔡邦华, 侯陶谦. 1980. 中国枯叶蛾科的新种. 昆虫分类学报, **2** (4): 257-266.]

Tsai P H, Hou T Q. 1983. Three new species of the genus *Cyclophragma* (Lepidoptera: Lasiocampidae) Acta Zootaxonomica Sinica, **8** (3): 293-296. [蔡邦华, 侯陶谦. 1983. 杂毛虫属 (*Cyclophragma*) 三新种记述 (鳞翅目: 枯叶蝶科). 动物分类学报, **8** (3): 293-296.]

Tsai P H, Liu Y C. 1962. A study of the genus *Dendroliraus* (Lasiocampidae) of China with descriptions of two new species and one new subspecies. Acta

Entomologica Sinica, **11** (3): 237-252 [蔡邦华, 刘友樵. 1962. 中国松毛虫属 (*Dendrolimus* Germar: Lasiocampidae)的研究及新种记述. 昆虫学报, **11** (3): 237-252.]

Tsai P H, Liu Y C. 1964. A study of the genus *Dendrolimus* (Lasiocampidae) from southwest China with descriptions of three new species and three new subspecies. Acta Entomologica Sinica, **13** (2): 240-245, pls. Ⅰ-Ⅲ. [蔡邦华, 刘友樵. 1964. 我国西南部松毛虫及新种记述. 昆虫学报, **13** (2): 240-245, 图版Ⅰ-Ⅲ.]

Tschetverikov S. 1908. Lepidoptera palaearctica nova. Rev. Ent. Russ., (8): 1-6.

Tshikolovets V V. 1997. The Butterflies of Pamir. Bratislava: Frantisek Slamka: 1-282.

Tshistjakov Y A. 1977. New and little known Notodontidae (Lepidoptera) from the Far East. Ent. Obozr., **56**: 833-842.

Tshistjakov Y A. 1979. The Notodontidae from Southern Russia (In Russian). Nazem Tshlenist. Dal. Vostoka S.: 32-56.

Tshistjakov Y A. 1985. Preliminary results of the study of Notodontidae from the Far East ot the USSR. *In*: Ler P A, Storozhenko S Y. Taksonomiya i ekologiya chlenistonogikh Dalnego Vostoka. Vladivostok: Far Eastern Scientific Center: 1-132.

Tshistjakov Y A. 1998. New data on the lappet-moths (Lepidoptera, Lasiocampidae) of the Russian Far East. Far East. Entomol., **66**: 1-8.

Tshistjakov Y A, Kwon D. 1997. Notes on some little known species of Notodontidae (Lepidoptera) from Korea, with description of a new genus and a new species. Ins. Koreana, **14**: 51-64.

Tshistjakov Y A, Kwon Y D. 1999. Notodontidae. *In*: Park K T, Kim S S, Tshistjakov Y A, Kwon Y D. Illustrated catalogue of Moths in Korea (I). *In*: Park K T. Insects of Korea (Series 4). Korea Research Institute of Bioscience and Biotechnology & Center for Insect Systematics. Chunchon.

Turner A J. 1903. Revision of Australian Lepidoptera. Proc. Linn. Soc. N. S. W., **28**: 42-92.

Turner A J. 1907. Revision of Australian Lepidoptera. III. Proc. Linn. Soc. N. S. Wales, **31**: 678-710.

Tutt J W. 1896. British butterflies, being a popular handbook for young students and collectors. London: 1-476.

Tutt J W. 1902. A natural history of the British Lepidoptera. Vol. III. London: 1-558.

Tuxen S L. 1956. Taxonomist's Glossary of Genitalia in Insects. Copenhagen: Ejnor Muuksgaard.

Tuzov VK. 1997. Family Pieridae Duponchel, [1835]. *In*: Tuzov V K, Bogdanov P V, Devyatkin A L, Kaabak L V, Korolev V A, Murzin V S, Samodurov G D, Tarasov E A. Guide to the butterflies of Russia and adjacent territories (Lepidoptera, Rhopalocera). Volume **1**: Hesperiidae, Papilionidae, Pieridae, Satyridae: 153-181.

Tytler H C. 1939. Notes on some new and interesting butterflies chiefly from Burma. J. Bombay Nat. Hist. Soc., **41**: 235-252.

van der Hoeven. 1839. Tite unknown. Tijdschr. Nat. Geschied. Physiol., **5** (4): 341.

Van Eecke R. 1929. De Heterocera van Sumatra. Zoologische Mededeelingen Leiden, **8**: 154-217.

Van Mastrigt H. 1996. Review on "An illustrated list of the genus *Delias* Hübner of the World". (Lepidoptera: Pieridae). Neue Ent. Nachr., **38**: 9-19.

van Nieukerken E J, Kaila L, Kitching I J, Kristensen N P, Lees D C, Minet J, Mitter C, Mutanen M, Regier J C, Simonsen T J, Wahlberg N, Yen S-H, Zahiri R, Adamski D, Baixeras J, Bartsch D, Bengtsson B Å, Brown J W, Bucheli S R, Davis D R, De Prins J, De Prins W, Epstein M E, Gentili-Poole P, Gielis C, Hättenschwiler P, Hausmann A, Holloway J D, Kallies A, Karsholt O, Kawahara A Y, Koster S, Kozlov M V, Lafontaine J D, Lamas G, Landry J-F, Lee S, Nuss M, Park K-T, Penz C, Rota J, Schintlmeister A, Schmidt B C, Sohn J-C, Solis M A, Tarmann G M, Warren A D, Weller S, Yakovlev R V, Zolotuhin V V, Zwick A. 2011. Order Lepidoptera Linnaeus, 1758. *In*: Zhang Z Q. Animal biodiversity: An outline of higher-level classification and survey of taxonomic richness. Zootaxa, **3148**: 212-221.

Verhulst J. 1990. Description d'une nouvelle espece de *Colias* de Chine (Lepidoptera Pieridae). Lambillionea, **90** (4): 40-45.

Verhulst J. 1991. Description d'une nouvelle espece de *Colias* de Chine (Lepidoptera Pieridae). Lambillionea, **91** (2): 113-126.

Verhulst J. 1992. Fiches specifiques des *Colias* F. (*Colias* data sheets) (Lepidoptera Pieridae) -Neuvieme fiche- *Colias berylla*. Lambillionea, **42** (4): 322-330.

Verhulst J. 1994a. Fiches specifiques des *Colias* F. (*Colias* data sheets) (Lepidoptera Pieridae) -quatorzieme fiche- *Colias diva*. Lambillionea, **94** (1) (tome I): 23-27.

Verhulst J. 1994b. Une nouvelle sous-espece de *Colias aurorina*: *Colias aurorina daghestanica* (Lepidoptera, Pieridae). Lambillionea, **94** (1) (tome II): 115-118.

Verhulst J. 1994c. Fiches specifiques des *Colias* F. (*Colias* data sheets) (Lepidoptera Pieridae) -Vingtieme fiche- *Colias baeckeri*. Lambillionea, **94** (4): 587-590.

Verhulst J. 1995. Fiches specifiques des *Colias* F. (Lepidoptera, Pieridae) - Vingt-quatrieme fiche. Lambillionea, **95** (4) (Tome I): 516-518.

Verhulst J. 1996a. Species information on *Colias* F. (Lepidoptera, Pieridae). Twenty sixth part. Lambillionea, **96** (1) (Tome 2): 210-214.

Verhulst J. 1996b. *Colias* species information (Lepidoptera, Pieridae). Twenty fifth part. Lambillionea, **96** (1) (Tome 1): 129-136.

Verhulst J. 1996c. *Colias* data sheets (Lepidoptera, Pieridae). Twenty seventh sheet *Colias tibetana*. Lambillionea, **96** (2) (Tome 2): 355-356.

Verhulst J. 1996d. *Colias* data sheets (Lepidoptera, Pieridae). Twenty eighth fiche. Lambillionea, **96** (3) (Tome 2): 506-514.

Verhulst J. 1996e. *Colias* data sheets (Lepidoptera, Pieridae). Lambillionea, **96** (4) (Tome 2): 708-713.

Verhulst J. 1997a. *Colias* Fabricius data sheets (Lepidoptera, Pieridae). Thirty sheet. Lambillionea, **97** (1) (Tome 2): 121-125.

Verhulst J. 1997b. *Colias* Fabricius data sheets (Lepidoptera, Pieridae). Thirty first sheet. Lambillionea, **97** (1) (Tome 2): 126-133.

Verhulst J. 1997c. *Colias* Fabricius data sheets (Lepidoptera, Pieridae). Thirty third sheet. Lambillionea, **97** (2) (Tome 1): 190-196.

Verhulst J. 1997d. *Colias* Fabricius data sheets (Lepidoptera, Pieridae). Thirty third sheet. Lambillionea, **97** (3) (Tome 2): 440-444.

Verhulst J. 1997e. *Colias* Fabricius data sheets (Lepidoptera, Pieridae). Thirty fourth part. Lambillionea, **97** (4) (Tome 1): 523-526.

Verhulst J. 1998a. *Colias* data sheets (Lepidoptera, Pieridae). Thirty fifth part. Lambillionea, **98** (1) (Tome 1): 29-37.

Verhulst J. 1998b. *Colias* data sheets (Lepidoptera, Pieridae). fifth sixth sheet. Lambillionea, **98** (2) (Tome 1): 211-214.

Verhulst J. 1998c. *Colias* Fabricius data sheets (Lepidoptera, Pieridae). Thirty eighth sheet. Lambillionea, **98** (4) (Tome 3): 659-663.

Verhulst J. 1999a. *Colias* Fabricius data sheets (Lepidoptera, Pieridae). Thirty ninth sheet. Lambillionea, **99** (1) (Tome 2): 142-145.

Verhulst J. 1999b. *Colias* Fabricius data sheets (Lepidoptera, Pieridae). Fortieth sheet. Lambillionea, **99** (1) (Tome 2): 146-148.

Verhulst J. 1999c. Description of 2 new subspecies of *Colias cocandica* Erschoff 1874. Lambillionea, **99** (2) (Tome 2): 267-270.

Verhulst J. 1999d. *Colias* data sheets Fabricius (Lepidoptera, Pieridae). Thirty fifth data sheet. Lambillionea, **99** (3) (Tome 2): 433-436.

Verhulst J. 1999e. *Colias* Fabricius data sheets (Lepidoptera, Pieridae). Fourty second sheet. Lambillionea, **99** (4) (Tome 2): 621-632.

Verhulst J. 2000a. *Colias* F. data sheets (Lepidoptera, Pieridae). Forty third sheet. *Colias viluiensis*. Lambillionea, **100** (1) (Tome 1): 24-29.

Verhulst J. 2000b. *Colias* Fabricius data sheets (Lepidoptera, Pieridae). Fourty fourth sheet. Lambillionea, **100** (3) (Tome 1): 415-419.

Verhulst J. 2000c. *Colias* Fabricius data sheets (Lepidoptera, Pieridae). Forty third sheet. Lambillionea, **100** (2) (Tome 2): 327-329.

Verhulst J. 2000d. *Colias* Fabricius data sheets (Lepidoptera, Pieridae). Forty sixth sheet. Lambillionea, **100** (4) (Tome 2): 633-638.

Verhulst J. 2001a. *Colias* Fabricius data sheets (Lepidoptera, Pieridae). Forty fifth sheet. Lambillionea, **101** (1) (Tome 1): 23-30.

Verhulst J. 2001b. Species profiles for *Colias* Fabricius (*Colias* data sheets) (Lepidoptera: Pieridae). Forty sixth sheet. Lambillionea, **101** (2) (Tome 1): 251-259.

Verhulst J. 2001c. Species sheet for *Colias* Fabricius (*Colias* data sheets) (Lepidoptera, Pieridae). Forty seventh sheet. Lambillionea, **101** (3) (Tome 2): 482-487.

Verhulst J. 2001d. *Colias* data sheets (Lepidoptera, Pieridae). Forty eighth sheet. Lambillionea, **101** (4) (Tome 2): 617-620.

Verhulst J. 2002a. *Colias* data sheets (Lepidoptera, Pieridae). Forty ninth sheet. Lambillionea, **102** (1) (Tome 1): 23-28.

Verhulst J. 2002b. *Colias* Fabricius data sheets (Lepidoptera, Pieridae). Fiftieth sheet. Lambillionea, **102** (2): 123-126.

Verity R. 1905-1912. Rhopalocera palaearctica. Iconographie et description des *Papilions diurnes* de la region palearctique. Papillionidae et Pieridae. Florence: 1-368.

von Rosen K. 1929-1932. Title unknown. *In*: Seitz A. The Macrolepidoptera of the world, Supplement to **I**: 7-20.

Wagener P S. 1988. What are the valid names for the two genetically different taxa currently included within *Pontia daplidice* (Linnaeus, 1758) (Lep., Pieridae). Nota Lepid., **11**: 21-38.

Wagener S. 1961. Monographie der ostasiatischen Formen der Cattung Melanargia Meigen (Lepidoptera, Satyridae). Zoologica, Stuttgart, **108**: 1-222.

Wahlberg N, Rota J, Braby M F, Pierce N E, Wheat C W. 2014. Revised systematics and higher classification of pierid butterflies (Lepidoptera: Pieridae) based on molecular data. Zoologica Scripta, **43**: 641-650.

Walker F. 1855a. List of the specimens of Lepidopterous Insects in the collection of the British Museum. Part Ⅳ. Lepidoptera Heterocera. London: Printed by order of the Trustees: [777]-976.

Walker F. 1855b. List of the specimens of Lepidopterous Insects in the collection of the British Museum. Part Ⅴ. Lepidoptera Heterocera. London: Printed by order of the Trustees: 977-1257.

Walker F. 1855c. List of the specimens of Lepidopterous Insects in the collection of the British Museum. Part Ⅵ. Lepidoptera Heterocera. London: Printed by order of the Trustees: [1259]-1507.

Walker F. 1854-1856. List of the specimens of Lepidopterous Insects in the collection of the British Museum. Part Ⅵ. Lepidoptera Heterocera. London: Printed by order of the Trustees: [1509]-1808.

Walker F. 1858. List of specimens of Lepidopterous Insects in the collection of the British Museum **14**. London: Edward Newman: 1237-1519.

Walker F. 1862a. Characters of undescribed Lepidoptera in the collection of W W Saunders, Esq. Trans. Ent. Soc. London, Vol. l. third series: 70-128.

Walker F. 1862b. Catalogue of the *Heterocerous* Lepidopterous Insects collected at Sarawak, in Borneo, by Mr. A. R. Wallace, with descriptions of new species. J. Proc. Linn. Soc. (Zool.), **6**: 82-145, 171-198.

Walker F. 1863. Title unknown. Trans. Ent. Soc. Lond., **3** (1): 80.

Walker F. 1864. List of the specimens of the lepidopterous insects in the collection of the British Museum. **29**: 533-835; **30**: 837-1096; **31**: 254.

Walker F. 1865. List of the specimens of the lepidopterous insects in the collection of the British Museum. **32**: 1-706; **33-34**; 707-1533.

Walker F. 1866. List of the specimens of the lepidopterous insects in the collection of the British Museum. **35**: 1535-2040.

Walker F. 1869. Characters of undescribed Lepidoptera Heterocera. London: 1-112.

Wallace A R. 1866. List of Lepidopterous insects collected at Takow, Formosa by Mr. Robert Swinhoe. Proc. Zool. Soc. Lond., (2): 355-365.

Wallace A R. 1867. On the Pieridae of the Indian and Australian Region. Trans. Ent. Soc. Lond., **4** (3): 301-415.

Wallengren H. 1858. Title unknown. Ofvers. Vetensk Akad. Forh., Stockh., **15**: 76.

Wallengren H. 1869. Title unknown. Skand. Heterocer-Fjarilar, **2** (1): 102.

Walsingham T G. 1891. African Micro-Lepidoptera. Transactions E Soc., **1891**: 63-132.

Wang H S, Xiong W, Wang M. 2010. Two new species of the genus *Longipenis* from China. Florida Entomologist, **93** (3): 352-356.

Wang H Y, Fan W. 1995. Lasiocampidae. Guide Book to Insects in Taiwan, **11**: 169.

Wang M, Kobayshi H, Kishida Y. 2004. A new species of *Torigea* (Notodontidae, Lepidoptera) from Guangdong, China. Tinea, **18** (2): 97-99.

Wang Z G. 1998. Insect fauna of Henna: Lepidoptera: Butterflies. Zhengzhou: Henan Science and Technology Press: 33-49 [王治国. 1998. 河南昆虫志: 鳞翅目: 蝶类. 郑州: 河南科学技术出版社. 33-49.]

Watanabe Y. 1990. A new species of genus *Parnassius* Latreille from Tibet, China (Lepidoptera, Papilionidae). Notes Eurasian Insects, No. 1: 2-6.

Watkins H T G. 1927. Butter-Hies from N.W. Yunnan. Ann. May. Nat. Hist., (9) **19**: 313-344.

Watson J. 1895. On the reaeeangement of the Fabrician genus *Colias*. Entomologist, **28**: 167-168.

Watson A, Fletcher D S, Nye I W B. 1980. Title unknown. *In*: Nye I W. The generic names of moths of the world. **2**: 1-228.

Wei Z M, Wu C S. 2005a. A taxonomic study of the genus *Delias* Hübner, 1819 in China (Lepidoptera: Pieridae). Acta Entomologica Sinica, **48** (1): 107-118.
[魏忠民, 武春生. 2005a. 中国斑粉蝶属分类研究 (鳞翅目: 粉蝶科). 昆虫学报, **48** (1): 107-118.]

Wei Z M, Wu C S. 2005b. A taxonomic study of the genus *Pontia* Fabricius in China (Lepidoptera: Pieridae). Acta Zootaxonomica Sinica, **30** (4): 815-821.
[魏忠民, 武春生. 2005b. 中国云粉蝶属分类研究 (鳞翅目, 粉蝶科). 动物分类学报, **30** (4): 815-821.]

Weiss J. 1989. Parnassius cephalus dengkiaoping. Bull. Soc. Sci. Nat., **61**: 5.

Weiss J. 1991. The Parnassiinae of the world. Venette: Sciences Nat. Part, **1**: 1-48.

Weiss J. 1992. Parnassiinae of the world. Venette: Sciences Nat., **2**: 49-135.

Weiss J, Michel F. 1989. Description de nouveaux taxa du genre *Parnassius* provenent du Tibet (Chine) (Lepidoptera Papilionidae). Bull. Soc. Sci. Nat., No. **61**: 5-19.

Westwood J O. 1840. A introduction to modern classication of insects; founded on the natural habits and corresponding organization of the different families, **2**: 1-87.

Westwood J O. 1841. Title unknown. Arcana Ent., **1**: 1-64.

Westwood J O. 1842a. Insectorum novorum Centoria. Ann. Mag. Nat. Hist., **9**: 36-39.

Westwood J O. 1842b. Title unknown. Arc. Entom., **1**: 1-160.

Westwood J O. 1843a. Title unknown. *In*: Humphreys H N, Westwood J O. British Moths and their transformations. London, **1**: 1-63.

Westwood J O. 1843b. Insectorum novorum Centoria. Arcana Ent., **2** (14): 1-64.

Westwood J O. 1844-1845. Insectorum novorum Centoria. Arcana Ent., **2**: 65-176.

Westwood J O. 1851. On the *Papilio telamon* of Donovan, with descriptions of two other eastern butterflies. Trans. Ent. Soc. London (2), **1**: 173-176.

White A. 1842. Notice of two new species of *Papilio* from Penang. Entomologist, **1**: 280.

Wileman A E. 1910. Some new Lepidoptera Heterocera from Formosa. Entomologist, **43**: 136-139, 176-179, 188-193, 220-223, 244-248, 264-268, 285-291, 309-313, 344-349.

Wileman A E. 1911a. New Lepidoptera-Heterocera from Formosa. Entomologist, **44**: 29-31, 60-62, 109-111, 148-152, 174-176, 204-206.

Wileman A E. 1911b. New and unrecorded species of Lepidoptera Heterocera from Japan. Trans. Ent. Soc. London: 189-406.

Wileman A E. 1914a. Some new species of Lepidoptera from Formosa. Entomologist, **47**: 266-268.

Wileman A E. 1914b. New species of Heterocera from Formosa. Entomologist, **47**: 318-323.

Wileman A E. 1915. New species of Heterocera from Formosa. The Entomologist, **48**: 12-19, 34-40, 58-61.

Wileman A E, South R. 1916a. New species of Notodontidae from Japan. Entomologist, **49**: 133.

Wileman A E, South R. 1916b. New species of Lepidoptera from Formosa. Entomologist, **49**: 178-192, 201-203, 266-268.

Wileman A E, South R. 1917. New species of Heterocera from Japan and Formosa in the British museum. Entomologist, **50**: 25-29.

Wnukowsky W. 1927. Neue Lepidopterenformen aus Nordost-Sibirien und dem Mongolischen Altai. Mitt. Münch. Ent. Ges., **17**: 69-72.

Wood-Mason J. 1882. Descriptions of two new species of *Papilio* from North-Eastern India. Ann. Mag. Nat. Hist., (5) **9**: 103-105.

Wood-Mason J, de Nicéville L. 1887 [1886]. List of the lepidoptereous insects collected in Cachar by Mr. J. Wood-Mason. Part II. Rhopalocera. J. Asiat. Soc. Bengal, **55**: 343-393.

Wu C S. 1994a. The Lecithoceridae of China with descriptions of New Taxa (Lepidoptera). Sinozoologia, **11**: 123-154. [武春生. 1994a. 中国祝蛾科研究 (鳞翅目: 麦蛾总科). 动物学集刊, **11**: 123-154.]

Wu C S. 1994b. The Chinese *Sarisophora* Meyrick and descriptions of four new species (Lepidoptera: Lecithoceridae). Entomologia Sinica, **1** (2): 135-139.

Wu C S. 1994c. The genus *Philharmonia* Gozmany from China (Lepidoptera: Lecithoceridae). Entomologia Sinica, **1** (3): 214-216.

Wu C S. 1994d. Taxonomy of the Chinese *Spatulignatha* Gozmany (Lepidoptera: Lecithoceridae). Entomotaxonomia, **16** (3): 197-200. [武春生. 1994d. 中国匙唇祝蛾属研究与新种记述 (鳞翅目: 祝蛾科). 昆虫分类学报, **16** (3): 197-200.]

Wu C S. 1996a. A Study of the Chinese *Athymoris* Meyrick and Descriptions of New Species (Lepidoptera: Lecithoceridae). Acta Entomologica Sinica, **39** (3): 306-309. [武春生. 1996a. 中国貂祝蛾属研究及新种记述 (鳞翅目: 祝蛾科). 昆虫学报, **39** (3): 306-309.]

Wu C S. 1996b. Revision of the genus *Opacoptera* Gozmany (Lepidoptera: Lecithoceridae). Entomologia Sinica, **3** (1): 9-13.

Wu C S. 1996c. Notes on the genus *Philoptila* Meyrick and descriptions of two new species (Lepidoptera: Lecithoceridae). Entomologia Sinica, **3** (2): 129-132.

Wu C S. 1997a. Lepidoptera: Lecithoceridae. *In*: Yang X K. Insects of the Three Gorge Reservoir Area of Yangtze River. Chongqing: Chongqing Publishing House: 1081-1085. [武春生. 1997a. 鳞翅目: 祝蛾科//杨星科. 长江三峡库区昆虫. 重庆: 重庆出版社: 1081-1085.]

Wu C S. 1997b. A new species of the genus *Torodora* Meyrick from Xizang Autonomous Region (Lepidoptera: Lecithoceridae). Acta Entomologica Sinica, **40** (3): 303-304. [武春生. 1997b. 西藏瘤祝蛾属一新种记述 (鳞翅目: 祝蛾科). 昆虫学报, **40** (3): 303-304.]

Wu C S. 1997c. Fauna Sinica Insecta Vol. 7: Lepidoptera Lecithoceridae. Beijing: Science Press: 1-306. [武春生. 1997c. 中国动物志 昆虫纲 第七卷: 鳞翅目祝蛾科. 北京: 科学出版社: 1-306.]

Wu C S. 1997d. A Study of the Chinese *Frisilia* Meyrick and Descriptions of New Species (Lepidoptera: Lecithoceridae). Acta Zootaxonomica Sinica, **22** (1):

86-89. [武春生. 1997d. 中国福利祝蛾属研究及新种记述 (鳞翅目: 祝蛾科). 动物分类学报, 22 (1): 86-89.]

Wu C S. 1999. Two new species of *Torodora* from Asia. Acta Zootaxonomica Sinica, 24 (3): 331-333.

Wu C S. 2000. A Taxonomic Study of, and Key to, the Lecithoceridae (Lepidoptera) from Guizhou, China. The Taxonomic Report, 2 (6): 1-6.

Wu C S. 2001a. Fauna Sinica Insecta Vol. 25: Lepidoptera Papilionidae. Beijing: Science Press: 1-367. [武春生. 2001a. 中国动物志 昆虫纲 第二十五卷: 鳞翅目凤蝶科. 北京: 科学出版社: 1-367.]

Wu C S. 2001b. Lepidoptera: Lasiocampidae. *In*: Wu H, Pan C W. Insects of Tianmushan National Nature Reserve. Beijing: Science Press: 625-627. [武春生, 2001. 鳞翅目: 枯叶蛾科//吴鸿, 潘承文. 天目山昆虫. 北京: 科学出版社: 625-627.]

Wu C S. 2002a. A New Genus of Lecithoceridae (Lepidoptera) from China. Zoological Studies, 41 (2): 158-161.

Wu C S. 2002b. A New Species of Genus *Carodista* Meyrick from Beijing, China (Lepidoptera: Lecithoceridae). Acta Zootaxonomica Sinica, 27 (1): 136-138.

Wu C S. 2002c. Synopsis of Genus *Lecitholaxa* Gozmany in the world, with description of a new species from China (Lepidoptera: Lecithoceridae). Acta Zootaxonomica Sinica, 27 (2): 344-346.

Wu C S. 2003. Two new species of Lecithoceridae (Lepidoptera) from Mt. Fanjing, Guizhou Province, China. Entomotaxonomia, 25 (3): 209-211. [武春生. 2003. 贵州梵净山祝蛾科二新种记述 (鳞翅目: 祝蛾科). 昆虫分类学报, 25 (3): 209-211.]

Wu C S. 2005a. Lepidoptera: Lecithoceridae. *In*: Yang M F, Jin D C. Insects from Dashahe of Guizhou Province. Guiyang: Guizhou Publishing House: 268-274. [武春生. 2005a. 祝蛾科//杨茂发, 金道超. 贵州大沙河昆虫. 贵阳: 贵州人民出版社: 268-274.]

Wu C S. 2005b. Lepidoptera: Rhopalocera. *In*: Yang X K. Insect Fauna of Middle-West Qinling Range and South Mountains of Gansu Province. Beijing: Science Press: 681-709. [武春生. 2005b. 鳞翅目: 蝶类//杨星科. 秦岭西段及甘南地区昆虫. 北京: 科学出版社: 681-709.]

Wu C S. 2010. Fauna Sinica Insecta vol. 52: Lepidoptera Pieridae. Beijing: Science Press: 1-416. [武春生. 2010. 中国动物志 昆虫纲 第五十二卷: 鳞翅目粉蝶科. 北京: 科学出版社: 1-416.]

Wu C S. 2012. Lepidoptera Lecithoceridae. *In*: Dai R H, Li Z Z, Jin D C. Insects from Kuankuoshui Landscape. Guiyang: Guizhou Science and Technology Publishing House: 392-396. [武春生. 2012. 鳞翅目祝蛾科//戴仁怀, 李子忠, 金道超. 宽阔水景观昆虫. 贵阳: 贵州科技出版社: 392-396.]

Wu C S, Bai J W. 1997. Lepidoptera: Adelidae, Yponomeutidae, Gelechiidae, Xyloryctidae, Ethmiidae, Oecophoridae, Carposinidae, Cochylidae and Tortricidae. *In*: Yang X K. Insects of the Three Gorge Reservoir Area of Yangtze River. Chongqing: Chongqing Publishing House: 1057-1080. [武春生, 白九维. 1997. 鳞翅目: 长角蛾科 巢蛾科 木蛾科 织蛾科 麦蛾科 草蛾科 纹蛾科 羽蛾科 蛀果蛾科 卷蛾科//杨星科. 长江三峡库区昆虫. 重庆: 重庆出版社: 1057-1080.]

Wu C S, Bai J W. 2001. A Review of genus *Byasa* Moore in China (Lepidoptera: Papilionidae). Oriental Insects, 35: 67-82.

Wu C S, Fang C L. 2002. A Taxonomic Study of the Genus *Mimopydna* Matsumura, 1924 in China (Lepidoptera: Notodontidae). Acta Entomologica Sinica, 45 (6): 812-814. [武春生, 方承莱. 2002. 中国拟皮舟蛾属分类研究 (鳞翅目: 舟蛾科). 昆虫学报, 45 (6): 812-814.]

Wu C S, Fang C L. 2003a. A taxonomic study of the genus *Notodonta* Ochsenheimer, 1810 in China (Lepidoptera: Notodontidae). Acta Zootaxonomica Sinica, 28 (1): 145-147. [武春生, 方承莱. 2003a. 中国舟蛾属分类研究 (鳞翅目: 舟蛾科). 动物分类学报, 28 (1): 145-147.]

Wu C S, Fang C L. 2003b. A taxonomic study of the genus *Ptilodon* Hübner, 1822 in China (Lepidoptera: Notodontidae). Acta Zootaxonomica Sinica, 28 (3): 516-520. [武春生, 方承莱. 2003b. 中国羽齿舟蛾属分类研究 (鳞翅目: 舟蛾科). 动物分类学报, 28 (3): 516-520.]

Wu C S, Fang C L. 2003c. A taxonomic study on genus *Platychasma* Butler from China (Lepidoptera: Notodontidae). Acta Zootaxonomica Sinica, 28 (2): 307-309. [武春生, 方承莱. 2003c. 中国广舟蛾属分类研究 (鳞翅目: 舟蛾科). 动物分类学报, 28 (2): 307-309.]

Wu C S, Fang C L. 2003d. A review of the genus *Periergos* Kriakoff in China (Lepidoptera: Notodontidae). Acta Zootaxonomica Sinica, 28 (4): 721-723. [武春生, 方承莱. 2003d. 中国纤舟蛾属的分类研究 (鳞翅目: 舟蛾科). 动物分类学报, 28 (4): 721-723.]

Wu C S, Fang C L. 2003e. A taxonomic study of the genus *Micromelalopha* Nagano in China (Lepidoptera: Notodontidae). Acta Entomologica Sinica, 46 (2): 222-227. [武春生, 方承莱. 2003e. 中国小舟蛾属分类研究 (鳞翅目: 舟蛾科). 昆虫学报, 46 (2): 222-227.]

Wu C S, Fang C L. 2003f. A review of the genus *Syntypistis* Turner in China (Lepidoptera: Notodontidae). Acta Entomologica Sinica 46 (3): 351-358. [武春生, 方承莱. 2003f. 中国胯舟蛾属分类研究 (鳞翅目: 舟蛾科). 昆虫学报, 46 (3): 351-358.]

Wu C S, Fang C L. 2003g. A taxonomic study of the genus *Odontosina* Gaede, 1933 in China (Lepidoptera: Notodontidae). Entomotaxonomia, 25: 131-134. [武春生, 方承莱. 2003g. 中国肖齿舟蛾属分类研究 (鳞翅目: 舟蛾科). 昆虫分类学报, 25: 131-134.]

Wu C S, Fang C L. 2003h. Fauna Sinica Insecta Vol. 31: Lepdidoptera Notodontidae. Beijing: Science Press: 1-952. [武春生, 方承莱. 2003h. 中国动物志 昆虫纲 第三十一卷: 鳞翅目舟蛾科. 北京: 科学出版社: 1-952.]

Wu C S, Fang C L. 2004a. A review of the genera *Hexafrenum* Matsumura and *Barbarossula* Kiriakoff in China (Lepidoptera: Notodontidae). Oriental Insects, 38: 95-108.

Wu C S, Fang C L. 2004b. A review of the genus *Phalera* Hübner in China (Lepidoptera: Notodontidae). Oriental Insects, 38: 109-136.

Wu C S, Fang C L. 2010. Insect Fauna of Henan, Lepidoptera: Limacodidae, Lasiocampidae, Notodontidae, Arctiidae, Lymantriidae and Amatidae. Beijing: Science Press: 1-592. [武春生, 方承莱. 2010. 河南昆虫志: 鳞翅目: 刺蛾科、枯叶蛾科、舟蛾科、灯蛾科、毒蛾科、鹿蛾科. 北京: 科学出版社: 1-592.]

Wu C S, Liu Y C. 1992a. Lepidoptera: Lecithoceridae. *In*: Huang F S. Insects of Wuling Mountains Area, Southwestern China. Beijing: Science Press: 445-447. [武春生, 刘友樵. 1992a. 鳞翅目: 祝蛾科//黄复生. 西南武陵山地区昆虫. 北京: 科学出版社: 445-447.]

Wu C S, Liu Y C. 1992b. Lepidoptera: Lecithoceridae. *In*: Peng J W, Liu Y C. Iconography of Forest Insects in Hunan China. Changsha: Hunan Science and Technology Press: 678-682. [武春生, 刘友樵. 1992b. 鳞翅目: 祝蛾科//彭建文, 刘友樵. 湖南森林昆虫图鉴. 长沙: 湖南科学技术出版社: 678-682.]

Wu C S, Liu Y C. 1993a. A Study of the Chinese *Lecithocera* Herrich-Schäffer, 1853 and Descriptions of New Species (Lepidoptera: Lecithoceridae). Sinozoologia, **10**: 319-345. [武春生, 刘友樵. 1993a. 中国祝蛾属研究及新种记述 (鳞翅目: 祝蛾科). 动物学集刊, **10**: 319-345.]

Wu C S, Liu Y C. 1993b. A New Genus and Four New Species of Lecithocerinae from China (Lepidoptera: Lecithoceridae). Sinozoologia, **10**: 347-354. [武春生, 刘友樵. 1993b. 祝蛾亚科一新属四新种记述 (鳞翅目: 祝蛾科). 动物学集刊, **10**: 347-354.]

Wu C S, Liu Y C. 1994. A Study of the Chinese *Torodora* Meyrick, 1894 and Descriptions of New Species (Lepidoptera: Lecithoceridae). Sinozoologia, **11**: 155-174. [武春生, 刘友樵. 1994. 中国瘤祝蛾属研究与新种记述 (鳞翅目: 祝蛾科). 动物学集刊, **11**: 155-174.]

Wu C S, Sun H. 2008. A new subspecies of *Allodontoides tenebrosa* (Moore) from Henan Province (Lepidoptera: Notodontidae). *In*: Shen X C, Lu C T. The fauna and taxonomy of insects in Henan Vol. 6: Insects of Baotianman National Nature Reserve. Beijing: China Agricultural Science and Technology Press: 9-10. [武春生, 孙浩. 2008. 暗齿舟蛾一新亚种记述 (鳞翅目: 舟蛾科)//申效诚, 鲁传淘. 河南昆虫分类区系研究 第 6 卷: 宝天曼自然保护区昆虫. 北京: 中国农业科学技术出版社: 9-10.]

Wu S P, Chang W C. 2013. Further records of *Gastropacha insularis* with notes on its distribution range, variation of male genitalia and first female discovery in Taiwan (Lasiocampidae). Tinea, **22** (4): 233-236.

Xu Z G, Jin T, Liu X L, Shi X P. 1998. A new species of the genus *Dendrolimus* from Qinghai (Lep: Lasiocampidae). Acta Agriculturae Boreali-occidentalis Sinica, **7** (1): 1-3. [徐振国, 金涛, 刘小利, 史先鹏.   . 松毛虫属一新种 (鳞翅目: 枯叶蛾科). 西北农业学报, **7** (1): 1-3.]

Yagishita A. 1994a. "An illustrated list of the genus *Delias* Hübner of the world", Continud [sic] (1). 1. Explanation: *Delias lecerfi*. 2. A new subspecies of *Delias aruna* from Yapen. Futao, **16**: 4-7.

Yagishita A. 1994b. "An illustrated list of the genus *Delias* Hübner of the world". Continued (2). 1. Explanation: *Delias nysa caledonica*. 2. A new subspecies of *Delias funerea* from Morotai of north-Moluccas. Futao, **17**: 3-5.

Yagishita A, Morita S. 1996. On the genus *Delias* from Mindanao Island, Philippines. Butterflies, **13**: 46-59.

Yakovlev R, Streltzov A. 2007. *Zaranga tukuringra* sp. n.-the new species from new genus for Russian fauna (Lepidoptera: Notodontidae). Eversmannia, **10**: 24-26.

Yamauchi T, Yata O. 2000. Systematics and biogeography of the genus *Gandaca* Moore (Lepidoptera: Pieridae). Entomological Science, **3** (2): 331-343.

Yang J K. 1995a. Lepidoptera: Eupterotidae. *In*: Wu H. Insects of Baishanzu Mountain, Eastern China. Beijing: China Forestry Publishing House: 1-367. [杨集昆. 1995a. 鳞翅目: 带蛾科//吴鸿. 百山祖昆虫. 北京: 中国林业出版社: 1-367.]

Yang J K. 1995b. Lepidoptera: Notodontidae. *In*: Zhu Y A. Insects and macrofungi of Gutianshan, Zhejiang. Hangzhou: Zhejiang Science and Technology Publishing House: 159-164. [杨集昆, 1995. 鳞翅目: 舟蛾科//朱延安. 浙江古田山昆虫和大型真菌. 杭州: 浙江科学技术出版社: 159-164.]

Yang J K, Lee F S. 1978. Moths of North China (2). Beijing: Beijing Agricultural University Press: 412-515. [杨集昆, 李法圣. 1978. 华北灯下蛾类图志 (中). 北京: 北京农业大学出版社: 412-515.]

Yang J K, Wu H. 1995. Lepidoptera: Notodontidae. *In*: Wu H. Insects of Baishanzu Mountain, Eastern China. Beijing: China Forestry Publishing House: 333-339. [杨集昆, 吴鸿. 1995. 鳞翅目: 舟蛾科//吴鸿. 百山祖昆虫. 北京: 中国林业出版社: 333-339.]

Yang L L, Zhu Y M, Li H H. 2010. Review of the genus *Thubana* Walker (Lepidoptera, Lecithoceridae) from China, with description of one new species. ZooKeys, **53**: 33-44.

Yata O. 1981. Part 1: Pieridae. Tsukada, E. Butterflies of the south east Asian islands. 2: Pieridae, Danaidae. Plapac, Tokyo: 1-628. Chapter pagination: 33-120, 205-438.

Yata O. 1988. A revision of the Old World species of the genus *Eurema* Hübner (Lepidoptera, Pieridae). Fukuoka: Kyushu University: i-vii, 1-661.

Yata O. 1989. A revision of the Old World species of the genus *Eurema* Hübner (Lepidoptera, Pieridae). Part 1. Phylogeny and zoogeography of the subgenus *Terias* Swainson and description of the subgenus *Eurema* Hübner. Bulletin of the Kitakyushu Museum of Natural History, **9**: 1-103.

Yata O. 1991. A revision of the Old World species of the genus *Eurema* Hübner (Lepidoptera, Pieridae). Part 2. Description of the smilax, the hapale, the ada and the sari (part) groups. Bulletin of the Kitakyushu Museum of Natural History, **10**: 1-52.

Yata O. 1992. A revision of the Old World species of the genus *Eurema* Hübner (Lepidoptera, Pieridae). Part 3. Description of the sari group (part). Bulletin of the Kitakyushu Museum of Natural History, **11**: 1-77.

Yata O. 1994. A revision of the Old World species of the genus *Eurema* Hübner (Lepidoptera, Pieridae). Part 4. Description of the hecabe group (part). Bulletin of the Kitakyushu Museum of Natural History, **13**: 59-105.

Yata O. 1995. A revision of the Old World species of the genus *Eurema* Hübner (Lepidoptera, Pieridae). Part 5. Description of the hecabe group (part). Bulletin of the Kitakyushu Museum of Natural History, **14**: 1-54.

Yata O, Gaonkar H. 1999. A new subspecies of *Eurema andersoni* (Lepidoptera: Pieridae) from south India. Entomological Science, **2** (2): 281-285.

Yoshino K. 1995. New butterflies from China. Neo Lepidoptera, **1**: 1-4.

Yoshino K. 1997a. New butterflies from China 2. Neo Lepidoptera, **2** (1): 1-8.

Yoshino K. 1997b. New butterflies from China 3. Neo Lepidoptera, **2** (2): 1-10.

Yoshino K. 1998. New butterflies from China 4. Neo Lepidoptera, **3**: 1-8.

Yoshino K. 1999. New butterflies from China 5. Neo Lepidoptera, **4**: 1-10.

Yoshino K. 2001a. New butterflies from China 6. Futao, **38**: 9-17.

Yoshino K. 2001b. Notes on genus *Aporia* (Lepidoptera, Pieridae) from Yunnan and Sichuan, China. Futao, **39**: 2-9.

Yoshino K. 2002. New butterflies from China 7. Futao, **40**: 2-4.

Yoshino K. 2003. New butterflies from China 8. Futao, **43**: 6-11.

Yuan F, Wu C S. 2005. A new subspecies of *Aporia potanini* Alpheraky from China (Lepidoptera, Pieridae). Acta Zootaxonomica Sinica, **30** (3): 606-608.
 [袁峰, 武春生. 2005. 中国灰姑娘绢粉蝶一新亚种 (鳞翅目, 粉蝶科). 动物分类学报, **30** (3): 606-608.]

Zetterstedt J W. 1893. Title unknown. Insecta Lapponica: 925.

Zeuner F E. 1943. Studies in the systematics of the genus *Troides* Hübner (Lepidoptera: Papilionidae) and its allies; distribution and phylogeny in relation to the geological history of the Australasian Archipelago. Trans. Zool. Soc. London, **25**: 107-184.

Zhang M, Zhu Y M, Li H H. 2010. Description of a new *Torodora* Meyrick, 1894 species from China (Lepidoptera: Lecithoceridae). SHILAP Revta. Lepid., **38** (149): 91-95.

Zhao Q S, Wu W B, Lu G P, Chen T F, Lin Q Y. 1999. Study on cross heredity of pine caterpillars, *Dendrolimus* spp. Sci. Silvae Sinica, **35** (4): 45-50.

Zhu Y M, Li H H. 2009. Review of *Antiochtha* (Lepidoptera: Lecithoceridae) from China with descriptions of four new species. Oriental Insects, **43**: 17-24.

Zinken. 1831. Title unknown. Nova Acta Physicomed, **15** (1): 161-162.

Zolotuhin V V. 1991a. On New and Little Known Lasiocampidae from Armenia Ussr Lep. Lasiocampidae. Atalanta (Marktleuthen), **22** (2-4): 117-123.

Zolotuhin V V. 1991b. Taxonomic Position of *Phyllodesma* Hbn. Lepidoptera Lasiocampidae in Siberia. Vestnik Leningradskogo Universiteta Biologiya, (3): 126-129.

Zolotuhin V V. 1992a. An annotated checklist of the Lasiocampidae of the *Caucasus* (Lepidoptera). Atalanta (Marktleuthen), **23** (1-2): 225-243.

Zolotuhin V V. 1992b. An annotated checklist of the Lasiocampidae of "European Russia" (Lepidoptera). Atalanta (Marktleuthen), **23** (3-4): 519-529.

Zolotuhin V V. 1992c. An annotated checklist of the Lasiocampidae of the Russian Far East (Lepidoptera). Atalanta (Marktleuthen), **23** (3-4): 499-517.

Zolotuhin V V. 1992d. On the types of Lasiocampidae described by F. Bryk (Lepidoptera). Atalanta (Marktleuthen), **23** (3-4): 495-498.

Zolotuhin V V. 1992e. *Baodera* gen. nov. for *Trichiura khasiana* Moore, 1879 (Lep., Lasiocampidae). Ata. & Nta., **23** (3/4): 491-493.

Zolotuhin V V. 1994. New and little known lappet-moths of the genus *Phyllodesma* Hbn. (Lepidoptera, Lasiocampidae). Ent. Obozr., **73** (1): 136-143, 223.

Zolotuhin V V. 1995a. An annotated checklist of the Lasiocampidae of Kazakhstan and Midde Asia. Atalanta (Marktleuthen), **26** (1-2): 273-290.

Zolotuhin V V. 1995b. New and little-known species of the genus *Phyllodesma* Hbn. (Lepidoptera, Lasiocampidae). Entomological Review (English Translation of Entomologicheskoye Obozreniye), **74** (1): 33-40.

Zolotuhin V V. 1995c. To a study of Asiatic Lasiocampidae (Lep) 1. The Lasiocampidae of Thailand. Tinea, **14** (3): 157-170.

Zolotuhin V V. 1996a. Studies in Asiatic Lasiocampidae. 2. On the status of *Stenophylloides javanus* Draeseke, 1941 (Lepidoptera, Lasiocampidae). Atalanta (Marktleuthen), **27** (1-2): 335-338.

Zolotuhin V V. 1996b. To a study of Asiatic Lasiocampidae. 3. short taxonomic notes on *Paralebeda* Aurivillius, 1894 (Lepidoptera). Entomofauna, **17** (13): 245-256.

Zolotuhin V V. 1996c. Notes on Chinese Lepidoptera (Lasiocampidae, Endromididae, Bombycidae) with description of a new species. Nachr. Entomol. Ver. Apollo, **16** (4): 373-386.

Zolotuhin V V. 1998. Further synonymic notes in the Lasiocampidae, with the description of a new *Euthrix*-species (Lepidoptera: Lasiocampidae). Entomofauna, **19** (4): 53-74.

Zolotuhin V V. 1999. *Bhima* Moore, 1888 is a junior subjective synonym of *Pyrosis* Oberthür, 1880. Atalanta (Marjtleuthen), **29** (1-4): 283-284.

Zolotuhin V V. 2000. To a study of Asiatic Lasiocarnpidae (Lepidoptera) 4. genus *Micropacha* Roepke, 1953. Tinea, **16** (3): 151-160.

Zolotuhin V V. 2001. Contributions to the study of Asiatic Lasiocampidae 5. Descriptions of new species of *Euthrix* Meigen, 1830 and related genera, with a synonymic note. Atalanta, **32** (3/4): 453-471.

Zolotuhin V V. 2002. Studies on Asiatic Lasiocampidae (Lep.) 6. Descriptions of new species from India, China and Thailand with further synonymic notes on some Chinese taxa. Entomol. Zeitschrift., **112** (5): 135-140.

Zolotuhin V V. 2005a. Contributions to the study of the Asiatic Lasiocampidae 7. Descriptions of five new species from China (Lepidoptera, Lasiocampidae). Atalanta, **36** (3/4): 551-558.

Zolotuhin V V. 2005b. To a knowledge of the *Gastropacha* Ochs., 1810 and species of the *Stenophylloides* Hmps. (1893) 1892 group (Lepidoptera, Lasiocampidae). Tinea, **18** (4): 291-306.

Zolotuhin V V. 2007. A new species of *Euthrix* Meigen, 1830 from eastern China (Lepidoptera: Lasiocampidae). Nachr. Entomol. Ver. Apollo Suppl., **19**: 35-36.

Zolotuhin V V. 2010. A review of the *Euthrix laeta* (Walker, 1855) complex with description of a new species and two new subspecies (Lepidoptera, Lasicampidae). Atalanta (Marktleuthen), **41**: 3-4, 367-374, 492-493.

Zolotuhin V V, Dubatolov V V. 1992. A new species of Lasiocampidae from Tajikistan (Lepidoptera). Atalanta (Marktleuthen), **23** (1-2): 215-217.

Zolotuhin V V, Hauenstein A. 2007. A new species of *Euthrix* Meigen, 1830 from eastern China (Lepidoptera: Lasiocampidae). Nachr. Entomol. Ver. Apollo Supplementum, **19**: 35-36.

Zolotuhin V V, Kostiuk I Y. 2000. *Phantosoma witti* gen. *et* sp. nov., a new autumn lasiocampid moth from Turkmenistan (Lasiocampidae). Nota Lepid., **23** (2): 141-146.

Zolotuhin V V, Pinratana A. 2005. Moths of Thailand, vol. 4: Lasiocampidae. Bangkok: Brothers of Saint Gabriel in Thailand: 1-205.

Zolotuhin V V, Saldaitis A, Zahiri R. 2010. Two new mountain species of the genus *Poecilocampa* Stephens 1828 (Lasiocampidae). Tinea, **21** (2): 88-94.

Zolotuhin V V, Witt T J. 2000a. Lasiocampidae of Nepal. Additions and corrigenda to "Moths of Nepal" parts 1-5. Tinea, **16** (Suppl. l): 153-163.

Zolotuhin V V, Witt T J. 2000b. The Lasiocampidae of Vietnam. Entomofauna, Suppl. **11**: 25-104.

Zolotuhin V V, Witt T J. 2004. New and little-known species of the Lasiocampidae (Lepidoptera) from China. Tinea, **18** (1): 36-42.

Zolotuhin V V, Witt T J. 2007. A revision of the genus *Pyrosis* Oberthür, 1880 (= *Bhima* Moore, 1888) (Lepidoptera: Lasiocampidae). Nachr. Entomol. Ver. Apollo, Suppl. **19**: 1-31.

Zolotuhin V V, Wu C S. 2008. Three new species of the Lasiocampidae (Lepidoptera) from China. Tinea, **20** (4): 264-268.

中文名索引

学 名 索 引

M